The Practice of China's Carbon Emission Trading

# 中国碳排放权交易实务

孟早明　葛兴安　等编著

化学工业出版社

·北京·

本书以组织机构参与我国碳排放权交易的全流程为主线，首先介绍了碳排放权交易的基础知识、国内外碳市场基本情况和我国七省市碳交易试点交易规则，在此基础上详细阐述了组织机构如何进行温室气体排放报告、碳排放核查、碳资产开发、碳排放权交易和碳资产管理。

本书内容注重实操、案例翔实、数据完备，可供纳入碳排放权交易的组织机构的低碳管理人员参考阅读，也可作为全国碳排放权交易市场能力建设的培训教材。

**图书在版编目（CIP）数据**

中国碳排放权交易实务/孟早明等编著. —北京：化学工业出版社，2016.12（2022.1重印）

ISBN 978-7-122-28484-6

Ⅰ.①中… Ⅱ.①孟… Ⅲ.①二氧化碳-排污交易-中国 Ⅳ.①X511

中国版本图书馆CIP数据核字（2016）第269071号

责任编辑：傅聪智　仇志刚　　文字编辑：孙凤英
责任校对：边　涛　　装帧设计：刘丽华

出版发行：化学工业出版社（北京市东城区青年湖南街13号　邮政编码100011）
印　　装：大厂聚鑫印刷有限责任公司
787mm×1092mm　1/16　印张20¾　字数507千字　2022年1月北京第1版第12次印刷

购书咨询：010-64518888　　售后服务：010-64518899
网　　址：http://www.cip.com.cn
凡购买本书，如有缺损质量问题，本社销售中心负责调换。

定　　价：98.00元

# 《中国碳排放权交易实务》

## 编写人员名单

（以姓氏汉语拼音为序）

葛兴安　蒋　璨　赖　力　林　殷
蒋旭东　李石波　林丹妮　孟早明
秦博雅　熊继海　王侃宏　吴红梅
张　丽　郑　颖

## 参编单位

北京和碳环境技术有限公司
深圳排放权交易所
江苏省信息中心
安徽省经济研究院
江西省科学院能源研究所
北京华通三可咨询有限公司
浙江省发展规划研究院

# 序 PREFACE

2011年10月，国家发改委发布《关于开展碳排放权交易试点工作的通知》，正式启动了国家层面的碳排放权交易试点试验。时至今日已经过去了五个年头。这期间，北京、天津、上海、重庆、深圳、广东和湖北七省市的碳排放权交易试点试验从概念到实际交易运营，取得了长足和快速的发展。目前已经扩展到9省市——四川和福建加入国家试点。通过试点省市的实际工作，实质性提升了立法、政府、企业、金融、技术服务等相关机构及官员和专家对碳排放权交易的认识，也为中央制定国家碳排放权交易重大政策提供了实践经验。可以说，如果没有这些年的试点试验，就不可能有2017年建立和运营全国碳排放权交易的重大决定。

另一方面，这些年的实践也充分反映了实施碳排放权交易确实面临巨大的挑战，例如，碳排放权交易法律法规的严重缺失、实施政策和指南的滞后和不确定、监管机构及专业人员的紧缺，都严重制约碳交易市场的发展。此外，无论是控排企业、碳交易服务机构、核查机构，都需要对碳排放量计算有准确的把握、对碳交易政策有透彻的了解以及对碳金融知识有足够的认识。所有这些，都表明需要大规模开展专业培训、需要有适用的培训教材。由北京和碳环境技术有限公司孟早明总经理和深圳排放权交易所葛兴安总经理牵头组织江苏省信息中心、安徽省经济研究院、江西省科学院能源研究所、北京华通三可咨询有限公司、浙江省发展规划研究院等机构编写的这本《中国碳排放权交易实务》恰逢其时。他们所在机构和编写专家个人都有丰富的实践经验，这些经验充分体现在所编写的材料中，无疑使本书具有很好的实用价值和指导意义。

最后，衷心祝愿2017年中国的全国碳市场能够顺利启动营运，带动亚太区域的碳市场和全球碳市场的发展，真正通过市场手段促进资本投向低碳技术、为社会提供低碳产品和装备，助力国家实现2030年减缓气候变化的战略目标。

亚洲开发银行东亚局　首席气候变化专家

2016年10月28日于菲律宾马尼拉

# 前言

FOREWORD

2011年10月，国家发展和改革委员会（以下简称国家发改委）办公厅发布《关于开展碳排放权交易试点工作的通知》，批准北京、上海、天津、重庆、湖北、广东、深圳等七省市开展碳排放权交易试点。2013年6月，深圳试点碳市场率先启动。2013年，国家发改委先后印发了二十四个行业企业温室气体核算方法与报告指南。2014年11月，国家发改委发布《碳排放权交易管理暂行办法》。2015年11月，国家质量监督检验检疫总局、国家标准化管理委员会发布了《工业企业温室气体排放核算和报告通则》及发电、钢铁、民航、化工、水泥等十个重点行业温室气体排放核算方法与报告国家标准。

2016年，随着国内七省市碳排放权交易试点工作的不断深入，各非试点省市也陆续启动了辖区企业纳入全国碳排放权交易的准备工作，针对辖区内年综合能耗超过10000t标煤的重点排放单位，开展碳排放报告和碳排放核查工作。国内碳市场建设日趋完善，相关人员为2017年全国统一市场启动做着最后的准备。

在这一背景下，全国各地将要纳入碳排放权交易的重点排放单位亟须了解我国的碳排放报告制度，掌握核算方法，熟悉交易流程。未纳入碳排放权交易的组织机构也需要了解制度规则，提前做好准备。各地的核查机构需要储备熟练掌握核查方法和核查流程的核查人员。相关服务机构及其他行业企业也需要了解具体制度和规定，或可通过碳资产管理、自愿减排项目实现收益。社会各界对碳排放权交易各方面知识和经验的渴求前所未有地高涨。遗憾的是，目前市面上尚未见到能够满足上述需求、指导实践工作的书籍。鉴于此，在化学工业出版社的倡议和组织下，北京和碳环境技术有限公司携手深圳排放权交易所等机构、碳核查领域知名学者、资深专家，合力编写了本书。编者基于多年从事低碳行业的实践经验，辅以丰富翔实的案例资料，内容新颖，深入浅出，贴合碳交易相关实际工作，力求能够指导实践操作。

本书以组织机构参与我国碳排放权交易的全流程为主线，包含以下六章内容：

第1章为市场基础知识，概述了碳排放权交易市场产生的背景、基本原理和市场体系，并简要介绍了国际主要碳市场情况和我国建立碳排放交易体系的法律法规及运行机制。

第 2 章为试点规则介绍，介绍了我国已经开展碳排放权交易试点工作的七省市的实际情况，包含管理体系、交易及履约情况、抵消机制等内容。

第 3 章为碳排放报告，重点关注组织机构如何进行温室气体排放报告，详细说明了温室气体排放报告的政策背景、意义、技术文件、主要内容、核算方法、履约流程等内容，随后针对不同行业进行了难点解析。

第 4 章为碳排放核查，解析了温室气体排放核查的流程和要求，并对已纳入碳排放权交易体系的重点行业逐一进行了细致的案例讲解。

第 5 章为碳资产开发，阐述了如何将建设项目开发为国内温室气体自愿减排项目，并介绍了其意义、政策、技术支撑体系、资格条件、流程和注意事项，也针对不同项目类型提供了案例解析。

第 6 章为碳资产管理，介绍了企业如何实施碳资产管理、进行碳资产交易，以及企业可以使用的各种碳金融工具。

本书具有三大特色：

（1）内容全面　作为我国第一部碳排放权交易综合入门书，本书全面介绍了我国碳排放权交易的基础知识和基本情况，内容涵盖组织机构参与碳排放权交易的全流程，包括了解相关规定、碳排放报告、碳排放核查、碳资产开发、排放权交易等各个环节。力求满足读者全面准确地了解相关内容的需求。

（2）注重实操　作为我国第一部碳排放权交易参考工具书，本书从碳排放权交易各环节的具体实践操作入手，为读者提供手把手式指导，内容介绍深入浅出、清晰准确，相关政策要求、技术文件一应俱全，各环节注意事项精准识别。力争达到读者易理解、易上手、易操作的效果。

（3）案例翔实　作为我国第一部碳排放权交易案例书，本书各个章节均提供了丰富的案例。尤其是在碳排放报告和碳排放核查等技术部分，对第一批纳入全国碳市场的各重点行业均提供了具体案例。除了详细列出计算过程、审核过程外，还提供了文件清单、不符合项列表等相关信息供读者参考。所有案例思路清晰、数据完备、过程全面、结果准确，力图将编者多年的专业知识和经验全面展现给读者。

本书是北京和碳环境技术有限公司、深圳排放权交易所以及江苏省信息中心、安徽省经济研究院、江西省科学院能源研究所、北京华通三可咨询有限公司、浙江省发展规划研究院等参编单位集体智慧的结晶，感谢所有编写人员的辛苦写作，特别感谢曾经担任过联合国清洁发展机制执行理事会副主席、现任亚洲开发银行东亚局首席气候变化专家的吕学都先生在百忙之中抽空为本书作序。

由于编者水平有限，书中难免有许多不足之处，恳请广大读者不吝赐教、批评指正。如有任何意见和建议，请联系：010-64165031　info@peacecarbon.com。

编者

2016 年 10 月

# 术语表

| 术　　语 | 释　　义 |
| --- | --- |
| 温室气体 | 大气中吸收和重新放出红外辐射的自然和人为的气态成分，包括二氧化碳（$CO_2$）、甲烷（$CH_4$）、氧化亚氮（$N_2O$）、氢氟碳化物（HFCs）、全氟化碳（PFCs）、六氟化硫（$SF_6$）和三氟化氮（$NF_3$） |
| 碳排放 | 煤炭、天然气、石油等化石能源燃烧活动和工业生产过程以及土地利用、土地利用变化与林业活动产生的温室气体排放，以及因使用外购的电力和热力等所导致的温室气体排放 |
| 碳排放权 | 依法取得的向大气排放温室气体的权利 |
| 碳排放配额 | 政府分配给重点排放单位指定时期内的碳排放额度，是碳排放权的凭证和载体。1单位配额相当于1吨二氧化碳当量 |
| 重点排放单位 | 满足国务院碳交易主管部门确定的纳入碳排放权交易标准且具有独立法人资格的温室气体排放单位 |
| 国家核证自愿减排量 | 依据国家发展和改革委员会发布施行的《温室气体自愿减排交易管理暂行办法》的规定，经其备案并在国家注册登记系统中登记的温室气体自愿减排量，英文名称China Certified Emission Reduction，简称CCER |
| 账户代表 | 代表用户在国家自愿减排交易登记注册系统进行具体操作的人员 |
| 一般用户 | 国家自愿减排交易登记注册系统的主要使用者，包括自愿减排项目业主用户和其他一般用户（企业/机构/团体和个人）等 |
| 发起代表、确认代表 | 在国家自愿减排交易注册登记系统中，出于安全考虑，用户可以对账户代表设定不同权限，包括发起和确认。发起代表发起各种事务操作后，需要确认代表再进行审核确认 |
| 试点地区上缴 | 试点地区控排单位按照主管部门的要求，在国家自愿减排交易登记注册系统内上缴符合本地区抵消管理办法规定的CCER进行履约的行为 |
| 自愿取消 | 国家自愿减排交易注册登记系统的一般用户自愿取消一部分CCER的有效性，使之退出市场交易 |

# 缩略语表

| 缩 略 语 | 中英文名称 |
|---|---|
| AAU | Assigned Amount Unit 京都议定书中基于配额交易下的分配单位 |
| CDM | Clean Development Mechanism 清洁发展机制 |
| CER | Certified Emission Reduction 核证自愿减排量 |
| ERU | Emission Reduction Unit 联合履约机制的减排单位 |
| EU ETS | European Union Emissions Trading Scheme 欧盟排放交易体系 |
| GWP | Global Warming Potential 全球变暖潜值 |
| IPCC | Intergovermental Panel on Climate Change 政府间气候变化专业委员会 |
| JI | Joint Implementation 联合履约机制 |
| MOU | Memorandum of Understanding 合作备忘录 |
| MRV | Monitor，Report and Verification 监测、报告和核查 |
| NAP | National Allocation Plan 国家分配计划 |
| RGGI | Regional Greenhouse Gas Initiative 区域温室气体减排行动 |
| UNFCCC | United Nations Framework Convention on Climate Change<br>联合国气候变化框架公约 |
| VCM | Voluntary Contributions Mechanism 自愿减排机制 |

# 目录

CONTENTS


第1章　碳排放权交易概述 …… 1

1.1　碳排放权交易基本知识 …… 1

1.1.1　碳排放权交易产生的背景 …… 1

1.1.2　碳交易基本原理 …… 3

1.1.3　碳交易的市场体系和市场类型 …… 4

1.2　国际碳市场 …… 6

1.2.1　配额市场 …… 6

1.2.2　项目市场 …… 25

1.3　国内碳市场 …… 31

1.3.1　国家层面碳交易相关法律法规概述 …… 31

1.3.2　中国建立碳排放交易体系运行机制 …… 37

第2章　七省市碳交易试点市场 …… 47

2.1　碳交易试点体系 …… 47

2.1.1　政策法规体系 …… 47

2.1.2　配额管理 …… 53

2.1.3　报告核查 …… 62

2.1.4　市场交易 …… 66

2.1.5　激励处罚措施 …… 68

2.2　碳交易试点交易及履约情况 …… 68

2.2.1　配额交易量及价格 …… 68

2.2.2　核证自愿减排量（CCER）交易量及价格 …… 70

2.2.3　履约情况 …… 71

2.3　碳交易试点抵消机制 …… 73

2.3.1　抵消比例要求 …… 73

2.3.2　项目类型及地域限制 …… 74

2.3.3 项目的时间要求 …… 75

第 3 章 温室气体排放报告 …… 77

3.1 温室气体排放报告的定义和政策背景 …… 77
3.1.1 温室气体排放报告的定义 …… 77
3.1.2 温室气体排放报告的政策背景 …… 77
3.2 企业开展温室气体排放报告的意义 …… 79
3.3 企业开展温室气体排放核算与报告的技术文件 …… 81
3.3.1 温室气体排放核算方法与报告指南 …… 81
3.3.2 温室气体排放核算方法与报告国家标准 …… 90
3.3.3 温室气体排放配额分配补充数据核算与报告 …… 99
3.4 企业温室气体排放报告的主要内容 …… 102
3.4.1 报告主体基本信息 …… 102
3.4.2 温室气体排放量 …… 103
3.4.3 活动水平数据及其来源 …… 103
3.4.4 排放因子数据及其来源 …… 104
3.4.5 其他希望说明的情况 …… 105
3.5 企业温室气体排放量的核算方法 …… 105
3.5.1 燃料燃烧 $CO_2$ 排放（$E_{燃烧}$） …… 105
3.5.2 生产过程 $CO_2$ 排放（$E_{过程}$） …… 108
3.5.3 温室气体排放扣除量（$R_{扣除}$） …… 109
3.5.4 净购入电力和热力的 $CO_2$ 排放（$E_{电}$ 和 $E_{热}$） …… 111
3.6 温室气体排放报告及履约流程 …… 113
3.7 主要行业温室气体排放报告难点解析 …… 114
3.7.1 共性问题 …… 114
3.7.2 钢铁行业 …… 117
3.7.3 电力行业 …… 119
3.7.4 建材行业 …… 122
3.7.5 造纸行业 …… 124
3.7.6 化工行业 …… 125
3.7.7 有色行业 …… 125
3.7.8 石化行业 …… 126
3.7.9 航空行业 …… 127

第 4 章 温室气体排放的核查 …… 128

4.1 对温室气体排放进行核查的重要性和必要性 …… 128

4.2 温室气体排放的第三方核查流程 …… 129
4.2.1 核查准备 …… 130
4.2.2 文件评审 …… 131
4.2.3 现场核查 …… 132
4.2.4 核查报告编制 …… 134
4.3 温室气体排放的第三方核查要求 …… 140
4.3.1 基本情况的核查 …… 140
4.3.2 核算边界的核查 …… 141
4.3.3 核算方法的核查 …… 142
4.3.4 核算数据的核查 …… 142
4.3.5 质量保证和文件存档的核查 …… 145
4.4 核查案例 …… 146
4.4.1 钢铁行业 …… 146
4.4.2 电力行业 …… 163
4.4.3 建材行业 …… 174
4.4.4 造纸行业 …… 188
4.4.5 化工行业 …… 201
4.4.6 有色行业 …… 214
4.4.7 石化行业 …… 220
4.4.8 航空行业 …… 231
第5章 碳资产——国内温室气体自愿减排项目开发 …… 238
5.1 国内温室气体自愿减排项目简介 …… 238
5.1.1 CCER 及 CCER 项目定义 …… 238
5.1.2 CCER 项目与一般商业性项目的异同 …… 238
5.2 开发 CCER 碳资产的意义 …… 240
5.3 CCER 项目开发政策与技术支撑体系 …… 241
5.3.1 碳排放权交易管理暂行办法 …… 242
5.3.2 温室气体自愿减排交易管理暂行办法 …… 243
5.3.3 碳交易试点 CCER 抵消机制支持文件及规则 …… 246
5.3.4 温室气体自愿减排项目审定与核证指南 …… 247
5.3.5 中国自愿减排交易信息平台 …… 247
5.3.6 CCER 交易平台 …… 248
5.3.7 CCER 审定和核证机构 …… 250
5.4 CCER 项目资格条件及类别 …… 252
5.5 CCER 方法学 …… 253

5.5.1 方法学定义及作用 …… 253
5.5.2 方法学构成 …… 253
5.5.3 备案方法学及适用领域分析 …… 254
5.5.4 新 CCER 方法学开发流程 …… 257
5.6 CCER 主要项目类型 …… 258
5.7 CCER 项目开发流程与周期 …… 259
5.7.1 项目设计 …… 260
5.7.2 项目审定 …… 260
5.7.3 项目备案 …… 262
5.7.4 项目实施、监测和报告 …… 263
5.7.5 项目减排量的核查和核证 …… 263
5.7.6 减排量交易 …… 266
5.7.7 CCER 项目开发周期及各方职责 …… 270
5.8 CCER 项目开发成本及合作模式 …… 273
5.8.1 CCER 项目开发成本 …… 273
5.8.2 CCER 项目合作模式 …… 273
5.9 CCER 开发过程存在的问题及注意事项 …… 274
5.10 CCER 项目开发案例 …… 276
5.10.1 生活垃圾焚烧发电项目 …… 276
5.10.2 风电场项目 …… 277
5.10.3 并网光伏发电项目 …… 278
5.10.4 天然气热电联产工程项目 …… 279
5.10.5 生物质能热电工程 …… 281
第 6 章 碳资产管理和碳金融 …… 290
6.1 碳资产管理 …… 290
6.1.1 碳资产及碳资产管理的定义 …… 290
6.1.2 企业实施碳资产管理的驱动因素 …… 291
6.1.3 企业实施碳资产管理的关键要素 …… 292
6.1.4 重点排放单位碳资产管理应对策略 …… 293
6.1.5 非重点排放单位碳资产管理应对策略 …… 304
6.2 碳金融 …… 307
6.2.1 碳金融及其衍生品的定义 …… 307
6.2.2 碳金融产品及其作用 …… 307
6.2.3 碳金融案例 …… 310
参考文献 …… 316

# 第1章 碳排放权交易概述

## 1.1 碳排放权交易基本知识

### 1.1.1 碳排放权交易产生的背景

#### 1.1.1.1 气候变化问题

气候变化问题最初是以环境问题的形式出现的。19世纪末，“温室效应”的概念被初次提出。此后近百年间，相关问题的认识多集中于科学研究成果，科学家通过不懈努力累积了全球各地大量的长期观测资料数据，为人类了解和应对气候变化问题奠定了坚实的科学基础。自20世纪80年代以来，全球变暖现象的凸显，获得了来自国家政府与公众的更多关注。

1988年，政府间气候变化专业委员会（Intergovermental Panel on Climate Change，IPCC）的成立，体现了从科学角度为应对气候变化提供最客观权威的评估和建议的全球共识和一致努力。IPCC于1990年、1995年、2000年、2007年、2014年，先后发布了五次评估报告，并在报告中多次指出：气候变化的影响不仅是明确的，而且还在不断加强。如果任其发展，气候变化将对人类和生态系统造成严重、普遍和不可逆转的伤害。

多方研究结果还表明，人类活动向大气中排放的温室气体是导致全球气候变化的重要原因之一。从预警和风险防范的角度考虑，人类社会应当提前采取相应措施。

#### 1.1.1.2 制度框架文件诞生

20世纪90年代以来，各国政府开始对气候相关事务进行积极介入，国家间协作得到进一步加强，气候变化问题也从单纯的科学问题上升到了经济问题、政治问题。大气温室气体的排放空间是全球公共资源，这就意味着气候变化问题必须通过国际合作加以解决。共同减排必然存在分歧，尤其当排放权利实际上同经济发展权利挂钩时，不可避免地会导致全球利益竞争的局面。对国家间责任与义务的合理界定是需要面对的难题，各国在这一全球公共资源领域的利益斗争与协调合作，实质上是涉及各自发展权益再配置的一场国际政治博弈。但这同时亦有积极的一面，支持应对气候变化能够更好地解决国家能源安全问题，从而带来新的经济增长点、改善经济结构、促进可持续发展，并且能进一步提升国际影响力和地位。

伴随着艰难的谈判，1992年，纲领性文件《联合国气候变化框架公约》（United

Nations Framework Convention on Climate Change，UNFCCC，简称《框架公约》）正式发布；1997 年，人类历史上首次以法规的形式限制温室气体排放的《京都议定书》（Kyoto Protocol）顺利通过，从而构建起了应对气候变化的国际制度框架。

应对气候变化问题除了作为一个外交议题外，一定程度上也将影响到国家的政治体系、经济发展和社会稳定。根据《联合国气候变化框架公约》规定，以及中国国情和落实科学发展观的内在要求，按照国务院部署，国家发展和改革委员会（以下简称“发改委”）组织有关部门和几十名专家，于 2007 年 6 月发布了发展中国家的第一部国家方案——《中国应对气候变化国家方案》。《中国应对气候变化国家方案》回顾了我国气候变化状况和应对气候变化的不懈努力，分析了我国应对气候变化的发展和挑战，提出了应对气候变化的指导思想、原则、目标以及相关政策和措施，阐明了我国对气候变化若干问题上的基本立场和合作需求。

国务院办公厅已将《应对气候变化法》列入国务院 2016 年度立法计划，以加快构建完整的法律制度体系。

#### 1.1.1.3 碳排放权交易的产生

随着对气候变化问题的深入研究，人们逐渐意识到，大气环境同样是一种资源，温室气体的排放可以看作是一项权利，那么通过市场机制对权利进行交易、优化资源配置是可行的。借助市场经济减轻污染、应对气候变化问题的意识提升，使得人们开始积极探索碳排放权交易理论。

排放权交易的理论和实践探索最初由美国环境保护监管当局为控制污染物的排放而提出，并得到一些经济学家的支持。在温室效应以及全球变暖等现象被明确并得以重视之后，国际社会在一系列会议上达成了减少温室气体排放量的共识，而碳排放权交易作为一种较灵活的方法论在其中获得了更广泛的应用。相较于严格限定排放量或基于碳排放额外征税等传统方法，碳排放权交易（简称“碳交易”）在有效控制排放总量的同时，从经济学的角度赋予市场参与者更灵活的空间，通过多种形式的规范的市场经济手段，效率更高成本更低地达成减排目标。总体而言，碳交易的产生得益于碳排放权交易的理论和实践经验以及国际社会对于温室气体减排的大力推进。

随着各国对温室效应和全球气候变化问题的重视度逐渐提升，国际社会不断加强推动建立有效的国际和本土机制来应对因人为因素导致的全球变暖现象以及其带来的不确定性结果，以解决温室气体排放问题。1992 年 6 月，150 余个国家在巴西里约热内卢通过《联合国气候变化框架公约》，这是世界上第一个为全面控制温室气体排放、应对全球气候变暖给人类经济社会带来不利影响的国际性公约。该公约于 1994 年 3 月 21 日正式生效，由此奠定了应对气候变化国际合作的法律基础，建立起具有权威性、普适性的国际框架。1997 年，《京都议定书》作为《联合国气候变化框架公约》的补充条款在日本京都通过，并于 2005 年 2 月开始强制生效，截至目前共有 192 个缔约方（191 个国家和 1 个区域经济共同体）通过了该条约，同意各自以法律的形式对温室气体排放量进行限制。中国也于 1998 年 5 月签署并在 2000 年 8 月核准了该议定书。《联合国气候变化框架公约》及其补充条款《京都议定书》是世界上第一个为全面控制二氧化碳等温室气体排放以应对全球气候变化给人类经济和社会带来不利影响的国际公约，具有里程碑式的重大意义。越来越多的国家参与到温室气体减排的行动中，而碳排放权交易作为一种市场化的减排机制亦被广泛应用于促进减少国内碳排放，以达到承诺的履约目标。

《京都议定书》为附件Ⅰ中的国家确定了温室气体减排义务，并规定可以通过国际排放交易（International Emissions Trading，IET）、清洁发展机制（Clean Development Mechanism，CDM）和联合履约（Joint Implementation，JI）三种灵活机制实施项目，以帮助各国达成规定的减排目标。国际排放交易类似于一般意义的碳排放权交易，在限制排放总量的基础上允许发达国家间进行碳排放权的交易。具体而言，是指发达国家将其超额完成减排义务的指标，以交易的方式出售给另外一个未能完成减排义务的发达国家，并同时从转让方的允许排放限额上扣减相应的转让额度。清洁发展机制和联合履约则引入了新的概念"减排量的产生"，即通过投资、设立项目来主动"生产"减排量，并且可以将这种额外产生的减排量额度在碳交易市场上进行出售。其中，清洁发展机制基于发展中国家更低的减排成本，通过交易机制促使发展中国家参与减排，并鼓励工业化国家在全球购买核证减排量，对减排成本低的地区进行投资，以达到自身承诺的减排目标。与此同时，发展中国家能够获得发达国家提供的资金与先进技术的支持，从而促进本国经济发展与环境保护的和谐统一。不难看出，国际排放交易与清洁发展机制以及联合履约有着不可分割的联系，后两者所产生的减排量可在排放交易市场上进行交易，这构成了排放交易的重要部分。它不仅限于附件 I 中的发达国家，更是涵盖了参与清洁发展机制的发展中国家。

2007 年的联合国气候变化大会通过了名为"巴厘岛路线图"的决议，着重探讨了"后京都"问题，即《京都议定书》第一承诺期 2012 年到期后全球应对气候变化的新安排，启动了加强协议全面实施的谈判进程。2009 年的会议进一步商讨了 2012 年至 2020 年全球减排协议的相关方案，并就未来应对气候变化的全球行动签署了《哥本哈根协议》，这是继《京都议定书》后又一具有划时代意义的全球气候协议书。而 2015 年的《巴黎协议》，作为继《京都议定书》后第二份有法律约束力的气候协议，为 2020 年后全球应对气候变化的行动作出了安排，目前已有 175 个国家参与签署。

我国政府在 1993 年即批准了《框架公约》，是最早签署该文件的国家之一。同时，作为《京都议定书》的坚定支持者和维护者，我国长期致力于提高节能减排能力、建立碳交易市场，并在立法和实践方面做了大量努力。特别是在根本哈根气候峰会后，我国出台了一系列的政策法规，包括 2002 年的《中华人民共和国清洁生产促进法》和 2005 年的《清洁发展机制项目运行管理办法》等。近年来，我国政府不断加强与世界各国更深层次的合作交流，积极拓展在国际事务中的重要作用和巨大影响力。2013 年国家自主贡献（INDC）减排承诺的提交，2014 年《中美气候变化联合声明》的发布，以及 2015 年《巴黎协议》的签署，都显示了中国作为一个负责任有担当的大国在应对全球气候变化进程中所贡献的努力和决心。我国承诺到 2030 年单位国内生产总值二氧化碳排放将比 2005 年下降 60%～65%，森林蓄积量比 2005 年增加 45 亿立方米左右，并计划在已有的七个碳交易试点的实践基础上启动全国统一的碳排放交易体系；将坚定推进落实国内气候政策，加强国际协调与合作，全面推动可持续发展和向绿色、低碳、气候适应型经济转型。

### 1.1.2 碳交易基本原理

碳交易的基本原理非常直观。不同企业由于所处国家、行业或是在技术、管理方式上存在着的差异，他们实现减排的成本是不同的。碳交易的目的就是鼓励减排成本低的企业超额减排，将其所获得的剩余配额或减排信用通过交易的方式出售给减排成本高的企业，从而帮助减排成本高的企业实现设定的减排目标，并有效降低实现目标的履约成本。

下面以一个简单例子来描述碳交易实现的过程。企业 A 和企业 B 原来每年排放 210t $CO_2$，而获得的配额为 200t $CO_2$。第一年年末，企业 A 加强节能管理，仅排放 180t $CO_2$，从而在碳交易市场上拥有了自由出售剩余配额的权利。反观企业 B，因为提高了产品产量，又因节能技术花费过高而未加以使用，最终排放了 220t $CO_2$。因而，企业 B 需要从市场上购买配额，而企业 A 的剩余配额可以满足企业 B 的需求，使这一交易得以实现。最终的效果是，两家企业的 $CO_2$ 排放总和未超出 400t 的配额限制，完成了既定目标。

进一步地，以数据示例来说明碳交易与传统设定排放标准方式相比是如何减少履约成本的。首先考虑面临统一排放标准时的履约情况。为减少排放，达到标准要求，假设企业 A 每减排 1t $CO_2$ 需要花费成本 1000 元，而企业 B 对应需要花费 3000 元。这两家企业可以是同一母公司下的不同子公司、同一行业但不归属同一母公司的公司或是完全不同行业的公司。在传统的设定同一排放标准的管制方式下，要实现 20t $CO_2$ 的减排（两家企业各承担 10t 的减排任务），企业 A、B 的成本分别为 10,000 元和 30,000 元，社会减排总成本则为 40,000 元。

但很显然的是，如果强化企业 A 的减排标准而放宽企业 B 的减排标准，在实现相同减排目标的同时能够有效降低社会总体履约成本。例如，若允许企业 B 多排放 10t $CO_2$（即无需承担减排任务），那么可以节省 30,000 元；与此同时，企业 A 多减排 10t $CO_2$（即承担所有 20t $CO_2$ 的减排任务），对应的成本增加 10,000 元。最终，在到达既定减排效果的前提下，企业 A、B 的成本分别为 20,000 元和 0 元，社会减排总成本能够降低到 20,000 元。

继而，需要解决的问题就是通过什么手段使得企业 A 愿意多减排，而企业 B 愿意承担企业 A 额外减排的部分成本。答案就在于如何合理分配所节省的 20,000 元社会总成本。通过碳交易市场在企业间进行交易是一条较为有效的途径。现在再假设 1t $CO_2$ 排放配额的市场价格为 2000 元，企业 A 继续减排 10t，使其总排放量低于排放标准的规定，并把剩余配额出售给企业 B，获利 20,000 元，而这部分的减排成本仅为 10,000 元。对于企业 B，不需要花费减排 10t $CO_2$ 的 30,000 元成本，而只需要花费 20,000 元就可从企业 A 处购买到所需配额。这样，在两家企业之间恰好完全分配了社会总成本节省下来的 20,000 元。

碳交易市场的实际运作过程涉及一系列复杂的机制设计、规则制定、执行手段等系统性问题，但通过对其基本原理的简明剖析可以清楚地了解到，碳交易作为一种市场机制的减排方式，将能够低成本、高效率地实现温室气体排放权的有效配置，达成总量控制和公共资源合理化利用的履约目标。

### 1.1.3 碳交易的市场体系和市场类型

《京都议定书》清晰地界定了温室气体排放权，使之成为一种稀缺资源，一种资产，由于其具有商品价值和交易的可能性，进而催生出以二氧化碳排放权为主的碳排放权交易市场。碳交易市场建立在排放交易体系的基础之上，两者之间有着紧密联系。换言之，排放交易体系在很大程度上决定了碳交易市场的类型（如表 1-1 所示）。

**表 1-1 国际上主要碳交易市场**

| 国际碳交易市场 | 运行时间 | 法律基础 | | 交易标的 | | 覆盖范围 | |
|---|---|---|---|---|---|---|---|
| | | 强制性 | 自愿性 | 配额 | 信用 | 全国性/跨国性 | 地区性 |
| 英国排放交易体系(UK ETS) | 2002—2006 年 | | √ | √ | | √ | |

续表

| 国际碳交易市场 | 运行时间 | 法律基础 | | 交易标的 | | 覆盖范围 | |
|---|---|---|---|---|---|---|---|
| | | 强制性 | 自愿性 | 配额 | 信用 | 全国性/跨国性 | 地区性 |
| 澳大利亚新南威尔士温室气体减排体系(NSW GGAS) | 2003—2012年 | √ | | √ | | | √ |
| 欧盟排放交易体系(EU ETS) | 2005年— | √ | | √ | | √ | |
| 新西兰碳排放交易体系(NZ ETS) | 2008年— | √ | | √ | | √ | |
| 美国区域温室气体减排行动(RGGI) | 2009年— | √ | | √ | | | √ |
| 日本东京都总量控制与交易体系(TMG) | 2010年— | √ | | √ | | | √ |
| 美国加州总量控制与交易体系 | 2012年— | √ | | √ | | | √ |
| 加拿大魁北克省排放交易体系 | 2013年— | √ | | √ | | | √ |
| 中国的北京、天津、上海、重庆、湖北、广东、深圳等七个试点 | 2013年— | √ | | √ | | | √ |
| 澳大利亚碳排放交易体系 | 2014年— | √ | | √ | | √ | |
| 韩国碳排放交易体系 | 2015年— | √ | | √ | | √ | |

#### 1.1.3.1 根据是否具有强制性分类

根据是否具有强制性，碳交易市场可分为强制性（或称履约型）碳交易市场和自愿性碳交易市场。

强制性碳交易市场，也就是通常提到的“强制加入、强制减排”，是目前国际上运用最为普遍且发展势头最为迅猛的碳交易市场。强制性碳交易市场能够为《京都议定书》中强制规定温室气体排放标准的国家或是企业有效提供碳排放权交易平台，通过市场交易实现减排目标，其中较为典型或影响力较大的有欧盟排放交易体系（EU ETS）、美国区域温室气体减排行动（RGGI）、美国加州总量控制与交易体系、新西兰碳排放交易体系（NZ ETS）、日本东京都总量控制与交易体系（TMG）等。

自愿性碳交易市场，多出于企业履行社会责任、增强品牌建设、扩大社会效益等一些非履约目标，或是具有社会责任感的个人为抵消个人碳排放、实现碳中和生活，而主动采取碳排放权交易行为以实现减排。自愿性碳交易市场通常有两种形式：一种为“自愿加入、自愿减排”的纯自愿碳市场，如日本的经济团体联合会自愿行动计划（KVAP）和自愿排放交易体系（J-VETS）；另一种为“自愿加入、强制减排”的半强制性碳市场，企业可自愿选择加入，其后则必须承担具有一定法律约束力的减排义务，若无法完成将受到一定处罚。由于后者发生前提为“自愿加入”，且随着强制性碳交易市场的不断扩张，此类实践逐渐被强制性或是纯自愿性碳市场所取代，故未单独列出。

#### 1.1.3.2 根据交易标的分类

交易标的对应于碳产品的性质和产生方式，根据不同的交易标的，可将排放交易体系分为两种基本类型，即基于配额的交易（Allowance-based transactions）和基于项目的交易（Project-based transactions）。

基于配额的交易，遵循“总量控制与交易”（Cap-and-Trade）的机制，其交易标的是基于总体排放量限制而事前分配的排放权指标或许可，即“配额”。这一交易机制通常要求设定一个总的绝对排放量上限，对排放配额事先进行分配，减排后余出部分可在市场范围内出售，从而建构起配额交易市场。就目前全球碳交易市场的运行状况来看，配额交易市场占据绝对主导地位。一般地，总量控制与交易体系也允许抵消（Offsets）的部分使用，即参与市场交易的国家或企业，若未达到减排目标，可在一定限度内购买特定减排项目产生的经核证的减排量或减排单位等信用额度以抵消配额。

基于项目的交易，则采用“基准与信用”（Baseline-and-Credit）的机制，对应的交易标的是某些减排项目产生的温室气体减排“信用”（Credits），如CDM下的核证减排量（Certified Emission Reduction，CERs）、JI机制下的排放减量单位（Emission Reduction Unit，ERUs）等。它是一种事后授信的交易方式，只有在进行了相关活动并核实证明了其信用资格后，减排才真正具有价值，同时根据实际减排量的信用额度（确认的额外减排量）给予相应的经济激励。这一交易机制为管制对象设定了排放率或减排技术标准等基准线，对减排后优于基准线的部分经核证后发放可交易的减排信用，并允许因高成本或其他困难而无法完成减排目标的管制对象通过这些信用来履约。

总体而言，总量控制与交易机制无需对配额进行核证，交易成本相对低于基准与信用交易机制。特别地，总量控制与交易机制由于对排放总量做出了较为严格的限制，能够更好地确保实现某些特定的减排承诺或目标，而基准与信用机制则不一定能达到相应要求。

#### 1.1.3.3 其他分类

另有一些不同的标准，可将碳交易市场分为不同类型。

根据与国际履约义务的相关性，即是否受《京都议定书》辖定，可分为京都市场和非京都市场。其中，京都市场主要由IET、CDM和JI市场组成，非京都市场则不基于《京都议定书》相关规则，包括企业自愿行为的碳交易市场和一些零散市场等。

根据覆盖地域范围，可分为跨国性/全国性碳交易市场、区域性碳交易市场、地区性碳市场。跨国性/全国性碳交易市场的典型代表为EU ETS，它覆盖了欧盟全部成员国以及非欧盟的挪威、冰岛和列支敦士登三国；RGGI属于区域性碳市场；TMG、美国加州总量控制与交易体系、加拿大魁北克省排放交易体系等都属于地区性碳市场。

根据覆盖行业范围，可分为多行业和单行业碳交易市场，如EU ETS覆盖能源、钢铁、电力、水泥、陶瓷、玻璃、造纸、航空等多个行业，RGGI只覆盖电力行业。

此外，在具体交易环节中，还可根据流通市场和产品的合约性质，分为一级市场、二级现货市场和二级衍生品市场。

## 1.2 国际碳市场

### 1.2.1 配额市场

尽管国际上还未形成一个统一的、具有普遍性和约束力的减排协议，但不同区域、不同国家和不同地区的管理者都在积极采取经济手段应对气候变化。2005年1月1日，全球首个跨国家、跨行业碳市场在欧盟诞生；2008年，新西兰排放交易体系依据新西兰《应对气候变化法案》的要求设立，并于当年9月正式生效；2009年和2012年，美国区域温室气体减排行动和加州总量控制与交易体系相继运行。之后，碳交易在日本东京都、韩国、哈萨克斯坦等地诞生，而泰国、土耳其、乌克兰、巴西等国也有建立碳市场的打算。

本节将围绕国际上主要实施碳市场的区域、国家和地区进行介绍。

#### 1.2.1.1　欧盟排放交易体系

欧盟排放交易体系（European Union Emissions Trading Scheme，EU ETS）于 2005 年 1 月 1 日起正式运行。该体系以《京都议定书》框架下的“碳排放权交易机制”为核心原则，制定欧盟 2003 年 37 号令（Directive 2003/37/EC）作为法律框架，是全球范围内规模最大的跨国家、跨行业的排放交易体系，其交易总量占全球碳排放配额交易总量的 80%左右，在世界碳交易市场中具有示范作用。

欧盟排放交易体系分为三个阶段：第一阶段为 2005—2007 年，为实践摸索和经验积累阶段，为《京都议定书》的第一承诺期做准备，主要目标是进行基础设施方面的能力建设，同时实现大幅度减排；第二阶段为 2008—2012 年，第二阶段与为期五年的《京都议定书》承诺期重合；第三阶段为 2013—2020 年。

（1）减排目标

欧盟总体减排目标为到 2020 年在 1990 年的排放水平上减排 20%（或低于 2005 年水平的 13%）。为贯彻落实这一目标，欧盟排放交易制度将纳入设施的排放目标定为到 2020 年低于 2005 年水平的 21%，即覆盖排放设施的最大排放量估计为 177.7 亿吨二氧化碳当量。其中，欧盟排放交易体系的阶段减排目标是 2012 年排放量在 1990 年的基础上下降 8%。

（2）总量设置

欧盟排放交易体系第一阶段的总量上限约为 22.99 亿吨/年，第二阶段的总量上限约为 20.81 亿吨/年。由于前两阶段存在明显的配额超发情况，欧盟在第三阶段采纳了《改进和扩大温室气体排放交易体系的建议书》，取消成员国自行定量的国家分配计划，取而代之的是欧盟委员会在欧盟范围内统一进行的排放总量限制。为满足在 2020 年之前在 1990 年的排放水平上减排 20%的减排目标，欧盟委员会逐年降低配额总量，即从 2013 年的 20.84 亿吨/年削减至 2020 年的 18.03 亿吨/年，其年均下降幅度为 1.74%。

（3）覆盖范围

欧盟排放交易体系覆盖了欧盟二氧化碳总排放的 50%和所有温室气体排放的 40%。覆盖对象直接针对排放设施，包括超过 11,000 个发电站和厂房，包含电站、炼油厂、海上平台，以及钢铁、水泥、石灰、纸张、玻璃、陶瓷和化学物质生产行业。欧盟还根据包含设施的燃烧能力，将一些机构，如大学和医院，纳入排放交易。飞往或飞离欧洲机场航班的二氧化碳排放也于 2012 年起被纳入欧盟排放交易体系。

2005 年有 25 个成员国参与欧盟排放交易体系，随后每阶段逐步增加。截至 2015 年，包括新加入的欧盟成员国克罗地亚，共计 31 个国家纳入欧盟排放交易体系（如表 1-2 所示）。

**表 1-2　EU-ETS 三阶段覆盖范围变化概述**

| 阶段 | 管制国家 | 管控行业 | 管控的温室气体种类 |
| --- | --- | --- | --- |
| 第一阶段：2005—2007 年 | 27 个成员国 | 电力、石化、钢铁、建材（玻璃、水泥、石灰）、造纸等 | $CO_2$ |
| 第二阶段：2008—2012 年 | 27 个成员国 | 新增航空业 | $CO_2$ |
| 第三阶段：2013—2020 年 | 新增冰岛、挪威、列支敦士登、克罗地亚，合计 31 个成员国 | 新增化工和电解铝 | $CO_2$，新增电解铝行业的 PFCs 和化工行业的 $N_2O$ |

第一、二阶段的管控单位为年排放量超过1万吨的各类技术生产设施，同时也包括额定热值超过2MW的技术单位。在第三阶段，为优化覆盖范围，实现单位减排量的分摊管理成本最小化，欧盟委员会规定各成员国内年排放少于2.5万吨的小型设施或额定热值在3MW以下的技术单位都被排除，不再作为EU ETS的管控对象，但航空业的航线排放计算仍维持年排放量1万吨的纳入标准。

为了尽快开展排放交易实践，欧盟委员会在第一、二阶段中只将二氧化碳排放纳入管控。这一方面是因为基于已有的数据监测、核证和报告体系，二氧化碳排放量的数据收集基础较好；另一方面也是考虑到《联合国气候变化框架公约》所规定的其他5种温室气体对欧洲温室气体排放总量的贡献不足20%。从2013年开始，欧盟将硝酸、己二酸、乙醛酸生产中产生的氧化亚氮（$N_2O$）和电解铝行业产生的全氟化碳（PFCs）纳入管制。全部6种温室气体的捕集、运输和地质封存也被纳入该体系。

（4）配额分配

① 分配流程　在第一阶段和第二阶段，欧盟采用“自下而上”的分配方式，欧盟委员会根据“总量控制、负担均分”的原则，依照欧盟整体的减排目标和各成员国的减排承诺，在欧盟内部协调确定了各个成员国分担的减排义务。每一个欧盟成员国要提交一份国家分配计划（National Allocation Plan，NAP），包含每个设施的排放总量，各国NAP由欧盟委员会修改审查通过。之后排放总量被转化为配额，由各国根据其NAP分配到每个设施。大部分的配额通过免费的形式直接发放，另外还有大约10%的配额通过拍卖发放，拍卖主要在英国和德国进行。第三阶段由欧盟统一的排放总量代替先前的由各国分配计划确定的国家排放总量。配额分配机制的详细变化如表1-3所示。

**表1-3　EU-ETS三阶段配额分配机制变化概述**

| 阶段 | 减排目标 | 总量设定(年均) | 拍卖比例 | 免费分配方法 | 新进入者配额分配 | 跨阶段存储和借贷 |
|---|---|---|---|---|---|---|
| 第一阶段 | 完成《京都议定书》所承诺减排目标的45% | 22.99亿吨/年 | 不超过5% | 祖父法 | 基准法免费分配，遵循“先到先得”原则 | 不允许 |
| 第二阶段 | 在2005年基础上减排6.5% | 20.81亿吨/年 | 不超过10% | 祖父法＋成员国基准法 | 基准法免费分配，遵循“先到先得”原则 | 允许跨期存储，不允许跨期借贷 |
| 第三阶段 | 在1990年的基础上减排20% | 18.46亿吨/年 | 最少30%，逐年增加，2020年达到70% | 欧盟基准法 | 基准法免费分配，约占总额的5%。每年递减1.74% | 未定 |

② 配额分配方式　欧盟委员会在前两个阶段均采用了免费分配为主，有偿分配为辅的分配方式。这两个阶段中的实际拍卖量从第一阶段的300万吨（占比0.13%）至第二阶段的750万吨（占比约4%），和欧盟期望的5%—10%的趋势仍有距离，但有偿分配方式已逐渐成型。

象征EU ETS改革的第三阶段力推配额拍卖方式，从2013年开始，电力部门（利用废气发电和部分中东欧国家的电力部门除外）以及捕获、传输和储存二氧化碳的部门将全部通过拍卖获得配额。对于电网建设较为落后或能源结构较为单一且经济较不发达的

10 个成员国，欧盟提供了“减损”选择，允许其在第三阶段的电力部门配额从免费分配逐渐过渡到拍卖，2013 年时可以获得最多 70%的免费配额，比例逐年递减，到 2020 年时需要全部通过拍卖获得。最终有 8 个东欧国家（捷克、保加利亚、罗马尼亚、爱沙尼亚、匈牙利、塞浦路斯、立陶宛和波兰）采取了此选择，而拉脱维亚和马耳他则放弃了该方案。只有在 2008 年 12 月 31 日开始运行的发电设施才可以获得免费配额。对于工业和热力部门，无碳泄漏风险的行业拍卖比例将从 2013 年的 20%上升到 2020 年的 70%，目标是到 2027 年实现 100%拍卖。面临欧盟外部竞争、存在高碳泄漏风险的行业将在第三阶段获得 100%免费配额。

③ 配额分配方法

a. 祖父法　由于各行业数据基础缺失，行业内工艺差距较大等原因，欧盟在前两个阶段大量采用祖父法确定设施排放，并依此作为免费配额的分配依据。在第三阶段中，祖父法主要应用于对航空业的配额分配上。2012 年航空企业的总体分配额度等于以 2004—2006 年为基准期的平均航空业排放额度的 97%。该比例在第三阶段起降至 95%，其中 82%的总配额用于免费发放、15%用于拍卖、3%用于保留项目以保障行业内部快速增长及新进入者所需的配额储备。

b. 基准法　欧盟采用的基准法分为针对行业新进入者的基准法和针对产品的基准法。对于新进入企业，欧盟选取现有行业中排放技术最先进梯队的排放水平，即行业领先程度前 10%，向新进入企业分配配额。欧盟公布了 52 项产品基准值，适用于产品或者设施工艺符合的新进入者。如果没有相应的统一基准值，新进入企业获得的配额量由所在国的基准决定。在第一阶段中，27 个成员国为新进入者预留的配额约为 1.9 亿吨，占总数的 3%。不同国家预留的比例区别很大：从只提供 0.4%配额的波兰，到 26%的马尔他。第二阶段和第三阶段的新进入者配额占比约为 4%和 5%。新进入者配额的分配通常是“先到先得”。由于大部分国家的预留配额被耗尽的情况很有可能出现，部分新进入的企业必须去市场上购买配额。然而，意大利和德国已经表示政府将会在市场上购买配额提供给新进入者。

针对产品设立的基准值则更为复杂。欧盟委员会认为工业生产行为所得出的产品是具有统一的市场竞争标准的，因此在特定的同一类产品上，不应该按照工艺进行细分，而应该确定每单位产品所需的排放量，并以此作为基准值的确定依据。欧盟建立了四种分配模型，包括产品基准法（覆盖 75%的排放量）、热量基准值（覆盖 20%的排放量）、燃料基准值（覆盖 5%的排放量）和进程排放（覆盖 1%的排放量），并在此基础上逐步完善基准法的应用。

欧盟委员会在 2011 年第 278 号决议（2011/278/EU）中采用列举法，对可乐、石灰、长纤维硫酸盐纸浆、石膏、塑料 PVC 板等均进行了产品列举，明确规定了包括上述产品在内的 38 个行业产品类别基准值、55 个特殊精炼产品类别基准值、14 个燃料和电力基准值、2 个热值基准值和 8 个芳香族环烃基准值。各项基准值的确定来源于对产品历史行为水平和二氧化碳加权质量的计算，其中历史行为水平一般设定为该类产品在 2005 年 1 月 1 日至 2008 年 12 月 31 日的产品排放水平的中值。为了提高行业生产效率，进一步增加减排激励作用，也有个别产品将 2009 年 1 月 1 日至 2010 年 12 月 31 日作为基准年份。二氧化碳加权质量则由产品本身确定，即产品内和产品生产过程中的副产品及附加设施所包含的二氧化碳的当量。在利用基准值进行分配时，基准线计算方法的一般形式可表示为：

配额=基准值×历史行为水平×碳泄漏风险敞口×调整因子

考虑到基准产品在二氧化碳加权质量确定后的单位排放，欧盟统一了碳泄漏风险敞口（如高成本、企业转型、宽松减排政策等引起排放量的增加），并针对电力生产行业和非电力生产行业设置了统一的调整因子。

c. 拍卖分配　自2005年开始，欧盟碳交易体系在体系建设中设计了拍卖机制，在三个阶段中，拍卖机制从第一阶段的3%提升到了2013年的30%，并在之后逐渐增加拍卖量，直至2020年达到70%的拍卖分配。其中前两个阶段主要由成员国自行确定拍卖总量，第三阶段则由欧盟委员会确定整体的配额拍卖总量。

欧盟委员会通过制定2009年第29号令（Directive 2009/29/EC），明确规定了欧盟委员会确定总量后各国在执行拍卖时的配额比例。法令规定，88%的拍卖配额需要依照各成员国在2005—2007年间的排放占比确定，以具体比例分配给各成员国用于拍卖；10%的拍卖配额用于激励部分特定的国家，用于增强欧盟团体的内部团结和共同成长；2%用于奖励特定国家，这些国家在2005年达到的减排水平相较于该国在《京都议定书》中所承诺的在基准年度减排水平更低（至少超过20%的减量）。

（5）配额管理/配额分配的补充机制

① 预留配额管理　考虑到交易期内会有新企业诞生，EU ETS三个阶段均将一定比例配额纳入各国配额储备库，用于对新进入企业配额的分配。这样一方面使得总量控制得到保证，确保了配额的稀缺性，另一方面也保证了新进入企业的发展权。欧盟成员国获得储备配额后（包括拍卖用配额和新进入者预留配额），通过各国主管部门统筹组织，开展相关的拍卖和分配行为，新进入者需要向所在国家的主管部门提出申请，经该国政府核查后方可领取免费的预备配额。当预留配额出现剩余时，各国的处理方式不尽相同：有16个成员国选择将剩余的预留配额投放到市场上进行拍卖；还有6个国家（包括德国、法国、西班牙等）由于持有较多的预留配额（剩余22%），这些剩余的预留配额将被统一注销废除。

② 停业者配额管理　欧盟委员会针对停业设施所得配额的处理方法是由政府没收停业设施原来分派的排放配额。各成员国的实施结果有所区别：瑞典和荷兰允许停业设施的排放配额拥有者至少可以保有配额到其交易期结束；德国提倡并被一些成员国采用的转让规则规定停业设施可以将配额转让给新进入者，但涉及的停业设施和新进入设施必须位于同一成员国内，这是因为德国存在工厂迁往东欧的客观情况，转让规则能为维持德国本土生产设施提供一定的激励。

③ 折量拍卖　2014年2月25日，欧盟委员会在立法程序上通过了《欧盟排放交易体系拍卖条例修正案》（即“折量拍卖”，back-loading）的调整方式。2014年2月27日，EU ETS正式实施折量拍卖，利用政策调整降低配额过量对市场价格的影响。折量拍卖作为影响市场价格的短期工具，主要内容是：由欧盟委员会将原定2014—2016年拍卖的近9亿吨配额推迟到2019—2020年进行拍卖，以期缩减2019年之前的市场配额流通量。据估计，超过半数的第三阶段配额将被推迟拍卖。

（6）排放监测、报告与核证

为了获得完善、透明、持续和准确的温室气体排放数据，支撑欧盟碳市场的有效运行，实现低成本减排，欧盟碳市场制定了严格的监测、报告和核查（monitor，report and verification，MRV）制度，对体系内每台设施的排放进行监测、报告和核查。每年年底，每台设施要求提交足以覆盖其排放量的配额。若配额短缺，则需从市场中购买；若配额有富余，则可以向其他履约的设施出售。

欧盟碳市场还要求纳入管控的工业设施（industrial installations）和航空运营商制定经批准的碳排放监测计划，监测和报告其每年的实际排放。该监测计划是其取得排放许可证所必须的一部分。根据欧盟决议 2004/156/EC（MRG2004）规定，碳排放的年度报告的数据必须在下一年度3月31日之前经一个认可的核查机构核查。一旦核查完成，纳入实体，必须在该年4月30日之前上缴等量的配额或信用。

为了保障年度报告排放的质量和数据的准确性，欧盟还出台了设施和航空器的经营者在进行监测和报告其年度排放时必须遵守的两部监管规则：《监测和报告管理条例》和《审定和核查管理条例》。

为了协调各成员国的差异，欧盟委员会制作并发布了统一的监测计划、年度排放报告、核查报告和改善报告的电子模板和指南，指导各机构填写计划和报告。针对航空业，欧盟还专门出台了监测和报告指南。

（7）灵活履约

根据欧盟链接指令（EU Linking Directive，2004）的规定，允许重点排放单位使用 CDM 项目产生的 CER 及 JI 项目产生的 ERU 进行履约，但是欧盟市场的各交易阶段对抵消信用额度的使用作出了不同的限制。第一阶段允许无限制使用 CDM 和 JI 履约。第二阶段和第三阶段对碳抵消项目的质量做出了限制，主要排除了土地和林业项目及核能项目的使用，并严格限制了大型水电项目的使用。

#### 1.2.1.2 美国区域温室气体减排行动

区域温室气体减排行动（Regional Greenhouse Gas Initiative，RGGI）是美国首个强制性的、基于市场的区域性温室气体减排计划。2003年4月，美国纽约州前州长提出创立该计划，2005年，美国东北部和中大西洋地区的七个州（康涅狄格州、特拉华州、缅因州、新罕布什尔州、新泽西州、纽约州、佛蒙特州）签署了合作备忘录（Memorandum of Understanding，MOU）。2007年，另外三个州（马里兰州、马萨诸塞州、罗得岛）也加入并签署了 MOU。

十个签约州同意采纳 MOU 规定的各州之间的二氧化碳排放预算与份额。同时，各州依据《示范规则》（Model Rule）作为共同基础，自行制定州内管制条例。2008年12月31日，《示范规则》定稿，各州参照示范规则制定各自的总量控制与交易计划。2009年1月1日，RGGI 排放交易计划正式实施。

2011年年底，新泽西州因质疑 RGGI 的实际减排效果退出 RGGI，因此目前参与 RGGI 排放权交易的州共有九个，宾夕法尼亚州与华盛顿特区作为观察员参与。

2013年年初，RGGI 完成了对总量控制与交易计划的审查并颁布了修订的《示范规则》，对体系进行改进，各州也相继通过了新的《示范规则》。

（1）减排目标

RGGI 的设计目标是在不显著影响能源价格的前提下，以最低成本减少二氧化碳排放，同时鼓励发展清洁能源。RGGI 提出的总量目标是，到2018年，发电部门的二氧化碳排放量相对于2000年的水平减少10%。该目标分为两个阶段实施：第一阶段（2009—2014年），将二氧化碳排放量稳定到2009年的二氧化碳排放水平，由于新泽西州2011年选择退出 RGGI，其排放预算从2012年开始从 RGGI 总的排放预算中扣除，所以2009—2011年为每年

1.88亿短吨[1]，2012—2014年为每年1.65亿短吨；第二阶段（2015—2018年），比2009年的二氧化碳排放水平降低10%，即每年降低2.5%。

（2）总量设置

RGGI的每个履约期为3年，即2009—2011年是第一个履约期，2012—2014年是第二个履约期，2015—2017年是第三个履约期，2018—2020年是第四个履约期。根据减排目标，RGGI各年度的总量目标见表1-4。

**表1-4 RGGI各年度总量目标（旧《示范规则》）**

| 配额分配年度 | 总量目标(旧《示范规则》)/短吨 |
|---|---|
| 2009 | 188,000,000 |
| 2010 | 188,000,000 |
| 2011 | 188,000,000 |
| 2012 | 165,000,000 |
| 2013 | 165,000,000 |
| 2014 | 165,000,000 |
| 2015 | 每年降低2.5%,160,462,500 |
| 2016 | 每年降低2.5%,156,049,781 |
| 2017 | 每年降低2.5%,151,758,412 |
| 2018 | 每年降低2.5%,147,585,056 |

需要注意的是，RGGI总量目标是各州目标之和，各州根据其发电部门2000—2004年的历史排放以及到2009年之前的增长情况确定各自目标。

（3）覆盖范围

RGGI的排放结构具有较典型的成熟发达经济体的碳排放特色。美国主要的温室气体种类为二氧化碳，具体而言，RGGI主要的排放行业为电力、交通和居民。

在确定覆盖行业时，首先需要考虑的因素是排放数据的可获得性，然后选择重点排放行业，并在纳入更多行业带来的益处与随之产生的昂贵测量费用之间进行权衡。美国环境保护署（Environmental Protection Agency，EPA）模拟研究显示，最大的减排量来自于电力行业，电力行业对减排的需求程度较高。另外，还需要考虑政治上的可接受性——包括体系参与者和政府管理者。例如，因为美国实施交通燃料税，若将交通燃料纳入覆盖行业，会面临很大的政治阻力和公众阻力，因此无论是RGGI还是加州碳交易体系，都没有纳入交通碳排放。

结合RGGI参与州的排放结构，RGGI覆盖的气体为二氧化碳，覆盖的行业为发电单一行业，具体为容量超过25MW（含）的火力发电机组，共包括225个发电厂的500～600座机组。

（4）配额分配

RGGI的配额分配包含两个层面：首先，对各州的配额分配采用了祖父法，即基于历史二氧化碳排放量，同时根据各州用电量、人口、新增排放源等因素进行调整确定配额总量；

---

[1] 短吨为美国的计量单位，1短吨=0.90718t。

其次，发电厂分配的配额，一般由各州自行分配。各州必须将 20%的配额用于公益事业，并预留 5%的配额进入设立的碳基金中，以取得额外的碳减排量。

第一阶段第一控制期（2009—2011 年）以及第一阶段第二控制期（2012—2014）的配额分配如表 1-5 所示，其中 2014 年进行了第一次临时调整，如图 1-1 所示。

**表 1-5　各参与州配额分配结果**

| 参与州 | 分配配额(2009—2011)/短吨 | 分配配额(2012—2014)/短吨 | 分配配额(2012—2014)(第一次配额临时调整后)/短吨 |
|---|---|---|---|
| 康涅狄格州 | 32,085,108 | 27,281,967 | 26,794,998 |
| 特拉华州 | 22,679,361 | 19,184,261 | 18,808,658 |
| 缅因州 | 17,846,706 | 15,175,054 | 14,879,487 |
| 马里兰州 | 112,511,949 | 95,368,910 | 93,505,549 |
| 马萨诸塞州 | 79,980,612 | 67,807,514 | 66,482,919 |
| 新罕布什尔州 | 25,861,380 | 21,989,931 | 21,561,629 |
| 新泽西州 | 68,678,190 | — | — |
| 纽约州 | 192,932,415 | 163,850,432 | 160,655,192 |
| 罗得岛 | 7,977,717 | 7,603,453 | 7,471,331 |
| 佛蒙特州 | 3,677,490 | 3,106,970 | 3,046,065 |
| 总量 | 564,230,928 | 421,368,492 | 413,160,828 |

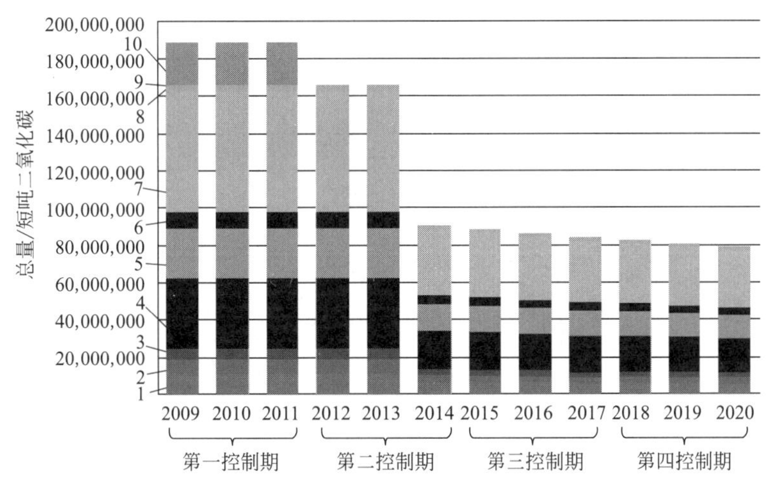


图 1-1　新《示范规则》（二次临时调整前）各州配额分布

1—CT（康涅狄格州）；2—DE（特拉华州）；3—ME（缅因州）；4—MD（马里兰州）；5—MA（马萨诸塞州）；6—NH（新罕布什尔州）；7—NY（纽约州）；8—RI（罗德岛州）；9—VT（佛蒙特州）；10—NJ（新泽西州）

RGGI 是全球第一个用拍卖方式分配几乎全部配额的碳排放交易制度。拍卖设计经过严格的研究，并听取了利益相关方的意见。配额通过每三个月一次的区域拍卖来发放，发电厂可以将配额进行交易或储存。

从 2008 年 9 月至 2016 年 3 月，已进行了 31 次拍卖，累计已拍卖 8.15 亿个配额，拍卖总收入为 24.4 亿美元。31 次拍卖的平均价格为 2.95 美元/短吨二氧化碳。

2009—2011 年及 2012—2014 年 RGGI 配额分配情况如图 1-2、图 1-3 所示。

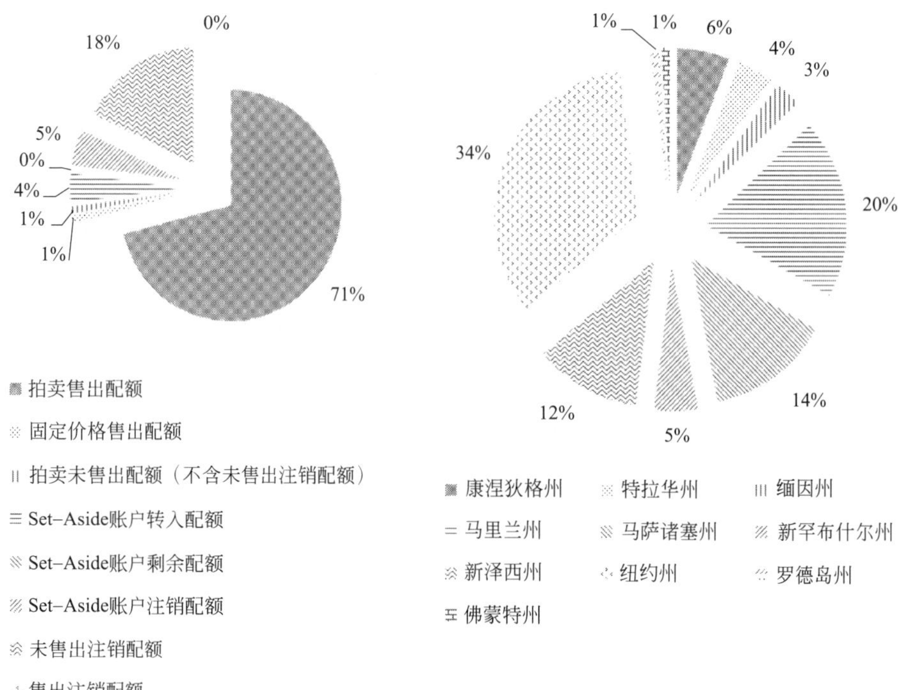


图 1-2 2009—2011 年 RGGI 配额分配

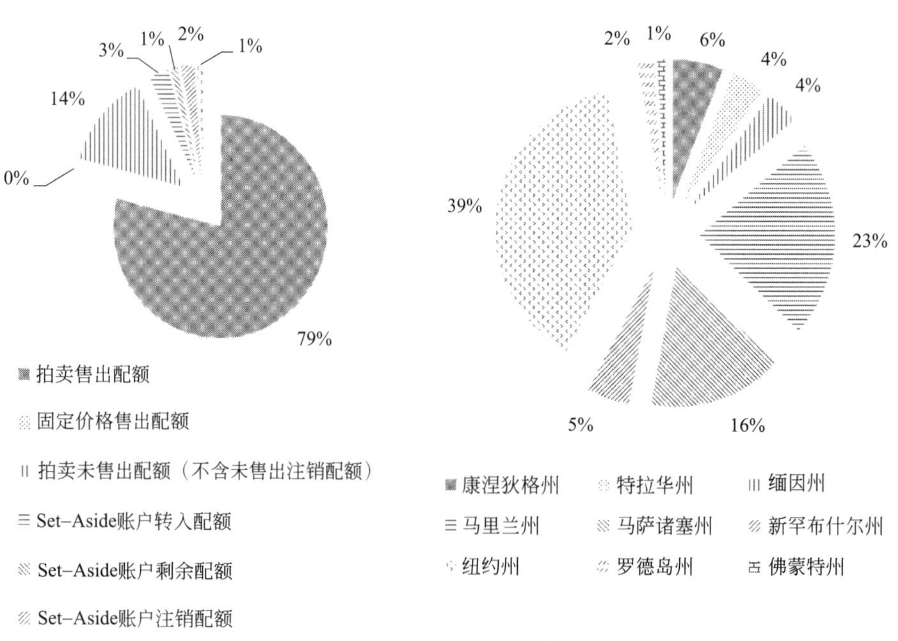


图 1-3 2012—2014 年 RGGI 配额分配

（5）配额管理/配额分配的补充机制

① 早期行动配额　在 2006—2008 年采取符合条件的减排行动的管制对象将可获得管制机构分配的早期行动配额。但已经关闭的工厂不能进行早期行动配额的分配申请。此外，还必须遵守以下规定：管制对象必须在 2009 年 5 月 1 日前提出早期行动配额分配申请；管制对象必须证明在基准线期间（2003—2005 年）其所属的所有排放单元都包含在申请早期行动的配额分配的排放单元中，排放源中新增的排放单元也必须计算在早期行动配额期间；管制机构必须依据相应方法科学计算出分配给管制对象的早期行动配额数量；管制对象必须证明其交给管制机构的排放数据符合 RGGI 关于数据监测和报告的要求；管制机构确认分配给管制对象早期行动配额后，应当在 2009 年 12 月 31 日前分配至管制对象的履约账户中。

② 管制行业豁免保留分配　所谓的“管制行业豁免”是指符合 RGGI 规定的管制条件应当成为 RGGI 管制对象的电力生产设施，因其向电网供电比例小于或者等于其年度发电总量的 10%，而获得豁免，不必接受 RGGI 管制。但获得豁免的电力设施应当向 RGGI 报告其年度发电量及向电网供电量，并保持相关记录达 10 年，必要时时间可以延长。为了管理管制行业内符合 RGGI 规定的豁免条件的电力企业产生的碳排放，管制机构应当设立管制行业豁免保留配额账户。每年的 1 月 1 月，管制机构都会从管制行业豁免保留配额账户中注销二氧化碳配额，注销数量为最近 3 年豁免对象平均年度排放量。在注销配额之后，如该账户仍有剩余配额，管制机构将视情况将配额转移至其他管制对象的履约账户中。

③ 新《示范规则》调整　鉴于 RGGI 在开始制度探索时的小心谨慎，每年的配额总量远超需求值。2013 年 2 月 7 日，RGGI 发布了修订的新《示范规则》，降低配额总量，将 2014 年的二氧化碳配额降低了 45%，即由原来的 1.65 亿短吨减少到 0.91 亿短吨；2015—2020 年每一年配额总量都将比上一年减少 2.5%（如表 1-6 所示）。此次的大幅减额显示出对该区域内温室气体减排的目标与决心。

**表 1-6　RGGI 各年度总量目标**

| 配额分配年度 | 总量目标（旧《示范规则》）/短吨 | 总量目标（新《示范规则》）/短吨 |
|---|---|---|
| 2009 | 188,000,000 | — |
| 2010 | 188,000,000 | — |
| 2011 | 188,000,000 | — |
| 2012 | 165,000,000 | — |
| 2013 | 165,000,000 | — |
| 2014 | 165,000,000 | 91,000,000 |
| 2015 | 每年降低 2.5%，160,462,500 | 每年降低 2.5%，88,725,000 |
| 2016 | 每年降低 2.5%，156,049,781 | 每年降低 2.5%，86,506,875 |
| 2017 | 每年降低 2.5%，151,758,412 | 每年降低 2.5%，84,344,203 |
| 2018 | 每年降低 2.5%，147,585,056 | 每年降低 2.5%，82,235,598 |
| 2019 | — | 每年降低 2.5%，80,179,708 |
| 2020 | — | 每年降低 2.5%，78,175,215 |

此外，针对 2009—2013 年储存机制导致的剩余配额，新《示范规则》还包含两项临时调整：第一控制期临时调整（The First Control Period Interim Adjustment for Banked Allowances，FCPIABA）和第二控制期临时调整（The Second Control Period Interim Adjustment for Banked Allowances，SCPIABA）。第一控制期临时调整根据2009—2011年未使用的配额数量，在2011年年底对2014—2020年7年间的配额总量进行相应扣减。第二控制期临时调整根据2012—2013年未使用的配额数量，在2013年年底对2015—2020年6年间的配额总量进行相应扣减。临时调整扣减的2014—2020年配额总量之和为1.40亿短吨，如表1-7所示。

**表1-7 RGGI二次临时调整后的总量目标**

| 配额分配年度 | 总量目标/短吨 | 第一控制期临时扣减/短吨 | 第二控制期临时扣减/短吨 | 扣减后的基础总量目标/短吨 |
|---|---|---|---|---|
| 2014 | 91,000,000 | 8,207,664 | | 82,792,336 |
| 2015 | 88,725,000 | 8,207,664 | 13,683,744 | 66,833,592 |
| 2016 | 86,506,875 | 8,207,664 | 13,683,744 | 64,615,467 |
| 2017 | 84,344,203 | 8,207,664 | 13,683,744 | 62,452,795 |
| 2018 | 82,235,598 | 8,207,664 | 13,683,744 | 60,344,190 |
| 2019 | 80,179,708 | 8,207,663 | 13,683,744 | 58,288,301 |
| 2020 | 78,175,215 | 8,207,663 | 13,683,745 | 56,283,807 |

④ 设置成本控制储备触发价格　新《示范规则》撤销了原本为了防止市场失灵设计的两个安全阈值制度，取而代之的是“成本控制储备触发价格”（Cost Containment Reserve，CCR）机制。由RGGI建立碳排放配额的储备，即成本控制储备，是在拍卖配额之外为控制配额成本设置的额外的配额。成本控制储备触发价格是指在拍卖二氧化碳配额时，一旦设定的二氧化碳配额被拍卖完毕，就会将储备的二氧化碳配额以下列价格拍卖：2014年为4美元，2015年为6美元，2016年为8美元，2017年为10美元，考虑通货膨胀，此后该价格水平每年提高2.5%（如表1-8所示）。这一机制的引进同样是为了缓解二氧化碳拍卖配额供不应求的市场压力，给买卖双方一定的节能减排缓冲期。这一价格会随着时间而增长。

**表1-8 CCR触发价格**

| 年份 | CCR配额量/百万短吨 | 触发价格/美元 |
|---|---|---|
| 2014 | 5 | 4 |
| 2015 | 10 | 6 |
| 2016 | 10 | 8 |
| 2017 | 10 | 10 |
| 2018 | 10 | 10.25 |
| 2019 | 10 | 10.50 |
| 2020 | 10 | 10.75 |

（6）排放监测、报告与核证

根据RGGI有关规定，排放数据的监测、报告与核证需满足以下规定：

① 安装、验证和数据计算　管制对象应当按照RGGI的规定安装必要的监测系统，并

且成功完成监测系统所有必需的验证性试运行，保质保量地记录和报告来自监测系统的数据。

② 履约日期　管制对象必须在以下日期前完成监测系统的验证性运行：在2008年7月1日前开始商业运行的管制对象必须在2009年1月1日前完成；在2008年7月1日及以后开始商业运行的管制对象必须在2009年1月1日或开始商业运行后90个运行日或180个日历日中最晚的日期前完成；新建生产线在上述日期之后完成的，必须在新生产线第一次向空气中排放二氧化碳后90个运行日或180个日历日中最早的日期前完成。

③ 报告数据　如果管制对象未能在上述日期前完成监测系统试运行，将按照二氧化碳最大可能排放值进行记录和报告；如果管制对象未能在上述日期前完成监测系统试运行，但管制对象能够证明其排放是延续其之前排放因子的，将按照丢失数据的程序记录和报告二氧化碳排放量，而不是采用最大可能排放值。

④ 禁止规定　未经管制机构或其代理机构书面批准，禁止使用任何替代性监测系统、替代性监测方式或其他替代措施进行监测、记录和报告；未按照RGGI规定进行二氧化碳排放监测和记录时，禁止任何管制对象向大气排放二氧化碳；任何管制对象，除监测系统重新验证、校准、质量保证性测试和日常维护需要外，不得干扰、中断监测系统部分或全部的运行。除以下情况以外，任何管制对象禁止报废或永久停止监测系统部分或全部的运行：第一，管制对象经过批准运行另一套监测系统和方法；第二，管制对象按照规定提交替代性监测系统验证测试并获得批准。

(7) 灵活履约

RGGI二氧化碳抵消信用是电力行业以外类型的项目产生的温室气体减排。目前只有五类项目可以在RGGI成员州获得抵消信用，这些信用主要是涉及九个州内实施的减排或封存二氧化碳、甲烷、六氟化硫等气体的项目。碳抵消信用制度是各州二氧化碳排放交易制度的重要组成部分，通过对控排行业外的减排行动或碳封存所实现的温室气体减排量的认可，为纳入实体履约提供了灵活性的安排，更有利于实现控排成本的降低和跨行业的共赢。RGGI各州共同制定了五类抵消项目的管理规定和准则。这些条件主要是用来保证碳抵消项目实现的减排和碳封存是真实的、额外的、可核证的、可执行的和永久的，所有碳抵消项目必须位于一个RGGI成员州内。

抵消信用的使用有一定的数量限制，每个交易阶段每位纳入实体最多可以使用自身履约义务的3.3%的抵消信用履约，在特定条件下数量限制可以提高至5%～10%。从第三交易阶段开始，纳入实体在每个交易阶段中期必须持有实际排放量50%的排放配额，抵消信用最多占履约义务的3.3%。

#### 1.2.1.3　美国加州总量控制与交易体系

美国加州于2006年通过《加州应对全球变暖法案》(AB32)，提出了建立碳交易制度，并于2012年正式启动碳交易市场。

(1) 减排目标

加州总量控制与交易体系的目标是将加州范围内2020年温室气体排放恢复到1990年的水平，预计2020年上限在3亿吨左右。

(2) 总量设置

加州总量控制与交易体系的配额将分配给年排放量超过25,000t二氧化碳的工业企业和发电设施。加州在三个履约期内设置的配额预算与上限如表1-9所示。

表 1-9 加州 ETS 的配额预算与上限

| 项目 | 年度 | 预算总量/亿吨 | 总量上限/百万吨 |
|---|---|---|---|
| 第一履约期 | 2013 | 1.63 | 1.60 |
| | 2014 | 1.60 | 1.57 |
| 第二履约期 | 2015 | 3.95 | 3.38 |
| | 2016 | 3.82 | 3.66 |
| | 2017 | 3.70 | 3.55 |
| 第三履约期 | 2018 | 3.58 | 3.32 |
| | 2019 | 3.46 | 3.21 |
| | 2020 | 3.34 | 3.10 |

加州在第一履约期内，依照 2012 年总排放量要求逐年下降至 2014 年的 1.60 亿吨；从第二履约期开始，由于商业/住宅、液化石油气和运输燃料加入管制对象，2015 年加州排放总量限制提升至 3.95 亿吨，在随后直至 2020 年计划完成时间为止，每年排放总量限制逐年下降。为保证总量设定的严格性，加州总量控制与交易计划在 2020 年的总量设定是 3.34 亿吨二氧化碳当量，满足加州 AB 32 法案的法定减排目标。

体系第一年（2013 年）的总量配额将基于参与者 2012 年排放量的 98%进行评估并设定。随后，总量将每年按 2%（2014 年）到 3%递减。从 2014 年开始后每一年，履约主体须在 11 月 1 日前上缴相当于其前一年排放量 30%的配额，这些配额将在每三年的履约期末被用来抵消企业的排放量。

（3）覆盖范围

加州政府每年会按照范围界定计划的整体要求对所有项目进行监测，并依照不同的用能主体划分排放分布。自 2000 年起至 2012 年，加州排放量稳定在 4.5 亿吨至 4.9 亿吨的区间。2008 年界定规划出台后，全州减排成效有所提升，总量从 2008 年的 4.87 亿吨碳排放量降低至 2012 年的 4.59 亿吨，相对于 2008 年达成了超过 5.8%的减排量。历年排放分布中交通运输、供电和工业产业仍是最重要的部分（如图 1-4 所示）。

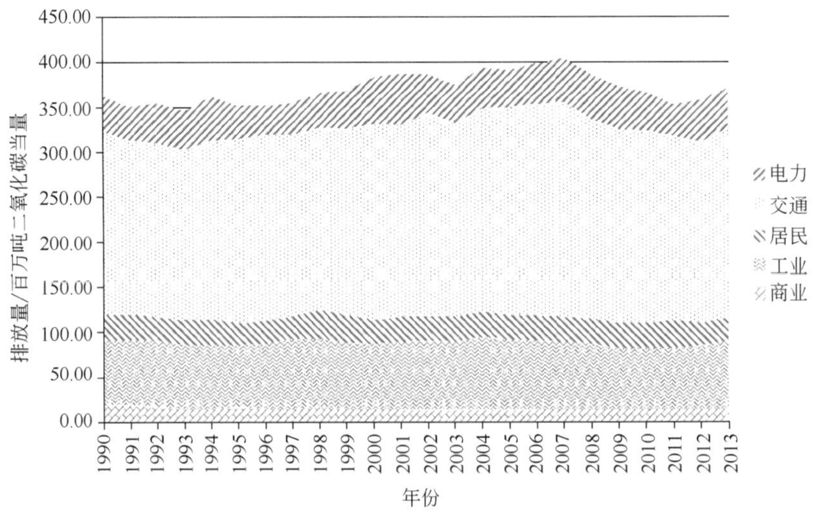


图 1-4 1990—2013 年排放主体排放量

加州碳排放交易体系覆盖了加州的所有主要行业，包括炼油、发电、工业设施和运输燃料等年排放量至少为 25,000t 二氧化碳当量的企业。2013—2014 年，交易体系首先覆盖了电力供应（包括进口）和工业，占加州总温室气体排放量的 35%；2015 年起覆盖范围扩大到天然气供应商和其他燃料分销商，占加州总温室气体排放的 85%。加州碳排放交易体系的覆盖范围如表 1-10 所示。

**表 1-10　加州 ETS 各阶段覆盖范围**

| | |
|---|---|
| 总体覆盖情况 | 温室气包括《京都议定书》规定的六种温室气体以及 $NF_3$<br>约 600 家年排放超过 25,000t 二氧化碳当量的工业企业将被纳入体系，占加州温室气体排放总量的 85% |
| 各阶段覆盖范围 | 第一阶段：2013 年 1 月 1 日—2014 年 12 月 31 日，主要是工业设施、电力生产、热力、电力进口商<br>第二阶段：2015 年 1 月 1 日—2017 年 12 月 31 日，新增包括天然气供给和燃料供应商和进口商<br>第三阶段：2018 年 1 月 1 日—2019 年 12 月 31 日，在之前覆盖范围基础上自愿加入 |

电力、工业部门作为排放的主要来源，将在第一阶段加入 ETS 覆盖范围。考虑到能源结构，天然气等将在第二阶段加入 ETS。同时，加州政府认为覆盖终端交通部门是一个不明智的举措，尽管这样可以大量减少交通部门的碳强度。而引入的一些标准并不能减少交通行业温室气体排放的绝对值，只是减少了行业内的排放。因此，上游燃料被直接纳入碳交易体系，包括燃料供应商以及公路运输燃油的进口商。

（4）配额分配

为减少排放权贸易体系对加州经济产生负面影响，加州政府在体系设计中非常重视配额分配过程。加州 ETS 制定了三个阶段的配额分配方法。其中，第一阶段（2013—2014 年）至少 90%的配额免费分配给所有企业；第二阶段（2015—2017 年），对高泄漏类（High Leakage Category）企业免费分配所有配额，对中等泄漏类（Medium Leakage Category）免费分配 75%的配额，对低泄漏类（Low Leakage Category）免费分配 50%的配额；第三阶段，对高泄漏类企业的分配不变，中等泄漏类和低泄漏类企业免费分配的比重分别下降至 50%和 30%。加州碳排放交易体系的配额分配过程如表 1-11 所示。

**表 1-11　加州碳排放交易体系配额分配过程**

| | |
|---|---|
| 拍卖 | 被拍卖的配额是从 2013 年开始到 $N$ 年的配额，以及 $N+3$ 年 10%的配额<br>基础配额价格：2013 年配额拍卖底价为 10 美元；2015 年配额底价为 11.58 美元。储备配额平均出售价格为 $N-1$ 年的价格加 5%的通货膨胀率<br>拍卖覆盖限制：除电力经销商外，10%的 $N$ 年配额以及 25%的其他年份配额 |
| 免费分配 | 对于电力经销商的固定比例：2013—2020 年间的 24%的配额<br>基于行业的基准线<br>第一档 基准线的 100%<br>第二档 基准线的 50%—100%，视每个行业碳泄漏情况而定<br>第三档 基准线的 30%—100%，视每个行业碳泄漏情况而定 |

① 免费分配　加州总量控制与交易计划建议出于以下两个目的，将大部分配额免费分配给工业行业：一是帮助工业行业实现转型；二是防止工业行业排放转移。提供免费配额帮助工业行业实现转型是为了促进工业行业向低碳经济转型，这种转型帮助随着管制对象逐渐适应碳价格和采纳节能及减排战略后逐渐下降。同时，加州碳交易项目决策者认识到，如果

企业为了摆脱加州的限制而将生产移到没有对温室气体排放进行限制和要求的州或地区，总体排放不仅不会降低反而可能会上升。这就会产生排放的“泄漏”。于是，加州在项目开始初期对这些企业免费给予较多的排放配额，但是在项目后期必须购买拍卖的配额。

部分免费分配主要是针对工业设施，目的是避免其业务因受到成本提高的影响而转移到海外。免费配额数量将基于设施的产量数据以及碳强度基准线来计算。

2013年免费配额主要分配给电力企业（不包括发电厂）、工业企业和天然气分销商，免费分配量逐年递减。其中，给工业企业的配额基于产出和具体行业的排放强度基准；给电力企业的配额基于长期采购计划；给天然气企业的配额基于2011年的排放量确定。其中，加州的基准线采用“一个产品，一个标杆”的原则，具体的基准值取同一产品碳排放强度的加权平均值的90%，权重为产品产量。当结果低于最先进的企业水平时，取该先进企业的碳排放强度作为基准值。此外，加州碳市场还考虑了碳市场导致的外购能源的价格上涨，因此引入了电力与热力消费的调整因子，用于抵消外购能源消费的成本上升。加州碳市场共制定了18个行业中28个产品的基准值。

② 配额拍卖　加州运作的拍卖体系改进了欧盟在前两个承诺期中以免费分配为主的配额分配方式，积极推进配额拍卖和配额价格控制储备等机制，以灵活调节配额的供需和价格波动，避免配额的过多分配。拍卖能够实现价格发现，即为市场参与者提供清晰的配额价格信号，拍卖的配额数量将逐年增加。因为随着时间的推移对转型的帮助将结束，燃料分销从2015年纳入管制。当空气资源管理委员会认为排放转移的风险减轻之后，将以拍卖的形式分配配额。

拍卖会采取一轮竞标，密封投标的方式，投标的配额数量必须是1000的倍数，投标价格必须是整数，以美元或美分为单位。由加州空气资源管理委员会设定拍卖底价，低于拍卖底价的拍卖将不成立，同时加州空气资源管理委员会（CARB）也不会在这种情况下卖出配额。根据加州空气资源管理委员会（CARB）公布的数据，2012年11月，加州进行了首次配额拍卖，成交价格为10.09美元。2013年加州排放权贸易体系配额拍卖的总量为5762.8万吨，配额拍卖底价为10.71美元，分4次拍卖。2013年免费配额为5389.5万吨，这些配额被分配到了139个企业。

(5) 配额管理/配额分配的补充机制

加州ETS对有合格的热力输出的设施进行排放限量豁免，拥有符合以下两个条件的设施的企业可以申请设施的排放限量豁免：一是因内设热力输出生产而没有超过总量控制与交易体系纳入标准的热电联产机组；二是服务于多个终端用户且仅在向终端客户提供供暖服务的过程中产生排放的区域供暖系统。这些设备将不被纳入总量控制与交易体系。

此外，为了避免短期内配额价格大幅度波动，加州会在一定程度上对配额价格进行调控。首先，加州规定配额的最低价格是10美元。该价格也是加州配额的拍卖底价。加州还规定了对应的上限价格，即通过引入成本控制储备配额而设定了封顶价格。加州储备配额的数量约是总体配额的5%，这些配额每个季度将以固定价格卖给那些强制性减排单位。第一档的储备配额价格是40美元/t，第二档和第三档的价格则是45美元/t和50美元/t，这些价格将以每年5%的通货膨胀率增加。

(6) 排放监测、报告与核证

加州对于企业的碳排放监测、报告与核查（Monitoring，Reporting and Verification，MRV）的要求如表1-12所示。

表 1-12　加州监测、报告以及核查要求

| 排放量 | 报告要求 | 检测要求 | 核查要求 | 履约要求 |
| --- | --- | --- | --- | --- |
| 大于或等于 25,000t 二氧化碳当量 | 按照管制对象要求报告 | 需要提交书面的监测计划给核查机构或者加州空气资源管理委员会检查 | 需要核查 | 要求履约 |
| 小于 25,000t 二氧化碳当量 | 可简化报告 | 不需要提交书面的温室气体监测计划 | 不需要核查 | 不要求履约 |

企业提交碳排放报告后，需要委托核查机构对排放报告进行核查。核查机构完成核查后将核查报告提交给企业及加州空气资源管理委员会。

加州的核查机制有以下特点：

① 核查机构、核查人员认可制　加州空气资源管理委员会 CARB 对核查机构、主任核查员以及核查员都进行过资质的认可。

② 核查的频率不同　有些企业必须每年核查一次；有些企业是每个履约周期，即 3 年，提交一次完整的核查，其余 2 年内进行简化核查。简化核查意味着对于这些企业可以不去现场检查。

③ 核查机构的时间限制　同一家核查机构与企业合作进行核查最多连续 6 年，6 年后需要更换核查机构，同时该核查机构需要在 3 年后方能重新使用。

④ 避免核查机构与被核查企业出现利益冲突　空气资源管理委员会 CARB 十分重视避免核查机构及其人员与接受核查的企业存在利益冲突。核查机构必须对利益冲突进行评估并提交给加州空气资源管理委员会，只有不存在利益冲突才能开展核查。

⑤ 决定权归属空气资源管理委员会　当企业不进行定期报告，或者没有及时地上交核查报告，或不同意核查机构的意见时，企业可向加州空气资源管理委员会递交申诉。当加州空气资源管理委员会审计核查报告发现问题时，加州空气资源委员会有权直接决定企业的排放量和相应履约量。

（7）*灵活履约*

加州引入了碳抵消机制以降低企业减排成本，且最高抵消比例为其履约排放量的 8%，共计 2.32 亿吨（2012—2020 年）。加州对抵消项目的类型有严格限制，且项目方法学均由加州自主开发认可。截至 2014 年 12 月，共有四个抵消项目标准列入抵消认可范围，分别是：美国臭氧消耗物质项目标准（ODS Projects Protocol）、禽畜粪肥项目标准（Livestock Manure Projects Protocol）、城市森林项目标准（Urban Forest Projects Protocol）和美国森林项目标准（U. S. Forest Projects Protocol）。

就抵消项目的地域而言，加州目前只允许来自美国境内的项目，但也建议空气资源委员会签发位于美国、加拿大和墨西哥的抵消项目的抵消信用，原因是州外的抵消项目可以扩展交易计划的范围，允许更多的低成本温室气体减排，降低交易计划的整体成本。

#### 1.2.1.4　新西兰排放交易体系

新西兰温室气体排放量约占世界总量的 0.2%，居全球第 51 位。新西兰也是发达国家中碳排放增长最快的国家之一。2006 年，新西兰碳排放总量比 1990 年增长了 26%。1990 年，新西兰温室气体排放总量为 59,797,200t 二氧化碳当量。2010 年，增加到 71,657,200t 二氧化碳当量，增长 19.8%，平均每年增长 0.9%。其中，二氧化碳是新西兰主要排放的温室气体，增长最快，达到 34%。其温室气体排放的主要来源是农业和能源部门。虽然新西

兰温室气体排放量只占全球总排放量的0.2%～0.3%，但人均二氧化碳年排放量远高于世界平均水平，2008年达7.8t/人，是西欧国家平均水平的2倍、中国的1.6倍（2008年中国为4.91t）。温室气体排放量的持续上升对新西兰的气候影响越来越大。

为应对气候变化，实现温室气体减排，新西兰加强了立法工作。2001年11月通过了《2002年应对气候变化法》，并在2006年12月至2007年3月间，就碳排放权交易、碳税、奖励、补贴、直接监管措施等五种应对气候变化的政策广泛征询意见，最后确定建立新西兰排放交易体系（NZ ETS）作为低成本实现新西兰碳减排的首选方法。2008年9月15日，新西兰对该法案进行修订，明确新西兰排放交易体系是新西兰以低成本控制温室气体排放的主要措施，给所有经济部门限定了二氧化碳排放限额，超额排放需购买额外指标。此次修订还确定了加入的行业部门和时间表、温室气体类型、排放单位的配额分配、碳价格等内容，同时制定措施以降低新西兰排放交易体系对企业、家庭和就业的影响。2011年5月17日，新西兰针对2050年的长期减排目标，对该法案再次进行修订，针对有关的机构和人员作出了相关规定，进一步完善新西兰排放交易体系。2012年8月，在欧洲债务危机恶化、全球碳交易市场低迷的情况下，新西兰再一次提出修订草案。此次修订的主要目的是在新西兰经济持续复苏的基础上，确保新西兰排放交易体系的推行不会使国内企业、家庭增加额外的经济成本，同时进一步提高新西兰排放交易体系系统的运作效率，确保新西兰排放交易体系在新西兰减排工作中发挥更大作用。

（1）减排目标

《京都议定书》规定，发达国家缔约方为实现温室气体减排义务，从2005年开始至2012年间，必须将温室气体排放水平在1990年的基础上平均减少5.2%。

新西兰政府一直致力于制定一个长期减排的气候变化政策，不断提出更高的温室气体减排目标。目前，新西兰温室气体减排目标分为短期、中期和长期，短期目标是实现京都议定书第一承诺期的要求，即到2010年碳排放量稳定在1990年水平上。中期减排目标是到2020年温室气体排放量在1990年基础上减少50%。为实现减排目标，新西兰采取了碳税、奖励、补贴、直接监管等措施减少温室气体排放。

（2）总量设置

与欧盟碳排放交易计划不同的是，新西兰ETS采取“不封顶政策”，即碳排放配额数量不设上限，不设定全国性的总排放量，政府根据行业的碳排放强度发放碳排放指标，参与ETS的行业，特别是那些生产时直接产生排放的企业，或产品产生排放的企业和进口商，须向政府购买碳排放指标，亦可以通过二级市场从其他富裕的公司购入碳指标。同时，新西兰ETS规定，那些不能将因实施ETS所增加的成本转嫁给消费者的污染型行业，有资格获得政府财政补贴。

根据排放强度和不设上限的原则，政府对密集碳排放出口型工业、加工企业和农业发放免费碳指标，企业在获得免费碳指标后，可以向市场出售，从中换取资金，以有效降低为排放而支付的成本，这样将有利于与不履行减排责任的国家竞争。目前，已有60多家公司通过资格测评，具有获得免费碳指标的资格。

政府还对植树造林给予奖励性免费碳指标。2012年1月1日之前，凡持有渔业捕捞配额的企业和个人均可向政府申领免费碳指标。这些碳指标可以出售，以补偿因实施ETS导致燃油涨价对渔业所造成的损失。

（3）覆盖范围

新西兰排放交易体系纳入《京都议定书》六种温室气体中的四种，分别是二氧化碳

($CO_2$)、甲烷($CH_4$)、氧化亚氮($N_2O$)和全氟碳化物(PFCs)。排放类型为燃料燃烧排放、工业生产过程的排放、采矿业逃逸气体及废弃物处理的排放，此外，因为第一产业是新西兰的支柱产业，所以新西兰排放交易体系还纳入了农业和林业排放源。

新西兰五大碳排放部门分别是能源、农业、工业加工、化工和污水废物处理，其中，能源部门的碳排放量占温室气体排放总量的45%，人均能源消耗远高于世界平均水平。这主要是因为新西兰居住分散，需要大量的交通运输和能源。另外，农业是新西兰的支柱产业，施用化肥、牛羊打嗝及粪便所产生的甲烷和氮氧化物占到新温室气体排放总量的49%，比例之高是其他发达国家所没有的。

新西兰排放交易体系覆盖的行业包括农业、林业、电力热力生产和供应业、采矿业(石油和天然气开采、有色金属矿采选)、石油加工业、有色金属冶炼和压延加工业、非金属矿物制品业、废弃物处理、航空运输业(自愿参与)等九大行业。具体纳入标准为：①排放量，利用地热发电和工业采热温室气体排放超过每年4000t；②产能，每年开采2000t煤以上；③能耗，燃烧1500t废油发电或制热，每年购买25万吨煤或2000TJ天然气以上的能源企业。

新西兰排放交易体系采取逐步推进的方式。2008年1月1日，林业部门成为首批进入碳交易体系的产业部门；2010年7月1日，扩展到液化化石燃料、固定能源和工业加工部门；2013年1月1日，废弃物排放和合成气体行业进入新西兰排放交易体系。农业部门原定2013年加入，但受国际金融危机和欧债危机的影响，推迟到2015年。到2015年，新西兰排放交易体系覆盖新西兰的所有行业及《京都议定书》规定的全部六种温室气体。同时，在2010年7月1日至2012年12月31日的过渡期，新西兰采取了两项重要措施：一是免费发放较大比例的排放配额许可，其他部分通过新西兰排放交易体系以25新西兰元的固定价格购买一个新西兰排放单位(New Zealand Unit，以下简称NZU)；二是液化化石燃料、固定能源和工业加工部门的企业，只需要履行50%的减排责任义务，即每排放两吨温室气体上缴一个NZU配额，相当于12.5新西兰元/吨二氧化碳当量。

新西兰排放交易体系在2008—2012年运行期间，已将林业部门、液化化石燃料、固定能源和工业加工部门纳入。同时，企业按照政府的要求将气候变化的影响纳入企业的长期发展规划，参与气候变化的研究与开发，审理气候变化科研基金，积极承担企业在应对气候变化问题上的社会责任。

新西兰政府将农业纳入ETS的做法使其在对抗气候变化方面成为全球领先者。有国际组织对此做法给予好评，并期待着新西兰的导向作用，希望能在未来十年影响其他国家和地区的碳交易制度，将农业也包括在内。根据新西兰ETS规定，参加ETS的农业企业包括：肉类生产、乳业加工、化肥生产及进口商、家禽蛋类生产和活畜出口商。从2015年1月1日，农业正式进入ETS，各企业须在年初向政府报告碳排放估量，并在年底支付碳排放实际数量。

将农业纳入碳排放交易体系，是新西兰最大的特色。一般碳排放交易参与方是能源、交通等高排放行业的重点企业。农业是新西兰的支柱产业，占GDP的10%、出口额的50%以上，为12%的就业人口提供工作机会。同时，2010年，新西兰农业所产生的温室气体占总排放量的47.1%。因此，要实现减排目标，将农业纳入新西兰排放交易体系就成为必然之举。2008年9月，新西兰《2002年应对气候变化法》修正法案正式将农业纳入新西兰排放交易体系。同时，考虑到碳排放价格化将提高农产品的成本，导致新西兰农业国际竞争力的下降，农业是最后一个纳入新西兰排放交易体系的行业，并在2015—2018年过渡期内，享有 2005 年排放基准 90%的免费排放配额，从 2016 年开始逐年核减免费排放额度，核减完毕后农场主承担全部排放责任。

（4）配额分配

为使新西兰企业不因新西兰排放交易体系的建立而导致竞争力受损，新西兰排放交易体系允许本国企业只对其二氧化碳排放量的一半承担减排义务，并在过渡期对一些企业免费发放排放许可配额。以 2005 年排放合格的企业排放水平为基准，对碳排放中、高密集型企业按照基准的 60%或 90%进行免费发放。此外，出口企业按排放基准的 90%进行免费发放；农业则在 2015—2018 年享有 2005 年排放基准的 90%的免费排放额度，从 2016 年才开始逐年核减免费排放额度。免费发放碳排放配额的措施不仅消除 NZ ETS 对企业生产成本的影响，也有利于各行业逐渐接受、熟悉进而加入新西兰排放交易体系。

（5）配额管理/配额分配的补充机制

在过渡期内的配额管理方面，新西兰排放交易机制允许非林业部门涵盖实体可以上缴一个单位配额抵消双倍排放，或者支付 25 新西兰元/吨二氧化碳当量的固定价格进行履约。1990 年之前林地相关实体可以获得一定量的免费分配配额，而 1989 年之后林地的相关实体则可以通过符合要求的活动来获得减排信用。在排放总量之内，新西兰政府通过拍卖方式增加对配额的供应。

关于跨期，新西兰只允许管控单位无限期储备免费发放的配额，不允许管控单位跨期储备过渡期[1]的配额。

关于配额存储和配额预借：新西兰排放交易体系允许配额存储，但是固定价格购买的配额除外，不允许配额预借。

（6）排放监测、报告与核证

新西兰将碳排放量的监测、报告及核查制度作为整个交易体系运行的核心，对监测和计算排放的方法进行详细的规定，并建立碳排放信息披露制度。新西兰排放交易体系的履约实体年度排放报告需要审计，并需要独立第三方审查。新西兰排放交易体系要求参加方自我评估排放量，采取月报、季报、年报的方式提交排放报告，政府再通过审计部门核查其是否合规。新西兰还不断收集、修正企业的碳排放数据，建立企业碳排放数据库。此外，对于故意不履行减排义务，即不能提交符合要求的排放单位的主体，既要以 1 比 2 的比例提交高一倍的补偿金和每吨二氧化碳当量 60 美元的罚金，还有被定罪的可能。

（7）灵活履约

关于配额抵消机制：在第一个阶段（2008—2012 年），即《京都议定书》时期，新西兰碳排放交易体系规范了《京都议定书》下确定的国际减排单位，如《京都议定书》中基于清洁发展机制下的核证减排量（CERs）和联合履行（JI）项目的减排单位（ERUs）及长期土地补偿的清除单位（RMUs）的使用，以实现用最低的成本减排温室气体。在第一个阶段，新西兰不接受以下几类项目的减排单位：①来自核项目的 CERs 和 ERUs；②长期和短期的 CERs；③非新西兰的 AAUs（《京都议定书》中基于配额交易下的分配单位）；④减少 HFC-23 和 $N_2O$ 排放的项目产生的 CERs 和 ERUs；⑤大型水力发电项目的 CERs 和 ERUs。在第一阶段，新西兰仅允许使用不超过 10%的抵消信用。在第二个阶段，即京都议定书时期后，新西兰规定，除了早期的 CER 减排信用外，管控单位不可以再用其他的国际减排信

[1] 2008—2012 年为过渡期，每单位 NZU 的法定交易价固定为每吨 25 新西兰元。过渡期结束后，政府将取消对企业的优惠，交易价格将由国内外市场价格共同决定。

用履约。但在该阶段，对抵消配额的比例没有限制。

### 1.2.2　项目市场

项目市场可以分为基于《京都议定书》框架下的 CDM（清洁发展机制）项目市场和 JI（联合履约机制）项目市场，与基于《京都议定书》框架外的 VCM（自愿减排碳市场）项目市场等。

#### 1.2.2.1　交易主体

（1）项目市场主要购买方

《京都议定书》附件 Ⅰ 中国家的政府、机构或企业是项目市场的主要购买方。

在项目市场的早期，以英国、荷兰为代表的工业化国家是参与项目市场交易的主要国家。

2003 年之前，荷兰政府是项目市场最大的购买方，购买量约占市场总交易量的 30%；原型碳基金（Prototype Carbon Fund，PCF）是市场的第二大购买方，购买量超过市场总交易量的 20%；日本私营企业的购买量的市场占比呈现上升的趋势，而加拿大企业购买量的市场占比在几年间有较大幅度的下滑；美国由于退出了《京都议定书》框架，对项目市场的购买量占比也呈现下降趋势；除荷兰外的其他欧盟国家的企业对项目市场的参与程度还不高，市场购买量占比不足 5%。

2004—2005 年间，日本的私营企业购买量占市场交易总量超过 20%，成为项目市场最大的购买方；英国的购买占比逐年上升，而荷兰政府的购买量呈下降趋势；欧洲其他地区和澳大利亚、新西兰等地对项目市场的购买比重也略有上升。

2006 年开始，英国在项目市场的购买量比例有了显著提升，购买量占市场总购买量的 50%左右；日本、荷兰等国的项目市场购买量占比逐渐缩小；西班牙、意大利、波罗的海周边国家（如德国、瑞典等）在项目市场中的购买量逐步增高。由于 EU ETS 开始运行，且管控设施可以用 CER 或 ERU 抵消排放量，被纳入体系的欧洲私营部门对项目市场的减排信用额的购买量占全部减排信用额的购买量的 80%以上。

2007 年，来自欧盟的购买者在项目市场上占据了绝对优势，超过 90%的购买者来自欧盟。日本在项目市场的购买比例有了显著提升（从 2006 年的 6%到 2007 年的 11%）。来自日本政府的“京都机制信用购买项目的支持计划”（Kyoto Mechanisms Credit Acquisition Program）为日本公共机构和企业提供了大量的资金援助，提高了其参与项目市场的积极性。

2008 年，欧盟依然是项目市场最大的购买方，其市场份额占比超过 80%。其中，接近 90%的购买量来自私企。尽管受到了经济下行的打击，欧盟的能源企业依旧积极参与项目市场。它们购买了来自一级市场的 CERs，它们认为购入 CER，不仅能提前为第三个履约期做准备，还能通过交易 CER 获得利润。

2009 年，欧盟继续领跑项目市场，但受到金融危机的影响，欧盟在 2009 的购买量远低于其在 2006 年、2007 年、2008 年的购买量。英国的金融机构成为这一年最为主要的项目市场的购买方，购买了超过 40%的减排信用额。

2002—2009 年间 CDM 和 JI 的交易量及主要买方统计如图 1-5 所示。

（2）项目市场主要出售方

项目市场的早期，工业化国家是市场主要的购买方的同时也是主要的出售方。

2001—2004 年间，转型经济体和发展中国家逐渐开始成为项目市场主要的出售方，大多数减排项目来自以巴西为首的拉丁美洲和以印度为首的亚洲，非洲国家的出售量很低，转

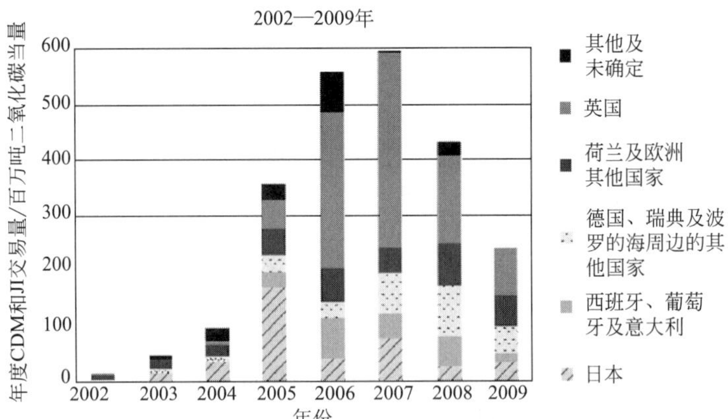


图 1-5　2002—2009 年 CDM 和 JI 的交易量及主要买方占比

（数据来自 State and Trends of the Carbon Market 2010，World Bank）

型经济体出售量不足全部出售量的 10%。

2003 年起，以俄罗斯、乌克兰、保加利亚等国为首的 JI 项目国家也开始出售项目减排信用额，俄罗斯、乌克兰两国项目业主的出售量分别占总量的 1/3 以上。

自 2005 年起，CDM 项目的出售方中，中国减排项目的项目业主迅速占据了 60%以上的减排信用额出售量。印度项目市场的减排信用价格竞争激烈，价格不断被打压而减缓了减排项目的投资和减排信用产生，拉丁美洲则由于减排项目市场的减排信用产生耗时过长，导致印度、巴西等国减排项目出售量比重下降明显。

与此同时，来自中国的减排项目得到了项目市场购买方的青睐，中国成为最重要也是最主要的减排信用额出售方，出售的减排信用额占比超过 72%，并逐步增高到超过 80%。

自 2013 年起，由于 CDM 项目只限于“最不发达国家”，中国减排项目的项目业主在国际项目市场的参与度急剧下降，而来自“最不发达”的 48 个国家的减排项目的项目业主在减排单位出售量上的比重相对提升。

2002—2011 年间 CDM 的交易量及主要卖方统计如图 1-6 所示。

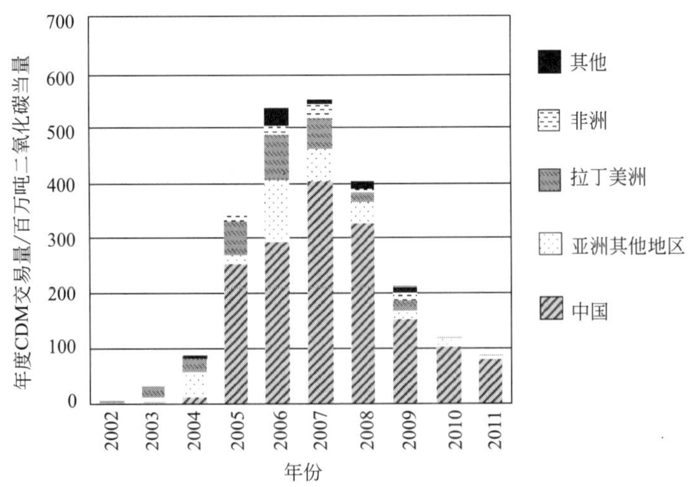


图 1-6　2002—2011 年 CDM 交易量及主要卖方占比

（数据来自 State and Trends of the Carbon Market 2012，World Bank）

#### 1.2.2.2 交易数量

(1) 早期项目市场交易数量

项目市场早期，市场的交易量主要来自基于《京都议定书》框架外的减排项目。自 2001 年起，项目市场的交易量出现了成倍增长，到 2004 年交易量已经超过了 1 亿吨（如图 1-7 所示）。

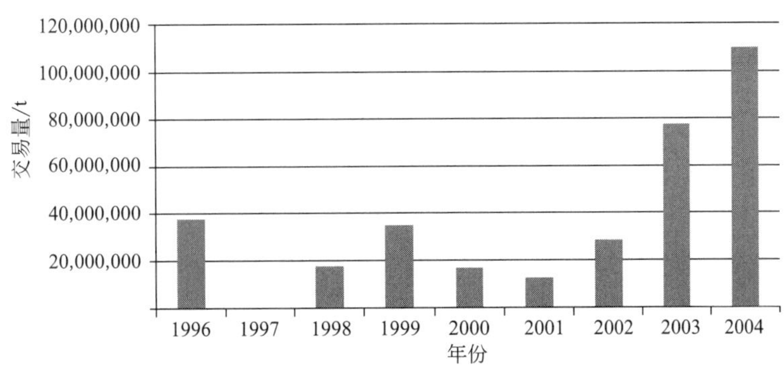


图 1-7 早期项目市场年交易量

(2) CDM 项目市场交易数量

CDM 机制是基于《京都议定书》框架下配合排放交易体系的灵活履约机制之一。

2005—2007 年是 CDM 项目市场的蓬勃发展期，年交易量逐年上升到超过 5 亿吨。这与 CER 的签发量及增长速度较快息息相关。据统计，CER 的签发量由 2005 年的 10.4 万吨飞速提升至 2007 年的 7669 万吨。

但自 2008 年金融危机开始，购买方对 CDM 项目的减排量需求下降，年交易量减少了一半以上。出现这种状况主要是基于以下两方面的原因：一是主权买方的流失。先前大力参加 CDM 发展的附件 I 中的国家，纷纷转向国际排放交易（IET）。因为相较 CERs 而言，发达国家间互相转让的“分配数量”（Assigned Amount Unit，AAU）产品交货更有保障，供给量更容易预测，不确定性风险更低。二是私人部门买家的减少。受到经济危机的影响，CERs 最大的买家欧盟内部的温室气体排放减少，导致配额过剩，削弱了对 CER 的需求。而金融机构和中介机构更加倾向于投资收购其余处于价值洼地的资产，导致部分资金从碳市场撤出。

根据欧盟委员会的要求，自 2013 年起，EU ETS 各成员国只允许使用来自“最不发达国家”CDM 项目产生的 CER。由于 EU ETS 是该阶段 CDM 项目最大的需求方，这一规定严重影响了全球各国对 CDM 的信心，导致 CDM 项目市场的成交量进一步下跌。

2005—2014 年 CDM 项目市场的年交易量如图 1-8 所示。

(3) JI 项目市场交易数量

JI 是基于《京都议定书》框架下配合排放交易体系的另一种灵活履约机制，但由于项目来源的国家均为工业化发达的国家，产生的减排量较少，因此 JI 项目市场的规模不足 CDM 项目市场的 1/10。2005 年开始 JI 项目市场的年交易量呈现上升态势，但从 2011 年开始随着 CDM 项目市场的年交易量下降，JI 项目市场的年交易量也逐渐萎缩。出现这种情况主要是基于以下两方面的原因：一是 JI 市场乏力，2013 年仅 26 个新的 JI 项目进入程序，比 2012 年 JI 项目进入量减少了 90%（2012 年有 229 个项目）。2013 年则只有 5 个新项目最终

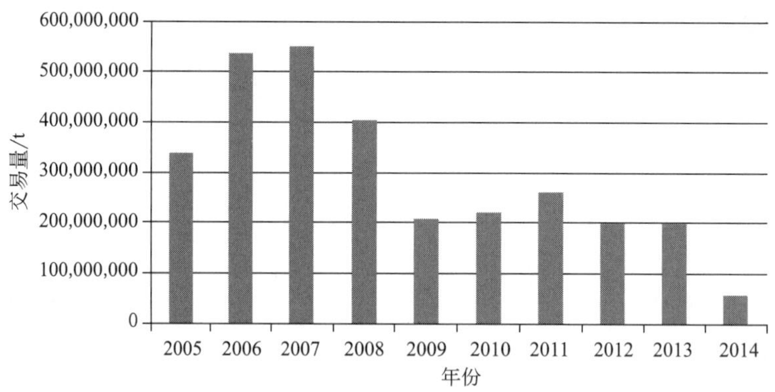


图 1-8 CDM 项目市场年交易量

列入清单，比 2012 年减少了 98%。二是未来有关 ERU 的发放规则（如能否在发放 AAU 前先发放 ERU）充满不确定性，影响了市场参与者的信心。

2005—2014 年 JI 项目市场的年交易量如图 1-9 所示。

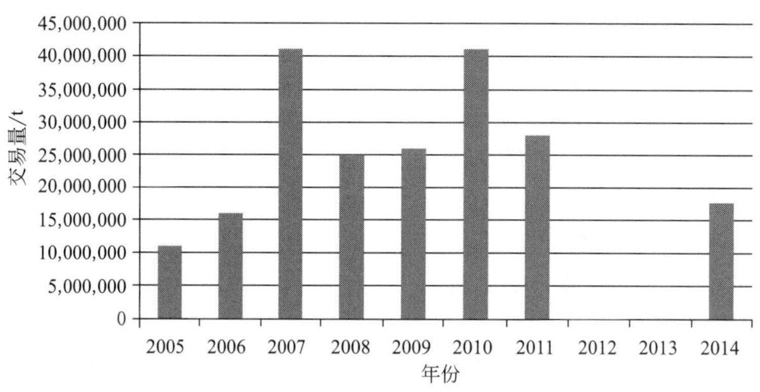


图 1-9 JI 项目市场年交易量

（4）VCM 项目市场交易数量

VCM 项目市场是基于《京都议定书》框架外的减排量交易。自 2004 年起，VCM 项目市场的年交易量稳步提升，至 2014 年时年交易量已接近 9000 万吨（如图 1-10 所示）。

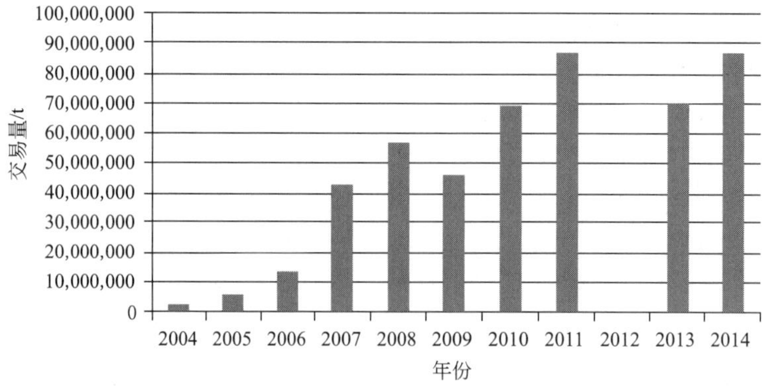


图 1-10 VCM 项目市场年交易量

#### 1.2.2.3　交易价格

（1）早期项目市场交易价格

项目市场早期，年均交易价格基本保持上升态势，自 1998 年的不足 2 美元/t 提升到了 2004 年的 5 美元/t（如图 1-11 所示）。

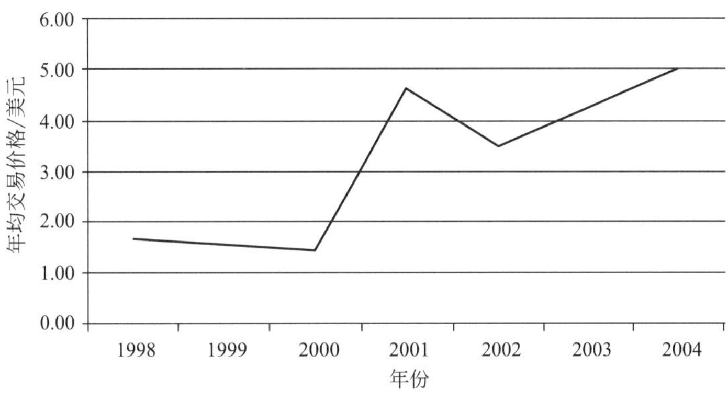


图 1-11　早期项目市场年均交易价格

（2）CDM 项目市场交易价格

CDM 项目市场的价格随着成交量的走势而变动。2005—2007 年，随着 CDM 项目市场的蓬勃发展和交易的旺盛，交易价格明显提升，从 7 美元/t 左右翻倍到了约 16 美元/t。

结合当时国际政治和金融形势来看，形成这一局面的主要因素有：第一，2007 年“巴厘路线图”进一步强化了 UNFCCC 的实施领域，并进一步为全球减排指明了方向，从而一定程度上刺激了二级市场上交易额的上涨；第二，当时国际金融市场主要投资品种受金融危机影响急速贬值，避险需求刺激了 CER 的需求；第三，EU ETS 内部的 EUAs 同 CERs 一直存在价差，为投资者提供了套利机会。

随后由于金融危机爆发，企业生产大幅下降。由于缺少有效的配额调整机制，配额市场中配额发放过量，影响了购买方对 CDM 项目减排量的需求，因此 CER 的交易价格开始下滑。

由于欧盟委员会自 2013 年起对可使用的 CDM 项目类型和所属国家进行了严格限制，一些大型的 CER 购买者先后退出市场，影响了其他市场参与者的信心，CDM 项目的交易价格降到了不足 1 美元/t。

2005—2014 年 CDM 项目市场年均交易价格如图 1-12 所示。

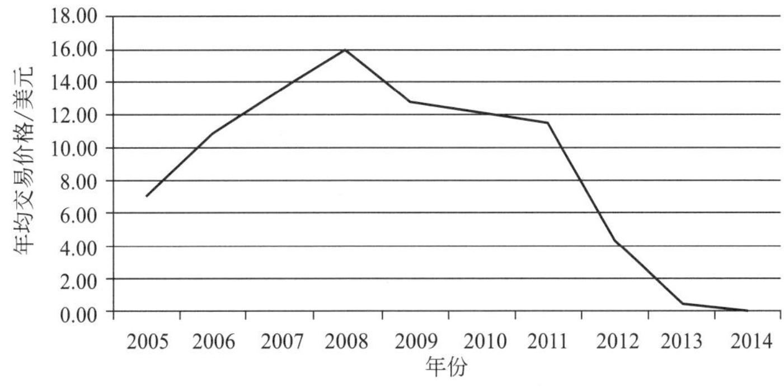


图 1-12　CDM 项目市场年均交易价格

(3) JI 项目市场交易价格

JI 项目市场的价格走势与 CDM 项目市场的价格走势相近，均是由于金融危机影响了项目市场的平稳运行，而过量发放的配额数量又影响了对项目减排信用额的需求，以致 JI 项目市场的交易价格下跌到不足 1 美元/t（如图 1-13 所示）。

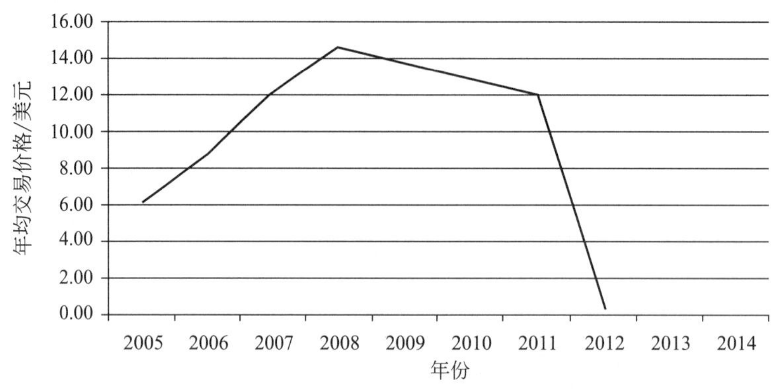


图 1-13　JI 项目市场年均交易价格

(4) VCM 项目市场交易价格

VCM 项目市场的交易价格比较平稳，但也在 2008 年后出现了小幅下降趋势，交易价格从 2008 年的最高超过 7 美元/t 降到了不足 5 美元/t（如图 1-14 所示）。该趋势源于 VCM 市场的政策不确定性和新公司抵消项目数量的减少。但经由 VCM 项目签发的信用的价格波动远远低于 CDM 项目签发的 CER 的价格波动。

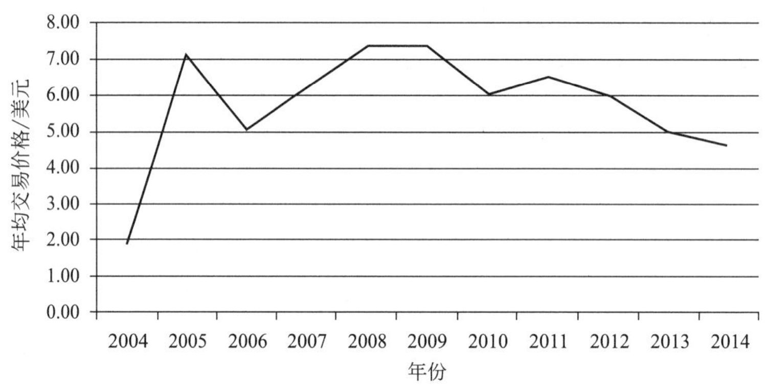


图 1-14　VCM 项目市场年均交易价格

### 1.2.2.4　交易类型

项目市场的交易类型按照项目的类型，可以分为水电项目、风电项目、生物质能源项目、其他可再生能源项目、节约能源消耗及提升燃油效率、农林业碳汇、废弃物利用、氧化亚氮清除、瓦斯综合利用等。

图 1-15 反映了 2002—2011 年 CDM 各项目产生的交易量的变化情况。低成本、技术发达的项目是 CDM 项目方的优选。因为，选择低成本、技术发达的项目，不仅能增加项目的回报（项目产生的减排信用额、项目所在地的环境效益和经济效益等），还能实现项目的长期持续运转。因此，早期项目类型主要是工业设施中利用气体燃料生产能源（即图 1-15 中

的“工业气体”)。随着技术的升级换代和开发可再生能源技术的普及，可再生能源项目(如风能、水电等项目)自2005年开始逐年上升，并在2009年后成为项目开发者的首要选择。能源效率提升和燃油转换项目在2007年得到了项目开发者的青睐，这主要是因为该类技术投入成本低、适用范围广。随着改造成本和改造难度的提升，2009年后，该类项目逐渐被可再生能源所替代。由此可见，可再生能源项目是CDM的主流项目。

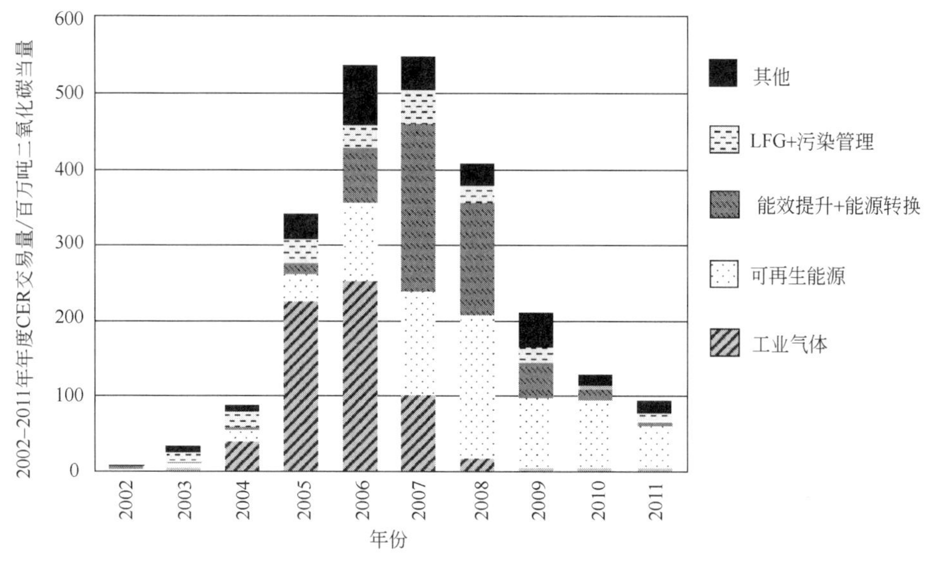


图 1-15　CDM 各项目类型

(数据来源 State and Trends of the Carbon Market 2012，World Bank)

## 1.3　国内碳市场

### 1.3.1　国家层面碳交易相关法律法规概述

碳交易机制需要政府在节能减排领域明确重点排放单位等相关主体的权利和义务。严格的法律制度是保证碳排放权交易体系平稳有序运行的重要前提。

全国碳市场力求构建“1＋3＋$N$”的政策法规体系：一个核心管理条例、三个配套管理办法及若干具体的技术细则(如图1-16所示)。

“核心管理条例”为《碳排放权交易管理条例》，规定碳排放权交易的各个环节，明确各方的责任和权利，并规定相应的处罚条款。

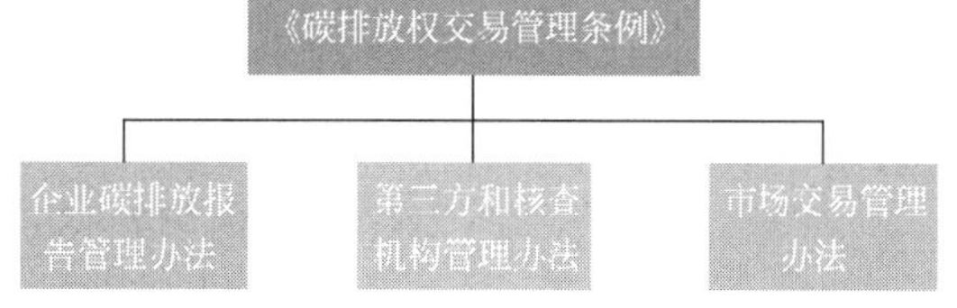


图 1-16　国家层面碳交易相关法律法规体系

《企业碳排放报告管理办法》《第三方和核查机构管理办法》及《市场交易管理办法》为“三个配套管理办法”。《企业碳排放报告管理办法》明确企业碳排放核算和报告的责任，规定核算与报告的程序和要求；《第三方和核查机构管理办法》对核查机构的资质要求、认定程序、核查程序及其监督管理做出具体要求；《市场交易管理办法》规定参与碳排放权交易的参与主体、交易品种、交易方式、风险防控及对交易机构的监督管理。另外，如果有需要还会配套出台若干具体的技术细则。

截至目前，核心条例及三大配套的管理办法还没有正式出台，但国家自2013年起相继颁布了包括24个行业的《企业温室气体排放核算方法与指南报告》《碳排放权交易管理暂行办法》以及《发展改革委通知切实做好全国碳排放权交易市场启动重点工作》等政府、法规文件，为全国碳市场的各个市场要素的建设提供了重要参考。

#### 1.3.1.1 《碳排放权交易管理暂行办法》

2014年12月31日，为落实党的十八届三中全会决定、“十二五”规划纲要和国务院《“十二五”控制温室气体排放工作方案》的要求，推动建立全国碳排放权交易市场，国家发改委先以部门规章的形式出台了《碳排放权交易管理暂行办法》（以下简称《暂行办法》），作为推动碳排放权交易市场建设各项工作的依据，以及下一步制定出台行政法规的基础。

《暂行办法》是在国务院正式出台《碳排放权交易管理条例》前，作为全国碳市场建立的核心指导性规则发布的国家发展和改革委员会令。

《暂行办法》共包括总则、配额管理、排放交易、核查与配额清缴、监督管理、法律责任及附则7个章节，明确了全国碳市场建立的主要思路和管理体系。但该办法只是框架性文件，具体的操作细则，还需配套文件进一步细化。

（1）总则

第一章“总则”明确了《暂行办法》的立法目的、使用范围、交易原则、主管部门及覆盖范围。

其中规定，国家发展和改革委员会是碳排放权交易的国务院碳交易主管部门，各省、自治区、直辖市发展和改革委员会是碳排放权交易的省级碳交易主管部门。但对于纳入范围上，《暂行办法》并未明确，只是提到“国家主管部门应适时公布碳排放权交易纳入的温室气体种类、行业范围和重点排放单位确定标准”。

（2）配额管理

第二章“配额管理”中对全国碳市场的配额总量、分配原则、分配方法、配额分配收益管理及地方剩余配额归属等问题进行了明确。

配额分配思路方面，《暂行办法》体现了“中央统一制定标准和方案、地方负责具体实施而拥有一定灵活性”的思路。其中规定，国家主管部门负责重点排放单位标准、国家以及各省、自治区和直辖市的排放配额总量、配额免费分配方法和标准的制定。而地方主管部门在按照国家标准实施的基础上，也具有一定程度的自主权和灵活度。例如，《暂行办法》规定：“各省、自治区、直辖市结合本地实际，可制定并执行比全国统一的配额免费分配方法和标准更严格的分配方法和标准”；“经国务院碳交易主管部门批准，省级碳交易主管可适当扩大碳排放权交易的行业覆盖范围，增加纳入碳排放权交易的重点排放单位”。

配额分配方式方面，国家碳市场初期以免费分配为主，适时引入有偿分配，并逐步提高有偿分配比例。

地方剩余配额归属方面，《暂行办法》规定各地方配额总量发放后剩余的部分，可由省级碳交易主管部门用于有偿分配，有偿分配所取得收益，用于促进地方减碳以及相关的能力建设。

最后，《暂行办法》规定国务院碳交易主管部门负责建立注册登记系统，用于记录排放配额的持有、清缴、注销等相关信息。

（3）排放交易

第三章“排放交易”规定了未来全国碳市场的主要交易品种、交易主体、交易机构及市场调节机制。

其中规定，国家碳市场初期的交易品种包括配额、国家核证自愿减排量以及其他交易产品；允许重点排放单位、机构及个人参与碳排放权交易；交易机构由国务院碳交易主管部门确定，同时，国务院碳交易主管部门负责建立碳排放权交易市场调节机制。

（4）核查与配额清缴

第四章“核查与配额清缴”中对监测计划、排放报告与提交、核查机构、排放量确认、配额清缴、抵消机制等各项内容做出了具体指示。

其中规定，重点排放单位应根据国家标准或国务院碳交易主管部门公布的企业温室气体排放核算与报告指南，制定监测计划，每年编制其上一年度的温室气体排放报告，同时每年应向所在地区省级碳交易主管部门提交配额履约。

核查机构应按照国务院碳交易主管部门公布的核查指南开展碳排放核查工作。

省级主管部门应每年对其行政区域内所有重点排放单位的排放量予以确认，并将确认结果告知重点排放单位；同时，应对重点排放单位的排放报告与核查报告进行复查，复查费用由同级财政予以安排；最后，省级碳交易主管部门每年应对其行政区域内的重点排放单位上年度的配额清缴情况上报国务院碳交易主管部门。

国务院碳交易主管部门负责核查机构的管理，同时应向社会公布所有重点排放单位上年度的配额清缴情况。

（5）监督管理

第五章“监督管理”明确了全国碳排放权交易体系的监管部门、监管范围及信用管理体系的建立。

其中规定，国务院碳交易主管部门应对省级主管部门的业务工作进行指导，同时对核查机构、交易机构的相关业务情况进行监督与管理；省级碳交易主管部门应对辖区内重点排放单位的排放报告、核查报告的报送，配额清缴情况及交易情况进行监督管理。

另外，《暂行办法》中提出，国务院碳交易主管部门和省级碳交易主管部门应建立重点排放单位、核查机构、交易机构和其他从业单位和人员参加碳排放权交易的相关行为信用记录，并纳入相关的信用管理体系。

（6）法律责任

第六章“法律责任”中，对重点排放单位、核查机构、交易机构、主管部门等部门的违约及违规行为进行了明确。但是只是提出要依法予以行政处罚，但未对处罚力度及内容进行详细说明。

（7）附则

第七章“附则”中对于温室气体、碳排放、碳排放权、排放配额、重点排放单位及国家核证自愿减排量等名词进行解释与说明。

#### 1.3.1.2 企业温室气体排放核算方法与报告指南

2013年10月15日为落实《国民经济和社会发展第十二个五年的规划纲要》提出的建立完善温室气体统计核算制度、逐步建立碳排放交易市场目标，推动完成国务院《“十二五”控制温室气排放工作方案》（国发［2011］41号）提出的加快构建国家、地方、企业三级温室气体排放核算工作体系，实行重点企业直接报送温室气体排放数据制度的工作任务，国家发改委颁布了首批10个行业企业温室气体排放核算方法与报告指南（试行），供开展碳排放权交易、建立企业温室气体排放报告制度、完善温室气体排放统计核算体系等相关工作参考使用。随后，2014 年 12 月 3 日、2015 年 7 月 16 日又相继颁布了第二批 4 个行业、第三批 10 个行业的核算方法与报告指南。

已经颁布的 24 个重点行业企业温室气体排放核算方法与报告指南（试行）基本覆盖了我国除居民生活外的所有重点行业，成为我国温室气体排放统计核算体系、全国碳排放权交易的建设的重要依据。

虽然 24 个行业的温室气体排放核算方法与报告指南（试行）的具体计算方法不尽相同，但其基本结构及核算的基本思路基本一致。总体来说，核算方法与报告指南全文共包括 7 个主要内容：适用范围、引用文件、术语和定义、核算边界、核算方法、质量保证和文件存档以及报告内容。

其中，适用范围、引用文件、术语和定义分别规定了每一个指南所适用的行业企业类型，该指南制定时所参考的文献资料，以及指南中涉及的专业词汇，内容简单明确，这里不再详细说明。下文仅重点阐述核算边界、核算方法、质量保证和文件存档以及报告内容等 4 部分内容。

（1）核算边界

企业边界：报告主体应以独立法人企业或视同法人的独立核算单位为企业边界，核算和报告所有生产设施产生的温室气体排放。其中，生产设施包括主要生产系统、辅助生产系统以及附属生产系统。

排放源：每个行业根据行业特点包含的排放源类别有所不同，但总体来说 24 个行业的核算报告指南的排放源共包括化石燃料燃烧排放、工业生产过程、净购入使用电力热力、气体回收利用及废水处理排放等 5 类。

温室气体种类：国家重点行业核算报告指南要求核算及报告的温室气体种类包括二氧化碳、甲烷、氧化亚氮、氢氟碳化物、全氟化碳及六氟化硫等六种温室气体排放。

（2）核算方法

我国运用的核算方法是基于计算的方法。虽然 24 个行业的核算方法有所不同，但基本思路一致，即在确定企业核算边界的前提下，分别计算每一类排放源的排放量后加和汇总，从而得到企业的温室气体排放量。可以用公式（1-1）表示：

$$E_{CO_2}=E_{燃烧}+E_{过程}+E_{废弃物}+E_{电和热}-E_{回收} \tag{1-1}$$

式中，$E_{CO_2}$ 为企业 $CO_2$ 排放总量；$E_{燃烧}$ 为企业所有净消耗化石燃料燃烧活动产生的 $CO_2$ 排放；$E_{过程}$ 为企业生产过程产生的 $CO_2$ 排放；$E_{废弃物}$ 为废弃物处理产生的 $CO_2$ 排放；$E_{电和热}$ 为企业净购入电力和净购入热力产生的 $CO_2$ 排放；$E_{回收}$ 为企业回收外供的 $CO_2$ 排放。

每个企业根据自己所包含的排放源类型和参考指南上不同排放源的核算方法，将自身生产包含的所有排放源的排放量加总，即为企业的温室气体排放。其中，排放的温室气体如果不是二氧化碳，应根据指南中的核算方法将其转化为二氧化碳排放。

（3）质量保证和文件存档

核算报告指南中规定，企业应当指定专门人员负责温室气体排放核算和报告工作；建立健全温室气体排放监测计划；建立健全温室气体排放和能源消耗台账记录；建立温室气体数据、文件的保存和归档管理机制；建立温室气体排放报告内部审核制度。

（4）报告内容

最后第七章“报告内容”中规定了企业报告的主要内容，应包括：报告主体基本信息、温室气体排放量、活动水平数据及来源说明、排放因子数据及来源说明以及其他希望说明的情况。

#### 1.3.1.3　关于切实做好全国碳排放权交易市场启动重点工作的通知

2016 年 1 月 11 日，国家发展改革委办公厅发布了《发展改革委通知切实做好全国碳排放权交易市场启动重点工作》（发改办气候［2016］57 号，以下简称 57 号文）的通知，其中对全国碳市场启动前的各项重点准备工作进行了具体要求。具体内容共包括四个方面。

(1) 提出全国碳排放权交易体系的覆盖行业及纳入企业的标准

57 号文中提出了全国碳排放权交易体系的覆盖行业及纳入企业的标准。全国碳排放权交易体系第一阶段中，将覆盖包括石化、化工、建材、钢铁、有色、造纸、电力、航空等 8 个重点排放行业的 18 个子行业；另外，除八大行业之外，其他行业的自备电厂综合能耗超过 10,000t 标煤时也需要纳入排放权体系中。具体的纳入行业如表 1-13 所示。

表 1-13　全国碳排放权交易体系第一阶段拟纳入行业

| 行业 | 行业代码 | 行业子类(主营产品统计代码) |
|---|---|---|
| 石化 | 2511<br>2614 | 原油加工(2501)<br>乙烯(2602010201) |
| 化工 | 2619<br>2621 | 电石(2601220101)<br>合成氨(260401)<br>甲醇(2602090101) |
| 建材 | 3011 | 水泥熟料(310101) |
| | 3041 | 平板玻璃(311101) |
| 钢铁 | 3120 | 粗钢(3206) |
| 有色 | 3216 | 电解铝(3316039900) |
| | 3211 | 铜冶炼(3311) |
| 造纸 | 2211<br>2212<br>2221 | 纸浆制造(2201)<br>机制纸和纸板(2202) |
| 电力 | 4411 | 纯发电<br>热电联产 |
| | 4420 | 电网 |
| 航空 | 5611<br>5612<br>5631 | 航空旅客运输<br>航空货物运输<br>机场 |

57 号文要求民航局、各地方主管部门组织有关单位对管辖区内覆盖范围内的企业进行摸底，并于 2016 年 2 月 29 日前将符合要求的企业名单报告国家发改委。同时，要求各有关行业协会、中央管理企业也将本行业内或集团内符合要求的企业上报国家发改委，方便发改委进行交叉验证。

由于各地方提交名单仍存在覆盖范围不统一，信息不完整等问题，影响后续工作的开展。国家发改委于 2016 年 5 月 16 日发布了《国家发改委关于进一步规范报送全国碳排放权交易市场拟纳入企业名单的通知》，再次组织有关行业专家对全国碳排放权交易市场覆盖行业及代码进行了细化，要求：①根据新的覆盖范围，筛选拟纳入企业，对不在范围内但2013年至2015年中任意一年发电装机之和达6000kW以上的其他企业自备电厂，应按照发电行业纳入。②根据纳入企业名单，抓紧组织开展历史排放数据报告和核查工作，并报告2013年至2015年的温室气体排放数据。对于化工和钢铁行业覆盖范围扩大后纳入的新增企业，拟采用历史强度法进行配额核定；对纳入的自备电厂，拟参照电力行业进行配额核定。地方除了需完成历史排放数据核查和核定工作外，还需填报地区拟纳入全国碳排放权交易市场的企业名单和数据汇总表，并提交国家发改委。全国碳排放权交易覆盖行业及代码可参考《国家发改委关于进一步规范报送全国碳排放权交易市场拟纳入企业名单的通知》附件1。

（2）对拟纳入企业的历史碳排放进行核算、报告与核查

57号文中要求地方主管部门应组织辖区内拟纳入企业分年度核算并报告其2013年、2014年及2015年的温室气体排放量及相关数据。此次报告内容包含两个维度，一个是企业维度，一个是设施维度。其中，企业维度是指根据发改委分批公布的24个重点行业企业温室气体排放核算方法与报告指南的要求，分年度核算并报告2013—2015年三年的温室气体排放量及相关数据。除此之外，为了满足全国碳市场配额分配的需要，57号文还要求企业根据其附件3《全国碳排放权交易企业碳排放补充数据核算报告模板》的要求，同时核算并报告24个行业核算指南中未涉及的其他相关基础数据。

此次57号文的附件3《全国碳排放权交易企业碳排放补充数据核算报告模板》与之前颁布的24个行业核算方法与报告指南的主要区别如表1-14所示。

**表1-14 《全国碳排放权交易企业碳排放补充数据核算报告模板》24个行业核算方法与报告指南的主要区别**

| 项目 | 24个指南 | 补充表格 |
| --- | --- | --- |
| 行业范围 | 覆盖24个行业门类 | 八大行业18类产品的重点排放单位 |
| 目的 | 支撑报告制度 | 支撑全国ETS交易制度 |
| 报送边界 | 法人边界 | 满足配额分配方法的要求，法人边界或者工序边界 |
| 报告标准 | 5000t标煤 | 1万吨标煤 |
| 温室气体种类 | 《京都议定书》规定的六种温室气体 | $CO_2$ |
| 报告主体 | 企业法人 | 企业法人 |
| 报送内容 | 排放数据 | 排放数据及生产数据 |
| 排放类别 | 燃烧排放、过程排放、电力消费排放、热力消费排放 | 抓大放小，暂时不纳入排放占比较小或者不确定性大的排放 |

地方主管部门除需督促企业进行排放数据上报外，还应筛选第三方核查机构对企业排放数据进行核查。企业的排放数据经第三方核查机构核查后，地方主管部门对上报数据进行汇总审核，并于2016年6月30日前上报给国家发改委。其中，第三方核查机构核查后须出具核查报告，核查的程序和核查报告的格式可参考57号文附件5《全国碳排放权交易第三方核查参考指南》。

（3）培育遴选第三方核查机构及人员

57号文中要求地方主管部门在第三方核查机构管理办法出台前，可结合工作需求，对

具备能力的第三方核查机构及核查人员进行摸底，按照一定条件，培养并遴选一批在相关领域从业经验丰富、具有独立法人资格、具备充足的专业人员及完善的内部管理程序的核查机构，为本地区提供第三方核查服务。第三方核查机构及核查人员的资质要求可以参考 57 号文附件 4《全国碳排放权交易第三方核查机构及人员参考条件》。

（4）强化能力建设

国家发改委将继续组织各地方、各相关行业协会和中央管理企业，围绕全国碳排放权交易市场各环节开展能力建设。同时要求地方、各相关行业协会、中央管理企业也应按照骨架总体部署，积极参加培训活动，提高自身能力，认真遴选参加讲师培训的人选，并以此为基础，在本地区、本行业和本企业集团内部继续组织开展培训，确保基层相关人员都能具备必要的工作能力。另外，试点地区也应发挥地区帮扶带动作用，为全国碳排放权交易市场的运行提供人员保障。

#### 1.3.1.4 《碳排放权交易管理条例》

《碳排放权交易管理条例》是我国碳排放交易体系立法体系的核心法律。2014 年，按照中央改革办的任务要求，经与国务院法制办商定，国家发改委先行以部门规章的形式出台了《碳排放权交易管理暂行办法》，作为推动碳排放权交易市场建设各项工作的依据，以及下一步制定出台行政法规的基础。2015 年，国家发改委在《暂行办法》的基础上起草了《碳排放权交易管理条例》（以下简称《条例》），广泛征求了各部门、各地方的意见，组织召开了相关的听证会，并根据各方面意见和建议，对《条例》草案做了进一步修改完善，形成了《条例》（送审稿）。

《条例》（送审稿）共七章三十七条，明确了立法的目的、碳交易主管部门、配额分配方案的制定、交易、报告、核查清缴、信息的公开管理和法律责任。针对新能源汽车，《条例》（送审稿）规定：对重点汽车生产企业实行基于新能源汽车生产责任的排放配额管理，由国务院碳交易主管部门另行制定和通知。

目前，国务院法制办已经将《条例》列为预备立法项目。

### 1.3.2 中国建立碳排放交易体系运行机制

#### 1.3.2.1 区域碳交易试点

为落实国家“十二五”规划纲要提出的“逐步建立碳排放权交易市场”的任务要求，2011 年 10 月底，国家发展和改革委员会批准北京、天津、上海、重庆、湖北、广东及深圳七个省市开展碳排放权交易试点，希望从试点入手，探索建立碳交易机制，为全国碳市场的建立奠定一个良好的基础。

2013 年 6 月 18 日，深圳碳排放权交易试点率先启动，随后上海、北京、广东、天津、湖北及重庆六个试点也在 2013 年底至 2014 年上半年陆续启动。七个试点省市十分重视碳交易试点建设，稳步推进制度设计、能力建设、人员培训等各方面工作，并取得了初步成效，形成了较为全面完整的碳交易制度体系。七个试点的市场要素建设、支撑基础体系建设、配套机制等方面的进展总结如下。

（1）市场要素建设

① 法律法规　碳交易的顺利实施离不开强有力的政策保障，因此试点地区都非常重视法律法规的制定。在缺乏国家层面的上位法的前提下，试点地区结合自身特色，分别出台了针对碳交易的地方性法规、政府规章和规范性文件，明确了碳交易目的和各方职责，确定了

碳交易制度，使碳交易的实施具有约束力和可操作性。其中，北京和深圳由于决策层强大的政治动力和高层领导的重视，在较短时间内就出台了法律效力很高的人大决定。上海、广东及湖北试点地区主要以政府令等形式颁布了其管理办法，天津试点由于时间等因素，只发布了政府文件。

② 总量目标　确定可量化的减排目标是碳排放交易制度实施的前提。考虑到发展中国家经济仍在快速增长，制定绝对量化的减排目标是不切实际的。因此，各试点地区结合国家“十二五”规划设定的减排目标和自身经济发展情况、能耗情况、温室气体排放情况等，确定了适度增长的量化控制目标。由于各试点地区经济结构存在巨大差异，碳交易体系下的总量控制目标也迥异，从深圳每年3000万吨二氧化碳到广东每年3.5亿吨二氧化碳不等，占地方排放量的33％—60％。

③ 覆盖范围　在覆盖范围上，各试点地区均采取“抓大放小”原则，结合自身经济和能源消耗结构确定了行业、企业及管控气体。所有地区高耗能行业都被纳入覆盖范围，北京、上海、深圳由于第三产业比重大，因此将商业、宾馆、金融等服务业和建筑业也纳入覆盖范围。目前，各试点省市覆盖了电力、热力、化工、钢铁、建材等高能耗行业以及商业、宾馆、金融等服务业和建筑业等，总计20余个行业2000多家企事业单位。在管控的温室气体种类上，重庆纳入了6种温室气体，而其他地区在试点阶段仅纳入二氧化碳1种温室气体。

④ 配额分配　七个试点地区主要采用历史法及基准线法进行配额分配，以免费分配为主。其中，既有企业多数采用历史法分配，即根据过去3～5年的排放量和初步预测2013—2015年配额。部分试点对于数据条件较好、产品种类较为单一的行业，如电力、水泥等采用了基准线法。对于新增产能，部分试点地区采用行业先进值方法分配，部分地区则根据实际排放量分配。另外，由于配额的生成存在较大的不确定性，很多地区都采取了配额调整机制，使配额总量和企业分配存在可调节的灵活性。

⑤ MRV机制　对排放进行监测、报告，以及第三方机构对管控企业的排放量进行核查为排放权交易体系提供了坚实的基石，是保证排放权交易体系得以实施，并取得预期环境效果的关键步骤。为此，各试点地区出台了分行业排放数据测量与报告的方法和指南及第三方核查规范，并建立了企业温室气体排放信息电子报送系统。

各试点地区普遍要求对企业报送的历史数据和履约年度数据进行严格的第三方核查，以保证数据的科学性、准确性，从而提高碳交易制度的可信度。为此，各试点地区制定了核查机构和核查员的准入标准。北京、深圳和上海还发布了《第三方核查机构管理暂行办法》。

⑥ 履约机制　各试点地区均要求管控企业在一个交易年度中，需要提交上年度排放报告，报告经第三方核查机构核查后，根据核定排放量进行上一年度的配额上缴履约。

同时，对参与主体的监督和管理是保障碳市场有效运行的措施。对管控企业履约，各地均做出了详细的规定，包括排放监测计划提交、排放报告提交、排放报告核查、根据核定排放量进行上一年的配额上缴履约。如果企业未能按要求履行报告、核查和上缴配额等责任义务，将依照地方法规和政府规章进行处罚，处罚幅度各不相同。同时，第三方核查机构如有作假等不当行为也会受到相应处罚。

(2) 支撑基础体系

为了保证配额交易的平稳高效运行，试点地区建立了包括注册登记簿、排放报送系统、交易系统等电子化系统，为碳交易制度的实施打下了坚实的基础。同时，七个试点都分别建立了自己的交易平台，为碳交易提供标准化服务及清算等服务。

（3）配套机制

① 抵消机制 除配额交易外，试点地区均规定企业可以使用国家签发的核证自愿减排量（CCER）抵消其配额清缴。各试点充分考虑了 CCER 抵消机制对总量的冲击，通过设置抵消比例限制、本地化要求、CCER 产出时间和项目类型等方面的规定，控制 CCER 的供给。

在抵消比例方面，七个试点都对 CCER 的使用比例做出了限制，使用比例最高不得超过当年年度排放量的 10%，以避免试点市场出现其他国家碳交易机制市场中因充斥大量的碳抵消信用而导致碳价下跌的情况。

在项目类型方面，除上海试点外，其余六个试点均将水电或大、中型水电 CCER 项目排除在外，湖北仅保留了小水电项目，其原因主要是水电项目高昂的开发成本和对生态环境的干扰。

在地域限制方面，除重庆和上海外，其余试点均对 CCER 的来源地有一定的限制。但各试点地区均不再局限于用本地产生的 CCER 进行履约，多数试点地区优先使用协议合作地区 CCER 项目产生的抵消信用进行履约，这在一定程度上提高了非试点地区参与碳市场的积极性。

② 市场调节机制 为了保证市场运行稳定，部分试点地区还设置了市场调节机制，保证配额价格保持稳定。深圳试点设置的市场调节机制包括价格平抑储备机制和配额回购机制。广东为了应对碳市场价格波动及经济形势变化，预留了 5%的配额用于调节市场价格。北京建立了交易价格预警机制，当排放配额的价格出现不正常波动时，北京市碳交易主管部门可以通过拍卖或者回购配额等方式稳定价格，维护市场秩序。

（4）碳交易相关服务产品

除配额及 CCER 交易外，各试点的碳排放权交易体系的实施还带动了环境产业、咨询服务、碳金融服务、金融创新等领域的发展，吸引了资金参与减排，创造了就业机会，带动了经济增长，为应对气候变化的行动注入了活力。试点地区涌现了一批相关的专业机构和人员从事与碳交易相关的咨询服务，使中国低碳产业服务水平得到提升。

#### 1.3.2.2 基于项目的自愿减排交易机制

除区域碳交易试点外，我国还开展了基于项目的自愿减排交易机制。允许各试点地区的管控企业、机构投资者及其他投资者在国家指定的交易平台交易由国家发展改革委备案的自愿减排项目产生的减排量——“核证自愿减排量”（CCER）。下面就对我国目前温室气体自愿减排项目交易的法规建设情况、项目签发情况及交易情况进行分析介绍。

（1）温室气体自愿减排交易的相关法律法规

①《温室气体自愿减排交易管理暂行办法》 国家发展改革委于 2012 年 6 月 13 日颁布了《温室气体自愿减排交易管理暂行办法》（以下简称《暂行办法》），旨在为逐步建立总量控制下的碳排放权交易市场积累经验，奠定技术和规则基础。

《暂行办法》共包含六个章节，分别对自愿减排项目管理、项目减排量管理、减排量交易以及审定与核证机构管理进行了详细规定。

第一章“总则”明确了管理范围、主管部门、涉及温室气体种类、交易原则（公开公平公正诚信，真实额外可测量）、参与机构范畴，以及信息公布等基本规定。

第二章“自愿减排项目管理”规定了自愿减排的方法学及自愿减排项目申请备案的要求

和流程。

其中规定，申请备案的自愿减排项目应在 2005 年 2 月 16 日之后开工建设，同时属于以下任一类别：

a. 采用经国家主管部门备案的方法学开发的自愿减排项目；

b. 获得国家发展改革委批准作为清洁发展机制项目，但未在联合国清洁发展机制执行理事会注册的项目；

c. 获得国家发展改革委批准作为清洁发展机制项目且在联合国清洁发展机制执行理事会注册前就已经产生减排量的项目；

d. 在联合国清洁发展机制执行理事会注册但减排量未获得签发的项目。

同时，《暂行办法》中对于申请备案的自愿减排项目的备案流程规定如下。

步骤一：自愿减排项目申请备案前应由经国家主管部门备案的审定机构审定，并出具项目审定报告；

步骤二：向国家申请主管部门提交自愿减排项目备案申请材料；

步骤三：国家主管部门接到申请材料后，委托专家进行技术评估，评估时间不超过 30 个工作日；

步骤四：国家主管部门依据专家评估意见对自愿减排项目备案申请进行审查，并于接到备案申请之日起 30 个工作日内对符合条件的项目予以备案，并在国家登记簿登记。

第三章“项目减排量管理”规定了自愿减排项目减排量申请备案的要求和程序，以及自愿减排项目及其减排量在国家登记簿登记的要求。

其中，减排量备案流程规定如下：

步骤一：经备案的自愿减排项目产生减排后，作为项目业主的企业在向国家主管部门申请减排量备案前，应经由国家主管部门备案的核证机构核证，并出具减排量核证报告；

步骤二：项目业主企业向主管部门提交减排量备案申请；

步骤三：国家主管部门在接到减排量备案申请材料后，委托专家进行技术评估，评估时间不超过 30 个工作日；

步骤四：国家主管部门依据专家评估意见对减排量备案申请进行审查，并于接到申请之日起 30 个工作日内（不含专家评估时间）对符合下列条件的减排量予以备案。

• 产生减排量的项目已经国家主管部门备案；

• 减排量监测报告符合要求；

• 减排量核证报告符合要求。

经备案的减排量为“核证自愿减排量（CCER）”，单位以“吨二氧化碳当量（$tCO_2e$）”计。综上所述，CCER 备案申请的整体流程可用图 1-17 表示。

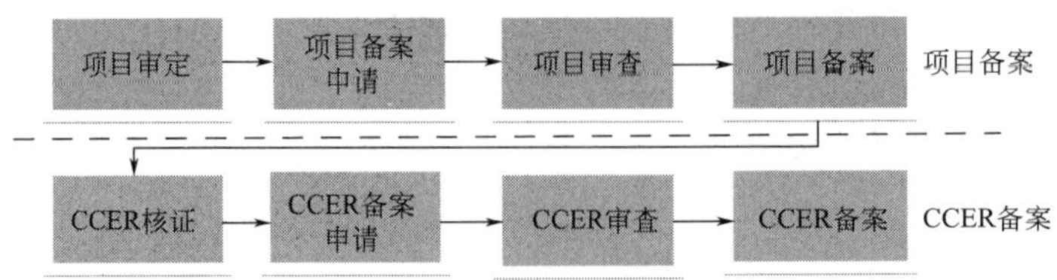


图 1-17　CCER 备案申请流程

第四章“减排量交易”明确了交易机构申请备案的要求和程序，以及开展经营活动的基本原则。

第五章“审定与核证管理”明确了审定和核证机构申请备案的要求和程序，及审定核证工作的基本要求和内容。

第六章“附则”明确了解释机构和生效时间。

另外，《温室气体自愿减排交易管理暂行办法》指出，“国内外机构、企业、团体和个人均可参与温室气体自愿减排量交易”“温室气体自愿减排量应在经国家主管部门备案的交易机构内，依据交易机构制定的交易细则进行交易”。

②《温室气体自愿减排项目审定与核证指南》　为落实《温室气体自愿减排交易管理暂行办法》的相关规定，进一步明确温室气体自愿减排项目审定与核证机构的备案要求、工作程序和报告格式，保证温室气体自愿减排交易的顺利开展，国家发展改革委于2012年10月9日发布了《温室气体自愿减排项目审定与核证指南》，其中对于审定及核证机构的备案资质以及审定与核证备案工作的原则、程序及要求进行了详细阐述，只有符合以下条件的机构才具有备案资格：

第一，具有独立法人资格，企业注册资金不少于3000万元，事业单位/社会团体开办资金不少于2000万元。

第二，具有至少10名专职审定和（或）核证人员，并且其中至少有5名人员具有两年及以上温室气体减排项目审定或核证工作经历。

第三，在最近三年内具有温室气体减排项目审定或核证的经历（如清洁发展机制、自愿减排机制、黄金标准机制下的审定或核证经验），至少完成过30个项目的审定或核证工作。对于无上述审定或核证经历的特定行业机构，应在温室气体减排领域内独立完成至少2个国家级课题，或自主开发至少3个经国家主管部门备案的自愿减排项目方法学。

国家发展改革委气候变化司分别于2013年6月13日及同年9月2日、2014年6月20日及同年8月19日颁布了《关于公布温室气体自愿减排交易第一批审定与核证机构的公告》《关于公布温室气体自愿减排交易第二批审定与核证机构的公告》《关于公布温室气体自愿减排交易第三批审定与核证机构的公告》及《关于公布温室气体自愿减排交易第四批审定与核证机构的公告》。截至2016年3月10日，共10家相关机构获得备案资格，如表1-15所示。

**表1-15　经备案的温室气体自愿减排审定与核证机构**

| 序号 | 机构名称 | 审定与核证领域 |
|---|---|---|
| 1 | 中国林业科学研究院林业科技信息研究所 | 14—造林和在造林 |
| 2 | 中国农业科学院(CAAS) | 1—能源工业(可再生能源/不可再生能源)；14—造林和再造林；15—农业 |
| 3 | 深圳华测国际认证有限公司(CTI) | 1—能源工业(可再生能源/不可再生能源)；2—能源分配；3—能源需求；4—制造业；5—化工行业；6—建筑行业；7—交通运输业；8—矿产品；9—金属生产；12—溶剂的使用；13—废物处置 |
| 4 | 环境保护部环境保护对外合作中心(MEPFECO) | 1—能源工业(可再生能源/不可再生能源)；4—制造业；5—化工行业；11—碳卤化合物和六氟化硫的生产和消费产生的飞逸性排放；13—废物处置 |
| 5 | 中国船级社质量认证公司(CCSC) | 1—能源工业(可再生能源/不可再生能源)；2—能源分配；3—能源需求；4—制造业；5—化工行业；6—建筑行业；7—交通运输业；8—矿产品；9—金属生产；10—燃料的飞逸性排放(固体燃料，石油和天然气)；11—碳卤化合物和六氟化硫的生产和消费产生的飞逸性排放；12—溶剂的使用；13—废物处置 |

续表

| 序号 | 机构名称 | 审定与核证领域 |
|---|---|---|
| 6 | 北京中创碳投科技有限公司 | 1—能源工业(可再生能源/不可再生能源);2—能源分配;3—能源需求;4—制造业;5—化工行业;6—建筑行业;7—交通运输业;13—废物处置;14—造林和再造林;15—农业 |
| 7 | 中国质量认证中心(CQC) | 1—能源工业(可再生能源/不可再生能源);2—能源分配;3—能源需求;4—制造业;5—化工行业;6—建筑行业;7—交通运输业;8—矿产品;9—金属生产;10—燃料的飞逸性排放(固体燃料,石油和天然气);11—碳卤化合物和六氟化硫的生产和消费产生的飞逸性排放;12—溶剂的使用;13—废物处置;14—造林和再造林;15—农业 |
| 8 | 广州赛宝认证中心服务有限公司(CEPREI) | 1—能源工业(可再生能源/不可再生能源);2—能源分配;3—能源需求;4—制造业;5—化工行业;7—交通运输业;8—矿产品;9—金属生产;10—燃料的飞逸性排放(固体燃料,石油和天然气);13—废物处置;14—造林和再造林;15—农业 |
| 9 | 中环联合(北京)认证中心有限公司(CEC) | 1—能源工业(可再生能源/不可再生能源);2—能源分配;3—能源需求;4—制造业;5—化工行业;6—建筑行业;7—交通运输业;8—矿产品,9—金属生产,10—燃料的飞逸性排放(固体燃料,石油和天然气);11—碳卤化合物和六氟化硫的生产和消费产生的飞逸性排放;12—溶剂的使用;13—废物处置;14—造林和再造林;15—农业 |
| 10 | 中国建材检验认证集团股份有限公司(CTC) | 1—能源工业(可再生能源/不可再生能源),4—制造业,6—建筑行业 |

③ 关于温室气体自愿减排方法学　方法学是指用于确定项目基准线、论证额外性、计算减排量、制定监测计划等的方法指南。《暂行办法》中规定，对已经在联合国清洁发展机制执行理事会批准的清洁发展机制项目方法学，由国家主管部门委托专家进行评估，对其中适合于自愿减排交易项目的方法学予以备案。

对新开发的方法学，其开发者可向国家主管部门申请备案，并提交方法学及所依托的项目的设计文件。国家主管部门接到新方法学备案申请后，委托专家进行技术评估，国家主管部门再依据专家评估意见对新的方法学备案申请进行审查，对具有合理性和可操作性、所依托项目设计文件内容完备、技术描述科学合理的新开发方法学予以备案。

国家发展改革委办公厅分别于 2013 年 3 月 5 日及同年 10 月 25 日、2014 年 1 月 15 日及同年 4 月 8 日、2015 年 1 月 20 日颁布了《国家温室气体自愿减排方法学》第一批至第五批的备案公告，其中包括常规项目方法学 99 个、小型项目方法学 78 个、农林项目自愿减排方法学 2 个及碳汇方法学 2 个，共 181 个方法学。

(2) 国家发改委 CCER 项目备案及减排量备案情况

截至 2016 年 4 月 12 日，中国自愿减排交易信息平台累计公示 CCER 审定项目 1506 个，备案项目 501 个，减排量备案项目 100 个，共签发减排量 2710.42 万吨二氧化碳当量[1]。

按照项目分布区域，减排量签发数量前五位的省份分别为贵州、河北、四川、福建及内蒙古自治区。其中贵州省签发的减排量为 419.06 万吨，河北省为 410.52 万吨，四川省为 409.96 万吨，福建省为 259.26 万吨，内蒙古自治区为 180.06 万吨。各省市减排量签发情况如图 1-18 所示。

---

[1] 数据来源为中国自愿减排信息交易平台(http://cdm.ccchina.gov.cn/ccer.aspx),本章所有数据若无特别说明来源均为中国自愿减排信息交易平台。

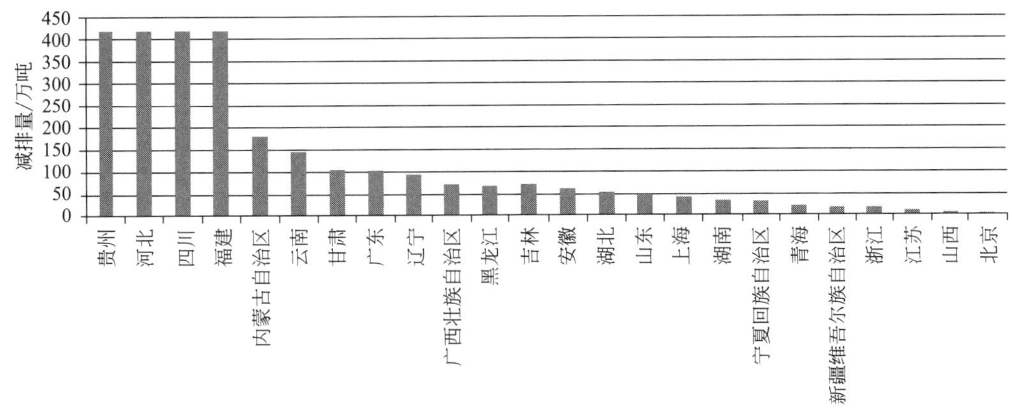


图 1-18　各省市减排量签发情况

就 CCER 项目的技术类型而言，已获得减排量签发的 100 个项目中，水力发电、风力发电、天然气产能、废能回收发电、煤层气为占比前 5 位的技术类型，其中水力发电类项目获签减排量 913.90 万吨，风力发电 534.63 万吨，天然气产能 380.98 万吨，废能回收发电 380.08 万吨，煤层气 180.52 万吨。已签发减排量的项目技术类型如图 1-19 所示。

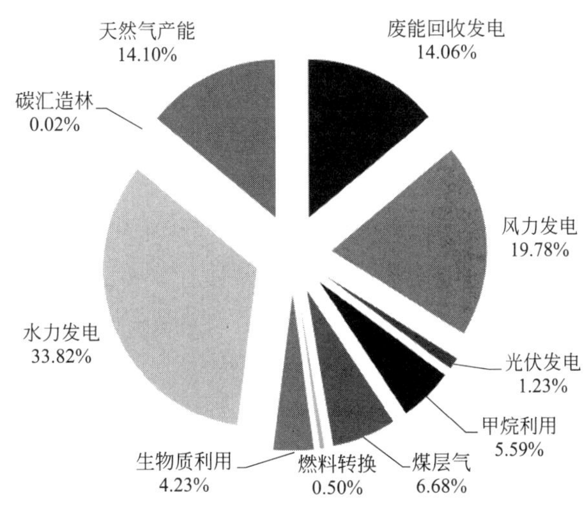


图 1-19　已签发减排量的项目技术类型占比

（3）CCER 交易情况

国家规定 CCER 的交易必须在国家认定的交易机构进行，目前七个试点省市的交易平台均可进行 CCER 交易。市场交易主体除管控企业外，还包括投资机构、项目业主及个人。截至 2015 年 12 月底，CCER 的成交量约为 3300 万吨，交易额为 3 亿—4 亿元，市场初具规模。

#### 1.3.2.3　全国碳交易市场

我国政府一直十分重视碳排放权交易的建立和实施，包括《“十二五”规划纲要》《“十二五”节能减排综合性工作方案》、十八大报告、《2014—2015 年节能减排低碳发展行动方案》《国家应对气候变化战略规划 2014—2020 年》等多项国家政府工作方案及计划中都对碳排放权交易的建设工作做出明确的部署及要求，如表 1-16 所示。

**表 1-16 碳排放权交易体系建设相关主要政策文件**

| 政策文件 | 内容 |
| --- | --- |
| 《“十二五”规划纲要》 | 逐步建立碳排放交易市场 |
| 《“十二五”节能减排综合性工作方案》 | 开展碳排放交易试点，建立自愿减排机制，推进碳排放权交易市场建设 |
| 十八大报告 | 积极开展碳排放权交易试点 |
| 《2014—2015 年节能减排低碳发展行动方案》 | 推进碳排放权交易试点，研究建立全国碳排放权交易市场 |
| 《国家应对气候变化战略规划 2014—2020 年》 | 深化碳市场试点，建立全国碳市场 |
| 《中共中央国务院关于加快推进生态文明建设的意见》 | 深化碳市场试点，推进建立全国碳市场 |
| 《中美应对气候变化联合声明》 | 提出计划于 2017 年启动全国碳排放权交易市场 |
| “十三五”规划纲要 | 深化各类低碳试点，推动建立全国统一的碳排放权交易制度 |

2015 年 6 月，我国对外发布了“关于强化气候行动的国家自主决定贡献”，提出中国应对气候变化中长期的行动目标和政策措施。其中，全国碳排放权交易市场建设是重要措施之一。同年 9 月，中美两国元首发表的“气候变化联合声明”中，中国首次明确提出 2017 年启动全国碳排放权交易体系，进一步明确了全国碳市场建设的时间表。为确保这一承诺的兑现，需调动包括政府、企业、相关机构等在内的多方力量，在有限的时间完成碳市场建设的各项基础工作，保证 2017 年全国碳市场的顺利启动。目前，全国碳排放权交易市场建设的主要任务、现状及下一步的工作安排具体如下。

（1） 市场要素

① 立法体系　本书第 1 章已经详细梳理了目前全国碳排放权交易体系的政策体系建设情况，本章将不再赘述。总结来说，我国碳排放权交易体系的立法目标为“建立起‘1＋3＋$N$’的立法体系”，以《碳排放权交易管理条例》为核心，并出台《企业碳排放报告管理办法》《市场交易管理办法》及《第三方和核查机构管理办法》三个配套管理办法，另外如果有需要，还会出台若干具体的实施细则。

目前，国务院法制办已经将条例列为预备立法项目。同时，国家发改委也已经起草完成了配套管理办法的初稿。

② 覆盖范围　全国碳排放权交易体系将覆盖石化、化工、建材、钢铁、有色、造纸、电力、航空等 8 个重点排放行业，其主营产品属于 18 个子行业。纳入标准为能耗 1 万吨标准煤以上的法人单位。另外，除 8 大行业之外，其他行业的自备电厂综合能耗超过 10,000t 标煤时也需要纳入排放权体系中。

③ 配额分配方法　全国碳排放权交易体系的配额分配采用基准法及历史强度法相结合的方法。基准法是指根据重点排放单位的实物产出量（活动水平）、所属行业排放基准和调整系数三个要素计算重点排放单位配额。历史强度法是指根据排放单位的实物产出量（活动水平）、历史强度值、历史强度下降率和调整系数四个要素计算重点排放单位配额。具体各行业的配额分配方法见表 1-17。

总体来说，全国碳排放权交易体系的配额分配的思路要点为：第一，最大可能地利用基准法，从而规避经济变化造成的不确定性，避免过多的配额事后调整。一般企业间可比性好、数据可获得性好的“双好”子行业会采用基准法进行配额分配。第二，少数子行业采用历史强度法。企业之间可比性差、数据可获得性差的子行业采用历史强度法。

表 1-17　全国碳市场各行业企业配额分配方法

| 国民经济行业分类 | 企业子类 | 配额分配方法 |
| --- | --- | --- |
| 电力、热力生产和供应业 | 纯发电 | 基准法 |
| | 热电联产 | 历史强度法 |
| | 电网 | 历史强度法 |
| 石油加工、炼焦和核燃料加工业 | 原油加工 | 基准法 |
| 化学原料和化学制品制造业 | 乙烯 | 基准法 |
| | 合成氨 | 基准法 |
| | 电石 | 基准法 |
| | 甲醇 | 基准法 |
| 非金属矿物制品业 | 水泥熟料 | 基准法 |
| | 平板玻璃 | 基准法 |
| 有色金属冶炼和压延加工业 | 电解铝 | 基准法 |
| | 铜冶炼 | 历史强度下降法 |
| 黑色金属冶炼和压延加工业 | 钢铁 | 历史强度下降法 |
| 造纸和纸制品业 | 纸浆制造 | 历史强度下降法 |
| | 机制纸和纸板 | 历史强度下降法 |
| 航空运输业 | 航空旅客运输 | 基准法 |
| | 航空货物运输 | 基准法 |
| | 机场 | 历史强度下降法 |

目前，国家已经提出了分行业配额分配方法，并设立了分行业的专家支持小组，以便到企业开展实地调研。

④ MRV 制度体系　健全完善的数据基础是全国碳市场顺利开展的重要基础，报告核查制度是完成这一工作的重要手段。全国碳市场 MRV 体系的建设目标为：建立起公平、公正的报告核查制度，规范第三方核查机构工作，并对第三方核查机构进行严格监管，为市场提供良好的信用体系。全国碳市场 MRV 体系建设主要包括三方面内容：第一，第三方核查机构的监管，即第三方核查机构的资格确定；第二，报告核查的规范，即企业核算报告温室气体排放的方法学的制定；第三，第三方核查过程中的行为规范。

目前，国家已经颁布了 24 个行业温室气体排放核算方法与报告指南，其中第一批 10 个指南已经转化为国家标准并将于 2016 年 6 月正式生效。同时，发改委在 57 号文的附件中发布了《全国碳排放交易第三方核查参考指南》以及《全国碳排放权交易第三方核查机构及人员参考条件》供地方主管部门及第三方核查机构参考。另外，国家发改委已经起草了第三方核查机构管理办法及企业碳排放核算报告指南，并正在筹建企业碳排放报告平台。

（2）支撑基础体系

除市场基本要素外，碳排放权交易体系的运行还需要其他的支撑基础体系的建立，包括注册登记系统、碳排放报告系统及交易平台的建设。

① 注册登记系统　注册登记系统用于记录每个企业配额的持有及交易情况，建立功能完善、数据安全、运行稳定的全国碳交易注册系统十分重要。目前，国家已经建立了满足启

动市场需要的注册登记系统，其中自愿减排交易注册登记功能已经正式运行。同时，国家还为注册登记系统建立了异地灾备系统，保证主系统在出现问题的情况下，全国碳市场可以在最短的时间内恢复运行，不至于出现长时间的瘫痪。

下一步，国家将结合全国碳市场的进展继续完善注册登记系统功能及异地灾备系统的建设，同时建立专门的管理机构和稳定的运行维护团队。

② 碳排放报告系统　碳排放报告系统用于企业的排放数据上报，该系统的建立可以保证企业温室气体排放报告行为能够快速高效地完成，简化了企业报告工作；同时，也有利于排放数据的收集、汇总及处理。目前，国家的碳排放报告系统正在筹建中。

③ 市场交易平台　交易平台主要用于为市场参与者提供标准化服务、保证清算等服务的顺利进行。全国碳排放权交易体系的目标是建立 10 家以内的交易平台，同时建立完善的交易制度和风险防控制度，推动市场稳定健康发展。目前，国家依然支持 7 个试点交易平台的发展。另外，国家不仅起草了市场交易管理办法，还积极与证监会联合研究开展期货交易的可能性。

(3) 配套机制

未来全国碳市场将建立抵消机制，允许重点排放单位使用一定比例的 CCER 进行履约清缴。为防止未来全国碳市场中出现 CCER 供给过量等风险，国家目前正在对 CCER 的管理规则进行修订，修订内容包括简化程序、减少备案事项、缩短备案时间、调控项目数量、加强事后监管等。同时，主管部门也将制定全国碳市场的抵消机制，对可以用于履约的 CCER 的项目类型、项目地域及抵消比例进行详细规定，防止 CCER 供给过剩等风险的发生。

(4) 能力建设

为保证全国碳市场的顺利开展，提升各地方政府、企业、专业机构的碳交易相关的专业素养十分重要。因此，国家组织各个试点开展了大量不同类型的能力建设，同时建立了专家培训队伍，在各试点成立能力建设培训中心。

下一步，国家将更有针对性地开展能力建设，推进“培训者培训”，支持地方和企业自身开展培训；制定统一的培训教材和课件，同时加强对培训效果的跟踪与评估。

# 第2章 七省市碳交易试点市场

## 2.1 碳交易试点体系

2011年3月16日，《国民经济和社会发展十二五规划纲要》公布，明确提出在“十二五”期间要“逐步建立碳排放交易市场”。2011年10月29日，国家发改委办公厅发出《关于开展碳排放权交易试点工作的通知》，同意北京、上海、天津、重庆、湖北、广东、深圳等七省市开展碳排放权交易试点。各个试点在地方政府的主导下，积极设计碳排放权交易体系、建设碳市场。2013年6月18日，深圳碳市场率先启动，随后其他试点碳市场在完善相关政策法规后亦陆续启动。本章将按照试点碳市场启动的顺序将各要点进行呈现。

各个试点地区的碳交易体系和相关制度设计在碳交易体系的架构搭建上保持相对一致，均包含了政策法规体系、配额管理、报告核查、市场交易和激励处罚措施。考虑到不同地区在经济产业结构、能源结构、人口规模、消费结构、发展阶段以及发展规划等方面存在较大差异，各试点地区在细节上更多地考量了地方的差异性。因此整体来看，七大试点碳市场的发展各具特色。

### 2.1.1 政策法规体系

2011年以来，随着碳交易试点工作的陆续启动，各试点地区经过多方研究学习后，开展了大量基础建设工作，前期积极制定试点工作实施方案，并开展相关的立法工作，随后由地方政府出台相应的管理办法，明确规定出包括覆盖范围、配额总量、配额分配、“量化、报告与核查”（MRV）机制、履约机制、灵活履约机制（含注销机制）、碳排放权注册登记、交易机制、监督管理机制、法律责任等在内的碳交易试点的市场建设要素。其中，在政策法规出台方面，各试点地区力求从严从紧，而在市场要素建设方面则以丰富市场功能、制定市场标准为主。所以，地方政府都默契地选择了先制定法律文件和管理办法，明确框架，随后依照各个市场要素制定相应的管理细则或指南文件，如图2-1所示。

（1）深圳试点

深圳试点是我国最早形成体系健全的碳交易政策法规的试点，其法律体系建设遵循“整体规划，分步实施”的原则，率先制定框架文件，随后逐步完善各环节规范性文件的制定，

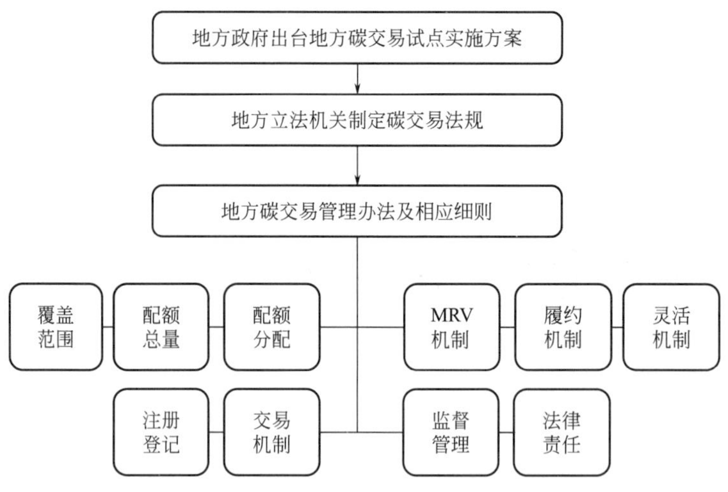


图 2-1　试点碳市场政策体系架构

保证立法机制紧跟市场发展需求，为市场创造严格公正的法律环境。

2012 年 10 月由深圳特区人大通过的《深圳经济特区碳排放管理若干规定》，是我国国内首部确立碳排放权交易专门规范碳排放管理和碳交易的地方性法律法规，并被全球立法者联盟评为当年全球气候变化立法九大亮点之一。该规定对深圳的碳交易试点工作做出了纲领性和概括性规定，为深圳碳交易市场合法、有效、迅速的运行提供了重要保障。2014 年 3 月，深圳市政府审议通过了《深圳市碳排放权交易管理暂行办法》（以下简称《管理办法》），细化和明确了深圳碳交易试点总量控制管理制度、配额管理制度、碳排放报告和核查制度、抵消制度、工业增加值核算制度以及惩罚和监管制度等，成为我国碳交易试点立法中最为详细和周密的政府规章。在人大规定和《管理办法》的基础上，深圳市发展改革委、深圳市市场监管管理局、深圳市碳排放权交易所等单位先后在温室气体量化、报告与核查、核查机构管理、抵消信用管理、交易规则等方面出台了相应的配套文件。

深圳市碳排放权交易试点出台的碳市场相关文件如表 2-1 所示。

**表 2-1　深圳市碳排放权交易试点主要文件**

| 文件名称 | 发布时间 | 文件性质 | 发布机构 |
|---|---|---|---|
| 《深圳经济特区碳排放管理若干规定》 | 2012 年 10 月 | 地方法规 | 深圳市人大 |
| 《深圳市碳排放权交易试点工作实施方案》 | 2013 年 5 月 | 政府文件 | 深圳市政府与市发改委 |
| 《深圳市碳排放权交易管理暂行办法》 | 2013 年 10 月 | 政府规章 | |
| 《深圳市碳排放权交易市场抵消信用管理规定(暂行)》 | 2015 年 6 月 | 政府规章 | |
| 《深圳市组织温室气体的量化和报告指南》 | 2012 年 11 月 | 地方标准 | 深圳市市场监督管理局 |
| 《深圳市组织温室气体排放的核查规范及指南》 | 2012 年 11 月 | 地方标准 | |
| 《建筑物温室气体排放的量化和报告规范指南》 | 2013 年 4 月 | 地方标准 | |
| 《深圳市碳排放权交易核查机构及核查员管理暂行办法》 | 2014 年 5 月 | 政府规章 | |
| 《公交、出租车企业温室气体排放量化和报告规范及指南》 | 2015 年 5 月 | 地方标准 | |

续表

| 文件名称 | 发布时间 | 文件性质 | 发布机构 |
| --- | --- | --- | --- |
| 《深圳市排放权交易所现货交易规则》 | 2012 年 6 月 | 交易所规范性文件 | 深圳排放权交易所 |
| 《深圳排放权交易所会员管理规则(暂行)》 | 2012 年 6 月 | | |
| 《深圳排放权交易所托管会员管理细则》 | 2014 年 12 月 | | |
| 《深圳排放权交易所经纪会员管理细则(暂行)》 | 2014 年 12 月 | | |
| 《深圳排放权交易所违规违约处理实施细则(暂行)》 | 2014 年 12 月 | | |
| 《深圳排放权交易所风险控制管理细则(暂行)》 | 2014 年 12 月 | | |
| 《深圳排放权交易所核证自愿减排量项目挂牌上市细则(暂行)》 | 2015 年 3 月 | | |

(2) 上海试点

上海碳交易政策法规体系按照发布主体分为三个部分。

第一部分是上海市政府发布的地方政府规章，包括《上海市人民政府关于本市开展碳排放交易试点工作的实施意见》和《上海市碳排放管理试行办法》。《上海市人民政府关于本市开展碳排放交易试点工作的实施意见》于 2012 年 7 月 3 日由上海市政府发布，明确了政府建立碳交易机制，协助企业减排的目标。于 2013 年 11 月 20 日公布的《上海市碳排放管理试行办法》对配额的管理和交易、排放的核查和清缴、市场监督保障等要素进行了相应的规定。

第二部分是上海市发展改革委员会发布的规范性文件，包括《上海市温室气体排放核算与报告指南（试行）》《上海市 2013—2015 年碳排放交易规则》《上海市碳排放核查第三方机构管理暂行办法》和《上海市核查工作规则（试行）》。

第三部分是由上海环境能源交易所发布的对碳交易进行管理的相关细则，包括《上海环境能源交易所碳排放交易规则》《上海环境能源交易所碳排放交易会员管理办法（试行）》等文件。

上海市碳排放权交易试点出台的碳市场相关文件如表 2-2 所示。

**表 2-2　上海市碳排放权交易试点主要文件**

| 文件名称 | 发布时间 | 文件性质 | 发布机构 |
| --- | --- | --- | --- |
| 《上海市人民政府关于本市开展碳排放交易试点工作的实施意见》 | 2012 年 7 月 | 政府规章 | 上海市政府与市发改委 |
| 《上海市温室气体排放核算与报告指南(试行)》 | 2012 年 12 月 | 地方规范性文件 | |
| 《上海市碳排放管理试行办法》 | 2013 年 11 月 | 政府规章 | |
| 《上海市 2013—2015 年碳排放配额分配和管理方案》 | 2013 年 11 月 | 地方规范性文件 | |
| 《上海市碳排放配额登记管理暂行规定》 | 2013 年 11 月 | 地方规范性文件 | |
| 《上海市碳排放核查第三方机构管理暂行办法》 | 2014 年 1 月 | 地方规范性文件 | |
| 《上海市碳排放核查工作规则(试行)》 | 2014 年 3 月 | 地方规范性文件 | |
| 《上海环境能源交易所碳排放交易规则》 | 2013 年 11 月 | 交易所规范性文件 | 上海环境能源交易所 |
| 《上海环境能源交易所碳排放交易会员管理办法(试行)》 | | | |
| 《上海环境能源交易所碳排放交易结算细则(试行)》 | | | |
| 《上海环境能源交易所碳排放交易信息管理办法(试行)》 | | | |
| 《上海环境能源交易所碳排放交易风险控制管理办法(试行)》 | | | |
| 《上海环境能源交易所碳排放交易违规违约处理办法(试行)》 | | | |

（3）北京试点

北京试点在建设碳交易法律框架时的主要思路是建设“$1+1+N$”的政策法规体系，即市人大关于开展试点碳交易的决定作为核心立法文件；出台碳排放交易体系建设与管理办法，详细列明市场建设的各项要求；随后依照不同环节的具体要求，制定包括配额分配、碳排放核算报告和核查、注册登记流程、交易制度等多个配套办法细则，逐步完善整个法律体系。

2013 年 12 月，北京市人大通过了《北京市人民代表大会常务委员会关于北京市在严格控制碳排放总量前提下开展碳排放权交易试点工作的决定》（以下简称《决定》），明确确立了试点立法文件的正式出台，成为继深圳后第二个出台地方人大立法文件的试点。《决定》分别对实行碳排放总量控制、实施碳排放配额管理和碳排放权交易制度、实行碳排放报告和第三方核查制度、相关法律责任做出了原则性规定。

在市人大立法文件的基础上，北京陆续发布了配额管理、温室气体核算、碳排放报告上报、注册登记簿、场外交易等众多细则和配套文件（见表 2-3）为各个环节工作的具体实施提供了政府指导和建议。

**表 2-3　北京市碳排放权交易试点主要文件**

<table>
<tr><th>文件名称</th><th>发布时间</th><th>文件性质</th><th>发布机构</th></tr>
<tr><td>《北京市人民代表大会常务委员会关于北京市在严格控制碳排放总量前提下开展碳排放权交易试点工作的决定》</td><td>2013 年 12 月</td><td>地方法规</td><td>市人大</td></tr>
<tr><td>《北京市碳排放权交易实施方案》</td><td>2012 年 1 月</td><td>政府文件</td><td rowspan="9">北京市政府与市发改委</td></tr>
<tr><td>《关于开展碳排放权交易试点工作的通知》</td><td rowspan="8">2013 年 11 月</td><td>政府文件</td></tr>
<tr><td>《北京市碳排放权交易核查管理办法(试行)》</td><td rowspan="5">政府规章</td></tr>
<tr><td>《北京市碳排放权交易试点配额核定方法(试行)》</td></tr>
<tr><td>《北京市碳排放配额场外交易实施细则(试行)》</td></tr>
<tr><td>《行业碳排放强度先进值制定方法》</td></tr>
<tr><td>《配额调整方案》</td></tr>
<tr><td>《北京市温室气体排放报告报送流程》</td><td rowspan="2">地方标准</td></tr>
<tr><td>《北京市碳排放权交易注册登记系统操作指南》</td></tr>
<tr><td>《北京市环境交易所碳排放交易规则》</td><td>2013 年 11 月</td><td rowspan="2">交易所规范性文件</td><td rowspan="2">北京环境交易所</td></tr>
<tr><td>《北京环境交易所碳排放权交易规则配套细则(试行)》</td><td>2014 年 4 月</td></tr>
</table>

（4）广东试点

广东试点通过构建三大层级的政策法规，逐步形成了完善的市场法律支撑体系。最高层级的纲领性文件以《广东省碳排放权交易试点工作实施方案》和《广东省碳排放管理试行办法》为主，以政府指导性文件的形式向社会公布；第二层级包括统筹类的地方规章制度，如《广东省碳排放配额管理实施细则（试行）》《广东省企业碳排放信息报告与核查实施细则（试行）》《广东省碳排放权交易实施细则》等；第三层级以具体的实施办法和技术标准为主，包括各行业的二氧化碳排放信息报告指南、《广东省企业碳排放核查规范（试行）》《广东省碳排放权配额首次分配及工作方案》等。通过将繁杂的法律文件分类到三大层级中，广东省得以顺利厘清法律文件的关联性。广东省碳排放权交易试点出台的碳市场相关文件如表 2-4 所示。

**表 2-4　广东省碳排放权交易试点主要文件**

| 文件名称 | 发布时间 | 文件性质 | 发布机构 |
| --- | --- | --- | --- |
| 《广东省碳排放权交易试点工作实施方案》 | 2012 年 9 月 | 政府文件 | 广东省政府与省发改委 |
| 《广东省碳排放管理试行办法》 | 2014 年 1 月 | 政府规章 | |
| 《广东省碳排放权配额首次分配及工作方案》 | 2013 年 11 月 | 政府文件 | |
| 《2013 年度广东省碳排放权配额核算方法》 | 2013 年 12 月 | 政府规章 | |
| 《广东省碳排放配额管理实施细则(试行)》 | 2014 年 3 月 | 政府规章 | |
| 《广东省企业碳排放核查规范(试行)》 | 2014 年 3 月 | 政府规章 | |
| 《广东省企业(单位)二氧化碳排放信息报告通则(试行)》 | 2014 年 3 月 | 地方标准 | |
| 《广东省火力发电企业二氧化碳排放信息报告指南(试行)》 | | | |
| 《广东省水泥企业二氧化碳排放信息报告指南(试行)》 | | | |
| 《广东省钢铁行业二氧化碳排放信息报告指南(试行)》 | | | |
| 《广东省石化企业二氧化碳排放信息报告指南(试行)》 | | | |
| 《广东省企业碳排放信息报告与核查实施细则(试行)》 | | 政府规章 | |
| 《广州碳排放权交易所(中心)碳排放权交易规则》 | 2013 年 12 月 | 交易所规范性文件 | 广州碳排放权交易所 |
| 《广州碳排放权交易所(中心)会员管理暂行办法》 | | | |

(5) 天津试点

在碳排放交易政策法规方面，天津试点的政策法规工作主要包括三个方面：一是由天津市人民政府发布的政府指导性文件，包括《天津市碳排放交易管理暂行办法》、《天津市碳排放交易试点工作实施方案》和《关于开展碳排放交易试点的通知》。这类政策文件在配额分配、排放测量报告与核查、注册登记、交易等多个领域制定了相关的规章制度。二是天津发改委在配额分配和管理、MRV、登记注册、市场交易等领域制定的相应规范文件，如《天津市企业碳排放报告编制的指南（试行）》《天津市碳排放权交易试点纳入企业碳排放配额分配方案（试行）》等。三是天津排放权交易所针对交易所的管理发布的文件。

总体而言，天津试点的法律体系建设工作趋于传统，但相较于其他试点以人大立法或政府令的形式出台试点管理办法，天津市仅以规范性文件的形式公示了天津试点的管理办法，在强制效力上稍显不足。

天津市碳排放权交易试点出台的碳市场相关文件如表 2-5 所示。

**表 2-5　天津市碳排放权交易试点主要文件**

| 文件名称 | 发布时间 | 文件性质 | 发布机构 |
| --- | --- | --- | --- |
| 《天津市碳排放权交易试点工作实施方案》 | 2013 年 2 月 | 政府文件 | 市政府与市发改委 |
| 《天津市发展改革委关于开展碳排放权交易试点工作的通知》 | 2013 年 12 月 | 政府文件 | |
| 《天津市碳排放权交易管理暂行办法》 | 2013 年 12 月 | 政府规章 | |
| 《天津市企业碳排放报告编制指南(试行)》 | 2013 年 12 月 | 地方标准 | |
| 《天津市电力热力行业碳排放核算指南(试行)》 | | | |
| 《天津市钢铁行业碳排放核算指南(试行)》 | | | |
| 《天津市炼油和乙烯行业碳排放核算指南(试行)》 | | | |
| 《天津市化工行业碳排放核算指南(试行)》 | | | |
| 《天津市其他行业碳排放核算指南(试行)》 | | | |
| 《天津市碳排放权交易试点纳入企业碳排放配额分配方案(试行)》 | 2013 年 12 月 | 政府规章 | |
| 《天津市碳排放配额登记注册系统操作指南(试行)》 | 2013 年 12 月 | 政府规章 | |

续表

| 文件名称 | 发布时间 | 文件性质 | 发布机构 |
| --- | --- | --- | --- |
| 《天津排放权交易所碳排放权交易规则(试行)》 | 2013 年 12 月 | 交易所规范性文件 | 天津排放权交易所 |
| 《天津排放权交易所碳排放权交易风险控制管理办法(试行)》 | | | |
| 《天津市碳排放权交易所碳排放权交易结算细则(试行)》 | | | |

(6) 湖北试点

湖北试点由于启动时间较晚，在法律体系的构建上没有其他试点全面，在立法强制力上也由于缺乏地方立法权限而稍显力度不足，但湖北试点在试水远期交易的过程中，也形成一套符合法规要求的法律体系，值得学习和借鉴。

湖北试点于 2013 年 2 月公布省内首个政策法规性质的文件，即《湖北省碳排放权交易工作试点工作实施方案》，并在其中概括性地对总体思路、主要任务、重点工作、保障措施以及进度安排进行了工作部署。

2014 年 3 月，《湖北省碳排放权管理和交易暂行办法》正式出台，标志着湖北省碳交易试点法律基础基本成型，其内容涵盖了管理部门、总量设定、纳入标准、配额分配、交易规则、注册登记、MRV 体系、履约与奖惩机制等多个市场要素。其后，包括省质监局在内的各个相关部门制定了省级地方性文件《湖北省温室气体排放核查指南（试行)》和《湖北省工业企业温室气体排放监测、量化和报告指南（试行)》，为省内企业的核查提供指导性建议。

湖北省碳排放权交易试点出台的碳市场相关文件如表 2-6 所示。

**表 2-6 湖北省碳排放权交易试点主要文件**

| 文件名称 | 发布时间 | 文件性质 | 发布机构 |
| --- | --- | --- | --- |
| 《湖北省碳排放权交易工作试点工作实施方案》 | 2013 年 2 月 | 政府文件 | 省政府与省发改委 |
| 《湖北省碳排放权管理和交易暂行办法》 | 2014 年 3 月 | 政府规章 | |
| 《湖北省碳排放权配额分配方案》 | 2014 年 4 月 | 政府规章 | |
| 《湖北省工业企业温室气体排放监测、量化和报告指南(试行)》 | 2014 年 7 月 | 地方标准 | |
| 《湖北省温室气体排放核查指南(试行)》 | | | |
| 省发展改革委关于 2015 年湖北省碳排放权抵消机制有关事项的通知 | 2015 年 4 月 | 政府文件 | |
| 《湖北省碳排放配额投放和回购管理办法(试行)》 | 2015 年 9 月 | 政府规章 | |
| 《湖北碳排放权交易中心碳排放权交易规则》 | 2014 年 3 月 | 交易所规范性文件 | 湖北碳排放权交易中心 |
| 《湖北碳排放权交易中心配额托管业务实施细则(试行)》 | 2014 年 12 月 | | |
| 《湖北碳排放权交易中心碳排放权现货远期交易风险控制管理办法》 | 2016 年 4 月 | | |
| 《湖北碳排放权交易中心碳排放权现货远期交易履约细则》 | | | |
| 《湖北碳排放权交易中心碳排放权现货远期交易结算细则》 | | | |
| 《湖北碳排放权交易中心碳排放权现货远期交易规则》 | | | |

(7) 重庆试点

重庆试点作为最后启动的碳交易试点，其法律体系的建设得以借鉴其余各个试点的运行情况和体系建设经验。从整体上而言，重庆也选择了先搭框架，后出细则的路径。

2014 年 5 月重庆市以政府规章的形式出台了《重庆市碳排放权交易管理暂行办法》，对碳排放配额管理，碳排放核算、报告和核查，碳排放权交易、监督管理等内容进行了界定和规定。同年 6 月起，重庆市主管部门就碳市场的核查出台了大量细则文件和地方标准，包括《重庆市工业企业碳排放核算和报告指南（试行）》《重庆市企业碳排放核算、报告和核查细则》《重庆市企业碳排放核查工作规范》等，促使在市场建设初期打牢数据基础。

重庆市碳排放权交易试点出台的碳市场相关文件如表 2-7 所示。

**表 2-7 重庆市碳排放权交易试点主要文件**

<table>
<tr><th>文件名称</th><th>发布时间</th><th>文件性质</th><th>发布机构</th></tr>
<tr><td>《关于碳排放管理有关事项的决定》(征求意见稿)</td><td>2014 年 4 月</td><td>人大会议文件</td><td>市人大</td></tr>
<tr><td>《重庆市碳排放权交易管理暂行办法》</td><td>2014 年 4 月</td><td>地方规章</td><td rowspan="6">市政府<br>与市发改委</td></tr>
<tr><td>《重庆市碳排放权交易试点实施方案》</td><td>2013 年 7 月</td><td>政府文件</td></tr>
<tr><td>《重庆市碳排放配额管理细则》</td><td>2014 年 5 月</td><td>政府规章</td></tr>
<tr><td>《重庆市工业企业碳排放核算和报告指南(试行)》</td><td rowspan="3">2014 年 5 月</td><td>地方标准</td></tr>
<tr><td>《重庆市企业碳排放核算、报告和核查细则》</td><td>政府规章</td></tr>
<tr><td>《重庆市企业碳排放核查工作规范》</td><td>政府规章</td></tr>
<tr><td>《重庆联合产权交易所碳排放交易细则(试行)》</td><td>2014 年 6 月</td><td rowspan="5">交易所<br>规范性文件</td><td rowspan="5">重庆联合产权<br>交易所</td></tr>
<tr><td>《重庆联合产权交易所碳排放交易违规违约处理办法(试行)》</td><td rowspan="4">2014 年 6 月</td></tr>
<tr><td>《重庆联合产权交易所碳排放交易信息管理办法(试行)》</td></tr>
<tr><td>《重庆联合产权交易所碳排放交易风险管理办法(试行)》</td></tr>
<tr><td>《重庆联合产权交易所碳排放交易结算管理办法(试行)》</td></tr>
</table>

## 2.1.2 配额管理

### 2.1.2.1 配额总量和管控目标

深圳、上海、北京、天津、湖北以及广东等六个试点地区由于启动时间较早，对配额总量的设定达成了较为统一的意见，各试点均明确采取相对总量控制原则，即追求“碳排放强度”一定比例的下降，保障了地方经济发展与产业低碳转型的并行发展。重庆试点启动时间较晚，在制度设计上偏向于绝对总量控制，即通过确定年度排放量的下降程度进行总量设计，这在市场建设初期加大了地区减排工作的压力，但从长远来看，绝对总量控制也属于一种有效控制碳排放量的手段。

各个试点地区有关配额总量和管控目标的相关数据，参见表 2-8。

**表 2-8 有关配额总量和管控目标的对比**

| 试点地区 | 管控目标 | 配额总量 |
|---|---|---|
| 深圳 | 2015 年碳强度下降 21%<br>2015 年单位生产总值能耗下降 19.5%<br>(以 2010 年为基础) | 1.02 亿吨(3 年累加数据) |
| 上海 | 2015 年碳强度下降 19%<br>2015 年单位生产总值能耗下降 18%<br>(以 2010 年为基础) | 1.6 亿吨(3 年累加数据) |

续表

| 试点地区 | 管控目标 | 配额总量 |
|---|---|---|
| 北京 | 2015 年碳强度下降 18%<br>2015 年单位生产总值能耗下降 17%<br>（以 2010 年为基础） | 1 亿吨（3 年累加数据；2014 年约 0.5 亿吨） |
| 广东 | 2015 年碳强度下降 19.5%<br>2015 年单位生产总值能耗下降 18%<br>（以 2010 年为基础） | 4.08 亿吨<br>（2015 年数据，控排企业配额 3.7 亿吨，储备配额 0.38 亿吨） |
| 天津 | 2015 年碳强度下降 19%<br>2015 年单位生产总值能耗下降 18%<br>（以 2010 年为基础） | 1.6 亿吨（每年年度数据） |
| 湖北 | 2015 年碳强度下降 17%<br>2015 年单位生产总值能耗下降 16%<br>（以 2010 年为基础） | 3.24 亿吨（2014 年年度数据） |
| 重庆 | 2015 年前，按逐年下降 17%<br>2015 年单位生产总值能耗下降 20.9%<br>（以 2010 年为基础） | 1.16 亿吨（2014 年年度数据） |

（1）深圳试点

① 确定配额总量的原则　深圳采用灵活的碳强度指标，建设可规则性调整总量和结构的碳市场。在此原则下，深圳对工业企业的配额分配，基于单位工业增加值进行。

② 确定配额总量的具体方案　深圳城市碳排放清单显示，深圳碳排放量主要产生自工业、交通、服务业与居民等方面，其中深圳工业行业，包括水、电、气企业和制造业两大类。从公共交通和私家车、服务业、居民等能耗情况来看，水、电、气企业的碳减排潜力均小于 21%这一全市碳减排目标，为此制造业的碳减排目标要达到 25%以上。

根据基准年（2010 年）的碳排放情况，结合 21%的“十二五”减排目标，深圳采取“自上而下”和“自下而上”结合的方法，确定可规则性调整的总量控制目标。深圳试点的总量目标：首先，与经济增长率相关；其次，以碳强度下降为强制性约束；进而，根据碳强度下降目标和预期产值确定配额数量。具体而言，2013—2015 年期间，深圳累计分配配额 10176 万吨，约占全市碳排放总量的 40%，其中各年度分别为 3320 万吨、3378 万吨、3478 万吨。

（2）上海试点

上海市第二产业的 $CO_2$ 排放主要来源于工业，占第二产业排放总量的 95%以上，其中排放前十的工业行业 $CO_2$ 排放总和占全市排放总量的 50%左右。第三产业中，交通运输、仓储及邮政业 $CO_2$ 排放占主导，比重达 60%以上。

根据《上海市关于开展碳排放交易试点工作的实施意见》，上海市采取“控制强度，相对减排”原则，“以降低碳排放强度为目标，在推动企业转型发展的基础上，合理确定企业排放配额，促进企业碳减排目标的实现”。

上海试点通过编制城市温室气体排放清单，对参与碳交易的企业和单位的碳排放情况进行盘查，从而“自下而上”地确定总量控制目标。

（3）北京试点

根据《北京市发展和改革委员会关于开展碳排放权交易试点工作的通知》，北京试点实行碳排放总量控制。“市人民政府根据本市国民经济和社会发展计划，科学设立年度碳排放总量控制目标，严格碳排放管理，确保控制目标的实现和碳排放强度逐年下降”。

另外，北京试点结合全市产业结构调整、能源结构调整，发布了 41 个细分行业的碳排放强度先进值。

（4）广东试点

广东碳排放总量，按照碳排放强度逐年降低、碳排放总量增幅逐年降低和相关约束性指标的要求，结合经济社会发展实际而定。

① 确定总量目标的工作思路　依据广东省“十二五”控制温室气体排放总体目标、国家和本省产业政策、行业发展规划，并按照“现有控排企业逐步减少排放，预留新建项目排放空间”的总体思路确定配额总量。

根据广东省温室气体排放特点和产业结构特点，广东省首批纳入的电力、水泥、钢铁、石化 4 个高耗能行业，占全省（不含深圳市，下同）碳排放总量的 54%。确定各个行业配额总量的思路如下：第一，电力行业。合理预留增长空间，保证全省供电需求。第二，水泥行业。淘汰落后产能，置换排放空间。第三，钢铁行业。淘汰落后产能，预留新增排放空间。第四，石化行业。保证新建项目需求，减少现有企业排放。

② 配额核定的基本原则　第一，保障发展，促进减排。根据重点项目规划，预留碳排放总量空间，以保障发展需求。第二，减少存量，控制增量。促进现有企业逐步降低排放水平，同时提高新建项目碳排放准入的标准。

（5）天津试点

① 确定配额总量的思路　《天津市碳排放权交易试点纳入企业碳排放配额分配方案（试行）》要求：根据天津市“十二五”控制温室气体排放总体目标、国家产业政策、本市行业发展规划，结合覆盖范围行业和纳入企业历史排放等情况，确定天津市碳排放交易 2013—2015 年度配额总量。

② 具体操作　天津通过一般均衡模型（CGE）、能源环境情景分析模型（LEAP），设置了基准线情景、无约束情景、宽松情景和低碳情景等不同情景进行分析，估算设定碳排放总量目标。

（6）湖北试点

根据《湖北省碳排放权交易试点工作实施方案》，湖北试点根据国家下达的“十二五”期间单位生产总值二氧化碳排放下降 17%和单位生产总值能耗下降 16%的目标，通过科学的核算和预测，确定全省 2015 年—2020 年温室气体排放总量和分行业碳排放总量。

（7）重庆试点

根据企业历史排放水平和产业减排潜力等因素，采用简化的“自上而下”和“自下而上”结合的方法，设定总量控制目标。

①“自下而上”确定基准配额总量　以 2008—2012 年的历史排放量为基础，选择各个企业的最高年度排放量，加总得到 2013 年的交易覆盖企业的基准配额总量。

②“自上而下”确定交易覆盖企业的总体排放目标　结合重庆市“十二五”期间碳排放强度下降 17%的目标和单位工业增加值能耗下降 18%的目标，确定了企业在 2013—2015 年年度配额总量逐年下降 4.13%的绝对量化减排目标。2015 以后，则根据国家下达的碳排放下降目标确定。

### 2.1.2.2　覆盖范围

在覆盖范围上，各地结合自身经济和能源消耗结构确定碳交易体系管控和适用的环境，包括覆盖区域、管控气体类型、行业以及企业，基本特点是成阶段性扩展的趋势。

（1）基本情况

① 覆盖区域　区域范围的确定，属于政治性决定。地方政府在权限范围内，决定是否在本区域内建立碳交易体系。

② 覆盖气体　《京都议定书》规定了六种温室气体，即二氧化碳（$CO_2$）、甲烷（$CH_4$）、氧化亚氮（$N_2O$）、六氟化硫（$SF_6$）、氢氟碳化物（HFCs）和全氟化碳（PFCs）。

③ 覆盖行业和覆盖对象　选择排放量大的行业以及企业、单位，并控制其碳排放水平，可提高碳交易体系运行的效率。在现实情况下，即便碳排放源全面覆盖，也可能无法保证最有效的减排效果，反而会提高碳交易体系的运行成本。因此将高排放行业和高排放对象作为重点目标，应成为界定行业和对象覆盖范围的重要考量因素之一。

（2）因素分析

① 覆盖行业和覆盖对象　试点地区在确定覆盖范围时，均结合碳排放源的特征和分布，优先将排放量较大的行业、减排潜力较大的行业以及企业、单位作为碳交易体系覆盖的行业和对象。

② 覆盖气体　除重庆之外，当前均只将二氧化碳纳入碳交易体系的覆盖范围，重庆则将《京都议定书》所提及的六种温室气体全部纳入管控。

各个试点地区，有关覆盖范围的对比参见表 2-9。

**表 2-9　有关覆盖范围的对比**

| 试点地区 | 气体 | 行业 | 纳入标准 | 对象数量 |
| --- | --- | --- | --- | --- |
| 深圳 | 二氧化碳 | ① 电力、水务、燃气、制造业等 26 个行业<br>② 公共建筑<br>③ 交通领域（正在积极推进） | ① 任意一年的碳排放量达到 3000t 二氧化碳当量以上的企业<br>② 大型公共建筑和建筑面积达到 1 万平方米以上的国家机关办公建筑的业主<br>③ 自愿加入并经主管部门批准纳入碳排放控制管理的碳排放单位<br>④ 市政府指定的其他碳排放单位 | ① 工业行业：635 家<br>② 公共建筑：197 家<br>③ 当前正积极扩大重点排放单位范围，预计新增 200 家左右 |
| 上海 | 二氧化碳 | ① 工业行业：钢铁、化工、电力等<br>② 非工业行业：宾馆、商场、港口、机场、航空等 | ① 工业：2010—2011 年中任一年二氧化碳排放 2 万吨以上（包括直接排放和间接排放）<br>② 非工业：2010—2011 年中任一年二氧化碳排放 1 万吨及以上 | 191 家 |
| 北京 | 二氧化碳 | 电力、热力、水泥、石化、其他工业及服务业 | 年二氧化碳直接排放量与间接排放量之和大于 1 万吨（含） | 543 家（2014 年） |
| 广东 | 二氧化碳 | 电力、钢铁、石化、水泥 | 4 个行业中年排放 2 万吨二氧化碳（或年综合能源消费量 1 万吨标准煤）及以上的企业 | 186 家控排企业，31 家新建项目企业（2015 年） |
| 天津 | 二氧化碳 | 钢铁、化工、电力、热力、石化、油气开采等重点排放行业和民用建筑领域 | 2009 年以来年排放二氧化碳 2 万吨以上 | 114 家 |
| 湖北 | 二氧化碳 | 电力、钢铁、水泥、化工等 12 个行业 | 2010—2011 年任一年，年综合能耗 6 万吨标准煤及以上的工业企业 | 138 家 |
| 重庆 | 6 种温室气体 | 电解铝、铁合金、电石、烧碱、水泥、钢铁等 6 个高耗能行业 | 2008—2012 年任一年度排放量达到 2 万吨二氧化碳当量的工业企业 | 254 家 |

#### 2.1.2.3　配额分配

（1）基本情况

配额分配是碳市场主管部门对排放权益进行行政赋权和顶层监管的关键环节。配额分配方式，决定着重点排放单位的减排和履约成本，同时影响重点排放单位的减排积极性以及碳交易体系的实际减排效果。此外，科学地分配配额，也会减少不公平现象。

配额分配方式，可分为有偿分配、无偿分配以及混合分配（即部分有偿、部分无偿）三种。其中，有偿分配主要通过拍卖方式进行。拍卖方式是最具公平性、最具效率的分配方式，也是环境容量有偿使用的最具说服力的体现。试点地区通过配额拍卖进行有偿分配，配额拍卖也是当前欧盟和美国加州地区采用的主要分配方式。无偿分配可进一步区分为祖父法（历史排放法）和基准线法。祖父法，是基于历史排放水平的分配方式，适合经济水平发展稳定的地区。基准线法，也称标杆法，是基于行业碳强度标杆与产量/产值的一种分配方式。

下面将围绕配额分配方式和配额构成类别，对各个试点地区的管理办法及其相关配套细则的规定进行对比分析。

（2）对比分析

① 因素分析

a. 有关配额分配方式　各个试点地区对配额分配方式的表述各有特点。具体参见表 2-10。

**表 2-10　有关配额分配方式的对比**

| 试点地区 | 总体分配方法 | 免费配额确定标准 | 发放频次 |
|---|---|---|---|
| 深圳 | 采取无偿和有偿分配两种形式。无偿分配不得低于配额总量的 90%，有偿分配可采用固定价格出售、拍卖方式（该拍卖方式出售的配额数量，不得高于当年年度配额总量的 3%） | 历史强度法和基准线法 | 原则上每三年分配一次；已分配 2013—2015 年的配额 |
| 上海 | 试点期间采取免费方式 | 历史排放法和基准线法 | 一次性发放三年配额，每年适当调整 |
| 北京 | 管理办法未明确规定。但是 2013 年和 2014 年是免费发放 | 历史排放法、历史强度法和基准线法 | 年度 |
| 广东 | 部分免费发放，部分有偿发放<br>① 2013 年：97%免费、3%有偿，购买有偿配额才能获得免费配额<br>② 2014 年和 2015 年：电力企业的免费配额比例为 95%，钢铁、石化和水泥企业的免费配额比例为 97% | 历史排放法和基准线法 | 2013—2015 年，连续出台配额分配方案 |
| 天津 | ① 以免费发放为主、以拍卖或固定价格出售等有偿发放为辅。并且，拍卖或固定价格出售仅在交易市场价格出现较大波动时稳定市场价格使用<br>② 现在暂时免费发放 | 历史排放法、历史强度法和基准线法 | 年度 |
| 湖北 | ① 企业年度碳排放初始配额和企业新增预留配额，无偿分配<br>② 政府预留配额，一般不超过配额总量的 10%，主要用于市场调控和价格发现。其中用于价格发现的不超过政府预留配额的 30% | 历史排放法 | 年度 |
| 重庆 | 2015 年以前免费发放 | 实施企业申报制度 | 年度 |

b. 有关配额分配方案　各个试点地区的管理办法，均对配额分配做出原则性规定。至

于分配原则、方法、流程、发放方式和时间、配额调整等事项，则在管理办法的配套细则中加以规定。其中，上海、广东、天津、湖北、重庆试点均出台并公开了具体的配额分配或管理方案（或细则），北京、深圳则未公开。

c. 有关配额拍卖　部分试点积极采取拍卖方式分配配额。截至 2016 年 4 月 20 日，广东、深圳、上海、湖北 4 个试点举行了 15 次（17 场）配额拍卖，其中广东 14 场，深圳、上海及湖北各 1 场。广东拍卖量最大，占全国配额总拍卖量的 86.91%。其他 3 个试点，即北京、天津和重庆，暂无配额拍卖计划。但是，北京试点在管理办法中也对主管部门“可以根据需要在配额调整量范围内通过拍卖、回购等市场手段调节市场价格”做了规定。

d. 有关配额发放方式　主管部门通过注册登记簿系统，向重点排放单位发放免费配额。按竞价方式分配的配额，则通过竞价发放平台进行发放，并由主管部门通过注册登记簿系统交割。

e. 有关调节系数　北京、天津、广东、湖北 4 个试点，均结合地区经济增长目标和不同行业发展特征，在采用历史排放法核算企业既有设施的免费分配配额时，设置了调节系数。此举提高了配额分配的灵活性以及配额数量的可调控性。

f. 有关排放边界和产能变化　上海、湖北、广东试点，针对排放边界和产能变化做出事前限定要求。此外，湖北、广东试点对数据缺失和停产等情况规定了相应的基准年、历史排放数据的调整措施。

g. 有关配额分配的可控性　北京、天津和广东试点，在分配方案中规定了配额调整量、产量修正因子等，以确保配额分配的适度性在可控范围之内。同时，广东规定 2014 年自主停产超过 6 个月的，非正常生产月份的配额经核实后将收回注销；湖北规定对企业当年碳排放量和企业年度初始配额的差额，超过企业年度初始配额的 20%或 20 万吨以上的部分，予以追加或收缴。

h. 有关新增产能和新增设施的配额分配　北京、天津试点，基于纳入行业的“二氧化碳排放强度先进值”；广东试点，基于年综合能耗；上海试点，则综合考虑设计产能下的年排放量、生产负荷率和当年投入生产的月数占全年的比例。

另外，除上海试点对新增设施采用历史排放法之外，其他试点均采取基准线法分配配额。

② 试点特色分析

a. 深圳试点

（a）全面采用基准线法进行配额核算。具体包括：第一，对于单一产品工业企业，采取基准线法；第二，对于非单一产品工业企业，创造性提出博弈分配的方法，建立了基于价值量的碳强度指标，允许企业根据自身发展规划承诺减排目标和申报配额。这在很大程度上解决了确定行业基准方面的困难。其他试点地区，在基准法方面的尝试仍局限于电力、热力行业，以及其他个别行业，其中包括上海的航空、港口、机场和公共建筑以及广东的水泥行业的普通水泥熟料生产和粉磨、钢铁行业的长流程企业。

（b）在进行配额预分配时，充分考虑企业生产规模的现实情况和碳排放强度的市场参照。

（c）对大型建筑物，依据能耗限额和建筑面积分配配额。

（d）有偿分配的配额，可采取拍卖或固定价格方式出售。其中，采取拍卖方式分配的配额不低于年度配额总量的 3%。

b. 上海试点

（a）充分考虑企业过去的减排投入和成绩。基于公平考虑，在确定各个单位的排放配额时，将考虑企业先期节能减排行动等因素。

（b）在采集历史排放数据时，充分考虑历史期间排放数据的重大变化情况。比如，重点排放单位排放边界发生重大变化的，取最接近现有边界年份/月份的排放数据，比如“2011年排放边界发生重大变化的，取补充盘查后的2012年排放数据”（参见《上海市2013—2015年碳排放配额分配和管理方案》）。

（c）上海试点未在管理办法中就配额调整加以规定。

c. 北京试点

（a）将企业的设施分为已有设施和新增设施。前者采取历史排放法核算配额，后者采取基准线法。

（b）有关历史数据采集。对于企业既有设施排放配额的核定：第一，制造业等工业和服务业企业，参照历史排放量数据；第二，对于供热企业和火力发电企业，参照历史碳强度数据，以充分考虑此类企业的能源消费结构和效率。

（c）先期减排的奖励。规定：“‘十二五’期间已率先采取了节能减碳措施、成效显著的企业（单位），可向市主管部门提出配额奖励申请”（参见《北京市碳排放权交易试点配额核定方法（试行）》）。这利于保障公平。

（d）对于电力行业，北京试点采用历史排放法进行配额核算，其他试点则采用基准线法。

（e）采用历史排放法（包括基于历史排放总量和历史排放强度两种）对企业既有设施的配额进行核算❶。

（f）保障配额分配公平的方式。“配额分配与本市节能减排规划、清洁空气行动计划等相关政策文件目标紧密结合。分行业的控排系数等主要参数全部由精确计算得出，合理考虑新增设施配额和配额调整量；配额核定方法经历了多轮专家论证和企业座谈，受到一致认可；方法和分配系数公开透明，履约单位可自行计算配额数额”（参见北京市发改委《北京碳排放权交易百问百答》）。

d. 广东试点

（a）在首个履约年度（2013年），要求重点排放单位先购买有偿配额才能获得免费配额，2014年起则变更为企业自主选择购买有偿配额。

（b）采用的历史排放数据最新，为2011—2013年的数据。其他试点的历史排放情况均取2009—2012年的数据。

（c）在核定免费分配的配额时，引入了下降系数（参见公式：控排企业配额=历史平均碳排放量×当年度下降系数）。与北京试点引入的控排系数一样，广东试点引入下降系数也可起到调整具体分配的配额数量的作用。

（d）最大限度地公开配额核算方法。比如，出台了《广东省2013年碳排放权配额核算方法》《广东省2014年碳排放权配额核算方法》。前者还对历史排放法的历史数值取值进行了详细说明，这样可以提高碳交易体系的透明度。

---

❶ 采用历史法进行配额核算时，引入了二氧化碳排放控排系数的概念。二氧化碳排放控制系数（“控排系数”），是北京市主管部门依据全市“十二五”GDP平均增速目标、各相关行业碳强度下降目标、各行业碳排放历史平均水平和年均增幅，综合测算确定的，用于核定企业（单位）既有设施排放配额的参数。既有设施是指2013年1月1日之前投入运行的固定设施。参见《北京市碳排放权交易试点配额核定方法（试行）》。

(e) 提出“碳评(估)”概念。广东试点对节能审核结果为年综合能源消费量1万t标准煤及以上的新建固定资产投资项目进行碳排放评估，并且结合全省年度碳排放总量目标，免费或部分有偿发放配额。为此，此类项目是否获得与碳排放评估结果等量的配额，可作为各级投资主管部门履行审批职能的重要依据。

(f) 其他。在基准线法配额分配公式中，引入当年度产量修正因子，以兼顾行业发展特性(参见《广东省发展改革委关于碳排放配额管理的实施细则(2015)》)。此外，针对石化行业增加的工艺流程调整配额，以兼顾政策变化对炼油企业的影响(参见《广东省2014年度控排企业配额计算方法》)。

e. 天津试点

(a) 有偿分配的配额，仅用于稳定市场。

(b) 采用历史排放法分配配额时，对配额调整进行了详细说明(参见《天津市碳排放权交易试点纳入企业碳排放配额分配方案(试行)》)。

(c) 采用历史排放法分配配额时，充分考虑到行业发展规划、行业减排责任、行业碳排放水平等因素，为此引入行业控排系数。此外，考虑到企业的先期减排行动，引入了绩效系数(参见《天津市碳排放权交易试点纳入企业碳排放配额分配方案(试行)》)。这与上海设定“先期减排配额”的做法相似。

(d) 采用基准法分配配额时，充分考虑时间因素的影响，这与广东试点引入“当年下降系数”性质相同(具体参见《天津市碳排放权交易试点纳入企业碳排放配额分配方案(试行)》)。

(e) 对新增设施的配额分配，专门出台了细则加以规范(参见《天津市碳排放权交易试点纳入企业碳排放配额分配方案(试行)》)。

f. 湖北试点

(a) 配额分配，将综合考虑企业历史排放水平、行业先进排放水平、节能减排、淘汰落后产能等因素(参见《湖北省碳排放权交易试点工作实施方案》)。

(b) 管理办法要求，在设定年度碳排放配额总量、起草碳排放配额分配方案过程中，充分听取有关机关、企业、专家及社会公众的意见。

(c) 引入总量调整系数，类似于广东试点的“当年度下降系数”和北京试点的“控排系数”。具体参见《湖北省碳排放权配额分配方案》。

(d) 强调事前分配与事后调节相结合。比如根据《湖北省碳排放权配额分配方案》，电力行业的配额分配，包括事先分配和事后调节分配(参见公式：电力企业的配额＝预分配配额＋事后调节配额)。

g. 重庆试点

(a) 配额分配的特点：第一，实行政府总量控制与企业博弈竞争相结合(即由企业自主申报碳配额量)，提高了企业的碳交易意识；第二，设立配额调整机制，对企业多报的排放量进行约束；第三，在确定配额总量后，政府尽可能减少对市场的干预，以此限制政府的自由裁量权。

(b) 考虑企业先期减排情况。根据《重庆市碳排放配额管理细则(试行)》，符合条件的配额管理单位实施减排工程，其预计年度减排量可纳入年度排放量一并申报。

### 2.1.2.4 履约机制

碳交易体系作为碳减排的一种方法，旨在为重点排放单位完成配额清缴的义务提供便利。配额不足的重点排放单位，可在碳市场中购买配额富余的重点排放单位出售的配额，用以完成履约。

① 有关实际碳排放量的确定　重点排放单位履约时应当清缴（或缴还）的配额数量，是指经碳交易主管部门确认的重点排放单位上一年度实际碳排放量，而非碳交易主管部门在初始分配配额时分配的配额数量。经主管部门确定的排放量，是重点排放单位履行配额清缴义务的依据。

各个试点地区，均对重点排放单位上一年度实际碳排放量的确认作出规定（参见表2-11）。

**表 2-11　有关确认实际碳排放量的对比**

| 试点地区 | 要求及方式 |
| --- | --- |
| 深圳 | 主管部门应当在每年 5 月 20 日前，根据重点排放单位上一年度的实际碳排放数据和统计指标数据，确定其上一年度的实际配额数量<br>重点排放单位的实际配额数量按照下列公式计算：<br>① 属于单一产品行业的，其实际配额等于本单位上一年度生产总量乘以上一年度目标碳强度<br>② 属于其他工业行业的，其实际配额等于本单位上一年度实际工业增加值乘以上一年度目标碳强度<br>主管部门应当根据确定后的实际配额数量，对照重点排放单位上一年度预分配的配额数量，相应进行追加或者扣减，但追加配额的总数量不得超过当年度扣减的配额总数量<br>对于出现“新建固定资产投资项目，预计年碳排放量达到 3000t 二氧化碳当量以上的”情形的重点排放单位，其配额追加不受此限制，但追加的配额应当来源于新进入者储备配额 |
| 上海 | ① 一般规定。市发展改革部门应当自收到第三方机构出具的核查报告之日起 30 日内，依据核查报告，结合碳排放报告，审定年度碳排放量，并将审定结果通知重点排放单位。碳排放报告以及核查、审定情况由市发展改革部门抄送相关部门<br>② 特殊情况处理。有下列情形之一的，市发展改革部门应当组织对重点排放单位进行复查并审定年度碳排放量：<br>a. 年度碳排放报告与核查报告中认定的年度碳排放量相差 10%或者 10 万吨以上<br>b. 年度碳排放量与前一年度碳排放量相差 20%以上<br>c. 重点排放单位对核查报告有异议，并能提供相关证明材料<br>d. 其他有必要进行复查的情况 |
| 北京 | 市发展改革委结合本市碳排放控制目标，根据配额核定方法及核查报告，核定并发放重点排放单位的年度配额；并根据谨慎、从严的原则对重点排放单位配额调整申请情况进行核实，确有必要的，可对配额进行调整 |
| 广东 | ① 管理办法的规定。重点排放单位应当根据上年度实际碳排放量，完成配额清缴工作<br>② 配套细则的规定。重点排放单位按照碳排放核查机构核查并经省发展改革委认定的上一自然年度实际碳排放量完成配额清缴工作 |
| 天津 | 市发展改革委依据第三方核查机构出具的核查报告，结合重点排放单位提交的年度碳排放报告，审定重点排放单位的年度碳排放量，并将审定结果通知重点排放单位，该结果作为市发展改革委认定重点排放单位年度碳排放量的最终结论<br>存在下列情形之一的，市发展改革委有权对重点排放单位碳排放量进行核实或复查：<br>① 碳排放报告与核查报告中的碳排放量差额超过 10%或 10 万吨的<br>② 本年度碳排放量与上年度碳排放量差额超过 20%的<br>③ 其他需要进行核实或复查的情形 |
| 湖北 | 重点排放单位应当向主管部门缴还与上一年度实际排放量相等数量的配额和(或)国家核证自愿减排量(CCER) |
| 重庆 | ① 一般规定。主管部门根据核查报告审定重点排放单位年度碳排放量，并及时通知各重点排放单位<br>② 特殊情况处理。a. 核查机构核定的碳排放量与重点排放单位报告的碳排放量相差超过 10%或者超过 1 万吨的，重点排放单位可以向主管部门提出复查申请，主管部门委托其他核查机构对核查报告进行复查后，最终审定年度碳排放量(《管理办法》)。b. 重点排放单位将全部排放设施转移出本市行政区域或整体关停排放设施，应当及时向市发展改革委报告，市发展改革委审定其排放量后收回免费分配的剩余配额，并通知登记簿管理单位注销该单位登记簿账户<br>③ 市发展改革委在每年 4 月 20 日前完成上年度排放量审定，调整上年度配额。登记簿管理单位根据配额调整方案，在 2 个工作日内通过登记簿对配额予以变更 |

② 有关履约时点　各个试点地区均对重点排放单位履约的时间节点做出规定，大部分集中在 5 月份和 6 月份。具体时点参见表 2-12。

表 2-12　有关履约时点的对比

| 项目 | 深圳 | 上海 | 北京 | 广东 | 天津 | 湖北 | 重庆 |
|---|---|---|---|---|---|---|---|
| 时间节点 | 6 月 30 日前 | 6 月 1 日—6 月 30 日 | 6 月 15 日前 | 6 月 20 日前 | 5 月 31 日前 | 5 月最后一个工作日前 | 6 月 20 日前 |

③ 有关灵活履约　各个试点地区均对包括 CCER 的使用等相关灵活履约机制做出规定。具体参见“2.3 碳交易试点抵消机制”中的相关内容。

④ 有关特殊情形的处理　深圳、广东、天津、上海试点，均在管理办法中对重点排放单位出现停产、外迁、解散、注销、破产等情形时，如何完成履约义务做出明确规定。

⑤ 有关履约保证　部分试点为了鼓励和协助重点排放单位及时履约，采用了各种积极措施：

a. 广东和天津试点，采取延期的方式促进企业/单位的履约。

b. 深圳和上海试点，采取拍卖的方式。

c. 北京试点，采取节能监察的方式。

### 2.1.3　报告核查

“量化、报告和核查”（MRV），指利用测量方法来报告和核查重点排放单位在一定期间内产生的温室气体排放的过程。其中，量化/监测（monitoring）[1]，指对温室气体排放或其他有关温室气体的数据的连续性的或周期性的评价；报告（reporting），指向相关部门或机构提交有关温室气体排放的数据以及相关文件；核查（verification），指相关机构根据约定的核查准则对温室气体声明进行系统的、独立的评价，并形成文件的过程。

对碳交易体系来说，准确、及时、一致的温室气体排放数据非常重要。所有的排放源均应具有高质量的排放数据基础，以便于重点排放单位提交准确的排放数据报告，同时便于碳交易主管部门审定或确认重点排放单位上年度的实际碳排放量。进而，经确认的上年度实际碳排放量便成为重点排放单位履约（配额清缴）的依据。

（1）有关碳排放监测计划

MRV 机制中量化/监测的作用在于有效地核算、记录重点排放单位的碳排放量。

制定并实施碳监测计划，有利于重点排放单位有效把握本单位的碳排放情况，同时有利于主管部门开展监管工作。

除深圳试点之外，其他各个试点地区均对重点排放单位制定并实施监测计划做出相应要求。

① 管理办法的规定　北京、天津、上海、湖北试点的管理办法要求重点排放单位在规定时间内制定下一年度的碳排放监测计划并严格实施。其他试点的管理办法并未对此加以明确规定。

② 管理办法的配套细则的规定　广东、重庆两个试点在配套细则中对监测计划做出规定。比如，《重庆市工业企业碳排放核算报告和核查细则（试行）》规定：“企业应当编制碳

---

[1] monitoring 一词，国内各个试点使用了不同的术语与其对应，包括量化（深圳）、监测（上海等）、核算（重庆）等。此外，有的文献采用了 measuring 的表述。

排放监测计划，并对碳排放活动实施动态监测。监测数据应当规范记录、归档与管理，且保存期不得少于5年”。

(2) 有关碳排放量化、报告及其指南

全面、准确、可靠的排放数据，对于有效运行碳交易体系以及实质推动减排意义重大。为提高碳排放量化和报告质量，各个试点地区均发布了相关核算方法和报告指南，以指导重点排放单位的核算和报告工作。其中，有适用于多个行业的通用指南，更多的则是适用于具体行业的行业指南。

① 核算和报告指南　根据统计，国家发改委发布了24个重点行业企业温室气体排放核算方法与报告指南、北京市发布了1个通用指南和6个行业指南、天津市发布了1个通用指南和4个行业指南、广东省发布了1个通用指南和4个行业指南、上海市发布了1个通用指南和9个行业指南、湖北省发布了12个行业指南（未公开发布）、深圳市发布了工业企业和建筑物的2个通用指南并且正在编制相关行业指南、重庆市发布了1个通用指南（参见表2-13）。

**表2-13　有关核算方法与报告行业指南对比**

| 序号 | 国家 | 北京 | 上海 | 广东省 | 天津市 |
|---|---|---|---|---|---|
| 1 | 电网 | 火力发电 | 电力、热力 | 火力发电 | 电力、热力 |
| 2 | 发电 | 热力生产和供应 | | | |
| 3 | 钢铁 | — | 钢铁 | 钢铁 | 钢铁 |
| 4 | 化工 | 石化生产 | 化工 | 石化 | 化工 |
| 5 | 水泥 | 水泥 | 有色金属 | 水泥 | 炼油和乙烯 |
| 6 | 镁冶炼 | — | 纺织、造纸 | — | — |
| 7 | 平板玻璃 | — | 非金属矿物制品业 | — | — |
| 8 | 电解铝 | 其他工业 | 运输站点 | — | — |
| 9 | 陶瓷 | 服务业 | 上海市旅游饭店、商场、房地产业及金融业办公建筑 | — | — |
| 10 | 民航 | — | 航空运输 | — | — |
| 11 | 石油和天然气 | — | — | — | — |
| 12 | 石油化工 | — | — | — | — |
| 13 | 焦化 | — | — | — | — |
| 14 | 煤炭 | — | — | — | — |
| 15 | 造纸与纸制品 | — | — | — | — |
| 16 | 有色金属冶炼与压延 | — | — | — | — |
| 17 | 电子设备制造 | — | — | — | — |
| 18 | 机械设备制造 | — | — | — | — |
| 19 | 矿业 | — | — | — | — |
| 20 | 食品、烟草及酒、饮料和精制茶业 | — | — | — | — |
| 21 | 公共建筑 | — | — | — | — |
| 22 | 路上交通运输 | — | — | — | — |
| 23 | 氟化工 | — | — | — | — |
| 24 | 工业及其他行业 | — | — | — | — |

② 提交监测计划和排放报告的时间节点差异　各个试点地区有关重点排放单位提交监测计划和上一年度（尚未核查的）碳排放报告的时间要求各不相同。具体参见表 2-14。

**表 2-14　有关监测计划和年度排放报告报送时间节点对比**

| 项目 | 监测计划 | 排放报告 | 其他说明 |
| --- | --- | --- | --- |
| 深圳 | — | ① 季度碳排放报告：每季度结束后 10 天内<br>② 年度碳排放报告：3 月 31 日前<br>③ 统计指标数据报告：3 月 31 日前 | ① 要求提交季度报告<br>② 要求提交统计指标数据(报告) |
| 上海 | 每年 12 月 31 日前 | 每年 3 月 31 日前 | — |
| 北京 | 应当在规定时间 | 每年 3 月底前 | — |
| 广东 | 每年 3 月 15 日前 | 每年 3 月 15 日前 | — |
| 天津 | 每年 11 月 30 日前 | 每年 4 月 30 日前 | — |
| 湖北 | 每年 9 月份最后一个工作日前 | 每年 2 月份最后一个工作日前 | — |
| 重庆 | — | 每年 2 月 20 日前 | ① 要求提交减排工程年度减排量报告<br>② 如延迟报告，需提前 10 日申请 |

③ 未纳入碳排放管控的企业/单位的报告义务　为更好地把握本区域碳排放情况，深圳、上海、北京、广东、天津等试点的管理办法或其配套细则均明确要求：未纳入碳排放管控的单位（“报告单位”）如果达到一定标准，也应提交年度碳排放报告，履行相应的报告义务（参见表 2-15）。

**表 2-15　有关报告单位的报告义务对比**

| 项目 | 重点排放单位的纳入标准 | 报告单位的纳入标准 |
| --- | --- | --- |
| 深圳 | ① 任意一年的碳排放量达到 3000t 二氧化碳当量以上的企业<br>② 大型公共建筑和建筑面积达到 1 万平方米以上的国家机关办公建筑的业主 | 任意一年碳排放量达到 1000t，但不足 3000t 二氧化碳当量的企业 |
| 上海 | 本市行政区域内钢铁、石化、化工、有色、电力、建材、纺织、造纸、橡胶、化纤等工业行业 2010—2011 年中任何一年二氧化碳排放量两万吨及以上(包括直接排放和间接排放，下同)的重点排放企业，以及航空、港口、机场、铁路、商业、宾馆、金融等非工业行业 2010—2011 年中任何一年二氧化碳排放量 1 万吨及以上的重点排放企业 | 年度碳排放量在 1 万吨以上，但是尚未纳入配额管理的排放单位 |
| 北京 | 市行政区域内的固定设施年二氧化碳直接排放与间接排放总量 1 万吨(含)以上，且在中国境内注册的企业、事业单位、国家机关及其他单位 | 年综合能源消费总量 2000t 标准煤(含)以上，且在中国境内注册的企业、事业单位、国家机关及其他单位 |
| 广东 | 年排放二氧化碳 1 万吨及以上的工业行业企业，年排放二氧化碳 5000t 以上的宾馆、饭店、金融、商贸、公共机构等单位 | 年排放二氧化碳 5000t 以上 1 万吨以下的工业行业企业为要求报告的企业 |
| 天津 | 将本市钢铁、化工、电力、热力、石化、油气开采等重点排放行业和民用建筑领域中 2009 年以来排放二氧化碳 2 万吨以上的企业或单位纳入试点初期市场范围 | 试点初期，天津市钢铁、化工、电力、热力、石化、油气开采等重点排放行业和民用建筑领域中 2009 年以来排放二氧化碳 1 万吨以上的企业或单位 |

(3) 有关碳排放核查及其指南

碳排放核查，旨在保障重点排放单位编制的碳排放报告符合核算指南的要求，同时保障碳排放报告的可靠性和客观性。各个试点地区均要求重点排放单位的年度碳排放报告应经核查机构核查，同时要求核查机构应当按照各个试点地区公布的核查指南（或规范）开展核查工作。

主管部门应对一定数量（或比例）的重点排放单位提交的碳排放报告以及核查机构出具的核查报告进行抽查（或复查）。重点排放单位对核查结果（或复查结果）有异议的，可根据相应的行政程序寻求复议。

① 碳排放核查的时间要求　各个试点有关碳排放核查的时间节点及相关说明，参见表2-16。

**表2-16　有关碳排放核查的对比**

| 项目 | 提交核查报告时间 | 核查费用 | 核查机构 | 指南和规范 |
|---|---|---|---|---|
| 深圳 | 提交经核查的年度碳排放报告:4月30日前。提交经核定的统计指标数据:5月10日前 | 企业自费 | 28家 | 《组织的温室气体排放核查规范及指南》 |
| 上海 | 4月30日前 | 政府出资 | 10家 | 《上海市碳排放核查工作规则(试行)》 |
| 北京 | 4月30日前 | 2014年政府出资;2015年企业自费 | 22家(2015年数据) | 《北京市发展和改革委员会关于做好2014年碳排放报告报送核查及有关工作的通知》<br>《第三方核查程序指南》<br>《第三方核查报告编写指南》 |
| 广东 | 4月30日前 | 政府出资 | 16家 | 《广东省企业碳排放信息报告与核查实施细则(试行)》<br>《广东企业碳排放核查指南(2014年版)》 |
| 天津 | 4月30日前 | 政府出资 | 4家 | 《天津市企业碳排放核查指南(试行)》《核查报告模板》 |
| 湖北 | 每年4月份最后一个工作日前 | 政府出资 | 3家 | 《湖北省温室气体排放核查指南(试行)》 |
| 重庆 | 主管部门在收到碳排放报告后5个工作日内委托第三方核查机构进行核查,核查机构应当在主管部门规定时间内出具书面核查报告 | 政府出资 | 11家 | 《重庆市企业碳排放核查工作规范(试行)》 |

② 主管部门复查或抽查的要求　为确保核查机构客观、准确地根据核查指南履行核查义务，各个试点地区的管理办法或其配套细则均对主管部门抽查或核查碳排放报告和核查报告做出规定。但是，不同试点地区复查和抽查的标准有所不同，不过一般均包括重点排放单位提交的碳排放报告和核查机构出具的核查报告出现重大偏差的情形。具体参见表2-17。

**表2-17　有关复查或抽查的要求对比**

| 项目 | 抽查或复查要求 | 说明 |
|---|---|---|
| 深圳 | 管理办法要求:① 随机抽查:抽查比例原则上不低于重点排放单位总数的10%;② 重点检查:对风险等级高的重点排放单位进行重点抽查 | ① 抽查重点排放单位的碳排放权报告和核查报告;② 重点排放单位对检查结果有异议,可提起行政复议或行政诉讼 |

续表

| 项目 | 抽查或复查要求 | 说明 |
|---|---|---|
| 上海 | 管理办法要求：<br>有下列情况之一：①年度碳排放报告与核查报告中认定的年度碳排放量相差10%或者10万吨以上；②年度碳排放量与前一年度碳排放量相差20%以上；③纳入配额管理的单位对核查报告有异议，并能提供相关证明材料；④其他有必要进行复查的情况 | 复查 |
| 北京 | ① 市人大常委会的决定：市人民政府应对气候变化主管部门应当对排放报告和核查报告进行检查<br>② 北京市发改委《关于开展碳排放权交易试点工作的通知》：每年4—5月，市发改委将对重点排放单位的第三方核查报告进行抽查，并根据需要开展现场调查 | 抽查＋现场调查 |
| 广东 | 管理办法要求：<br>① 复查：对企业和单位碳排放信息报告与核查报告中认定的年度碳排放量相差10%或者10万吨以上的，省发展改革部门应当进行复查<br>② 抽查：省、地级以上市的发展改革部门对企业碳排放信息报告进行抽查 | 复查＋抽查 |
| 天津 | 管理办法要求：<br>有下列情形之一：①碳排放报告与核查报告中的碳排放量差额超过10%或10万吨的；②本年度碳排放量与上年度碳排放量差额超过20%的；③其他需要进行核实或复查的情形 | 复查 |
| 湖北 | 管理办法要求：<br>主管部门对第三方核查机构提交的核查报告采取抽查等方式进行审查 | 企业对审查结果有异议的，可向主管部门提出复查申请 |
| 重庆 | 管理办法要求：<br>核查机构核定的碳排放量与配额管理单位报告的碳排放量相差超过10%或者超过1万吨的，配额管理单位可向主管部门提出复查申请 | 企业主动提出复查申请 |

(4) 有关碳排放报告的内容

各个试点要求的碳排放报告的内容，主要包括排放主体的基本信息报告和排放情况的数据报告。部分试点的报告内容的不同点如下：

① 北京、上海试点　增加了“温室气体排放不确定性分析”和“温室气体控制措施”两项，要求在进行现有排放数据报告的同时，也进行生态环境影响信息的报告和生态环境恢复措施的阐述。为此，报告的功能不仅包括数据收集，也包括政策监督。

② 广东试点　增加了“不确定性分析”，但未明确增加“控制措施”。

(5) 有关监测计划的核查

北京和广东试点均要求第三方机构对监测计划进行核查。上海试点、天津试点和湖北试点则未对此加以规定。

## 2.1.4 市场交易

碳交易机制是碳交易体系的核心组成部分。交易机制的内容主要包括交易主体、配额签发与登记、交易与结算系统等。

(1) 交易主体

各个试点碳市场的交易主体，都是重点排放单位以及符合交易规则规定的机构和个人。

不过对于交易参与人的具体划分，各个试点有所区别。

（2）交易品种

各个试点的管理办法规定的基本交易品种是地区碳排放配额，此外，也都注明包含有其他交易品种。深圳、湖北试点的管理办法还明确提出将 CCER 作为交易产品。

（3）交易规则和细则

各个试点均出台了相关的交易规则以及配套的实施细则，比如会员管理办法、结算细则、风险控制细则等。参见表 2-18。

**表 2-18　有关交易机制和相关细则的对比**

| 项目 | 深圳 | 上海 | 北京 | 广东省 | 天津 | 湖北 | 重庆 |
| --- | --- | --- | --- | --- | --- | --- | --- |
| 交易平台 | 深圳排放权交易所 | 上海环境能源交易所 | 北京环境交易所 | 广州碳排放权交易所 | 天津排放权交易所 | 湖北碳排放权交易中心 | 重庆碳排放权交易中心 |
| 交易参与者 | ①交易会员<br>②投资机构或自然人<br>③对境外投资者开放 | 交易所会员，包括自营类会员和综合类会员 | ①履约机构<br>②非履约机构 | ①纳入碳交易体系的控排企业和新建项目业主<br>②投资机构、其他组织和个人 | 国内外机构、企业、团体和个人 | ①控排企业<br>②自愿参与碳排放权交易活动的法人机构、其他组织和个人投资者 | ①重点排放单位重点排放单位<br>②符合交易细则规定的市场主体及自然人 |
| 交易品种 | ①配额（代码 SZA）<br>②核证减排量<br>③其他交易品种 | ①碳排放配额（代码 SHEA）<br>②CCER<br>③其他交易品种 | ①碳排放配额（代码 BEA）<br>②CCER<br>③其他交易产品 | ①广东省碳排放权配额（代码 GDEA）<br>②CCER<br>③其他交易品种 | 碳配额产品（代码 TJEA）CCER | ①碳排放配额（代码 HBEA）<br>②中国核证自愿减排量（CCER） | 碳排放配额和其他经国家和本市批准的交易品种 |
| 交易方式 | 定价点选、现货交易、大宗交易 | 挂牌交易、协议转让 | 公开交易、协议转让、场外交易等 | 挂牌竞价、挂牌点选、单向竞价、协议转让 | 网络现货、协议和拍卖交易 | 定价转让、协商议价转让、现货交易 | 协议交易 |
| 交易规则 | 现货交易规则 | 碳排放交易规则 | 交易规则（试行） | 碳排放权交易规则 | 碳排放权交易规则 | 碳排放权交易规则 | 碳排放交易细则（试行） |
| 结算细则 | 结算细则（暂行） | 碳排放交易结算细则 | — | — | 《碳排放权交易结算细则》 | — | 碳排放交易结算管理办法（试行） |
| 风控细则 | 风险控制管理细则（暂行） | 碳排放交易风险控制管理办法 | 碳排放权交易规则配套细则（试行） | — | 碳排放权交易风险控制管理办法 | — | 碳排放交易风险管理办法（试行） |
| 违规违约处理办法 | 违约违规处理实施细则（暂行） | 碳排放交易违规违约处理办法 | — | — | — | — | 碳排放交易违规违约处理办法（试行） |
| 信息管理办法 | 信息披露管理细则（暂行） | 交易信息管理办法 | 碳排放权交易规则配套细则（试行） | — | — | — | 碳排放交易信息管理办法（试行） |

### 2.1.5 激励处罚措施

在管理办法中规定适当的法律责任，可有效提高重点排放单位的履约积极性，可有效防范核查机构和其他责任主体的违法违规行为，同时也能充分体现政府控制碳排放的决心。

(1) 地方人大立法

深圳和北京试点以人大立法的形式通过了规范碳排放和碳交易的法律。其他试点均以地方政府规章的形式出台了相关行政法规。因此，其他试点因政府规章的权限限制，对法律责任的规定相对较轻。

(2) 法律责任类型

各个试点规定的法律责任，主要是限期改正和罚款两项。

(3) 法律责任的内容

各个试点的管理办法，主要针对如下行为的法律责任做出规定：第一，重点排放单位虚报、瞒报或者拒绝履行排放报告义务；第二，重点排放单位或核查机构不按规定提交核查报告；第三，重点排放单位未按规定履行配额清缴义务；第四，核查机构、交易机构、主管部门等不同主体的违法违规行为。

(4) 有关重点排放单位违反履约义务的情况

除天津、重庆试点之外，其他各个试点规定的法律责任都较重。具体如下：

① 深圳试点　要求重点排放单位限期履约，重点排放单位逾期未补缴的，由主管部门从其登记账户中强制扣除，不足部分则从其下一年度配额中扣除，并处以媒体公开、停止资助、征信通报的处罚，另处超额排放量乘以一定期限内配额市场均价 3 倍的罚款。

② 上海试点　要求企业继续履约，另处 5 万—10 万罚款。

③ 北京试点　要求企业继续履约，另处市场价 3—5 倍的罚款。

④ 广东试点　要求企业继续履约，拒不履约的扣除下一年度超额碳排放量 2 倍的配额，并处 5 万元罚款。

⑤ 湖北试点　对差额部分，按市场均价直接处以 1 倍以上 3 倍以下，但是最高不超过 15 万元的罚款，同时在下一年度配额分配中予以双倍扣除。

⑥ 天津和重庆试点　两个试点并未对经济处罚做出明确规定，只是对其他相关行政处罚措施（比如违反义务要求的企业不得享受相关财政政策）做出规定。

## 2.2 碳交易试点交易及履约情况

### 2.2.1 配额交易量及价格

#### 2.2.1.1 一级市场拍卖

全国七省市碳交易试点市场当中，深圳碳市场、上海碳市场、广东碳市场和湖北碳市场分别组织了配额的拍卖。截至 2016 年 4 月 20 日，广东碳市场共组织了 12 次（14 场）有偿发放（拍卖），深圳、上海和湖北碳市场均成功组织了 1 次配额拍卖，北京、天津和重庆碳市场未开展配额拍卖活动。

深圳碳市场在 2014 年 6 月 6 日组织了一次配额拍卖活动。此次配额拍卖标的为 2013 年度碳排放配额（SZA-2013），拍卖数量为 20 万吨，拍卖底价为 35.43 元/t。按照计划，此次拍卖旨在帮助重点排放单位降低履约成本、顺利完成履约义务，因此只允许 2013 年度实际碳排放量超过实际配额量的重点排放单位参加。另外，参与拍卖的投标人的最大申报数量不能超过其 2013 年度实际碳排放量与 2013 年度实际配额量之差的 15%。据统计，94 家管控单位参与了竞拍，配额中标数量为 7.4974 万吨，成交价为 35.43 元/t，总成交额约 265 万元人民币。

上海碳市场在 2014 年 6 月 30 日组织了一次配额有偿发放活动，有偿发放的配额总量为 58 万吨，竞买底价为 48.0 元/t，2 家符合竞买人资格的纳入配额管理单位参与了竞价，竞买总量为 7220t，成交价为 48.0 元/t，总成交额为 346,560 元人民币。

广东碳市场以配额有偿发放作为配额分配的辅助手段，在 2013 年度进行了 5 次（7 场）有偿发放、2014 年度进行了 4 次有偿发放、2015 年度进行了 3 次有偿发放（截至 2016 年 4 月 20 日）。广东碳市场配额有偿发放的发放量、成交价和成交量如图 2-2 所示。

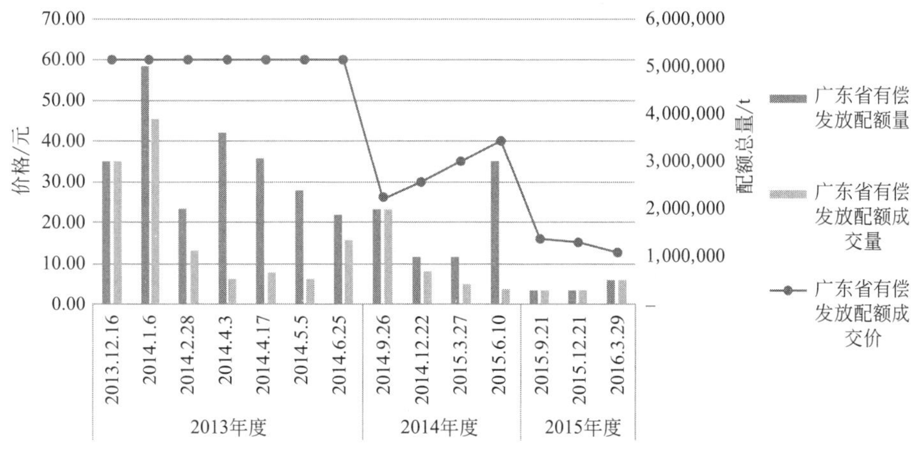


图 2-2　广东省配额有偿发放（拍卖）价量图

湖北碳市场在 2014 年 3 月 31 日组织了一次竞价转让活动，竞价转让配额总量为 200 万吨，竞买底价为 20 元/t，竞价转让的配额分 4 笔交易完成，成功转让配额总量为 200 万吨，成交价为 20 元/t，总成交额 4000 万人民币。

尽管深圳、上海、湖北和广东碳市场都组织了配额拍卖，但在拍卖底价设置上有所不同。深圳碳市场和上海碳市场的配额拍卖均是为了保障纳入碳市场的企业顺利履约而进行的。因此，深圳碳市场的拍卖价格以截至 2013 年 5 月 27 日的市场平均价格的一半为准，上海碳市场则通过设计略高于二级市场配额价格的有偿发放价格来刺激重点排放单位积极通过市场交易来购足配额。由于广东碳市场和湖北碳市场的配额拍卖均是作为配额分配和活跃市场的手段而开展的，广东三个年度分别探索了固定价格配额有偿发放、阶梯上涨价格配额有偿发放及不设限底价与政策保留价相结合等三种价格确定方式，湖北碳市场则在开市前以比开市价稍低的价格预先进行配额竞价转让。

试点碳交易市场在一级市场当中的设计与表现为国家建立全国碳交易市场提供了借鉴经验。

#### 2.2.1.2　二级市场交易

截至 2016 年 4 月 20 日，深圳碳市场配额总成交量 10,896,061t，总成交额 410,623,358.89

元；上海碳市场配额总成交量 8,997,901t（含协议转让），总成交额 148,699,373.50 元；北京碳市场配额协议转让成交量 3,444,383t，线上交易成交量 2,619,852t，总成交额 261,322,904.39 元；广东碳市场配额总成交量 10,000,632t，总成交额 211,034,592.84 元；天津碳市场配额总成交量 2,051,793t，总成交额 36,260,475.20 元；湖北碳市场配额总成交量 29,564,623t，总成交额 604,952,019.14 元；重庆碳市场配额总成交量 302,047t，总成交额 7,041,915.13 元。七省市碳交易试点市场的配额交易情况和配额总成交量、成交额分布如图 2-3、图 2-4 及图 2-5 所示。

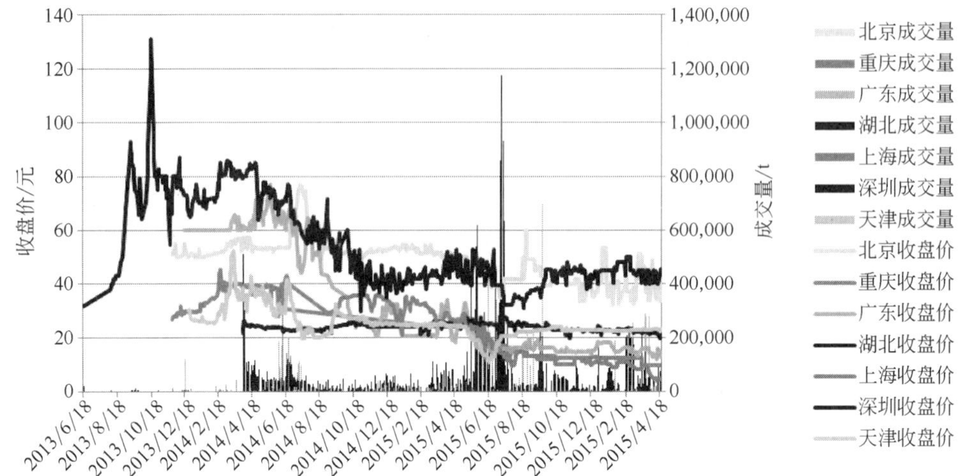


图 2-3 七省市碳交易试点市场配额价量图（截至 2016 年 4 月 20 日）

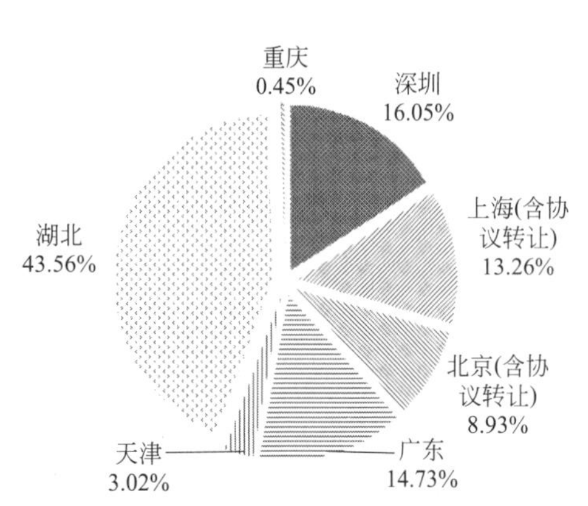


图 2-4 七省市碳交易试点市场配额总成交量占比（截至 2016 年 4 月 20 日）

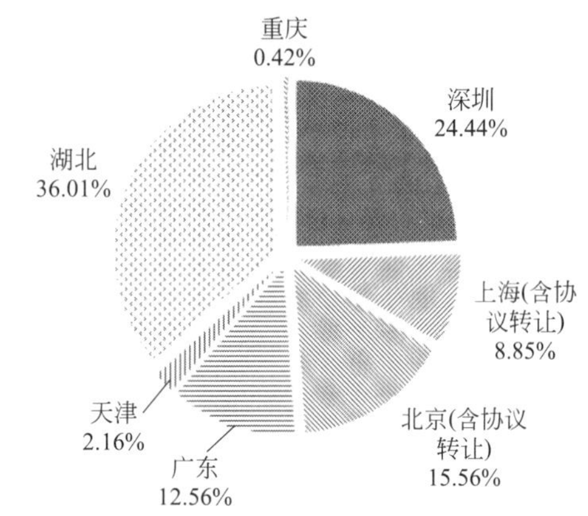


图 2-5 七省市碳交易试点市场配额总成交额占比（截至 2016 年 4 月 20 日）

### 2.2.2 核证自愿减排量（CCER）交易量及价格

截至 2016 年 4 月 20 日，深圳碳市场 CCER 总成交量 3,188,411t；上海碳市场 CCER 总成交量 29,614,756t；北京碳市场 CCER 总成交量 5,638,256t，林业碳汇总成交量 70,891t；广东碳市场 CCER 总成交量 1,790,322t；天津碳市场 CCER 总成交量 1,247,827t；湖北碳市场 CCER 总成交量 902,472t；重庆碳市场并未出现 CCER 交易。碳交易试点市场 CCER 成交量如图 2-6 所示。

仅上海碳市场公布了其挂牌交易的 CCER 成交情况，根据价量走势图，上海 CCER 的收盘价居于 10 元和 26 元之间，见图 2-7。交易量主要集中在 2015 年 11 月至 12 月。

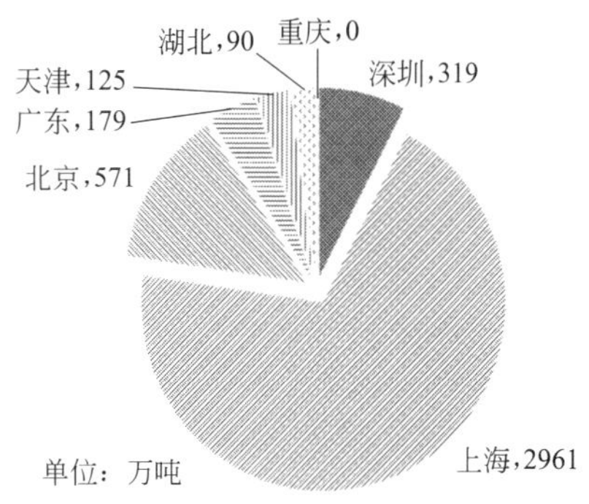


图 2-6　七省市碳交易试点市场 CCER 成交量（截至 2016 年 4 月 20 日）

## 2.2.3　履约情况

### 2.2.3.1　深圳碳市场

根据《深圳市碳排放权交易管理暂行办法》第三十六条的要求，管控单位应当于每年 6 月 30 日前向主管部门提交配额或者核证自愿减排量，提交的配额数量及其可使用的核证自愿减排量之和与其上一年度实际碳排放量相等的，视为完成履约义务。

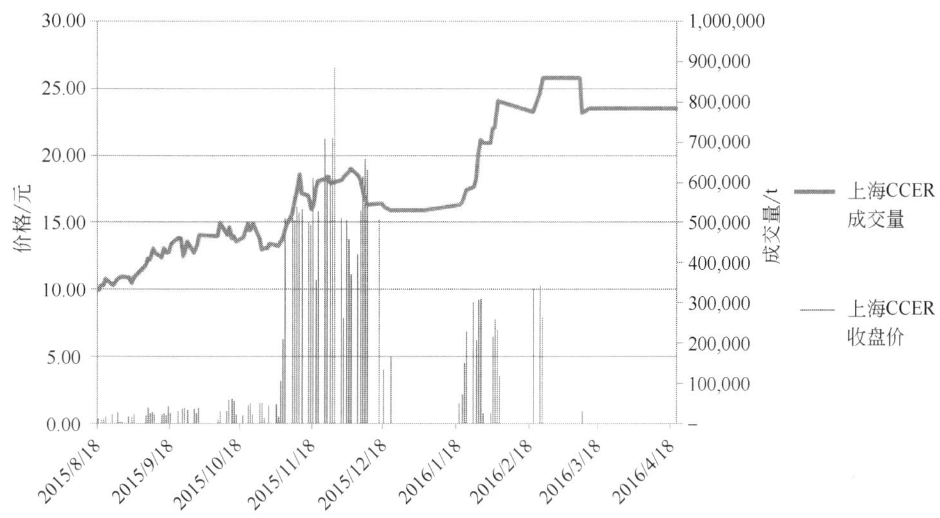


图 2-7　上海挂牌交易 CCER 收盘价及成交量（截至 2016 年 4 月 20 日）

2013 年度深圳碳市场管控单位共 635 家，截至 2014 年 7 月 1 日，共有 631 家按时足额完成履约，4 家未能按时履约，企业履约率达 99.4%，配额履约率达 99.7%。4 家没有按时足额完成履约义务的企业均在 2014 年 7 月 10 日履约催告期截止前足额递交配额，仅对这 4 家企业处以媒体公开、停止资助、征信通报的处罚。

2014 年度深圳碳市场管控单位共 636 家，截至 2015 年 7 月 1 日，共有 634 家按时足额完成履约，2 家未能按时履约，企业履约率达 99.7%，配额履约率达 99.8%，有 39 家管控单位使用了 CCER 进行履约递交。2 家没有按时足额完成履约义务的企业，其中 1 家于 2015 年 7 月 10 日催告期截止前足额递交配额，仅对其处以媒体公开、停止资助、征信通报的处罚；另 1 家企业未能在催告期截止前足额递交配额，除对其处以媒体公开、停止资助、征信通报的处罚外，还对其处以履约截至前连续 6 个月碳排放权交易市场配额平均价格 3 倍的罚款。

### 2.2.3.2　上海碳市场

根据《上海市碳排放管理试行办法》第十六条（配额清缴）的要求，纳入配额管理的单位应当于每年6月1日—6月30日，依据经市发展改革部门审定的上一年度碳排放量，通过登记系统，足额提交配额，履行清缴义务。

2013年度上海碳市场纳入配额管理的单位共191家，截至2014年6月30日，共有191家在法定时限内完成碳排放配额清缴工作，履约率达到100%。

2014年度上海碳市场纳入配额管理的单位共190家，截至2015年6月30日，共有190家在法定时限内完成碳排放配额清缴工作，履约率达到100%。

#### 2.2.3.3 北京碳市场

根据《北京市发展和改革委员会关于开展碳排放权交易试点工作的通知》第三项第5点配额清算（履约）的要求，重点排放单位应当于次年的6月15日前，向注册登记系统开设的履约账户上缴与其经核查的上年度排放总量相等的排放配额（含核证自愿减排量），用于抵消上年度的碳排放量，并在注册登记系统中进行清算。

2013年度北京碳市场重点排放单位共504家，根据北京市发展改革委2014年6月18日发布的通知，共有257家重点排放单位未按规定完成配额清算（履约），履约率不足50%。北京责令未按规定完成配额清算的重点排放单位在10个工作日内完成碳排放配额清算履约，对未在6月27日前完成履约的重点排放单位按照市场均价的3至5倍予以处罚。但北京并未公布6月27日后仍未完成配额清算履约的重点排放单位名单。

2014年度北京碳市场重点排放单位共543家，截至2015年6月15日，共有529家按期履约，履约率达97.4%，有8家重点排放单位使用CCER或林业碳汇项目减排量进行配额清算履约。14家未按期履约的单位在6月30日责令整改期结束时全部完成配额清算履约。

#### 2.2.3.4 广东碳市场

根据《广东省碳排放管理试行办法》第十八条的要求，每年6月20日前，控排企业和单位应当根据上年度实际碳排放量，完成配额清缴工作，并由广东省发展改革部门注销。

2013年度广东碳市场控排企业共184家，广东省发展改革委在2014年6月9日发布《关于抓紧做好广东省2013年度控排企业碳排放配额清缴工作的通知》，将控排企业的履约时间延长至7月15日，比《广东省碳排放管理试行办法》中要求的日期推迟了近25天。截至2014年7月15日，共有182家控排企业在配额注册登记系统提交配额完成履约，2家控排企业没有完成履约，18家控排企业符合要求转为报告企业，企业履约率达98.9%，配额履约率达99.97%。广东省发展改革委根据规定对2家未按规定完成履约的控排企业进行处罚。

2014年度广东碳市场控排企业共184家，广东省发展改革委发布公告称，遇法定节假日以节假日后第一个工作日为期限届满的日期，因2015年6月20—22日为端午节假日，故按规定将配额履约期顺延至6月23日。截至2015年6月23日，共有183家控排企业在配额注册登记系统提交配额完成履约，1家控排企业没有完成履约，企业履约率达99.46%，配额履约率达99.96%。

#### 2.2.3.5 天津碳市场

根据《天津市碳排放权交易管理暂行办法》第九条的要求，纳入企业应于每年5月31日前，通过其在登记注册系统所开设的账户，注销至少与其上年度碳排放量等量的配额，履行遵约义务。

2013 年度天津碳市场纳入企业共 114 家，2014 年 5 月 21 日天津市发展改革委发布《关于开展碳排放权交易试点纳入企业 2013 年度碳排放核查工作的通知》将履约截止日期延迟至 7 月 10 日，2014 年 7 月 8 日天津排放权交易所发布《关于碳排放权交易试点纳入企业及时注销 2013 年度碳排放配额完成履约的通知》再次将履约的最终宽限期延迟至 7 月 25 日，比《天津市碳排放权交易管理暂行办法》中要求的日期推迟了近 55 天。截至 2014 年 7 月 25 日，共有 110 家纳入企业完成履约，4 家纳入企业未完成履约，履约率为 96.5%。

2014 年度天津碳市场纳入企业共 112 家，根据天津市发展改革委公布的履约公告显示，截至 2015 年 7 月 10 日，共有 111 家纳入企业完成履约，1 家纳入企业未完成履约，履约率为 99.1%。此履约截止日期比《天津市碳排放权交易管理暂行办法》中要求的日期也推迟近 40 天。

#### 2.2.3.6　湖北碳市场

根据《湖北省碳排放权管理和交易暂行办法》第十九条的要求，每年 5 月份最后一个工作日前，企业应当向主管部门缴还与上一年度实际排放量相等数量的配额和（或）国家核证自愿减排量（CCER）。

湖北碳市场纳入碳排放配额管理的企业共 138 家，2013 年度及 2014 年度的碳排放统一在 2014 年度一起进行履约，2015 年 6 月 29 日湖北省发展改革委正式印发《关于做好 2014 年度企业碳排放履约工作的通知》，明确湖北碳排放履约工作截止日延期至 2015 年 7 月 10 日。根据湖北碳排放权交易中心 2015 年 8 月 25 日消息，湖北省 138 家纳入碳交易控排企业已全部完成履约，履约率达 100%。

#### 2.2.3.7　重庆碳市场

根据《重庆市碳排放配额管理细则（试行）》第十八条的要求，配额管控单位应当在每年 6 月 20 日前通过登记簿提交与审定排放量相当的配额（含国家核证自愿减排量），并向市发展改革委提交加盖公章的书面申请文件。2015 年前分两期履约，配额管控单位在 2015 年 6 月 20 日前履行第一期配额清缴义务；在 2016 年 6 月 20 日前履行第二期配额清缴义务。

重庆碳市场纳入碳排放配额管理的企业共 237 家，重庆市发展改革委 2015 年 5 月 25 日发布了《重庆市发展和改革委员会关于抓紧做好 2013—2014 年度碳排放配额清缴工作的通知》，确定重庆碳市场 2013—2014 年度履约截止时间为 6 月 23 日。重庆碳市场并未将最终的履约情况向社会公布。

## 2.3　碳交易试点抵消机制

### 2.3.1　抵消比例要求

七个碳交易试点省市均在各自的《管理办法》或单独出台的《抵消管理办法》中，对试点可使用的抵消信用比例进行了详细规定。截至 2016 年 4 月，七试点碳市场的抵消信用使用比例如表 2-19 所示。

表 2-19　七试点碳市场抵消比例要求

| 试点 | 使用比例 |
| --- | --- |
| 深圳 | 不高于管控单位年度碳排放量的 10% |
| 上海 | 不得超过试点企业该年度通过分配取得的配额量的 5% |
| 北京 | 不超过当年核发配额量的 5% |
| 广东 | 不得超过本企业上年度实际碳排放量的 10% |
| 天津 | 不得超过纳入企业当年实际碳排放量的 10% |
| 湖北 | 不能超过企业年度碳排放初始配额的 10% |
| 重庆 | 不超过企业审定排放量的 8%，对项目的地域没有限制 |

## 2.3.2 项目类型及地域限制

七个碳交易试点省市为支持本辖区及协议合作地区的低碳发展，多数试点要求用于碳抵消的项目应主要来自于本辖区，同时优先使用协议合作地区 CCER 项目。考虑到水电项目高昂的开发成本和对生态环境的干扰，除上海试点外，其余试点均将水电或大、中型水电 CCER 项目排除在外。在温室气体排放种类方面，各试点都倾向于使用来自二氧化碳减排的项目。如表 2-20 所示。

表 2-20　七试点碳市场抵消项目类型及地域限制要求

| 试点 | 抵消信用类型 | 项目类型限制 | 项目地域限制 |
| --- | --- | --- | --- |
| 深圳 | CCER | 风力发电、太阳能发电和垃圾焚烧发电项目 | 应当由位于以下省份或者地区的减排项目产生：<br>① 梅州、河源、湛江、汕尾等省内地区<br>② 新疆、西藏、青海、宁夏、内蒙古、甘肃、陕西、安徽、江西、湖南、四川、贵州、广西、云南、福建、湖南等省份<br>③ 和本市签署碳交易区域战略合作协议的其他省份或者地区 |
| | | 农村户用沼气和生物质发电项目 | 应来自于本市以及和本市签署碳交易区域战略合作协议的省份或者地区 |
| | | 清洁交通减排和海洋固定碳减排项目 | 应来自于本市以及和本市签署碳交易区域战略合作协议的省份或者地区 |
| | | 林业碳汇项目和农业减排项目 | 全国范围内，不受项目地区限制 |
| | | 深圳市企业在全国投资开发的减排项目 | 不受项目类型和地域的限制 |
| 上海 | CCER | 2013 年 1 月 1 日后实际产生的减排量 | 无具体限制<br>本市试点企业排放边界范围内 CCER 不得用于本市的配额清缴 |

续表

| 试点 | 抵消信用类型 | 项目类型限制 | 项目地域限制 |
| --- | --- | --- | --- |
| 北京 | CCER | 不可使用来自减排氢氟碳化物（HFCs）、全氟化碳（PFCs）、氧化亚氮（$N_2O$）、六氟化硫（$SF_6$）气体的项目及水电项目的减排量 | ① 京外项目不得超过核发配额的 2.5%<br>② 优先使用河北省、天津市等与本市签署应对气候变化、生态建设、大气污染治理等相关合作协议地区的 CCER |
| | 节能项目碳减排量 | 须实际产生了碳减排量的节能项目<br>重点排放单位实施的节能项目产生的碳减排量除外<br>未完成国家、本市或所在区县上年度的节能目标的单位实施的节能项目产生的碳减排量除外 | 北京市行政辖区内 |
| | 林业碳汇项目碳减排量 | 用于抵消的林业碳汇项目业主应具备所有地块的土地所有权或使用权的证据，如区（县）人民政府核发的土地权属证书或其他有效的证明材料 | 北京市辖区内 |
| 广东 | CCER | 用于抵消项目应主要来自 $CO_2$、$CH_4$ 减排项目，即这两种温室气体的减排量应占该项目所有温室气体减排量的 50% 以上<br>不能使用来自水电项目，使用煤、油和天然气（不含煤层气）等化石能源的发电、供热和余能（含余热、余压、余气）利用的项目 | 减排项目 70%以上应当是广东省温室气体自愿减排项目产生<br>不能使用广东省规定管控单位在其排放边界范围内产生的 CCER |
| 天津 | CCER | 仅可以来自二氧化碳气体项目<br>不可使用来自水电项目的减排量 | 无具体限制<br>优先使用京津冀地区自愿减排项目产生的减排量<br>不能使用本市及其他碳交易试点省市纳入企业排放边界范围内的 CCER |
| 湖北 | CCER | 不可使用大、中型水电类项目 | 湖北省省内项目<br>合作省市项目（备案 CCER，年度用于抵消量不高于 5 万吨） |
| 重庆 | CCER | 非水电项目 | 无 |

## 2.3.3 项目的时间要求

七个碳交易试点省市对可以使用的抵消信用的时间进行了限制，大多只允许使用 2013 年以后以后项目实际产生的减排量，如表 2-21 所示。

**表 2-21　七试点碳市场抵消项目时间限制要求**

| 试点 | 抵消信用类型 | 项目时间限制 |
| --- | --- | --- |
| 深圳 | CCER | 无 |
| 上海 | CCER | 2013 年 1 月 1 日后实际产生的减排量 |

续表

| 试点 | 抵消信用类型 | 项目时间限制 |
| --- | --- | --- |
| 北京 | CCER | 2013 年 1 月 1 日后实际产生的减排量 |
|  | 节能项目碳减排量 | 本市行政辖区内 2013 年 1 月 1 日后签订合同的合同能源管理项目或 2013 年 1 月 1 日后启动实施的节能技改项目 |
|  | 林业碳汇项目碳减排量 | 碳汇造林项目:2005 年 2 月 16 日以来的无林地<br>森林经营碳汇项目:2005 年 2 月 16 日之后开始实施 |
| 广东 | CCER | 不可以使用来自联合国清洁发展机制执行理事会注册前就已经产生减排量的清洁发展机制项目所产生的 CCER |
| 天津 | CCER | 2013 年 1 月 1 日后实际产生的减排量 |
| 湖北 | CCER | 已经由国家发展和改革委员会备案的减排量 100%可用于抵消<br>未备案减排量按不高于项目有效计入期(2013 年 1 月 1 日—2015 年 5 月 31 日)内减排量的 60%的比例用于抵消 |
| 重庆 | CCER | 减排项目应于 2010 年 12 月 31 日后投入运行(碳汇项目不受此约束) |

# 第3章 温室气体排放报告

## 3.1 温室气体排放报告的定义和政策背景

### 3.1.1 温室气体排放报告的定义

温室气体排放报告是指计算重点企（事）业单位在社会和生产活动中各环节直接或者间接排放的温室气体的过程，其实质是组织编制温室气体排放清单。一般来说，在做温室气体排放报告时需要计算的温室气体主要是《京都议定书》及其多哈修正案中要求的七种温室气体：二氧化碳、甲烷、氧化亚氮、氢氟碳化物、全氟化碳、六氟化硫和三氟化氮。由于这七种温室气体产生温室效应的强弱各不相同，习惯上人们以二氧化碳作为参照气体，把其他气体产生的温室效应折算成产生同样温室效应的二氧化碳的量，然后进行统计。

### 3.1.2 温室气体排放报告的政策背景

“十二五”规划《纲要》提出要“建立完善温室气体统计核算制度，逐步建立碳排放交易市场”。《“十二五”控制温室气体排放工作方案》（国发［2011］41号）进一步提出要“构建国家、地方、企业三级温室气体排放核算工作体系，实行重点企业直接报送能源和温室气体排放数据制度”的要求。2014年1月13日，国家发改委气候司下发《国家发展改革委关于组织开展重点企（事）业单位温室气体排放报告工作的通知》（发改气候［2014］63号），要求2010年温室气体排放达到13,000t二氧化碳当量，或2010年综合能源消费总量达到5000t标准煤的法人企（事）业单位，或视同法人的独立核算单位“上报年度温室气体排放报告”。2016年1月11日，《国家发展改革委办公厅关于切实做好全国碳排放权交易市场启动重点工作的通知》（发改办气候［2016］57号），明确指出了全国碳排放权交易市场第一阶段将涵盖石化、化工、建材、钢铁、有色、造纸、电力、航空8大重点排放行业的18个子类中2013至2015年中任意一年综合能源消费总量达到10,000t标准煤以上（含）的企业法人单位或独立核算企业单位。这些企业不仅需要上报其年度温室气体排放量，同时还需要核算并报告配额分配相关基础数据。“十三五”规划《纲要》也明确提出要“实行重点单位碳排放报告、核查、核证和配额管理制度。健全统计核算、评价考核和责任追究制度，完善碳排放标准体系”。随着温室气体排放报告制度的愈发明晰以及配套技术支撑文件的颁布，各省市温室气体排放主管部门均在紧锣密鼓地推动重点企（事）业单位的温室气体排放报告工作。本书按照时间顺序整理了温室气体排放报告的相关政策，如表 3-1 所示。

**表 3-1 温室气体排放报告的相关政策**

| 日期 | 政策 |
| --- | --- |
| 2009 年 12 月 18 日 | 国务院总理温家宝在哥本哈根气候变化会议领导人会议上提出到 2020 年我国每单位 GDP 排放的二氧化碳较 2005 年减少 40%—45%，非化石能源占一次能源消费的比重达到 15%左右 |
| 2011 年 3 月 16 日 | “十二五”规划《纲要》提出“建立完善温室气体统计核算制度，逐步建立碳排放交易市场” |
| 2011 年 10 月 29 日 | 国家发展改革委办公厅下发了《关于开展碳排放权交易试点工作的通知》（发改办气候[2011]2601 号），批准北京、天津、上海、重庆、湖北、广东、深圳 7 个省市开展碳排放权交易试点工作。7 个碳排放权交易试点已按照国家统一的要求，编制了试点工作方案，制定了交易管理办法，开展了总量设计、配额分配、报告和核查指南体系建设、登记注册系统和交易平台等基础设施建设 |
| 2011 年 12 月 1 日 | 《“十二五”控制温室气体排放工作方案》（国发[2011]41 号）要求实现“到 2015 年全国单位国内生产总值二氧化碳排放比 2010 年下降 17%”的目标，要求：<br>建立温室气体排放基础统计制度；<br>重点排放单位要健全温室气体排放和能源消费台账记录；<br>加强温室气体排放核算工作；<br>构建国家、地方、企业三级温室气体排放基础统计和核算工作体系，加强能力建设，建立负责温室气体排放统计核算的专职工作队伍和基础统计队伍。实行重点企业直接报送能源和温室气体排放数据制度 |
| 2014 年 1 月 13 日 | 国家发改委气候司下发《国家发展改革委关于组织开展重点企（事）业单位温室气体排放报告工作的通知》（发改气候[2014]63 号）（以下简称“63 号文”），要求 2010 年温室气体排放达到 13,000t 二氧化碳当量，或 2010 年综合能源消费总量达到 5000t 标准煤的法人企（事）业单位，或视同法人的独立核算单位“上报年度温室气体排放报告” |
| 2014 年 11 月 12 日 | 中美领导人于北京发布首次《中美元首气候变化联合声明》，我国计划 2030 年左右二氧化碳排放达到峰值且将努力早日达峰，并计划到 2030 年非化石能源占一次能源消费比重提高到 20%左右 |
| 2014 年 12 月 10 日 | 国家发改委公布《碳排放权交易管理暂行办法》（国家发展改革委 2014 年第 17 号令）（以下简称“17 号令”）为建设全国统一的碳排放权交易市场作出了宏观规定。主要规定如下：<br>初期以免费分配为主，有偿分配为辅，逐步提高有偿分配比例；<br>初期交易产品为配额和国家核证自愿减排量（CCER）；<br>重点排放单位可按照有关规定，使用 CCER 抵消其部分经确认的碳排放量 |
| 2015 年 9 月 23 日 | 《关于落实全国碳排放权交易市场建设有关工作安排的通知》（发改气候[2015]1024 号）指出要抓紧开展重点企（事）业单位 2011—2014 年温室气体排放核算报告工作 |
| 2015 年 9 月 25 日 | 第二次《中美元首气候变化联合声明》，表明中国计划到 2017 年启动全国碳排放交易体系，该体系将覆盖钢铁、电力、化工、建材、造纸和有色金属等重点工业行业 |
| 2016 年 1 月 11 日 | 《国家发展改革委办公厅关于切实做好全国碳排放权交易市场启动重点工作的通知》（发改办气候[2016]57 号）（以下简称“57 号文”）①<br>全国碳排放权交易市场第一阶段将涵盖石化、化工、建材、钢铁、有色、造纸、电力、航空 8 大重点排放行业的 18 个子类<br>2013—2015 年中任意一年综合能源消费总量达到 1 万吨标准煤以上（含）的企业法人单位或独立核算企业单位<br>此外，根据配额分配需要，企业必须按照 57 号文附件 3 提供的模板，同时核算并报告核算指南中未涉及的其他相关基础数据 |

续表

| 日期 | 政策 |
| --- | --- |
| 2016年3月17日 | “十三五”规划《纲要》提出“推动建设全国统一的碳排放交易市场,实行重点单位碳排放报告、核查、核证和配额管理制度。健全统计核算、评价考核和责任追究制度,完善碳排放标准体系。加大低碳技术和产品推广应用力度” |
| 2016年3月31日 | 第三次《中美元首气候变化联合声明》表明中美两国将于4月22日签署《巴黎协定》 |

① 与63号文相比,57号文做了以下调整:①纳入标准提高(由5000t标煤提升至10,000t标煤);②基准年推后(从2010年推后至2013—2015年)。

温室气体排放报告政策体系是一项重大的体制机制创新和系统工程。2011年11月,北京、天津、上海、重庆、湖北、广东、深圳7个省市作为碳排放权交易试点,也为全国温室气体排放报告政策体系的建立奠定了一定的基础。随着相关配套政策的颁布,温室气体排放报告的政策框架已逐渐明晰,核心要素可以概括为一个条例、三个办法,八个行业、两种方法,一套制度、一个系统,其中:

① 一个条例、三个办法即碳排放权交易管理条例和企业碳排放报告管理办法,碳交易第三方核查机构管理办法和碳市场交易管理办法,形成一加三的立法体系,目前条例已于2015年底提交国务院审议,三个配套的管理办法也制定完成。

② 八个行业、两种方法是指全国碳市场的覆盖范围和配额分配方法。初期考虑覆盖石化、化工、建材、钢铁、有色、造纸、电力和航空8大行业36个子类[1]中年能耗1万吨标准煤以上的企业,配额分配根据基础数据情况,主要采用基准法,部分行业采用历史法,初期考虑以免费分配为主,循序渐进逐步增加有偿分配的比例。

③ 一套制度、一个系统是保障碳市场运行的支撑体系。一套制度即碳排放报告核查制度,国家发改委已经出台了相应的指南(24个,详见3.3节)和标准(11个,详见3.3节)并着手建立企业碳排放报告系统,部署各地方开展重点行业企业历史碳排放盘查工作。一套系统是指国家碳排放权交易注册登记系统,目前国家发改委正对温室气体自愿减排交易注册登记系统运行进行分析,同时规划设计碳排放配额交易注册登记系统,抓紧建设以满足全国碳市场运行的需要。

## 3.2 企业开展温室气体排放报告的意义

需要开展温室气体排放报告的企业分为两类,一类是满足57号文和《关于进一步规范报送全国碳排放权交易市场拟纳入企业名单的通知》(以下简称《通知》)的纳入标准并被纳入第一阶段全国碳市场的企业,被称为重点排放单位;另一类是满足63号文的纳入标准,需要上报年度温室气体排放量,但却不达不到57号文的纳入标准,未被纳入第一阶段全国碳市场的企业,被称为一般报告单位。这两类管理对象统称为重点企(事)业单位,其区别见表3-2。

[1] 2016年1月19日公布的57号文中,纳入全国碳交易市场的行业为8大行业18个子类。之后在国家发改委2016年5月13日公布的《关于进一步规范报送全国碳排放权交易市场拟纳入企业名单的通知》中,纳入管理子行业由原来的18个增至36个,主要是扩大了化工和钢铁行业的纳入范围。同时规定了自备电厂的纳入标准为2013—2015年中任意一年装机6000kW以上。

表 3-2　温室气体排放报告的管理对象

| 类别 | 一般报告单位 | 重点排放单位 |
| --- | --- | --- |
| 政策 | 63 号文 | 57 号文和《通知》 |
| 行业 | 未限制 | 石化、化工、建材、钢铁、有色、造纸、电力、航空 8 大重点排放行业的 36 个子类 |
| 基准年 | 2010 年 | 2013—2015 年中任意一年 |
| 纳入标准 | 温室气体排放达到 13,000t 二氧化碳当量，或 2010 年综合能源消费总量达到 5000t 标准煤 | 综合能源消费总量达到 10,000t 标准煤以上（含）<br>自备电厂装机 6000kW 以上 |
| 是否纳入第一阶段全国碳市场 | 否 | 是 |
| 管理对象的义务 | 报告义务 | 报告义务、履约义务、接受核查 |

① 对于重点排放单位，在排放总量设限后，排放权将成为一种稀缺的商品，具有交易价值，能在排放权交易市场上进行交易。温室气体排放报告是实现企业碳资产管理的重要前提。超额减排企业形成碳资产，达不到要求则形成碳负债，就需要去碳交易市场购买碳配额或者碳减排量。企业在节能减排和技术升级的投入，都可以形成潜在的碳财富，理论上都可以变现。企业必须摸清自己的碳资产情况，并按照成本收益的比较对碳资产的使用做统一安排，确立企业的碳资产管理策略。

② 对于暂时未被纳入全国碳市场的一般报告单位，做好温室气体排放报告工作也是很有必要的，因为企业的温室气体排放是动态变化的，企业一旦超过温室气体排放量或者能源消费量的纳入标准，或者碳排放主管部门一旦扩大纳入行业或者降低纳入标准，一般报告单位就很有可能成为重点排放单位。所以一般报告单位也需要早做准备，摸清家底。

无论是重点排放单位还是一般报告单位，开展温室气体排放报告都将给企业带来以下益处：

① 形成企业的竞争优势，获得银行和投资者的青睐。银行和投资者越来越多地意识到了气候变化问题的风险，越来越关注一个企业在应对温室气体管理方面和气候变化方面采取了哪些措施，并关注这些措施可能带来的财务影响。对于那些温室气体排放信息披露及减排规划做得比较好的企业，投资者会认为是企业将碳减排纳入其长期战略规划和运行系统的一种"承诺"，从而形成企业的竞争优势，更有利于得到银行和投资者的青睐。目前，国内各大银行及中小银行，如工商银行、兴业银行、招商银行等都开展了绿色信贷，为那些节能减排、提高能效的项目进行融资。

② 领先于对手，击破绿色贸易壁垒，加强国际竞争力。随着低碳经济的发展，越来越多的企业对自己的供应链进行"绿化"，将"低碳"作为其供应链的必须，要求供应链企业进行碳信息披露。全球有 1000 多家著名企业，例如沃尔玛、IBM、宜家等均已要求其供应商测量并报告其温室气体排放量。而这些措施也越来越方便终端消费者了解产品的碳信息，进而影响其消费决定，最终对企业的效益产生影响。

③ 树立企业的良好社会形象。随着对气候变迁的关注，愈来愈多的非政府组织、投资人或其他的利益相关方都要求公司披露更多的温室气体排放相关信息。公开披露企业的温室气体排放信息可以强化与利益相关方之间的良好关系，并建立企业在顾客和一般大众间的"社会责任，环境经营"的声望。

## 3.3 企业开展温室气体排放核算与报告的技术文件

### 3.3.1 温室气体排放核算方法与报告指南

截至目前，国家发改委已经组织编写并公布了 3 批共 24 个行业的温室气体排放核算方法与报告指南（下文简称“指南”），具体如表 3-3 所示。

表 3-3　温室气体排放核算方法与报告指南

| 发布时间/发文编号/指南数量 | 行业 |
| --- | --- |
| 2013 年 10 月 15 日<br>发改办气候[2013]2526 号<br>10 个 | 发电、电网、钢铁、化工、电解铝、镁冶炼、平板玻璃、水泥、陶瓷、民用航空<br>http://www.sdpc.gov.cn/zcfb/zcfbtz/201311/t20131101_565313.html |
| 2014 年 12 月 3 日<br>发改办气候[2014]2920 号<br>4 个 | 石油天然气、石油化工、煤炭、独立焦化<br>http://www.sdpc.gov.cn/gzdt/201502/t20150209_663600.html |
| 2015 年 7 月 6 日<br>发改办气候[2015]1722 号<br>10 个 | 机械设备、电子设备、食品/饮料/烟草/茶、纸浆/造纸、公共建筑、陆上交通、矿山、其他有色金属、氟化工、其他行业<br>http://www.sdpc.gov.cn/zcfb/zcfbtz/201511/t20151111_758275.html |

24 个行业指南涉及的温室气体种类：24 个行业指南全部都核算二氧化碳（$CO_2$）的排放，6 个行业的指南核算甲烷（$CH_4$）的排放，4 个行业的指南核算全氟碳化物（PFCs）和六氟化硫（$SF_6$）的排放，3 个行业的指南核算氢氟碳化物（HFCs）的排放，2 个行业的指南核算氧化亚氮（$N_2O$）排放，只有 1 个行业的指南核算三氟化氮（$NF_3$）排放。具体如表 3-4 所示。

表 3-4　24 个行业指南涉及的温室气体气体种类

| 行业 | 温室气体种类 | | | | | | | 合计 |
| --- | --- | --- | --- | --- | --- | --- | --- | --- |
| | $CO_2$ | $CH_4$ | $N_2O$ | HFCs | PFCs | $SF_6$ | $NF_3$ | |
| 发电 | √ | | | | | | | 1 |
| 电网 | √ | | | | | √ | | 2 |
| 钢铁 | √ | | | | | | | 1 |
| 化工 | √ | | √ | | | | | 2 |
| 电解铝 | √ | | | | √ | | | 2 |
| 平板玻璃 | √ | | | | | | | 1 |
| 水泥 | √ | | | | | | | 1 |
| 民航 | √ | | | | | | | 1 |
| 镁冶炼 | √ | | | | | | | 1 |
| 陶瓷 | √ | | | | | | | 1 |
| 石油化工 | √ | | | | | | | 1 |
| 独立焦化 | √ | | | | | | | 1 |
| 煤炭 | √ | √ | | | | | | 2 |

续表

| 行业 | 温室气体种类 | | | | | | | 合计 |
|---|---|---|---|---|---|---|---|---|
| | $CO_2$ | $CH_4$ | $N_2O$ | HFCs | PFCs | $SF_6$ | $NF_3$ | |
| 石油天然气 | √ | √ | | | | | | 2 |
| 造纸 | √ | √ | | | | | | 2 |
| 其他有色金属 | √ | | | | | | | 1 |
| 电子设备 | √ | | | √ | √ | √ | √ | 5 |
| 氟化工 | √ | | | √ | √ | √ | | 4 |
| 工业其他行业 | √ | √ | | | | | | 2 |
| 公共建筑 | √ | | | | | | | 1 |
| 机械设备 | √ | | | √ | √ | √ | | 4 |
| 矿山 | √ | | | | | | | 1 |
| 陆上交通 | √ | √ | √ | | | | | 3 |
| 食品 | √ | √ | | | | | | 2 |
| 合计(纳入第一阶段全国碳市场的行业) | 11 | 1 | 1 | 0 | 1 | 1 | 0 | — |
| 合计(24个行业) | 24 | 6 | 2 | 3 | 4 | 4 | 1 | — |

注:表格中铺灰色底纹的表示被纳入第一阶段全国碳市场的8大行业所涉及的11个指南。

24个行业指南涉及的排放源:24个行业指南要求核算的排放源包括化石燃料燃烧排放、工业生产过程排放/特殊排放、扣除排放(主要是指 $CO_2$ 和 $CH_4$ 回收利用、固碳产品等)以及净购入电力和热力隐含的排放四类。不同行业的指南涉及的排放源各不相同,具体如表3-5所示。

#### 3.3.1.1 内容结构

24个行业指南的主体结构类似,具体如表3-6所示。

**表3-6 24个行业指南的主体结构**

| 结构体系 | 章节 | | 内容 |
|---|---|---|---|
| 总体原则 | 一 | 适用范围 | 对可参考该行业指南进行温室气体排放量核算和温室气体排放报告编制的企业进行定义 |
| | 二 | 引用文件 | 罗列该指南所引用的主要文件 |
| | 三 | 术语和定义 | 对该指南中出现的专业术语进行定义 |
| 边界确定 | 四 | 核算边界 | 确定企业边界、排放源和气体种类 |
| 计算流程和方法 | 五 | 核算方法 | 给出了温室气体排放量的核算步骤并明确各类排放源所排放温室气体的量化方法。包括:化石燃料燃烧排放量化方法、工业生产过程排放/特殊排放量化方法、扣除排放量化方法、净购入电力和热力隐含的排放量化方法等 |
| 质量控制 | 六 | 质量保证和文件存档 | 阐述了企业建立温室气体年度报告的质量控制与质量保证制度应该包含的主要内容 |
| 排放报告设计 | 七 | 报告内容 | 规定了企业温室气体排放报告应涵盖的内容,并给出了报告模板 |
| | 附录一 | 报告格式模板 | |
| 其他技术内容 | 附录二 | 相关参数缺省值 | 给出了温室气体排放量核算时可以采用的缺省值 |

表 3-5 24 个行业指南涉及的排放源

| 行业 | 化石燃料燃烧 | 净购入电力热力 | 过程排放/特殊排放 | | | | | 扣除排放 |
|---|---|---|---|---|---|---|---|---|
| 发电（纯发电、热电联产） | 化石燃料燃烧 | 净购入电力 | 脱硫过程 | | | | | |
| 电网 | | | $SF_6$ 设备的修理和退役 | 输配电损失 | | | | |
| 钢铁（粗钢、轧制锻造钢坏、钢材） | 化石燃料燃烧 | 净购入电力热力 | 石灰石/白云石熔剂消耗 | 电极消耗 | 外购生铁等含碳原料 | | | 固碳产品（如甲醇、粗钢等隐含的碳排放） |
| 化工（电石、合成氨、甲醇及其他化工产品） | 化石燃料燃烧 | 净购入电力热力 | 化石燃料和烃类化合物用作原材料 | 碳酸盐分解 | 硝酸生产 | 己二酸生产 | | $CO_2$ 回收利用量 |
| 电解铝 | 化石燃料燃烧 | 净购入电力热力（ETS 不含热力） | 能源作为原材料（炭阳极） | 阳极效应 PFCs | 煅烧石灰石 | | | |
| 平板玻璃 | 化石燃料燃烧 | 净购入电力热力 | 原料配料中碳粉氧化 | 原材料中的石灰石、白云石、纯碱等碳酸盐分解 | | | | |
| 水泥（熟料） | 化石燃料燃烧 | 净购入电力热力 | 替代燃料或废弃物中非生物质燃烧 | 熟料对应的碳酸盐分解 | 生料中非燃料碳煅烧（除白水泥外） | | | |
| 民航（旅客运输、货物运输、机场） | 化石燃料燃烧 | 净购入电力热力 | | | | | | |
| 镁冶炼 | 化石燃料燃烧 | 净购入电力热力 | 能源作为原材料（硅铁生产程序消耗蓝炭） | 煅烧白云石 | | | | |
| 陶瓷 | 化石燃料燃烧 | 净购入电力热力 | 烧成过程中原料分解 | | | | | |
| 石油化工（原油加工、乙烯） | 化石燃料燃烧 | 净购入电力热力 | 火炬燃烧 | 催化裂化烧焦 | 催化重整烧焦 | 其他生产装置催化剂烧焦 | | $CO_2$ 回收利用量 |
| | | | | 制氢装置 | 流化焦化装置烧焦 | 石油焦煅烧 | 氧化沥青 | |
| | | | | 乙烯裂解 | 乙烯氧化生成环氧乙烷 | 其他产品生产装置 | | |

续表

| 行业 | 化石燃料燃烧 | 净购入电力热力 | 过程排放/特殊排放 | | | | | 扣除排放 |
|---|---|---|---|---|---|---|---|---|
| 独立焦化 | 化石燃料燃烧 | 净购入电力热力 | 炼焦 | 焦化产品延伸加工 | | | | $CO_2$ 回收利用 |
| 煤炭 | 化石燃料燃烧 | 净购入电力热力 | 火炬燃烧 | 井工开采 $CH_4$ 和 $CO_2$ 逃逸 | 露天开采 $CH_4$ 和 $CO_2$ 逃逸 | 矿后 $CH_4$ 和 $CO_2$ 逃逸 | | |
| 石油天然气 | 化石燃料燃烧 | 净购入电力热力 | 火炬燃烧 | 油气勘探业务 | 油气开采业务 | 油气处理业务 | 油气储运业务 | $CH_4$ 回收利用 |
| 造纸（纸浆、机制纸和纸板） | 化石燃料燃烧 | 净购入电力热力 | 石灰石分解 | 废水厌氧处理 | | | | |
| 其他有色金属（铜冶炼） | 化石燃料燃烧 | 净购入电力热力 | 焦炭、蓝炭、无烟煤、天然气等能源产品作为还原剂 | 碳酸盐、草酸分解 | | | | |
| 电子设备 | 化石燃料燃烧 | 净购入电力热力 | 刻蚀与 CVD 腔室清洗工序的原料气泄漏和副产品 | | | | | |
| 氟化工 | 化石燃料燃烧 | 净购入电力热力 | HCFC-22 生产过程中 HFC-23 排放 | 被销毁的 HFC-23 转化成 $CO_2$ | HFCs/PFCs/$SF_6$ 生产副产品及逃逸 | | | |
| 工业其他行业 | 化石燃料燃烧 | 净购入电力热力 | 碳酸盐分解 | 工业废水厌氧处理 | | | | $CH_4$ 回收及销毁和 $CO_2$ 回收 |
| 公共建筑 | 化石燃料燃烧 | 净购入电力热力 | | | | | | |
| 机械设备 | 化石燃料燃烧 | 净购入电力热力 | 电气设备与制冷设备制造中有 $SF_6$/HFCs/PFCs 泄漏 | $CO_2$ 作为保护气的焊接过程 | | | | |
| 矿山 | 化石燃料燃烧 | 净购入电力热力 | 碳酸盐分解 | | | | | 碳化工艺吸收 $CO_2$ |
| 陆上交通 | 化石燃料燃烧 | 净购入电力热力 | 尾气净化过程中使用尿素作为催化剂 | | | | | |
| 食品 | 化石燃料燃烧 | 净购入电力热力 | 碳酸盐分解 | 外购 $CO_2$ 损耗 | 废水厌氧处理 | | | |

#### 3.3.1.2 目的

为贯彻落实"十二五"规划《纲要》提出的"建立完善温室气体统计核算制度，逐步建立碳排放交易市场"的任务，以及《"十二五"控制温室气排放工作方案》(国发［2011］41号）提出的"构建国家、地方、企业三级温室气体排放核算工作体系，实行重点企业直接报送能源和温室气体排放数据制度"的要求，国家发展改革委发布了《关于组织开展重点企（事）业单位温室气体排放报告工作的通知》(发改气候［2014］63号)，并组织了对重点行业企业温室气体排放核算方法与报告指南的研究和编制工作。核算方法与报告指南旨在帮助重点企（事）业单位运用标准方法制作反映其真实排放的温室气体排放报告；帮助企业准确核算和规范报告温室气体排放量，科学制定温室气体排放控制行动方案及对策，同时也为主管部门建立并实行重点企业温室气体报告制度奠定基础。

#### 3.3.1.3 范围

24个行业指南均对可参考本行业指南进行温室气体排放量核算和温室气体排放报告编制的企业进行了定义。满足定义的企业可以按照行业指南提供的方法核算自身的温室气体排放量，并编制企业温室气体排放报告。

#### 3.3.1.4 原则

核算方法与报告指南并没有规定温室气体核算的具体原则，参照国际标准化组织（ISO）环境管理技术委员会（TC 207）于2006年3月1日发布的ISO 14064-1《温室气体 第一部分：组织层次上对温室气体排放和清除的量化和报告的规范及指南》第3章，温室气体核算与报告的原则为5条，即相关性、完整性、一致性、准确性和透明性。

**相关性**：选择适应目标用户需求的温室气体源、汇、库、数据和方法。相关性不难理解，强调的是开展企业温室气体核算与报告工作要全面满足目标用户的需要。

**完整性**：包括所有相关的温室气体排放和清除。这里要求的"所有"是指在核算边界内涵盖所有温室气体排放与清除，但从现实角度考虑（数据收集、方法选择、经济因素等）有些排放与清除无法量化或量化起来在经济或技术上不可行，那么就要求对未量化的温室气体排放源与汇进行排除说明。

**一致性**：能够对有关温室气体信息进行有意义的比较。比较分为两种，即纵向比较和横向比较。纵向指企业对在不同年度所做的核算工作进行比较，横向是同一行业不同企业之间的对比。

**准确性**：尽可能减少偏见和不确定性。由于温室气体核算工作依赖于量化计算，不确定性必然存在，这里的偏差可能包括各种数据的误差、人为的错误等。特别是当温室气体量用于碳交易时，该要求必不可少。

**透明性**：发布充分适用的温室气体信息，使目标用户能够在合理的置信度内做出决策。这一点是对企业公布的温室气体各种信息（包括核算边界、活动数据、排放因子、量化方法、量化结果等）的要求。以清楚、真实、中立的态度，对温室气体数据、信息和核算结果等进行报告并形成文件，以便数据、信息真实可查，结果具有可重复性。

#### 3.3.1.5 术语和定义

**温室气体**：大气层中那些吸收和重新放出红外辐射的自然和人为的气态成分。本书的温室气体是指《京都议定书》附件A及其《多哈修正案》所规定的七种温室气体，分别为二氧化碳（$CO_2$)、甲烷（$CH_4$)、氧化亚氮（$N_2O$)、氢氟碳化物（HFCs)、全氟化碳

(PFCs)、六氟化硫（$SF_6$）和三氟化氮（$NF_3$）。

**报告主体**：具有温室气体排放行为并应核算和报告排放量的法人企业或视同法人的独立核算单位。

**化石燃料燃烧排放**：化石燃料与氧气进行充分燃烧产生的温室气体排放。

**工业生产过程排放**：原材料在工业生产过程中除化石燃料燃烧之外的由于物理或化学反应、工业生产过程中温室气体的泄漏、废气处理等导致的温室气体排放。

**$CO_2$ 和 $CH_4$ 回收利用（清除量）**：由报告主体产生的，但又被回收作为生产原料自用或作为产品外供给其他单位从而免于排放到大气中的 $CO_2$ 和 $CH_4$。

**固碳产品隐含的排放（清除量）**：固化在产品中的碳所对应的 $CO_2$ 排放。例如钢铁生产企业固化在粗钢、甲醇等外销产品中的碳。

**净购入的电力和热力隐含的 $CO_2$ 排放**：企业消费的净购入电力和净购入热力（蒸汽、热水）所对应的电力或热力生产环节产生的 $CO_2$ 排放。这些排放实际上发生在电力和热力生产企业。

**活动水平**：量化导致温室气体排放或清除的生产或消费活动的活动量，例如每种化石燃料的消耗量、生产原料的使用量、购入的电量、购入的蒸汽量等。

**排放因子**：与活动水平数据相对应的系数，用于量化单位活动水平的温室气体排放量。排放因子通常基于抽样测量或统计分析获得，表示在给定操作条件下某一活动水平的代表性排放率。

**碳氧化率**：燃料中的碳在燃烧过程中被氧化的百分比。

#### 3.3.1.6 核算边界

核算边界的设定包含两个步骤：步骤 1 是设定企业边界，步骤 2 是设定排放源和气体种类。

(1) 步骤 1：设定企业边界

根据 24 个行业的核算方法与报告指南要求：

a. 报告主体应以最低一级的独立法人企业或视同法人的独立核算单位为企业边界，核算和报告在运营上受其控制的所有生产设施产生的温室气体排放。

b. 设施范围包括基本生产系统、辅助生产系统以及直接为生产服务的附属生产系统。

(a) 辅助生产系统包括厂区内的动力、供电、供水、采暖、制冷、机修、化验、仪表、仓库（原料场）、运输等。

(b) 附属生产系统包括生产指挥管理系统（厂部）以及厂区内为生产服务的部门和单位（如职工食堂、车间浴室、保健站等）。

c. 报告主体若存在其他产品生产活动且存在温室气体排放的，则应参照相关行业的温室气体排放核算和报告指南核算并报告。

① 视同法人　为了设定企业边界，首先要理解什么是“视同法人”。根据《国家统计局关于印发统计单位划分及具体处理办法的通知》（国统字［2011］96 号），视同法人需符合以下条件：

a. 该分支机构所在地工商行政管理机关领取《营业执照》，并有独立的场所；

b. 该分支机构的名义独立开展生产经营活动一年或一年以上；

c. 该分支机构的生产经营活动依法向当地纳税；

d. 该分支机构的能源消耗数据向当地统计局报告；

e. 具有包括资产负债表在内的账户，或者能够根据报告的需要提供能耗和物料资料。

② 运营控制方法　根据 ISO 14064-1 标准，企业边界的确认有 3 种方法，即股权比例方法、财务控制方法和运营控制方法。从已公布的 24 个行业的核算方法与报告指南的要求来看，企业边界的确认实质上采用的是运营控制方法，也即企业需要核算和报告在运营上受其控制的各种生产设施产生的温室气体排放。

③ 租赁和外包的处理　很多企业或将资产出租（业务外包）给其他实体，或向其他实体租赁资产（业务承包）。根据世界资源研究所（WRI）与世界可持续发展工商理事会（WBCSD）联合 170 多家国际公司成立的温室气体核算体系倡议组织（Greenhouse Gas Protocol Initiative）编制发布的《温室气体核算体系》，对于采用运营控制方法来确定核算边界的报告主体来说：

a. 作为出租方，将资产出租（业务外包）给其他个人或企业负责运营，那么由这些个人或企业运营控制的资产或业务单元所产生的温室气体排放就不应该计入报告主体。另外，如果报告主体厂区内的食堂、澡堂是由其他的个人或企业承包经营的，且其他个人或企业对其有运营控制权，那么食堂、澡堂在运行过程中产生的温室气体排放就不应该算作该报告主体的。

b. 作为承租方，租赁办公场所或者车辆，且对租赁物享有运营控制权那么由报告主体负责运营控制的建筑物或车辆产生的温室气体排放需要纳入该报告主体。

④ 分散边界的加和　如果报告主体对不在同一地理位置的多个分厂都拥有运营控制权，则需要将地理上相对独立的分厂作为一个核算单元，在报告中分别识别并计算每个核算单元的温室气体排放量，最后将所有分厂的核算结果加和，即分散边界的加和。报告主体确认核算边界的结论应以明确的文件形式体现，例如提供排放单位的营业执照、厂区平面图、租赁合同和外包合同等，以提高温室气体核算工作的透明性，并便于第三方核查工作的开展。

（2）步骤 2：设定排放源和气体种类

排放源包括 4 大类：化石燃料燃烧排放、过程排放/特殊排放、扣除排放和净购入电力和热力隐含的排放。其中，化石燃料燃烧排放、过程排放/特殊排放、扣除排放均为直接排放，而净购入电力和热力隐含的排放是由报告主体的消费活动引起的，也作为能源间接排放计入报告主体名下。表 3-7 说明了 4 大类排放源的常见设施。

**表 3-7　常见温室气体排放源**

| 范围 | 类别 | 设施 | 是否需报告 |
| --- | --- | --- | --- |
| 直接温室气体排放 | 化石燃料燃烧排放 | 固定设备：比如锅炉、窑炉、焦炉、高炉、转炉、电炉等消耗化石燃料所引起的排放<br>移动设备：比如厂内生产用叉车、运输车辆等消耗化石燃料所引起的排放 | 是 |
| | 过程排放/特殊排放 | 物理或者化学过程：比如碳酸盐高温分解产生的 $CO_2$ 排放、废水厌氧处理的 $CH_4$ 排放、硝酸生产的 $N_2O$ 排放、氟化工生产的 HFCs 逃逸、阳极效应产生的 PFCs 排放、$SF_6$ 设备修理和退役产生得 $SF_6$ 排放、电子设备刻蚀与 CVD 腔室清洗工序产生的 $NF_3$ 排放等 | 不同行业指南规定不同 |
| | 扣除排放 | 企业 $CO_2$ 和 $CH_4$ 回收利用，或者固定在固碳产品的碳均需扣除 | 不同行业指南规定不同 |
| 能源间接温室气体排放 | | 来自于重点企（事）业单位边界外并被重点企（事）业单位所耗用的电量、热或者蒸汽的温室气体排放 | 是 |

气体种类包括《京都议定书》及《多哈修正案》规定管控的 7 大类，即：二氧化碳（$CO_2$）、甲烷（$CH_4$）、氧化亚氮（$N_2O$）、氢氟碳化物（HFCs）、全氟化碳（PFCs）、六氟化硫（$SF_6$）和三氟化氮（$NF_3$）。

不同种类的温室气体具有不同的辐射强度和大气寿命，当这些温室气体进入大气后，造成的增温效果也不相同，目前衡量温室气体增温能力的一个指标是全球增温潜势（GWP）。1990 年 IPCC 将 GWP 定义为瞬间释放 1kg 温室气体在一定时间段产生的辐射强迫的比值。应用 GWP 可以将任何温室气体折换为等效的 $CO_2$。IPCC 从 1995 年的第二次评估报告开始，每次评估报告都会发布各种温室气体的 GWP 更新值，目前最新版为 2013 年发布的第五次评估报告。但是我国已发布的 24 个行业的核算指南仍然采用的是 IPCC 第二次评估报告中的 100 年时间尺度下的 GWP 值。IPCC 第二次评估报告中常见温室气体 100 年时间尺度下的 GWP 值如表 3-8 所示。

**表 3-8　常见温室气体全球增温潜势**

| 温室气体种类 | 100 年时间尺度下全球增温潜势 |
|---|---|
| $CO_2$ | 1 |
| $CH_4$ | 21 |
| $N_2O$ | 310 |
| HFC23 | 11700 |
| $SF_6$ | 23900 |
| $CF_4$ | 6500 |
| $C_2F_6$ | 9200 |
| $C_3F_8$ | 7000 |
| $C_4F_{10}$ | 7000 |
| c-$C_4F_8$ | 8700 |
| $C_5F_{12}$ | 7500 |
| $C_6F_{14}$ | 7400 |

#### 3.3.1.7　核算方法

报告主体进行企业温室气体排放核算的完整工作流程主要包括：

① 确定企业边界（详见 3.3.1.6）；

② 确定应核算的排放源和气体种类（详见 3.3.1.6）；

③ 收集活动水平数据；

④ 选择和获取排放因子数据；

⑤ 依据相应的公式分排放源核算各种温室气体的排放量；

⑥ 汇总计算企业温室气体排放总量。

报告主体的温室气体（GHG）排放总量等于燃料燃烧 $CO_2$ 排放量、工业生产过程/特殊 $CO_2$ 排放量、企业净购入电力和净购入热力的隐含 $CO_2$ 排放量之和减去企业的扣除排放量（包括 $CO_2$ 和 $CH_4$ 回收利用量以及固碳产品隐含的 $CO_2$ 排放量）[1]。

---

[1] 其实，根据 ISO 14064-1，燃料燃烧 $CO_2$ 排放，工业生产过程 $CO_2$ 排放属于直接排放；企业净购入电力和净购入热力的隐含 $CO_2$ 排放量属于能源间接排放。这是两种不同类型的排放，应该分别报告而不是简单的加总。

温室气体排放量的核算方法有以下 3 种：

① 通过连续监测浓度和流速直接测量温室气体排放量。由于截止到目前温室气体并不是我国的法定空气污染物，政府并没有要求企业对其进行实时监测，因此，该方法并不普遍。

② 采用基于具体设施或工艺流程的碳质量平衡法计算排放量。这种方法较之①更为常见。

③ 采用排放因子[1]来计算。这是目前最为普遍的温室气体排放量计算办法。

一般来说，上述 3 种方法的准确度为：连续监测法＞碳质量平衡法＞排放因子法。

目前已经公布的 24 个指南采用的温室气体量化方法只包含排放因子法和碳质量平衡法。

① 排放因子法：$CO_2$ 排放量＝活动水平数据×排放因子×全球增温潜势；

② 碳质量平衡法：$CO_2$ 排放量＝(原料中的碳－产品中的碳－其他输出物中的碳)×C 和 $CO_2$ 转换系数[2]。

需要说明的是，采用碳质量平衡法进行计算时，产品和其他输出物指的是流出核算边界的产品和其他输出物，那些没有流出企业核算边界而是在核算边界内循环利用的产品和含碳输出物不需要考虑。在基于碳质量平衡法计算生产过程的 $CO_2$ 排放时，部分企业存在输入输出混合物，并且混合物的碳含量数据不可得，那么，在第一年核算时可尽量查找相关依据粗估含碳量，如仍不可得，可假设 0％含碳及 100％含碳分别计算极端值，并从上下限范围中按保守性原则取一个值作为报告数据。同时做好今后获得该混合物含碳量的监测计划，以更准确地核算报告第二年的排放量。

另外，根据 ISO 14064-1 条款 4.3.1，对于不会引起企业温室气体排放量和清除量的实质性改变的排放源或者量化起来经济不可行及技术不可行的排放源均可以免除量化。国家发改委也对温室气体免除量化做出过如下解答：“如果企业有相关的测量数据并可计算出排放，则应计算；如果企业没有相关测量数据，且排放量低于 1％，如果估算有很高的不确定性，则不予计算。”

#### 3.3.1.8　质量管理

企业怎样才能做到温室气体排放核算与报告的准确并被其他机构或利益相关方认可呢？

要做到最终温室气体排放核算与报告结果的准确，首先就要确保正确确定组织边界，正确识别排放源，正确收集活动水平数据，正确选择排放因子，正确计算等。企业可结合温室气体排放核算与报告工作实际，建立企业温室气体排放年度核算与报告的质量保证和文件存档制度，包括：

① 建立企业温室气体排放核算与报告的规章制度，包括负责机构的人员、工作流程和内容、工作周期和时间节点等，指定专职人员负责企业温室气体排放核算与报告工作。

② 建立企业温室气体排放源一览表，分别选定合适的核算方法，形成文件并存档。

③ 建立健全的温室气体排放和能源消耗的台账记录。

④ 建立健全的企业温室气体排放参数的监测计划，包括对活动数据的监测和对燃料低位发热量等参数的监测；定期对计量器具、检测设备和在线监测仪表进行维护管理，记录存档。

⑤ 建立健全温室气体数据记录管理体系，保存、维护温室气体排放核算与报告的文件和有关的数据资料，包括数据来源、数据获取时间以及相关责任人等信息。企业可通过严格

---

[1] 排放因子是经过计算得出的、排放源活动水平与温室气体排放量之间的比率。

[2] C 和 $CO_2$ 转换系数，即 44/12。

执行这些制订的制度文件来确保整个温室气体盘查过程的准确性。

⑥ 建立企业温室气体排放报告内部审核制度，定期对温室气体排放数据进行交叉校验，对可能产生的数据误差风险进行识别，并提出相应的解决方案。

如何使企业温室气体排放核算与报告结果被其他机构或利益相关方认可呢？简单的提供企业年度温室气体排放数据肯定是不行的，企业需要按照相应行业温室气体排放与报告指南中报告模板的要求，将报告主体的基本信息、温室气体排放量、活动水平及其来源和排放因子及其来源都做出详细的说明。只有这样，才能确保企业温室气体排放核算与报告的相关性、完整性、一致性、准确性和透明性，也才能够获得其他机构或利益相关方的认可。

温室气体排放与企业能耗息息相关。2008 年起国家就开始推行《重点用能单位能源利用状况报告制度》，并要求重点用能单位建立能耗统计和监管体系。总体来说控排企业的划定标准基本等于或略高于重点用能单位的划定标准，也就是说绝大部分的控排企业都是重点用能单位。因此企业可以在原有的能耗统计和监管体系上建立和系统化温室气体排放核算和监管系统。此外，对于大部分企业来讲由于财务结算年度和自然年度的不一致，存在不同数据记录频率、记录方式和年度节点的巨大差异，这些都容易造成撰写温室气体报告时的困难或延时。因此，在识别出所有需要记录的数据后，企业可以统一规划相应数据的记录方式、频次、校验方式等，以便在后续年度中快捷、方便地完成核算和通过审查。

### 3.3.2 温室气体排放核算方法与报告国家标准

正如上文所述，截至目前，国家发改委已经公布了 3 批共 24 个行业的核算指南，其中第一批公布的 10 个行业的温室气体排放核算方法与报告指南已经进一步升级成了国标（GB/T 32150—2015，2015 年 11 月发布，2016 年 6 月实施）。

11 项国家标准由 1 总 10 分组成。“1 总”是指《工业企业温室气体排放核算和报告通则》。“10 分”是指：发电、电网、化工、钢铁、铝冶炼、镁冶炼、平板玻璃、水泥、陶瓷、民航等 10 个行业企业温室气体排放核算和报告要求系列标准。

“1 总”适用于指导行业温室气体排放核算方法与报告要求系列标准的编制，也可为工业企业开展温室气体排放核算与报告活动提供方法参考。规定了工业企业温室气体排放核算与报告的术语和定义、基本原则、工作流程、核算边界确定、核算步骤与方法、质量保证、报告要求等内容。报告主体应以企业法人或视同法人的独立核算单位为边界，核算和报告其生产系统产生的温室气体排放，其中生产系统包括主要生产系统、辅助生产系统以及直接为生产服务的附属生产系统。核算范围包括：燃料燃烧排放，过程排放，购入的电力、热力产生的排放，输出的电力、热力产生的排放等。生物质燃料燃烧产生的温室气体排放，应单独核算并在报告中给予说明，但不计入温室气体排放总量。核算的温室气体种类包括：二氧化碳（$CO_2$）、甲烷（$CH_4$）、氧化亚氮（$N_2O$）、氢氟碳化物（HFCs）、全氟碳化物（PFCs）、六氟化硫（$SF_6$）和三氟化氮（$NF_3$）。规定了核算方法分为“计算”（包括排放因子法和碳质量平衡法）与“实测”两类，并对每一种核算方法给出解释说明；同时，为了方便行业标准编制者以及企业使用，也给出了选择核算方法的参考因素。建议企业应从建立温室气体排放核算和报告规章制度、建立企业温室气体排放源一览表、制定监测计划、健全温室气体数据记录管理系统和建立温室气体报告内部审核制度等方面保证温室气体核算工作的质量。最后规定了温室气体排放报告应至少涵盖报告主体基本信息、温室气体排放量、活动数据及来源、排放因子数据及来源等 4 方面内容。

"10 分"适用于各行业的企业温室气体排放量的核算和报告。标准中分别规定了这 10 个行业的企业温室气体排放量的核算和报告相关的术语、核算边界、核算方法、数据质量管理、报告内容和格式等内容。那么 10 个行业的国家标准与指南相比有什么相同和差异呢？等到 2016 年 6 月 1 日国家标准正式施行时，将如何与指南进行衔接呢？总体来说，国家标准与指南相比没有本质的变化，国家标准只是对指南进行了微小的更新，对核算指南中之前不足的地方进行了完善，并对指南中的一些贡献很小的排放源进行了删减。下面就分行业对国家标准与指南的异同进行分析，并从核算边界、核算和报告范围、核算步骤、核算方法、附录参数缺省值等 5 个方面用表 3-9—表 3-17 展示所有的变化，限于篇幅，无变化的方面则不列出。

**表 3-9　《发电企业温室气体排放核算方法与报告指南》与国家标准差异简析**

| 条款 | | 核算指南 | 国标 |
|---|---|---|---|
| 核算方法 | 化石燃料燃烧排放 | 单位热值含碳量的获取方式：企业应每天采集缩分样品，每月的最后一天将该月每天获得的缩分样品混合，测量其元素碳含量。燃煤月平均单位热值含碳量由"燃煤月元素碳含量除以燃煤月平均低位发热值"得到。其中燃煤月平均低位发热值由每天低位发热值加权平均得出，其权重为燃煤日消耗量 | 单位热值含碳量的获取方式：企业应每天采集缩分样品，每月的最后一天将该月每天获得的缩分样品混合，测量其元素碳含量以及低位发热量。燃煤月平均单位热值含碳量由"燃煤月元素碳含量除以燃煤月平均低位发热值"得到。其中燃煤月平均低位发热值是月缩分混合样品直接测量获得而非由每天低位发热值加权（权重为燃煤日消耗量）平均计算得出<br>即企业不仅要测量每日入炉煤的低位发热值，同时还需要测量月缩分混合样品的低位发热值。前者用来计算燃煤的年平均加权低位热值；后者用来计算燃煤的年平均单位热值含碳量 |
| | 购入电力产生的排放 | 术语变化：核算指南中的"净购入使用电力产生的二氧化碳排放"变更为国标中的"购入的电力产生的排放"。国标中的用语更为准确，因为"净购入电量＝购入量－外销量"，而实际上发电企业计算购入电力排放时是不需要减去外销电力的（这与其他行业不同），所以去掉"净"字更为合适<br>计算方法无变化 | |
| 附录参数缺省值 | 常用化石燃料相关参数推荐值 | 有变化，例如：<br>原油单位热值含碳量：国标是 $20.1\times10^{-3}$tC/GJ，核算指南为 20.08tC/TJ<br>天然气单位热值含碳量：国标是 $15.3\times10^{-3}$tC/GJ，核算指南为 15.32tC/TJ<br>焦炉煤气低位热值：国标是固定值 179.81GJ/t，核算指南为范围值 12,726—17,981kJ/kg | |

**表 3-10　《镁冶炼企业温室气体排放核算方法与报告指南》与国家标准差异简析**

| 条款 | | 核算指南 | 国标 |
|---|---|---|---|
| 核算方法 | 化石燃料燃烧排放 | 燃料低位热值：采用指南提供的推荐值 | 燃料低位热值：有实测条件的开展实测，不具备实测条件的采用指南推荐值 |
| | 购入和输出的电力、热力排放 | 计算方法：净购入电力排放作为整体计算（净购入热力亦然）<br>活动数据来源：购售结算凭证以及企业能源平衡表 | 计算方法：净购入电力、热力排放被分为购入的电力、热力产生的排放和输出的热力、电力产生的排放<br>活动数据来源：以电表/热力表读数为准，如果没有，可采用电力或热力发票或者结算清单等凭证上的数据 |
| 附录参数缺省值 | 常用化石燃料相关参数推荐值 | 有变化，例如：<br>无烟煤低位发热量：国标是 26.7GJ/t，核算指南为 20.304GJ/t<br>无烟煤单位热值含碳量：国标是 $27.4\times10^{-3}$tC/ GJ，核算指南为 27.49tC/TJ | |

表 3-11 《铝冶炼企业温室气体排放核算方法与报告指南》与国家标准差异简析

| 条款 | | 核算指南 | 国标 |
|---|---|---|---|
| 核算方法 | 化石燃料燃烧排放 | 燃料低位热值:采用指南提供的推荐值 | 燃料低位热值:有实测条件的开展实测,不具备实测条件的采用指南推荐值<br>计算方法:加入了二氧化碳的 GWP 值(取值为 1),使得公式更完整,但是对计算结果没有任何影响 |
| | 能源作为原材料用途的排放 | — | 计算方法:加入了二氧化碳的 GWP 值(取值为 1),使得公式更完整,但是对计算结果没有任何影响 |
| | 过程排放 | ① 不考虑纯碱作为原材料产生的排放<br>② 不考虑企业回收利用的二氧化碳量 | ① 需要考虑使用纯碱作为原材料产生的排放<br>② 计算过程排放时需要扣除企业回收利用的二氧化碳量,并新增计算公式(12)、(13)用来计算二氧化碳回收利用量。公式(12)适用于企业对二氧化碳利用量有计量的情况;公式(13)适用于企业对二氧化碳回收利用量无计量的情况 |
| | 企业购入和输出的电力、热力产生的二氧化碳排放 | 计算方法:净购入使用的电力作为整体计算产生的排放(净购入热力亦然)<br>活动数据来源:购售结算凭证以及企业能源平衡表 | 计算方法:净购入使用的电力、热力产生的排放被拆分为购入的电力、热力产生的排放和输出的电力、热力产生的排放两部分,分别进行计算<br>活动数据来源:以电表/热力表记录的读数为准,如果没有,可采用电费/热力费发票或者结算单等结算凭证上的数据 |
| 附录参数缺省值 | 常用化石燃料相关参数推荐值 | 有变化,例如:<br>无烟煤低位发热量:国标是 26.7GJ/t,核算指南是 20.304GJ/t<br>无烟煤含碳量:国标 27.4tC/TJ,核算指南 27.49tC/TJ | |
| | 工业生产过程排放因子推荐值 | 无纯碱分解排放因子 | 增加了纯碱分解的排放因子 |

表 3-12 《钢铁生产企业温室气体排放核算方法与报告指南》与国家标准差异简析

| 条款 | | 核算指南 | 国标 |
|---|---|---|---|
| 核算方法 | 化石燃料燃烧排放 | 没有明确的化石燃料低位热值检测频率 | 加入了化石燃料低位热值检测频率 |
| | 过程排放 | 熔剂消耗排放,不需要考虑熔剂的平均纯度,默认按照纯度100%处理 | 熔剂消耗排放,需要考虑熔剂的平均纯度,公式(7)已加入纯度 |
| | 净购入电力、热力排放 | 计算方法:净购入使用的电力作为整体计算产生的排放(净购入热力亦然)<br>活动数据来源:购售结算凭证以及企业能源平衡表。 | 计算方法:净购入使用的电力、热力产生的排放被拆分为购入的电力、热力产生的排放和输出的电力、热力产生的排放两部分,分别进行计算<br>活动数据来源:以电表/热力表记录的读数为准,如果没有,可采用电费/热力费发票或者结算单等结算凭证上的数据<br>加入了以质量单位计量的热水以及蒸汽转换为热量单位的公式(14)、(15) |
| 附录参数缺省值 | 常用化石燃料相关参数推荐值 | 有变化,例如:<br>无烟煤低位发热量:国标是 26.7GJ/t,核算指南是 20.304GJ/t<br>无烟煤含碳量:国标 27.4tC/TJ,核算指南 27.49tC/TJ | |
| | 饱和蒸汽和过热蒸汽热焓表 | 无 | 有 |

表 3-13 《民用航空企业温室气体排放核算方法与报告指南》与国家标准差异简析

| 条款 | | 核算指南 | 国标 |
|---|---|---|---|
| 核算方法 | 净购入电力、热力排放 | 计算方法：净购入使用的电力作为整体计算产生的排放（净购入热力亦然） | 计算方法：净购入使用的电力、热力产生的排放被拆分为购入的电力、热力产生的排放和输出的电力、热力产生的排放两部分，分别进行计算 |
| 附录参数缺省值 | 常用化石燃料相关参数推荐值 | 有变化，例如：<br>无烟煤低位发热量：国标是26.7GJ/t，核算指南为23,210kJ/kg<br>烟煤低位发热量：国标是19.570GJ/t，核算指南为22,350kJ/kg | |

表 3-14 《平板玻璃生产企业温室气体排放核算方法与报告指南》与国家标准差异简析

| 条款 | | 核算指南 | 国标 |
|---|---|---|---|
| 核算方法 | 化石燃料燃烧排放 | 燃料低位热值：有实测条件的开展实测，或采用与相关方结算凭证中提供的检测值；不具备实测条件的采用指南推荐值 | 燃料低位热值：采用指南提供的推荐值 |
| | 原料分解产生的排放 | 计算公式：未考虑碳酸盐质量含量 | 计算公式：增加碳酸盐质量含量MF<br>（但是却没有给出碳酸盐质量含量的数据来源）<br>碳酸盐消耗量＝碳酸盐矿石质量×碳酸盐质量含量 |
| | 净购入电力、热力排放 | 计算方法：净购入电力排放作为整体计算，需要扣除平板玻璃之外的其他产品生产的用电量（净购入热力亦然）<br>活动数据来源：购售结算凭证以及企业能源平衡表 | 计算方法：净购入电力、热力排放被分为购入的电力、热力产生的排放和输出的热力、电力产生的排放<br>活动数据来源：以电表/热力表读数为准，如果没有，可采用电力或热力发票或者结算清单等凭证上的数据 |
| 附录参数缺省值 | 常用化石燃料相关参数推荐值 | 有变化，核算指南中三个表合为了国标中的一个表，并且燃料种类和推荐值有了变化，例如：<br>核算指南中有原煤、煤泥、洗中煤等燃料种类，而国标中没有<br>洗精煤低位发热量：国标是26.334GJ/t，核算指南为26344MJ/t。<br>无烟煤单位热值含碳量：国标是$27.4\times10^{-3}$tC/GJ，核算指南为27.49t/TJ | |

表 3-15 《水泥生产企业温室气体排放核算方法与报告指南》与国家标准差异简析

| 条款 | | 核算指南 | 国标 |
|---|---|---|---|
| 核算和报告范围 | | — | 去除了：①替代燃料和协同处置的废弃物中非生物质碳的燃烧产生的排放；②窑炉排气筒（窑头）粉尘对应的排放和旁路放风粉尘对应的排放；③原材料中非燃料碳煅烧 |
| 核算方法 | 替代燃料和协同处置的废弃物中非生物质碳的燃烧 | 包含 | 不包含 |
| | 原料分解产生的排放 | 包含熟料对应的碳酸盐分解排放、窑炉排气筒（窑头）粉尘对应的排放和旁路放风粉尘对应的排放 | ① 只包含熟料对应的碳酸盐分解排放，不包含窑炉排气筒（窑头）粉尘对应的排放和旁路放风粉尘对应的排放<br>② 增加了熟料中不是来源于碳酸盐的氧化钙含量和氧化镁含量的计算公式(6)和(7) |
| | 原材料中非燃料碳煅烧产生的排放 | 包含 | 不包含 |

续表

| 条款 | | 核算指南 | 国标 |
|---|---|---|---|
| 核算方法 | 净购入电力、热力排放 | 计算方法：净购入电力排放作为整体计算，需要扣除水泥生产之外的其他产品生产的用电量（净购入热力亦然）<br>活动数据来源：购售结算凭证以及企业能源平衡表 | 计算方法：净购入电力、热力排放被分为购入的电力、热力产生的排放和输出的热力、电力产生的排放<br>活动数据来源：以电表/热力表读数为准，如果没有，可采用电力或热力发票或者结算清单等凭证上的数据 |
| 附录参数缺省值 | 常用化石燃料相关参数推荐值 | 有变化，核算指南中三个表合为了国标中的一个表，并且燃料种类和推荐值有了变化，例如：<br>核算指南中有原煤、煤泥、洗中煤等燃料种类，而国标中没有<br>洗精煤低位发热量：国标是 26.334GJ/t，核算指南为 26344MJ/t<br>无烟煤单位热值含碳量：国标是 $27.4\times10^{-3}$tC/GJ，核算指南为 27.49tC/TJ | |
| | 中国水泥行业部分替代燃料 $CO_2$ 排放因子 | 国标中删除了该表 | |

**表 3-16　《陶瓷生产企业温室气体排放核算方法与报告指南》与国家标准差异简析**

| 条款 | | 核算指南 | 国标 |
|---|---|---|---|
| 核算方法 | 过程排放 | 是否需要核算：需要核算<br>计算方法：没有说明核算期内原料消耗量是否包含水分<br>数据来源：<br>① 原料利用率：只能实测<br>② 原料中 $CaCO_3$ 和 $MgCO_3$ 含量：每批次原料应检测一次，然后统计核算期内原料中 $CaCO_3$ 和 $MgCO_3$ 的加权平均含量用于计算 | 是否需要核算：如果过程排放量占报告主体温室气体排放总量的比例小于或等于1%则不需要核算；反之需要核算<br>计算方法：明确了核算期内原料消耗量需要扣除含水量<br>数据来源：<br>① 原料利用率：给出了推荐值90%，没有条件实测的企业可采用<br>② 原料中 $CaCO_3$ 和 $MgCO_3$ 含量：有条件的企业每批次原料应检测一次，然后统计核算期内原料中 $CaCO_3$ 和 $MgCO_3$ 的加权平均含量用于计算；没条件的企业，每年检测一次。由于根据 GB/T 4734 和 GB/T 2578 只能检测出原料中的 CaO 含量和 MgO 含量，因此，增加公式（8）、（9）用于将原料中的 CaO 含量和 MgO 含量转换为 $CaCO_3$ 和 $MgCO_3$ 含量 |
| | 净购入电力、热力排放 | 计算方法：净购入电力排放作为整体计算（净购入热力亦然）<br>活动数据来源：购售结算凭证以及企业能源平衡表 | 计算方法：净购入电力、热力排放被分为购入的电力、热力产生的排放和输出的热力、电力产生的排放<br>活动数据来源：以电表/热力表读数为准，如果没有，可采用电力或热力发票或者结算清单等凭证上的数据 |
| 附录参数缺省值 | 常用化石燃料相关参数推荐值 | 有变化，例如：<br>无烟煤低位发热量：国标是 26.7GJ/t，核算指南为 23.2GJ/t<br>无烟煤单位热值含碳量：国标是 $27.4\times10^{-3}$tC/GJ，核算指南为 27.8t/TJ | |

表 3-17 《化工生产企业温室气体排放核算方法与报告指南》与国家标准差异简析

| 条款 | | 核算指南 | 国标 |
|---|---|---|---|
| 核算边界 | | 只有企业边界的概念，企业只需要识别流入和流出企业边界的碳源流 | 增加了核算单元的概念，把空间上相对独立、物料往来易于识别和计量的场所称为核算单元。企业需要分别核算单元识别碳源流<br>明确了不算做碳源流的情况：在核算单元内产生又全部在核算单元内被直接用作燃料或生产原料的那部分副产品（包括二氧化碳气体）不视为碳源流；生物质燃料不视为碳源流；作为非能源产品用途的沥青、固体石蜡、润滑剂、石油溶剂等如果不进行焚烧或能源回收，也不视为碳源流 |
| 核算方法 | 化石燃料燃烧排放 | 计算方法：计算公式没有二氧化碳 GWP | 计算方法：加入了二氧化碳的 GWP 值（取值为 1），使得公式更完整，但是对计算结果没有任何影响 |
| | 过程排放 | 硝酸生产过程排放：排放因子没有明确的检测频率<br>己二酸生产过程排放：排放因子没有明确的检测频率 | 硝酸生产过程排放：①“尾气处理设备的使用率”在计算公式中的位置进行了调整；②“氧化亚氮去除率”测试频率至少每月 1 次，作为上次测试以来的氧化亚氮去除率<br>己二酸生产过程排放：“氧化亚氮去除率”测试频率至少每月 1 次，作为上次测试以来的氧化亚氮去除率 |
| | $CO_2$ 回收利用量 | 标准状况下二氧化碳气体的密度为 19.7t/万立方米 | 标准状况下二氧化碳气体的密度为 19.77t/万立方米 |
| | 净购入电力、热力排放 | 计算方法：净购入电力排放作为整体计算（净购入热力亦然） | 计算方法：净购入电力、热力排放被分为购入的电力、热力产生的排放和输出的热力、电力产生的排放<br>加入了以质量单位计量的热水以及蒸汽转换为热量单位的公式（17）、（18） |
| 附录参数缺省值 | 常用化石燃料相关参数推荐值 | 有变化，例如：<br>无烟煤低位发热量：国标是 26.7GJ/t，核算指南为 20.304GJ/t<br>无烟煤单位热值含碳量：国标是 $27.4\times10^{-3}$tC/GJ，核算指南为 27.49t/TJ | |
| | 硝酸生产过程 $N_2O$ 生成因子缺省值 | — | 去除了低压法硝酸生产的 $N_2O$ 生成因子缺省值 |
| | 硝酸生产中不同尾气处理技术的 $N_2O$ 去除率 | 非选择性催化还原 NSCR 氧化亚氮去除率：80%—90% | 非选择性催化还原 NSCR 氧化亚氮去除率：85%（80%—90%） |
| | 饱和蒸汽和过热蒸汽热焓表 | 无 | 有 |

### 3.3.2.1 发电企业

① 与发电企业核算指南一样，发电企业国标只核算二氧化碳的排放。

② 发电生产企业温室气体核算和报告范围包括：化石燃料燃烧产生的二氧化碳排放、脱硫过程排放、企业购入电力产生的二氧化碳排放。

③ 化石燃料燃烧产生的二氧化碳排放。即化石燃料在各种类型的固定或移动燃烧设备中发生燃烧过程产生的二氧化碳排放。对于生物质混合燃料及垃圾焚烧发电企业，其燃料燃烧的二氧化碳排放均仅统计混合燃料中化石燃料的二氧化碳排放。

④ 燃煤低位发热量的测量频率为每天至少一次。燃油低位发热量的测量按每批次测量，或采用与供应商交易结算合同中的年度平均低位发热量。天然气低位发热量测量每月至少一次。生物质混合燃料发电机组以及垃圾焚烧发电机组中化石燃料的低位发热量应参考燃煤、燃油、燃气机组的低位发热量测量和计算方法。

⑤ 脱硫过程排放。即机组所使用脱硫剂（如碳酸盐）分解释放出的二氧化碳。

⑥ 企业购入电力产生的二氧化碳排放。企业在电力生产过程中，由于停产、检修或其他原因需要购入一部分电力，这部分电力所产生的二氧化碳排放应纳入到总排放中。该部分排放实际上发生在生产这些电力或热力的企业，但由报告主体的消费活动引发，此处依照规定也计入报告主体的排放总量中。

#### 3.3.2.2 电网企业

① 与电网企业核算指南一样，电网企业国标只核算二氧化碳和六氟化硫的排放。

② 报告主体以直辖市或省级电网企业为边界。

③ 电网企业只涉及使用六氟化硫的设备检修与退役过程产生的六氟化硫排放，以及输配电损失所对应的电力生产环节产生的二氧化碳排放。

④ 使用六氟化硫的设备运行过程中也会产生泄漏，但是气体的泄漏率低且监测难度大，因此暂不考虑这部分的排放。

⑤ 电网企业所涉及的六氟化硫的排放是指在设备的检修和退役的过程中所泄漏的六氟化硫的量。六氟化硫的泄漏量可由计算各个六氟化硫设备在检修和退役过程中铭牌容量值与实际回收量差值之和得到。

⑥ 输配电线路上的电量损耗由供电量和售电量计算得出。其中供电量＝电厂上网电量＋自外省输入电量－向外省输出电量。售电量是指终端用户用电量。

综上，电网企业温室气体排放国家标准与《核算方法与报告指南》相比无变化。

#### 3.3.2.3 镁冶炼企业

① 与镁冶炼生产企业核算指南一样，镁冶炼生产企业国标只核算二氧化碳的排放。

② 镁冶炼企业涉及燃料燃烧排放，能源作为原材料用途的排放，工业生产过程排放，企业购入和输出的电力、热力产生的二氧化碳排放。

③ 燃料燃烧排放。指煤炭、燃气、柴油等燃料在各种类型的固定或移动燃烧设备（如锅炉、煅烧炉、窑炉、熔炉、内燃机等）中与氧气充分燃烧产生的二氧化碳排放。

④ 能源作为原材料用途的排放。主要是厂界内的自有硅铁生产工序消耗兰炭还原剂所导致的二氧化碳排放，其中兰炭是一种能源产品。如果企业从事镁冶炼生产所用的硅铁全部是外购的，则不涉及此类排放问题。

⑤ 工业生产过程排放。镁冶炼企业所涉及的工业生产过程排放主要是白云石煅烧分解所导致的二氧化碳排放。煅烧白云石二氧化碳排放因子所涉及的白云石原料的平均纯度，可以按照 GB/T 3286.1 进行计算，也可选用标准中的推荐值。

⑥ 企业购入和输出的电力、热力产生的二氧化碳排放。企业需分别核算购入的电力、热力排放和输出的电力、热力排放。

#### 3.3.2.4 铝冶炼企业

① 铝冶炼生产企业国标只核算二氧化碳及全氟化碳 2 种温室气体的排放。

② 核算和报告范围包括：燃料燃烧产生的二氧化碳排放，能源作为原材料用途的排放，

过程排放，企业购入和输出的电力、热力产生的二氧化碳排放。

③ 燃料燃烧排放是指煤炭、燃气、柴油等燃料在各种类型的固定或移动燃烧设备（如锅炉、煅烧炉、窑炉、熔炉、内燃机等）中与氧气充分燃烧产生的二氧化碳排放。

④ 能源作为原材料用途产生的排放是指由于炭阳极的消耗产生的二氧化碳排放。炭阳极（能源产品）是电解铝生产的还原剂。炭阳极消耗二氧化碳排放因子＝吨铝炭阳极消耗×(1－炭阳极平均含硫量－炭阳极平均灰分含量)×44/12。吨铝炭阳极消耗、炭阳极平均含硫量和炭阳极平均灰分含量可以实测，也可以采用标准中的推荐值。

⑤ 过程排放为阳极效应所导致的全氟化碳排放量与使用石灰石和纯碱导致的碳酸盐分解产生的二氧化碳排放量之和，扣除二氧化碳回收利用量。阳极效应排放因子可通过实测平均每天每槽阳极效应持续时间采用斜率法经验公式计算，也可以采用标准推荐值。

⑥ 企业购入和输出的电力、热力产生的二氧化碳排放。企业需分别核算购入的电力、热力排放和输出的电力、热力排放。

#### 3.3.2.5 钢铁生产企业

① 与钢铁行业核算指南一样，钢铁行业国标只核算二氧化碳的排放。

② 钢铁生产企业温室气体核算和报告范围包括：化石燃料燃烧产生的二氧化碳排放，过程排放，企业购入和输出电力、热力产生的二氧化碳排放，固碳产品隐含的排放。

③ 过程排放是指钢铁生产企业在烧结、炼铁、炼钢等工序中由于其他外购含碳原料（如电极、生铁、铁合金、直接还原铁等）和熔剂的分解与氧化产生的二氧化碳排放。

④ 企业在钢铁生产过程中，分别核算购入的电力、热力排放和输出的电力、热力排放。

⑤ 钢铁生产过程中有少部分碳固化在生铁、粗钢等外销产品中，还有一小部分碳固化在以副产煤气为原料生产的甲醇等固碳产品中。这部分固化在产品中的碳所对应的二氧化碳排放应予扣除。

#### 3.3.2.6 民用航空企业

① 与民航企业核算指南一样，民航企业国标只核算二氧化碳的排放。

② 核算和报告范围包括：燃料燃烧产生的二氧化碳排放（包括生物质燃料燃烧产生的排放），企业购入和输出的电力、热力产生的二氧化碳排放。

③ 燃料燃烧排放是指公共航空运输和通用航空企业运输飞行中航空器消耗的航空汽油、航空煤油和生物质混合燃料燃烧的二氧化碳排放，以及民用航空企业地面活动涉及的其他移动源及固定源消耗的化石燃料燃烧的二氧化碳排放。对于航空器燃料燃烧的活动水平数据，本指南对国内航班和国际航班分别进行统计。

④ 企业购入和输出的电力、热力产生的二氧化碳排放。企业需分别核算购入的电力、热力排放和输出的电力、热力排放。

#### 3.3.2.7 平板玻璃生产企业

① 与平板玻璃生产企业核算指南一样，平板玻璃生产企业国标只核算二氧化碳的排放。

② 核算和报告的范围包括：燃料燃烧排放，原料配料中碳粉氧化产生的排放，原料碳酸盐分解产生的排放，购入和输出的电力、热力产生的排放。

③ 燃料燃烧排放是指企业生产过程中化石燃料与氧气进行充分燃烧产生的温室气体排放，如实物煤、燃油等化石燃料的燃烧产生的排放。

④ 工业生产过程排放包括原料配料中碳粉氧化和原料碳酸盐分解。平板玻璃生产过程中在原料配料中掺入一定量的碳粉作为还原剂，碳粉中的碳被氧化为 $CO_2$。碳粉消耗量、碳粉含碳量以及碳与二氧化碳的转换系数（44/12）三者乘积便是碳粉氧化的二氧化碳排放量。原料中含有的碳酸盐（石灰石、白云石、纯碱等）在高温状态下分解产生 $CO_2$ 排放。碳酸盐矿石质量、碳酸盐质量含量、碳酸盐排放因子和碳酸盐煅烧比例四者的乘积便是碳酸盐分解产生的二氧化碳排放量。

⑤ 企业购入和输出的电力、热力产生的二氧化碳排放。企业需分别核算购入的电力、热力排放和输出的电力、热力排放。

#### 3.3.2.8 水泥生产企业

① 与水泥生产企业核算指南一样，水泥生产企业国标只核算二氧化碳的排放量。

② 核算和报告的范围包括：化石燃料燃烧排放、过程排放、购入和输出的电力及热力产生的排放。

③ 燃料燃烧排放。指水泥窑中使用的实物煤、热处理和运输等设备使用的燃油等产生的排放。

④ 过程排放。指熟料对应的碳酸盐分解排放，通过熟料的产量计算生料中碳酸盐分解产生的二氧化碳排放量，即利用熟料中 CaO 和 MgO 的含量，反向计算产生一定量的 CaO 和 MgO 需要分解多少碳酸钙和碳酸镁，从而计算在分解过程中产生的二氧化碳。

⑤ 企业购入和输出的电力、热力产生的二氧化碳排放。企业需分别核算购入的电力、热力排放和输出的电力、热力排放。

#### 3.3.2.9 陶瓷生产企业

① 与陶瓷生产企业指南一样，陶瓷企业国标只核算二氧化碳的排放。

② 核算和报告范围包括：化石燃料燃烧产生的二氧化碳排放、陶瓷烧成过程的二氧化碳排放、购入和输出电力产生的二氧化碳排放。

③ 化石燃料排放指陶瓷生产中燃烧的化石燃料，如煤、柴油、重油、水煤气、天然气、液化石油气等产生的 $CO_2$ 排放。

④ 过程排放主要来自陶瓷烧成工序，主要指陶瓷原料中含有的方解石、菱镁矿和白云石等中的碳酸盐，如碳酸钙（$CaCO_3$）和碳酸镁（$MgCO_3$）等，在陶瓷烧成工序中高温下发生分解，释放出 $CO_2$。采用碳质量平衡法计算二氧化碳排放量，主要考虑碳酸钙和碳酸镁两种成分。由碳素和/或腐殖酸燃烧氧化产生的二氧化碳不进行核算。

⑤ 企业购入和输出的电力、热力产生的二氧化碳排放。企业需分别核算购入的电力、热力排放和输出的电力、热力排放。需要特别说明的是，虽然情况较少，但如果陶瓷生产企业存在输出电力热力，则应将相应的排放从总排放中扣减。

#### 3.3.2.10 化工生产企业

国标与核算指南相比增加了核算单元的概念，并细化了碳源流识别的规则。

① 化工生产企业国标不包含石油化工或氟化工生产企业。

② 化工生产企业国标只核算二氧化碳和氧化亚氮的排放。

③ 化工生产企业国标引入了“核算单元”与“碳源流”的概念，对化工生产企业进行了更加细致的划分。

④ 核算和报告的范围包括：燃料燃烧排放，过程排放，二氧化碳回收利用量，企业购

入和输出电力、热力产生的二氧化碳排放。

⑤ 燃料燃烧排放。指化石燃料在各种类型的固定或移动燃烧设备中（如锅炉、燃烧器、涡轮机、加热器、焚烧炉、煅烧炉、窑炉、熔炉、烤炉、内燃机等）与氧气充分燃烧生成的 $CO_2$ 排放。

⑥ 过程排放主要来自化石燃料和其他碳氢化合物用作原材料时产生的二氧化碳排放以及碳酸盐使用过程（如石灰石、白云石等用作原材料、助熔剂或脱硫剂等）中分解产生的二氧化碳排放。如果存在硝酸或己二酸生产过程，还应包括这些生产过程的氧化亚氮排放。化石燃料和其他烃类化合物用作原料产生的二氧化碳排放，根据原料输入的碳量以及产品输出的碳量按碳质量平衡法计算。碳酸盐使用过程产生的二氧化碳排放根据每种碳酸盐的使用量及其二氧化碳排放因子计算。硝酸生产过程中氨气高温催化氧化会生成副产品氧化亚氮，氧化亚氮排放量根据硝酸产量、不同生产技术的氧化亚氮生成因子、所安装的 $NO_x$/氧化亚氮尾气处理设备的氧化亚氮去除效率以及尾气处理设备使用率计算。环己酮/环己醇混合物经硝酸氧化制取己二酸会生成副产品氧化亚氮，氧化亚氮排放量可根据己二酸产量、不同生产工艺的氧化亚氮生成因子、所安装的 $NO_x$/氧化亚氮尾气处理设备的氧化亚氮去除效率以及尾气处理设备使用率计算。

⑦ 二氧化碳回收利用量主要指回收燃料燃烧或工业生产过程产生的二氧化碳并作为产品外供给其他单位从而应予扣减的那部分二氧化碳，不包括企业现场回收自用的部分。

⑧ 企业购入和输出的电力、热力产生的二氧化碳排放。企业需分别核算购入的电力、热力排放和输出的电力、热力排放。

### 3.3.3 温室气体排放配额分配补充数据核算与报告

2016 年 1 月 11 日，《国家发展改革委办公厅关于切实做好全国碳排放权交易市场启动重点工作的通知》（发改办气候［2016］57 号）中指出：

① 全国碳排放权交易市场第一阶段将涵盖石化、化工、建材、钢铁、有色、造纸、电力、航空 8 大重点排放行业的 18 个子类。

② 2013—2015 年中任意一年综合能源消费总量达到 1 万吨标准煤以上（含）的企业法人单位或独立核算企业单位。

③ 此外，根据配额分配需要，企业必须按照 57 号文附件 3 提供的模板，同时核算并报告核算指南中未涉及的其他相关基础数据。

④ 另外，国家发改委在 2016 年 5 月 13 日发布的《关于进一步规范报送全国碳排放权交易市场拟纳入企业名单的通知》中扩充了钢铁和化工两大行业的纳管子类，使得纳管子类的数量从 18 个增至 36 个。同时规定了自备电厂的纳入标准为装机 6000kW 以上。

由上文的叙述可以看出，与 63 号文相比，57 号文以及《通知》做了以下变化：①纳入标准提高（由 5000t 标煤提升至 10,000t 标煤）；②基准年推后（从 2010 年推后至 2013—2015 年）；③要求按照附件 3 的模板报告核算指南中未涉及的其他相关基础数据。具体如图 3-1 所示。

附件 3《全国碳排放权交易企业碳排放补充数据核算报告模板》由两部分组成，即所有企业的《数据汇总表》和分行业的《温室气体排放报告补充数据表》（以下简称《补充报告模板》）。

其中《数据汇总表》模板如表 3-18 所示。

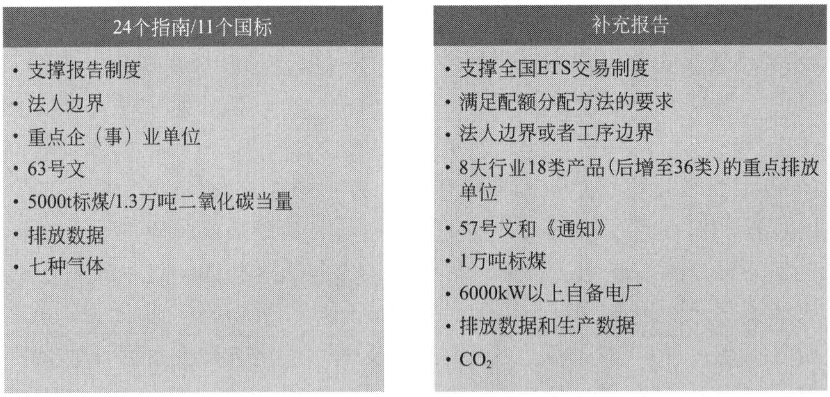

| 24个指南/11个国标 | 补充报告 |
|---|---|
| • 支撑报告制度<br>• 法人边界<br>• 重点企（事）业单位<br>• 63号文<br>• 5000t标煤/1.3万吨二氧化碳当量<br>• 排放数据<br>• 七种气体 | • 支撑全国ETS交易制度<br>• 满足配额分配方法的要求<br>• 法人边界或者工序边界<br>• 8大行业18类产品(后增至36类)的重点排放单位<br>• 57号文和《通知》<br>• 1万吨标煤<br>• 6000kW以上自备电厂<br>• 排放数据和生产数据<br>• $CO_2$ |

图 3-1　温室气体核算与报告指南/国标与配额分配补充报告的区别

**表 3-18　数据汇总表（所有企业）**

| 年份 | 企业基本信息 | | | 纳入碳交易主营产品信息 | | | | | | | | | 能源和温室气体排放相关数据 | | |
|---|---|---|---|---|---|---|---|---|---|---|---|---|---|---|---|
| | 企业名称 | 组织机构代码 | 行业代码 | 产品一 | | | 产品二 | | | 产品三 | | | 企业综合能耗/万吨标煤 | 按照指南核算的企业温室气体排放总量/万吨二氧化碳当量 | 按照补充报告模板核算的企业或设施层面二氧化碳排放总量/万吨 |
| | | | | 名称 | 单位 | 产量 | 名称 | 单位 | 产量 | 名称 | 单位 | 产量 | | | |
| 2013 | | | | | | | | | | | | | | | |
| 2014 | | | | | | | | | | | | | | | |
| 2015 | | | | | | | | | | | | | | | |

从上表可以看出，汇总表要求填写 2013—2015 年的企业名称、组织机构代码、行业代码、产品产量、企业综合能耗、按照指南核算的企业温室气体排放总量和按照补充报告模板核算的企业或设施层面二氧化碳排放总量。这些信息和数据的填写要求如下。

① 企业名称：需要与企业最新年检的营业执照上的名称以及“全国企业信用信息公示系统”网站上查到的企业信息保持一致。

② 组织机构代码：需要与企业最新版的《组织机构代码证》上的信息一致。另外，2015 年 6 月 23 日《国务院办公厅关于加快推进“三证合一”登记制度改革的意见》（国办发〔2015〕50 号）提到各地区要做好营业执照、组织机构代码证和税务登记证三证合一，实施统一社会信用代码。因此，如果企业已经实行“三证合一、一照一码”，那么在此处只要填写企业的统一社会信用代码即可。

③ 行业代码：需要与企业上报统计局的 B204-1 表《工业产销总值及主要产品产量》保持一致。

④ 产品产量：可以来源于企业的生产报表或者财务分类明细账，只要时间序列上的数据来源保持一致即可。

⑤ 企业综合能耗：企业各种能源的消耗量乘以折标系数之后加和即为企业的综合能耗。折标系数来源有两种：一是《综合能耗计算通则》（GB/T 2589）中给出的折标系数缺省值；二是企业实测化石燃料的低位热值，用自测热值除以标煤的低位热值得到折标系数。实测值

优先于缺省值。需要注意的是，《数据汇总表》中单位为万吨标煤，所填数据需要与单位匹配。

⑥ 按照指南核算的企业温室气体排放总量：需要与企业提交的排放报告中的温室气体排放总量（直接排放与能源间接排放之和）数据保持一致，但是需要注意《数据汇总表》中的单位为万吨二氧化碳当量，而排放报告中的单位一般为吨二氧化碳当量，差了10,000 倍。

⑦ 按照补充报告模板核算的企业或设施层面二氧化碳排放总量：补充报告模板是为支撑全国 ETS 交易制度而编制的，其中只涵盖了纳入全国碳排放权交易体系的排放源，而非核算指南中涉及的所有排放源。因此，一般来说按照补充报告模板核算的企业或设施层面二氧化碳排放总量与按照指南核算的企业温室气体排放总量是不同的。表 3-19 列出了纳入全国碳排放权交易体系的行业及排放源。

**表 3-19 纳入全国碳排放权交易体系的行业及排放源**

| 行业 | 行业代码 | 行业子类(主营产品统计代码) | ETS 边界 | 纳入碳交易的排放源 |
| --- | --- | --- | --- | --- |
| 石化 | 2511<br>2614 | 原油加工(2501)<br>乙烯(2602010201) | 炼油厂<br>乙烯装置 | 化石燃料燃烧 $CO_2$<br>消耗电力对应的 $CO_2$<br>消耗热力对应的 $CO_2$ |
| 化工 | 2611<br>2612<br>2613<br>2614<br>2619<br>2621<br>2622<br>2623<br>2624<br>2625<br>2629<br>2631<br>2632<br>2651<br>2652<br>2653<br>2659 | 其他无机基础化学原料(2601108—260122),包括电石(2601220101)<br>氨及氨水(260411),包括合成氨(260401)<br>无环醇及其衍生物(260209)、包括甲醇(2602090101)<br>无机酸类(260101)<br>烧碱(260105)<br>纯碱类(260106)<br>氢氧化物(260107)<br>有机化学原料(2602),包括乙烯(2602010201)<br>氮肥(260411)<br>磷肥(260412)<br>钾肥(260413)<br>复合肥、复混合肥(260422)<br>有机肥料及微生物肥料(2605)<br>化学农药(2606)<br>生物农药及微生物农药(2607)<br>初级形态塑料(261301)<br>合成橡胶(261302)<br>合成纤维单体(261303)<br>合成纤维聚合物(261304)<br>2613 中其他类 | 分厂(或车间) | 化石燃料燃烧产生的 $CO_2$ 排放(不包含甲醇、电石、合成氨)<br>能源作为原材料产生的 $CO_2$<br>消耗电力对应的 $CO_2$<br>消耗热力对应的 $CO_2$ |
| 建材 | 3011 | 水泥熟料(310101) | 生产工段 | 化石燃料燃烧 $CO_2$<br>熟料煅烧对应的碳酸盐分解 $CO_2$<br>消耗电力对应的 $CO_2$<br>消耗热力对应的 $CO_2$ |
| | 3041 | 平板玻璃(311101) | 生产线 | 化石燃料燃烧 $CO_2$<br>消耗电力对应的 $CO_2$<br>消耗热力对应的 $CO_2$ |

续表

| 行业 | 行业代码 | 行业子类(主营产品统计代码) | ETS边界 | 纳入碳交易的排放源 |
|---|---|---|---|---|
| 钢铁 | 3120<br>3140 | 粗钢(3206)<br>轧制、锻造钢坯(3207)<br>钢材(3208) | 企业法人/补充主要工序数据 | 化石燃料燃烧 $CO_2$<br>净购入电力隐含的 $CO_2$<br>净购入热力隐含的 $CO_2$ |
| 有色 | 3216 | 电解铝(3316039900) | 工序 | 电解工作交流电耗对应的 $CO_2$ |
| | 3211 | 铜冶炼(3311) | 企业法人/补充主要工序数据 | 化石燃料燃烧 $CO_2$<br>净购入电力隐含的 $CO_2$<br>净购入热力隐含的 $CO_2$ |
| 造纸 | 2211<br>2212<br>2221 | 纸浆制造(2201)<br>机制纸和纸板(2202) | 企业法人/补充主要工序数据 | 化石燃料燃烧 $CO_2$<br>净购入电力隐含的 $CO_2$<br>净购入热力隐含的 $CO_2$ |
| 电力 | 4411 | 纯发电<br>热电联产 | 机组 | 化石燃料燃烧 $CO_2$<br>购入电力隐含的 $CO_2$ |
| | 4420 | 电网 | 企业法人 | 输配电损失引起的 $CO_2$ 排放 |
| 航空 | 5611<br>5612<br>5631 | 航空旅客运输<br>航空货物运输<br>机场 | 航空器<br>机场法人 | 航空器燃料燃烧 $CO_2$(仅航空旅客/货物运输)<br>机场燃料燃烧 $CO_2$(仅机场)<br>净购入电力隐含的 $CO_2$(仅机场)<br>净购入热力隐含的 $CO_2$(仅机场) |

注：1. 除上述行业子类中已纳入的企业外，其他企业 6000kW 以上的自备电厂也按照发电行业纳入。

2. 乙烯生产企业的温室气体排放数据核算和报告按照石油化工行业《核算方法与报告指南》中的要求执行。

## 3.4 企业温室气体排放报告的主要内容

报告主体应按照相应行业核算指南附录一的格式对以下内容进行报告。

### 3.4.1 报告主体基本信息

报告主体基本信息应包括报告主体名称、报告年度、单位性质、所属行业、组织或分支机构、地理位置（包括注册地和生产地）、成立时间、发展演变、法定代表人、填报负责人及其联系方式等。报告表格示例如表 3-20 所示。

**表 3-20　报告单位基本信息**

| 委托方名称 | | 地址 | |
|---|---|---|---|
| 联系人 | | 联系方式(电话、E-mail) | |
| 二氧化碳重点排放单位名称 | | 地址 | |
| 联系人 | | 联系方式(电话、E-mail) | |
| 二氧化碳排放报告(初始)版本/日期 | | | |
| 二氧化碳排放报告(最终)版本/日期 | | | |
| 二氧化碳排放报告期 | | | |
| 经核查后的二氧化碳排放量 | | | |

续表

| 二氧化碳重点排放单位所属行业领域 | | | | | |
|---|---|---|---|---|---|
| 标准及方法学 | | | | | |
| 核查结论 | | | | | |
| 核查组组长 | | 签名 | | 日期 | |
| 核查组成员 | | | | | |
| 技术复核人 | | 签名 | | 日期 | |
| 批准人 | | 签名 | | 日期 | |

### 3.4.2 温室气体排放量

应报告的温室气体排放信息包括本企业在整个报告期内的温室气体排放总量，以及分排放源类别的化石燃料燃烧 $CO_2$ 排放、工业过程/特殊过程的 $CO_2$ 排放、$CO_2$ 排放扣除量、企业净购入电力和热力隐含的 $CO_2$ 排放。报告表格示例如表 3-21 所示。

**表 3-21　温室气体排放量**

| 企业二氧化碳排放总量/$tCO_2$ | |
|---|---|
| 化石燃料燃烧排放量/$tCO_2$ | |
| 工业生产/特殊过程排放量/$tCO_2$ | |
| 温室气体排放扣除量/$tCO_2$ | |
| 净购入使用的电力和热力排放量/$tCO_2$ | |

### 3.4.3 活动水平数据及其来源

报告主体应结合核算边界和排放源的划分情况分别报告所核算的各个排放源的活动水平数据，并详细阐述它们的监测计划及执行情况，包括数据来源或监测地点、监测方法、记录频率等。报告表格示例如表 3-22 所示。

**表 3-22　活动水平数据及其来源**

| 排放源 | 种类 | 净消耗量<br>/t 或万立方米 | 低位发热量<br>/(GJ/t 或 GJ/万立方米) | 数据来源 |
|---|---|---|---|---|
| 化石燃料燃烧 | 燃煤 | | | |
| | 原油 | | | |
| | 汽油 | | | |
| | 柴油 | | | |
| | 天然气 | | | |
| | 其他(自行添加) | | | |
| 工业生产过程/特殊过程 | | 数据 | 单位 | 数据来源 |
| | 原材料 1 消耗量 | | t | |
| | 其他(自行添加) | | | |

续表

| 排放源 | 种类 | 净消耗量<br>/t或万立方米 | 低位发热量<br>/(GJ/t或GJ/万立方米) | 数据来源 |
| --- | --- | --- | --- | --- |
| 排放扣除量 | | 数据 | 单位 | 数据来源 |
| | $CO_2$ 回收利用量 | | t | |
| | $CH_4$ 回收利用量 | | t | |
| | 固碳产品产量 | | t | |
| | 其他(自行添加) | | | |
| 净购入电力和热力 | | 数据 | 单位 | |
| | 电力净购入量 | | MW·h | |
| | 热力净购入量 | | GJ | |

## 3.4.4 排放因子数据及其来源

报告主体应分别报告各项活动水平数据所对应的含碳量或其他排放因子计算参数，如采用实测则应介绍监测计划及执行情况，否则说明它们的数据来源、参考出处、相关假设及其理由等。报告表格示例如表3-23所示。

**表3-23 排放因子数据及其来源**

| 排放源 | 种类 | 单位热值含碳量<br>/(tC/GJ) | 碳氧化率/% | 数据来源 |
| --- | --- | --- | --- | --- |
| 化石燃料燃烧 | 燃煤 | | | |
| | 原油 | | | |
| | 汽油 | | | |
| | 柴油 | | | |
| | 天然气 | | | |
| | 其他(自行添加) | | | |
| 工业生产过程/特殊过程 | | 数据 | 单位 | 数据来源 |
| | 原材料1消耗量 | | $tCO_2/t$ | |
| | 其他(自行添加) | | | |
| 排放扣除量 | | 数据 | 单位 | 数据来源 |
| | $CO_2$ 回收利用量 | | $tCO_2/t$ | |
| | $CH_4$ 回收利用量 | | $tCO_2/t$ | |
| | 固碳产品产量 | | $tCO_2/t$ | |
| | 其他(自行添加) | | | |
| 净购入电力和热力 | | 数据 | 单位 | |
| | 电力净购入量 | | $tCO_2/(MW·h)$ | |
| | 热力净购入量 | | $tCO_2/GJ$ | |

### 3.4.5 其他希望说明的情况

分条阐述企业希望在报告中说明的其他问题或对指南的修改建议。

## 3.5 企业温室气体排放量的核算方法

温室气体排放量是指企业核算边界内通过有组织和无组织排放源排放的温室气体量，包括直接温室气体排放和能源间接温室气体排放。计算公式如下：

温室气体排放总量=燃料燃烧温室气体排放量+工业生产过程或特殊温室气体排放量
−温室气体排放扣除量+外购电力或热力隐含的温室气体排放量

下文分别介绍每种排放源的温室气体量化方法及数据来源。

### 3.5.1 燃料燃烧 $CO_2$ 排放（$E_{燃烧}$）

报告主体的化石燃料燃烧 $CO_2$ 排放量等于其核算边界内各种燃料燃烧产生的 $CO_2$ 排放量之和。量化方法如下：

（1）量化方法

$$E_{燃烧}=\sum_{i=1}^{n}(AD_i \times EF_i)$$

式中，$E_{燃烧}$ 为核算和报告年度内化石燃料燃烧产生的 $CO_2$ 排放量，$tCO_2$；$AD_i$ 为核算和报告年度内第 $i$ 种化石燃料的活动水平，GJ；$EF_i$ 为第 $i$ 种化石燃料的 $CO_2$ 排放因子，$tCO_2/GJ$；$i$ 为化石燃料类型代号。

根据已公布的24个行业的核算指南，计算企业燃料燃烧 $CO_2$ 排放时需分品种分别计算每种化石燃料燃烧的 $CO_2$ 排放量，再逐层累加汇总得到企业的燃料燃烧 $CO_2$ 排放量。化石燃料燃烧排放量的核算和报告以企业法人或视同法人的独立核算单位为边界，将之看作一个整体，无需分设施或分单元核算和报告。

（2）活动水平数据获取

化石燃料燃烧的活动水平数据是核算和报告年度内各种燃料的燃烧量与平均低位发热量的乘积[1]。

① 化石燃料燃烧量 各燃烧设备分品种的化石燃料燃烧量应采用企业的计量数据，相关计量器具应符合GB 17167《用能单位能源计量器具配备和管理通则》。需注意的是，固体或液体燃料的燃烧量以吨（t）为单位，而气体燃料的燃烧量需以气体燃料标准状况[2]下的体积（万立方米）为单位，非标准状况下的体积需转化成标况下进行计算。下文所指气体燃料体积皆为标况下的体积。

② 化石燃料平均低位发热量 根据核算指南，化石燃料平均低位发热量的获得有两种方法：

---

[1] 24个行业核算指南中有些行业的化石燃料燃烧的活动水平数据是指燃料的燃烧量与平均低位发热量的乘积，数值以燃料的热量（TJ）表示；而另一些行业的化石燃料燃烧的活动水平数据是指各种燃料的消费量，数值以质量（t）或体积（万立方米）表示。这只是一个把化石燃料低位热值划分进活动水平数据还是排放因子的问题，不影响最终温室气体排放量的计算。本书按照大部分指南的做法，把化石燃料低位热值划分进活动水平数据。

[2] 通常指温度为0℃（273.15K）和压强为101.325kPa（1atm，760mmHg）的情况，使在比较气体体积时有统一的标准。在标况下，1mol任何气体（也可以是混合物）的体积都是22.4L。即标况下，气体的摩尔体积为22.4L/mol。

a. 定期检测燃料的低位发热量。固体燃料、液体燃料和气体燃料可分别遵循 GB/T 213《煤的发热量测定方法》、GB/T 384《石油产品热值测定法》、GB/T 22723《天然气能量的测定》进行检测；

b. 选取核算指南附录二中常见化石燃料低位发热量的缺省值。

上述两种方法中方法 a 优于 b。

计算 $E_{燃烧}$ 的活动水平数据是企业温室气体排放量核算的重点，关于实测化石燃料低位热值，发电行业指南与其他行业指南的要求略有不同。表 3-24 中分别整理了发电行业和其他行业化石燃料活动水平数据的测量标准、频次和来源。

**表 3-24　化石燃料燃烧的活动水平数据**

<table>
<tr><th colspan="2" rowspan="3">燃料类型</th><th colspan="4">活动水平数据</th></tr>
<tr><th>燃烧量</th><th colspan="3">低位发热量</th></tr>
<tr><th>直接测量</th><th colspan="2">直接测量</th><th>推荐值</th></tr>
<tr><td colspan="2" rowspan="2">单位</td><td rowspan="2">固/液:t<br>气:万立方米</td><td colspan="2">固/液:GJ/t<br>气:GJ/万立方米</td><td rowspan="2">固/液:GJ/t<br>气:GJ/万立方米</td></tr>
<tr><td>发电行业</td><td>非发电行业</td></tr>
<tr><td rowspan="3">固体燃料</td><td>测量标准</td><td>GB 17167</td><td>GB/T 213</td><td>GB/T 213</td><td>—</td></tr>
<tr><td>测量频次</td><td>—</td><td>每天一次</td><td>每批次或至少每月</td><td>—</td></tr>
<tr><td>数据来源</td><td>企业计量数据</td><td>根据燃煤日消耗量加权平均得到年均值</td><td>根据燃料入厂量或月消费量加权平均得到年均值</td><td>附录二</td></tr>
<tr><td rowspan="3">液体燃料</td><td>测量标准</td><td>GB 17167</td><td>DL/T 567</td><td>GB 384</td><td>—</td></tr>
<tr><td>测量频次</td><td>—</td><td>每批次</td><td>每批次或至少每季度</td><td>—</td></tr>
<tr><td>数据来源</td><td>企业计量数据</td><td>根据每批次燃油消耗量值加权平均得到年均值或采用燃油供应商提供的年度平均值</td><td>算术平均</td><td>附录二</td></tr>
<tr><td rowspan="3">气体燃料</td><td>测量标准</td><td>GB 17167</td><td>GB/T 11062</td><td>GB/T 22723</td><td>—</td></tr>
<tr><td>测量频次</td><td>—</td><td>每月至少一次</td><td>每批次或至少每半年</td><td>—</td></tr>
<tr><td>数据来源</td><td>企业计量数据</td><td>月值(自测或供应商提供)加权平均得到年均值,权重为天然气月消耗量</td><td>算术平均</td><td>附录二</td></tr>
</table>

当活动水平数据存在多种数据源选项时，例如既可以来源于能源消费原始记录也可以来源于统计台账时，企业应注意的是活动水平数据来源的选择取决于数据的可获得性及是否能够支持既定排放源的活动水平数据需求。存在多个可选的数据源时，企业可根据实际情况按照透明、准确、完整、一致、可核查的原则选取其中一个合适的数据源，关键是整个时间序列上数据源必须一致。下文中所涉及的其他温室气体排放源活动水平数据的选取同样适用于以上原则。

（3）排放因子数据获取

化石燃料燃烧的 $CO_2$ 排放因子计算公式如下：

$$EF_i = CC_i \times OF_i \times \frac{44}{12}$$

式中，$EF_i$ 为第 $i$ 种化石燃料的 $CO_2$ 排放因子，$tCO_2/GJ$；$CC_i$ 为第 $i$ 种化石燃料的单位热值含碳量，tC/GJ；$OF_i$ 为第 $i$ 种化石燃料的碳氧化率，%。

根据 24 个行业指南，化石燃料的单位热值含碳量（$CC_i$）和化石燃料碳氧化率（$OF_i$）应优先采用企业实际检测值，如果没有条件或方法规范检测，则采用推荐值❶。关于实测化石燃料的单位热值含碳量（$CC_i$）和化石燃料碳氧化率（$OF_i$），发电行业指南与非发电行业指南对测量频率的要求略有不同。表 3-25 中分别整理了发电行业和非发电行业化石燃料排放因子数据的测量标准、频次和来源。需要注意的是，按照测量标准实测的含碳量为单位质量含碳量（固/液：tC/t 燃料；气：tC/万立方米）而附录二中的推荐值为单位热值含碳量（tC/GJ），计算排放量时需要进行单位的转化。

**表 3-25 化石燃料燃烧的排放因子数据**

| 燃料类型 | | 排放因子 | | | | |
|---|---|---|---|---|---|---|
| | | 含碳量 | | | 碳氧化率 | |
| | | 直接测量(单位质量) | | 推荐值(单位热值) | 实测值 | 推荐值 |
| 单位 | | 固/液：tC/t 燃料<br>气：tC/万立方米 | | tC/GJ | % | % |
| | | 发电行业 | 非发电行业 | | 发电行业 | |
| 固体燃料 | 测量标准 | GB/T 476 | GB/T 476 | — | DL/T 5142<br>GB/T 212<br>DL/T 567 | — |
| | 测量频次 | 每天采集缩分样品，每月分析混合样，得到月平均元素含碳量 | 每批次或至少每月 | — | 不同参数要求的测量频率不同 | — |
| | 数据来源 | 首先，根据指南公式(5)把月均元素含碳量换算成月均单位热值含碳量。再根据入炉煤月消费量加权平均得到年均单位热值含碳量 | 根据燃料入厂量或月消费量加权平均得到年均值 | 附录二 | 根据发电行业指南中公式(6)计算 | 附录二 |
| 液体燃料 | 测量标准 | — | SH/T 0656 | — | — | — |
| | 测量频次 | — | 每批次或每季度 | — | — | — |
| | 数据来源 | — | 算术平均 | 附录二 | — | 附录二 |
| 气体燃料 | 测量标准 | — | GB/T 13610<br>GB/T 8984 | — | — | — |
| | 测量频次 | — | 每批次或至少每半年 | — | — | — |
| | 数据来源 | — | 根据每种气体组分的体积浓度及该组分化学分子式中碳原子的数目计算 | 附录二 | — | 附录二 |

❶ 少部分行业的指南直接建议化石燃料的单位热值含碳量（$CC_i$）和化石燃料碳氧化率（$OF_i$）参考指南附录二的推荐值。

对于同一企业在填报企业排放因子数据时，所有的数据必须保持一致。如果某个数据采用企业检测值，就应一直采用企业检测值；如果采用缺省值，就应一直采用缺省值。

### 3.5.2 生产过程 $CO_2$ 排放（$E_{过程}$）

每个行业涉及的过程/特殊排放都不尽相同，所以本书只选取具有代表性的碳酸盐分解和废水处理进行分析。

#### 3.5.2.1 碳酸盐分解 $CO_2$ 排放

企业外购并消耗的碳酸盐发生分解反应导致的 $CO_2$ 排放量，量化方法如下：

（1）量化方法

$$E_{过程\_碳酸盐}=\sum(AD_i \times EF_i \times PUR_i)$$

式中，$E_{过程\_碳酸盐}$ 为碳酸盐使用过程中产生的 $CO_2$ 排放量，$tCO_2$；$AD_i$ 为碳酸盐 $i$ 用于原料、助溶剂、脱硫剂等的总消费量，t；$EF_i$ 为碳酸盐 $i$ 的 $CO_2$ 排放因子，$tCO_2/t$ 碳酸盐 $i$；$PUR_i$ 为碳酸盐 $i$ 以质量分数表示的纯度；$i$ 为碳酸盐的种类，如果实际使用的是多种碳酸盐组成的混合物，应分别考虑每种碳酸盐的种类。

（2）活动水平数据获取

每种碳酸盐的总消费量等于用作原料、助溶剂、脱硫剂等的消费量之和，应分别根据企业台账或统计报表来确定。碳酸盐在使用过程中形成碳酸氢盐或 $CO_3^{2-}$ 发生转移而未生产 $CO_2$ 的情形所对应的碳酸盐使用量不计入活动水平。

（3）排放因子数据获取

有条件的企业，可委托有资质的专业机构定期检测碳酸盐的质量百分比浓度或化学组分，并根据化学组分、分子式及 $CO_3^{2-}$ 的数目计算得到碳酸盐的排放因子。碳酸盐化学组分的检测应遵循 GB/T 3286.1、GB/T 3286.9 等标准。企业如果有满足资质标准的检测单位也可自行检测。

在没有条件实测的情形下，可采用供应商提供的商品性状数据。一些常见碳酸盐的 $CO_2$ 排放因子还可以直接参考相应行业指南附录二中的推荐值。

#### 3.5.2.2 废水厌氧处理的排放（$E_{过程\_废水}$）

（1）量化方法

$$E_{GHG\_废水}=E_{CH_4\_废水} \times GWP_{CH_4} \times 10^{-3}$$

$$E_{CH_4\_废水}=(TOW-S) \times EF-R$$

式中，$E_{GHG\_废水}$ 为废水厌氧处理过程产生的 $CO_2$ 排放当量，$tCO_2e$；$GWP_{CH_4}$ 为甲烷的全球变暖潜势（$GWP$）值，根据《省级温室气体清单编制指南（试行）》，$GWP_{CH_4}$ 取 21；$E_{CH_4\_废水}$ 为废水厌氧处理过程甲烷排放量，kg；$TOW$ 为废水厌氧处理去除的有机物总量，kgCOD；$S$ 为以污泥方式去除掉的有机物总量，kgCOD；$EF$ 为甲烷排放因子，$kgCH_4/kg$-COD；$R$ 为甲烷回收量，$kgCH_4$。

（2）活动水平数据获取

废水厌氧处理活动水平数据包括废水厌氧处理去除的有机物总量（$TOW$）、以污泥方式清除掉的有机物总量（$S$）以及甲烷回收量（$R$）。

① 废水厌氧处理去除的有机物总量（$TOW$）　如果企业有废水处理系统去除的COD统计，可直接作为 $TOW$ 的数据。如果没有去除的COD统计数据，则采用下面公式计算：

$$TOW = W \times (COD_{in} - COD_{out})$$

式中，$W$ 为厌氧处理过程中产生的废水量，$m^3$，采用企业计量数据；$COD_{in}$ 为厌氧处理系统进口废水中的化学需氧量浓度，$kgCOD/m^3$，采用企业检测值的平均值；$COD_{out}$ 为厌氧处理系统出口废水中的化学需氧量浓度，$kgCOD/m^3$，采用企业检测值的平均值。

② 以污泥方式清除掉的有机物总量（$S$） 采用企业计量数据。若企业无法统计以污泥方式清除掉的有机物总量，可使用缺省值为零。

③ 甲烷回收量（$R$） 采用企业计量数据，或根据企业台账、统计报表来确定。

（3）排放因子数据获取

甲烷排放因子（$EF$）采用下面公式计算：

$$EF = Bo \times MCF$$

式中，$Bo$ 为厌氧处理废水系统的甲烷最大生产能力，$kgCH_4/kgCOD$；$MCF$ 为甲烷修正因子，无量纲，表示不同处理和排放的途径或系统达到的甲烷最大产生能力（$Bo$）的程度，也反映了系统的厌氧程度。

厌氧处理废水系统的甲烷最大生产能力（$Bo$）优先使用国家最新公布的数据，如果没有，则采用指南的推荐值 0.25$kgCH_4/kgCOD$；对于甲烷修正因子（$MCF$），具备条件的企业可开展实测，或委托有资质的专业机构进行检测，或采用指南的推荐值 0.5。

## 3.5.3 温室气体排放扣除量（$R_{扣除}$）

一般来说温室气体排放扣除量是指 $CO_2$ 和 $CH_4$ 的回收利用量以及固碳产品隐含的 $CO_2$ 量。下面分别介绍这三种温室气体排放扣除量的计算方法。

### 3.5.3.1 $CH_4$ 回收与销毁量

（1）量化方法

报告主体的 $CH_4$ 回收与销毁量按下式计算：

$$R_{CH_4\_回收销毁} = R_{CH_4\_自用} + R_{CH_4\_外供} + R_{CH_4\_火炬}$$

式中，$R_{CH_4\_自用}$ 为报告主体回收自用的 $CH_4$ 量，t；$R_{CH_4\_外供}$ 为报告主体回收外供给其他单位的 $CH_4$ 量，t；$R_{CH_4\_火炬}$ 为报告主体通过火炬销毁的 $CH_4$ 量，t。

其中，

$$R_{CH_4\_自用} = \eta_{自用} Q_{自用} \times PUR_{CH_4} \times 7.17$$

式中，$\eta_{自用}$ 为甲烷气在现场自用过程中的氧化系数，%；$Q_{自用}$ 为报告主体回收自用的 $CH_4$ 气体体积，万立方米；$PUR_{CH_4}$ 为回收自用的甲烷气体平均 $CH_4$ 体积浓度；7.17 为 $CH_4$ 气体在标准状况下的密度，t/万立方米。

$$R_{CH_4\_外供} = Q_{外供} \times PUR_{CH_4} \times 7.17$$

式中，$Q_{外供}$ 为报告主体外供第三方的 $CH_4$ 气体体积，万立方米；$PUR_{CH_4}$ 为回收外供的甲烷气体平均 $CH_4$ 体积浓度。

$R_{CH_4\_火炬}$ 应通过监测进入火炬销毁装置的甲烷气流量、$CH_4$ 浓度，并考虑销毁效率计算得到，公式如下：

$$R_{CH_4\_火炬} = \overline{\eta} \times \sum_{h=1}^{H} \left( \frac{FR_h \times V_h}{22.4} \times 16 \times 10^{-3} \right)$$

式中，$\eta$ 为 $CH_4$ 火炬销毁装置的平均销毁效率，%；$H$ 为火炬销毁装置运行时间，h；$h$

为运行时间序号；$FR_h$ 为进入火炬销毁装置的甲烷气流量，$m^3/h$，非标准状况下的流量需根据温度、压力转化成标准状况（0℃、101.325kPa）下的流量；$V_h$ 为进入火炬销毁装置的甲烷气小时平均 $CH_4$ 体积浓度，%；22.4 为标准状况下理想气体摩尔体积，$m^3/kmol$；16 为 $CH_4$ 的分子量。

（2）活动水平数据的监测与获取

报告主体回收自用或回收外供第三方的甲烷气体积应根据企业台账或统计报表来确定。

报告主体应在火炬销毁装置入口处安装体积流量计连续地或至少每小时一次监测进入火炬销毁装置的甲烷气流量，并转换成标准状况下的流量。

（3）排放因子数据获取

报告主体应按照 GB/T 8984 定期测定回收自用、外供第三方以及进入火炬销毁装置的甲烷气的 $CH_4$ 体积浓度，至少每周进行一次常规测量，作为上一次测量以来的 $CH_4$ 平均体积浓度。

报告主体应通过质量流量计或其他方式定期测量火炬销毁装置入口气流以及出口气流中的 $CH_4$ 质量变化来估算 $CH_4$ 火炬销毁装置的平均销毁效率。测试频率至少每月一次，作为上一次测试以来的 $CH_4$ 平均销毁效率；甲烷气在现场自用过程中的氧化系数可采用类似的方法进行测试，如果是用作燃料燃烧，也可直接取缺省值 0.99。

#### 3.5.3.2 $CO_2$ 回收利用量

（1）量化方法

报告主体的 $CO_2$ 回收利用量按下式计算：

$$R_{CO_2\_回收}=(Q_{外供}\times PUR_{CO_2\_外供}+Q_{自用}\times PUR_{CO_2\_自用})\times 19.77$$

式中，$R_{CO_2\_回收}$ 为报告主体的 $CO_2$ 回收利用量，$tCO_2$；$Q_{外供}$ 为报告主体回收且外供给其他单位的 $CO_2$ 气体体积，万立方米；$PUR_{CO_2\_外供}$ 为 $CO_2$ 外供气体的纯度（$CO_2$ 体积浓度），取值范围为 0～1；$Q_{自用}$ 为报告主体回收且自用作生产原料的 $CO_2$ 气体体积，万立方米；$PUR_{CO_2\_自用}$ 为回收自用作原料的 $CO_2$ 气体纯度（$CO_2$ 体积浓度），取值范围为 0～1；19.77 为标准状况下 $CO_2$ 气体的密度，$CO_2$/万立方米。

（2）活动水平数据获取

报告主体的 $CO_2$ 回收外供量以及回收自用作生产原料的 $CO_2$ 量应根据企业台账或统计报表确定。

（3）排放因子数据获取

报告主体应按照 GB/T 8984 定期测定回收自用外供的 $CO_2$ 气体的体积浓度以及回收自用作生产原料的 $CO_2$ 气体的体积浓度，至少每周进行一次常规测量，分别作为上一次测量以来的 $CO_2$ 气体平均纯度。

#### 3.5.3.3 固碳产品隐含的排放

（1）量化方法

固碳产品所隐含的 $CO_2$ 排放量按照下式计算：

$$R_{固碳}=\sum_{i=1}^{n}AD_{固碳}\times EF_{固碳}$$

式中，$R_{固碳}$ 为固碳产品所隐含的 $CO_2$ 排放量，$tCO_2$；$AD_{固碳}$ 为第 $i$ 种固碳产品的产量，

t；$EF_{固碳}$ 为第 $i$ 种固碳产品的 $CO_2$ 排放因子，$tCO_2/t$；$i$ 为固碳产品的种类（如粗钢、甲醇等）。

（2）活动水平数据获取

根据核算和报告期内用固碳产品外销量、库存变化量来确定各自的产量。外销量采用销售单等结算凭证上的数据，库存变化量采用计量工具读数或其他符合要求的方法来确定，采用如下公式计算获得。

$$产量=销售量+(期末库存量-期初库存量)$$

（3）排放因子数据获取

采用指南中的缺省值，指南中没有给出的固碳产品的排放因子可以采用理论摩尔质量比计算得出。

### 3.5.4 净购入电力和热力的 $CO_2$ 排放（$E_电$ 和 $E_热$）

（1）量化方法

$$E_{电}=AD_{电}\times EF_{电}$$
$$E_{热}=AD_{热}\times EF_{热}$$

式中，$E_电$ 为净购入电力所对应的电力生产环节 $CO_2$ 排放量，$tCO_2$；$AD_电$ 为核算和报告年度内的净外购电量，MW·h；$EF_电$ 为区域电网平均供电排放因子，$tCO_2/(MW\cdot h)$；$E_热$ 为净购入热力所对应的热力生产环节 $CO_2$ 排放量，$tCO_2$；$AD_热$ 为核算和报告年度内的净外购热力，GJ；$EF_热$ 为年平均供热排放因子，$tCO_2/GJ$。

（2）活动水平数据获取

净购入电力的 $CO_2$ 排放的活动水平数据相对简单。净购入电量以企业和电网公司结算的电表读数或电网公司提供的电费发票或者结算单等结算凭证上的数据为准，等于购入电量与外供电量的净差。

企业净购入的热力消费量以企业的热力表记录的读数或供应商提供的热力费发票或结算单等结算凭证上的数据为准，等于购入蒸汽、热水的总热量与外供蒸汽、热水的总热量之差。若蒸汽和热水是以质量单位计量的则需转化成热力单位才能参与计算。

① 以质量单位计量的热水可按下式转换为热量单位：

$$AD_{热水}=Ma_{w}\times(T_{w}-20)\times 4.1868\times 10^{-3}$$

式中，$AD_{热水}$ 为热水的热量，GJ；$Ma_w$ 为热水的质量，t；$T_w$ 为热水温度，℃；4.1868 为水在常温常压下的比热容，kJ/(kg·℃)。

② 以质量单位计量的蒸汽可按下式转换为热量单位：

$$AD_{蒸汽}=Ma_{st}\times(En_{st}-83.74)\times 10^{-3}$$

式中，$AD_{蒸汽}$ 为蒸汽的热量，GJ；$Ma_{st}$ 为蒸汽的质量，t；$En_{st}$ 为蒸汽所对应的温度、压力下每千克蒸汽的热焓，kJ/kg，饱和蒸汽和过热蒸汽的热焓可分别查阅第二批公布的4个行业核算指南的附录二。

有的企业同时存在自备电厂、电网购电/热网购热和电量/热量外销的情况，如果该自备电厂为独立的法人或视同法人单位，则应按发电企业温室气体排放核算指南单独核算报告；如果被划作一个核算单元，自备电厂的化石燃料燃烧排放也可参考发电企业温室气体排放核算指南来计算，以适用更准确的碳氧化率。但净购入电力和热力的 $CO_2$ 排放核算仍应按相应行业的指南来核算。具体的处理方式如表3-26所示。

表 3-26　企业存在自备电厂时外购电和热的处理方式

| 用途 | 化石燃料发电/供热 | 余能发电/供热 |
|---|---|---|
| 自用 | 发电/供热用化石燃料燃烧排放已计入在直接排放里，因此在核算净购入电量/热量时不需考虑 | 已体现为外购电量/热量的减少，因此在核算净购入电量/热量时不需考虑 |
| 上网/外供 | 作为独立法人或视同法人：按照发电企业处理，不需扣除上网电量或外供热量<br>作为核算单元：需要从外购电量/热量中扣除发电上网/热量外供部分 | 需要从外购电量/热量中扣除余能发电上网/热量外供部分 |

(3) 排放因子数据获取

净购入电力的 $CO_2$ 排放因子亦相对简单。应根据国家主管部门最近年份公布的相应区域电网排放因子选取企业生产场地所属区域电网的平均供电 $CO_2$ 排放因子。目前，国家发改委通过《2010 年中国区域及省级电网平均二氧化碳排放因子》和《2011 年和 2012 年中国区域电网平均二氧化碳排放因子》两个文件公布的 2011—2012 年区域电网平均供电 $CO_2$ 排放因子如表 3-27 表示。

表 3-27　2010—2012 年区域电网平均供电 $CO_2$ 排放因子

| 电网名称 | 覆盖的地理范围 | 二氧化碳排放/[$kgCO_2$/(kW·h)] | | |
|---|---|---|---|---|
| | | 2010 年① | 2011 年 | 2012 年 |
| 华北区域电网 | 北京市、天津市、河北省、山西省、山东省、内蒙古西(除赤峰、通辽、呼伦贝尔和兴安盟外的内蒙古其他地区) | 0.8845 | 0.8967 | 0.8843 |
| 东北区域电网 | 辽宁省、吉林省、黑龙江省、内蒙古东(赤峰、通辽、呼伦贝尔和兴安盟) | 0.8045 | 0.8187 | 0.7769 |
| 华东区域电网 | 上海市、江苏省、浙江省、安徽省、福建省 | 0.7182 | 0.7129 | 0.7035 |
| 华中区域电网 | 河南省、湖北省、湖南省、江西省、四川省、重庆市 | 0.5676 | 0.5955 | 0.5257 |
| 西北区域电网 | 陕西省、甘肃省、青海省、宁夏回族自治区、新疆维吾尔自治区 | 0.6958 | 0.6860 | 0.6671 |
| 南方区域电网 | 广东省、广西壮族自治区、云南省、贵州省、海南省 | 0.5960 | 0.5748 | 0.5271 |

① 虽然《2010 年中国区域及省级电网平均二氧化碳排放因子》中同时公布了省级和区域的电网排放因子，但是在实际的温室气体排放报告和核查工作中仍是采用区域值而不采取省级值。这是因为每个省级的电网并不是独立的存在，在同一个区域电网内，省级之间存在电量输入与输出，所以单独使用某个省的电网排放因子是不够准确的，推荐使用区域电网排放因子。

热力供应的 $CO_2$ 排放因子应优先采用供热单位提供的 $CO_2$ 排放因子，不能提供则按 0.11$tCO_2$/GJ 计，也可采用政府主管部门发布的官方数据。

净购入热力的活动水平数据和排放因子数据来源汇总如表 3-28 所示。

表 3-28　净购入电、热的活动水平数据和排放因子数据

| 类型 | | 单位 | 数据来源 |
|---|---|---|---|
| 活动水平数据 | 净购电量 | MW·h | 以企业和电网公司结算的电表读数或企业能源消费台账或统计报表为据，等于购入电量与外供电量的净差 |
| | 净购热量 | GJ | 以热力购售结算凭证或企业能源消费台账或统计报表为据，等于购入蒸汽、热水的总热量与外供蒸汽、热水的总热量之差。若蒸汽和热水是以质量单位计量的则需分别转化成热力单位再参与计算 |

续表

| 类型 | | 单位 | 数据来源 |
|---|---|---|---|
| 排放因子 | 电力供应 $CO_2$ 排放因子 | $tCO_2/(MW \cdot h)$ | 选取企业生产场地所属区域电网的平均供电 $CO_2$ 排放因子，应根据主管部门的对应年份发布数据进行取值 |
| | 热力供应 $CO_2$ 排放因子 | $tCO_2/GJ$ | 优先采用供热单位提供的 $CO_2$ 排放因子，不能提供则按 $0.11tCO_2/GJ$ 计 |

## 3.6　温室气体排放报告及履约流程

温室气体排放报告履约分为 6 个步骤，如图 3-2 所示。

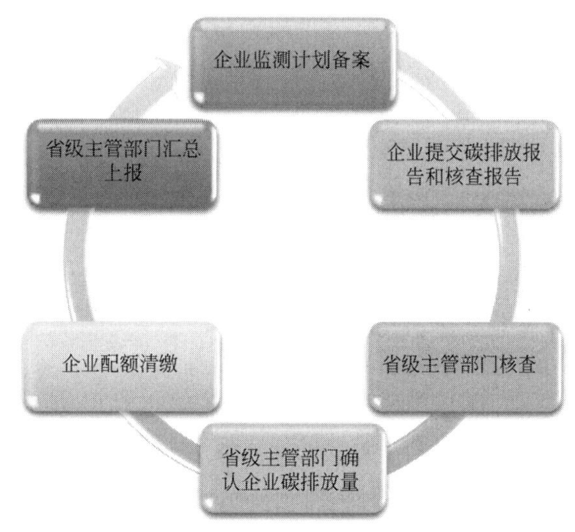


图 3-2　温室气体排放报告履约步骤

① 监测计划备案。重点企业制定排放监测计划并报所在省、自治区、直辖市的省级碳交易主管部门备案。

② 报告主体报送。重点企业在 3 月 30 日前向所在省、自治区、直辖市的省级碳交易主管部门提交上年度排放报告和核查报告。上报的电子文件应以光盘作为介质，已建立温室气体排放在线报告系统的省、区、市，应采用在线报告的方式。

③ 省级主管部门核查。各地省级应对气候变化主管部门接到报告主体报送的温室气体排放情况后，在 3 个月内对报告内容进行评估和核查。核查可根据实际，采用抽查等各种形式。对核查不合格的，应要求报告主体限期整改、重新报送。

④ 省级主管部门确认排放量。省级碳交易主管部门应每年对其行政区域内所有重点排放单位上年度的排放量予以确认，并将确认结果通知重点排放单位。经确认的排放量是重点排放单位履行配额清缴义务的依据。

⑤ 重点排放单位配额清缴。重点排放单位每年应向所在省、自治区、直辖市的省级碳交易主管部门提交不少于其上年度经确认排放量的排放配额，履行上年度的配额清缴义务。重点排放单位可按照有关规定，使用国家核证自愿减排量抵消其部分经确认的碳排放量。

⑥ 省级主管部门汇总上报。省级碳交易主管部门每年应对其行政区域内重点排放单位上年度的配额清缴情况进行分析，在每年 6 月 30 日前将本地区重点单位温室气体排放配额

清缴情况汇总上报国务院碳交易主管部门。国务院碳交易主管部门应向社会公布所有重点排放单位上年度的配额清缴情况。

## 3.7 主要行业温室气体排放报告难点解析

### 3.7.1 共性问题

(1) 报告主体拥有多个分厂怎么办?

如果报告主体对不在同一地理位置的多个分厂都拥有运营控制权，则需要将地理上相对独立的分厂作为一个核算单元，在报告中分别识别并计算每个核算单元的温室气体排放量，最后将所有分厂的核算结果加和，即分散边界的加和。

(2) 报告主体存在跨行业生产活动怎么办? 怎么从政府发布的诸多《指南》中选择适用的《指南》?

建议按产业活动细分核算单元，每个核算单元对应一种产业活动，也方便适用具体所属行业的核算报告《指南》。

(3) 集团公司、分公司、子公司的处理

分公司指不具有独立法人资格（即没有独立的营业执照）的下属公司；子公司指具有独立法人资格（即拥有独立的营业执照）的下属公司。

国家发改委 MRV 技术交流平台上专家对该问题的回答是：“企业需要按照独立核算的法人进行报告”。

由此，针对集团公司、分公司、子公司的纳入原则如下：

① 如果纳入碳核查名单的企业是集团公司，则该企业的排放报告需包括集团公司和下属分公司，集团公司和分公司的排放量需要分别分行业、分年度核算；

② 子公司作为独立法人单独填报，不与集团公司合并填报。如果子公司未纳入核查企业名单且综合能耗达到了核查门槛（综合能源消费总量达到 1 万 t 标准煤以上），第三方需向本省主管部门汇报，建议补充纳入名单，经本省主管部门同意后，再进行核查，否则不纳入核查范围；

③ 考虑到某些集团公司总部没有实体行业（仅有办公楼），如果该集团公司总部达到了核查门槛，则需要单独核算和核查，否则不纳入核查范围；

④ 如果分公司、子公司属于国家颁布的 24 个核算行业之外的行业，则不纳入核查范围。

(4) 含有多个企业法人的多法人联合体应如何报告?

企业存在多个企业法人的多法人联合体应按每个企业法人分别独立进行二氧化碳排放核算并报告，不能将多个企业法人作为一个企业法人进行报告。

(5) 企业法人发生合并、分立、关停、迁出或经营范围改变等重大变更情况后如何上报?

企业法人发生合并、分立、关停、迁出或经营范围改变等重大变更情况应及时根据变化后的厂界区域和运营控制范围重新确定核算边界、明确报告义务并报省发改委批准。

(6) 关于停产、复产

① 如果企业是因为“关停并转”等政策因素停产且不再复产，则不纳入核查范围。

② 如果企业是因为其他原因停产且停产时间在两年以内，则需纳入核算，停产期间的

排放量计为零，并在排放报告中明确注明停产的时间。

③ 如果企业停产两年以上，则不纳入核查范围；对于停产两年以上又复产的企业，按新增产能核算。

（7）企业的行业代码若与实际生产不一致的话，需要以实际还是以行业代码为依据？

如果企业实际生产的产品中有《关于切实做好全国碳排放权交易市场启动重点工作的通知》附件 1 中包含的产品，建议按照对应的行业核算《指南》和 57 号文附件 3 的相关要求，报送企业及设施的温室气体排放数据。

（8）工业企业下属单位是非工业企业（比如酒店等）是否需要独立上报？厂区内生活设施所产生的排放是否计入企业总排放中？

如果非工业企业是独立法人，则不需要上报。如果非工业企业为非独立法人，且为企业的辅助生产设施（职工食堂、车间浴室、保健站），则需要上报。若非企业的辅助生产设施，则不需要上报。

按照核算《指南》，厂区内为生产服务的部门和单位（职工食堂、车间浴室、保健站）应包括在核算边界内，其他生活设施不在核算范围内。

（9）企业排放量贡献小于 1%的排放源是否可忽略？

第一，小于 1%是指某个被关注的排放源占报告主体排放总量的比重是否小于 1%。

第二，《指南》在“排放源和气体种类识别”中明确提到的排放源，无论是否大于 1%都必须核算。

第三，《指南》没有明确提到的排放源如果占企业排放总量的比重大于 1%，应参考该排放源相关的行业《指南》进行核算。确实小于 1%的，不作强行要求，如果企业已经有相应的监测数据支撑并可计算出排放量，鼓励企业进行核算和报告；如果补充数据监测的成本较高、不确定性较大，则可暂不报告。

（10）《指南》中提出的活动水平数据的选取，可以选择原始记录、台账和统计报表，具体应采用哪个数据？

活动水平来源的选择取决于数据的可获得性及是否能够支持既定排放源的活动水平需求。存在多个可选的数据源时，企业可根据实际情况按照简单、准确、可核实、可溯源的原则选取其中一个合适的选项，关键是整个时间序列上数据源必须一致。

（11）对于排放因子缺省值和检测值，应怎样选择？

对于缺省值和检测值，应该优先使用检测值。如果没有条件或方法规范检测，就采用缺省值。但是，对于同一报告主体在填报不同年度数据时，所有的数据获取方式必须保持时间序列上的一致性。例如：某个数据采用检测值，就应一直采用检测值；采用缺省值，就应一直采用缺省值。

（12）企业同时存在自备电厂、电网购电及电量外销的情况，净购入的电力隐含排放如何计算？企业自备电厂是否应按发电企业核算《指南》来单独核算？

有的企业同时存在自备电厂、电网购电/热网购热和电量/热量外销的情况，如果该自备电厂为独立的法人或视同法人单位，则应按发电企业温室气体排放核算指南单独核算报告；如果被划作一个核算单元，自备电厂的化石燃料燃烧排放也可参考发电企业温室气体排放核算指南来计算，以适用更准确的碳氧化率。但净购入电力和热力的 $CO_2$ 排放核算仍应按相应行业的指南来核算。如果企业自备电厂业务外包，再回购电量，且电厂燃料完全来源于该企业，将供给外包自备电厂的燃料在企业排放计算中扣除，将回购电量以下网电计。在外包自备电厂电力排放因子可计算的情况下，回购电量排放量可采用该排放因子计算。

(13) 某企业涉及蒸汽发电，所发电量部分自用，部分外供，其排放量怎样核算?

如果该企业为电力企业，首先判断蒸汽是自产还是外购，如果是自产，计算化石燃料燃烧产生的排放，且不扣除外供部分电力的排放；如果是购买蒸汽，则按照外购蒸汽的排放计算排放量，且不扣除外供电力部分的排放。如果该企业为其他行业的企业，首先判断蒸汽是自产还是外购，如果是自产，计算化石燃料燃烧产生的排放，且扣除外供部分电力的排放；如果是购买蒸汽，则按照外购蒸汽的排放计算排放量，且扣除外供部分电力的排放。

(14) 国家同时给出了区域电力排放因子和省级排放因子，应该如何选用?

采用国家给出并不断更新的区域电力排放因子。国家区域电网包括：华北、东北、华东、华中、西北、南方六个区域。省级电力调入调出复杂，排放因子不稳定，用区域的更合理。

(15) 自备电厂是报集团公司名称还是电厂名称?

企业报告名称需要报独立核算的法人名称，如果自备电厂本身有独立法人资质或独立核算单位资质，则报告自备电厂名称，否则由自备电厂所属最低一级企业法人报告。

(16) 当购电发票的核算周期与碳排放核算周期（1 月 1 日至 12 月 31 日）不一致时，该如何处理?

优先使用企业直接计量数据作为电量消耗数据；如果企业没有每天抄表的数据，可以将电量折算成每日电量再换成核算年度的电量，折算时仅折算一月和十二月的数据，中间月份不用折算。

(17) 外售 $CO_2$ 产品（如食品级 $CO_2$）是否从总排放量中扣减?

如果外售 $CO_2$ 来源于工业生产，可以扣除，但如果来源于生物发酵法或者空气压缩法，不能扣除。

(18) 木质燃料（木渣、木屑）以及其他生物质是否算入排放核算中?

除航空生物质燃油外，生物质来源的排放不计入排放总量中。

(19) 如果企业使用生物质燃料，是否需要核算?

全部使用生物质燃料，不需要核算，若使用生物质混合燃料，仅核算混合燃料中的化石燃料产生的排放。

(20) 如果企业回收废水处理产生的甲烷作为燃料燃烧，是否计算其 $CO_2$ 排放?

废水处理产生的甲烷气可认为是生物质燃料，不计算其产生的 $CO_2$ 排放。

(21) 非 $CO_2$ 气体换算成 $CO_2$ 当量的 GWP 值应采用 IPCC 哪次评估报告的数值?

国家信息通报等报告制定中仍采用第二次评估报告中的值，为统一各层级的核算，企业核算时同样采用第二次评估报告中的值。

(22) 部分企业对汽油、柴油消费统计单位为升，需乘以燃油密度以得到消费的质量值，不同的资料给出柴油、汽油的密度不同，如何解决?

考虑到与能源统计的统一，汽油和柴油与能源统计报表制度一致是以质量为单位的，企业使用过程中如有供应商提供的密度数据可选用供应商数据作为体积质量转化的折算依据，如无供应商提供数据可根据能源统计报表制度中提供的柴油、汽油密度进行折算。

(23) 其他行业某些物质的含碳量如何计算?

多个行业的核算《指南》中使用了碳平衡法计算生产过程的排放量，这就要求企业拥有每种流入、流出核算边界内的物质的含碳量数据，进而计算排放因子。各行业核算《指南》中虽提供了常见物质的排放因子，但并不全面。具体处理方法如下：

① 如果某种物质可以明确定义分子式，则使用纯度和分子量计算该物质的含碳量。例如 PVC 生产中的原料电石，分子式为碳化钙（$CaC_2$），分子量是 64，其中含有两个碳原子（2×12），则电石的质量含碳量计算为：(24/64)=37.5%。

假设企业消耗 100t 电石，纯度为 99%，则这部分电石的隐含排放是：

$$100t \times 99\% \times 37.5\% \times 44/12 = 136.125tCO_2$$

② 如果某种物质无法定义明确的分子式，则可采用其他文献中的含碳量数据作为默认值。

③ 某种物质的分子式明确不含有碳元素，如赤铁矿（$Fe_2O_3$），但矿石中依然含有微量的碳元素，如果企业有其中碳元素的含量数据（实测值或供货商数据等），则可以用于计算，如果没有，则可忽略。

(24) 关于碳排放权交易企业碳排放补充数据核算报告的填写

碳排放权交易企业碳排放补充数据核算报告模板由国家发改委编制，企业在填报过程中不得更改。

碳排放权交易企业碳排放补充数据核算报告仅包括特定行业，如果企业的主营业务在这些行业之外，则不需要填报该补充数据核算报告。

碳排放权交易企业碳排放补充数据核算报告所涵盖的排放范围与温室气体排放报告不同，因此两者排放数据也不相同，各企业只需要填写补充数据核算报告中要求的排放项。

(25) 57 号文的附件《全国碳排放权交易企业碳排放汇总表》中“企业综合能耗（万吨标煤）”是以等价值还是当量值上报？

以当量值上报。

(26) 碳报告核算过程中，关于有效数字是如何规定的？

按照企业的真实数据填写时，不需要强制有效数字位数。对于《指南》中给出的缺省值的数据，请参考《指南》相关附表的保留位数，不同类型的排放量（如化石燃料燃烧，工业生产过程，购入使用电力、热力）以及最终排放建议保留个位数。

(27) 工业生产过程涉及的装置排放出口如果安装有气体分析装置可否直接得到 $CO_2$ 排放量？

如果排放设施安装有气体分析装置，且测量精度满足要求，可直接根据出口的气体流量和 $CO_2$ 浓度换算成 $CO_2$ 质量排放量并报告。

### 3.7.2 钢铁行业

(1) 如何考虑炼焦过程产生的焦炉煤气和焦炭、炼铁炼钢过程中产生的高炉煤气和转炉煤气等二次能源自用？

对于二次能源，只考虑企业外购和外销部分，内部自产自用部分做黑箱处理。

(2) 炼铁中废钢作为原料的生产过程排放因子《指南》没有给，怎么选取？

如果企业有监测废钢原料中的碳含量可按照原料中碳含量与产品中碳含量来进行前后平衡计算。如果没有监测数据，建议全部按照生铁算，并扣减；或者不计算废钢排放二氧化碳量，同时不计算产品固碳的扣减。可在两种方法中选择保守计算方法，并在今后保持一致性。

(3) 钢铁企业的固碳产品隐含的排放计算中粗钢的排放因子为0.0154，不分“钢”和“材”吗？

材是粗钢后的成品，属于热处理，是物理变化。

(4) 如何处理企业使用活性石灰代替石灰石作为熔剂？

由于活性石灰主要成分为CaO，高温下不再分解产生$CO_2$，故不再考虑此部分熔剂消耗产生的$CO_2$排放。

(5) 铁合金生产企业以焦炭作为还原剂，指南未给出含碳量数据，企业无法提供入炉焦炭含碳量检测值，可否使用供应商合同中规定的焦炭含碳量规格数据？或者有无其他经验值？

可以采用供应商合同中的规定的焦炭含碳量规格数据，或者根据指南附表2.1中焦炭的低位发热量和单位热值含碳量相乘获得。

(6) 铁合金生产企业矿石、炉渣中含碳量数据企业不实测，指南未给出默认值，是否可否忽略不计？

MRV平台专家建议：矿石、铁渣、钢渣中含碳极微量，且其含碳量无行业推荐值，也没有企业对此专门开展实测，因此可暂不考虑。

实际上，内蒙古冶金研究院对铁合金生产不同种类的矿石和产品的含碳量均给出了推荐值，另外还给出了铁合金生产中半焦在作为还原剂的排放因子以及电极糊的排放因子，下面将其列出供大家参考。

① 原料带入和固碳产品隐含的排放量

a. 硅铁　硅铁生产的主要原料是硅石和钢屑。硅石含碳可以忽略不计，钢屑一般在0.2%—0.5%。硅铁含碳一般在0.2%以下。因此，原料带入碳和产品固碳量极少。在硅铁冶金配料计算中，计算碳需要量时不考虑原料带入碳和产品带走碳。生产企业一般不会检测钢屑含碳量和硅铁含碳量。建议原料带入碳和产品固碳量不予考虑。

b. 工业硅　工业硅生产的主要原料是硅石，含碳量可以忽略不计。产品含碳量实测经验值一般在0.02%，可以忽略不计。建议原料带入碳和产品固碳量不予考虑。

c. 硅钙合金　硅钙合金生产的主要原料是硅石和石灰，含碳可以忽略不计。产品含碳量在0.8%以下。一般硅钙合金生产规模较小。建议原料带入碳和产品固碳量不予考虑。

d. 电炉锰铁　锰矿主要有氧化锰矿和碳酸锰矿两种。如果入厂原料是碳酸锰矿，应考虑原料带入碳。碳酸锰矿一般需要焙烧。建议通过考察焙烧或烧结损失量来确定其$CO_2$排放量。烧结时一般需要配入石灰石，也应考虑石灰石的$CO_2$排放量。

高碳锰铁含碳量一般在3%—8%，碳含量是产品质量的考核指标，建议采用实测值。如无实测值，依据内蒙古冶金研究院多年实测数据，建议采用5%作为产品固碳量。

中低碳锰铁碳含量是产品质量的考核指标，建议采用实测值。如无实测值，中碳锰铁建议采用1%作为产品固碳量。低碳锰铁和富锰渣产品固碳量建议不予考虑。

e. 锰硅合金　锰硅合金生产的主要原料是锰矿、硅石和石灰石（白云石）。应注意碳酸锰矿和石灰石（白云石）带入的碳量。

锰硅合金中碳含量随着硅含量的增加而减少。碳含量是产品质量的考核指标，建议采用实测值。如无实测值，硅含量为17%—23%时建议采用1%作为产品固碳量，硅含量为14%—17%时建议采用2%作为产品固碳量。硅含量在23%以上时产品固碳量建议不予考虑。

f. 铬铁　碳含量是产品质量的考核指标，建议采用实测值。如无实测值，高碳铬铁建议采用7.5%作为产品固碳量，中碳铬铁建议采用2.5%作为产品固碳量，低微碳铬铁产品固碳量建议不予考虑。

g. 硅铬合金 碳含量是产品质量的考核指标，建议采用实测值。如无实测值，产品固碳量建议不予考虑。

h. 镍铁 镍铁生产的主要原料是红土镍矿，含碳量一般在0.2%左右。镍铁生产企业一般仅生产粗镍铁，粗镍铁含碳量一般在2%左右。每10t矿石可产出1t镍铁，收支基本平衡，同时生产企业一般不会检测矿石含碳量和镍铁含碳量。建议原料带入碳和产品固碳量不予考虑。

② 电极糊排放因子 电极糊的原料是无烟煤、冶金焦、石油焦、碎石墨和沥青，电极糊经自焙后石墨化形成电极。这时的电极是与钢铁冶炼的电极是相同的。但由于无烟煤、冶金焦、石油焦和沥青中含有挥发分，约占总量的15%，所以电极糊的$CO_2$排放量要大于电极。

参考煤炭干馏物料平衡中碳平衡的相关数据，挥发分中含碳量约为55%。以此计算，1t电极糊中挥发分含碳量为1t×15%×55%=0.0825t，折算成$CO_2$为0.303t。

建议电极糊$CO_2$排放因子缺省值确定为：3.663×85%+0.303=3.416t$CO_2$/t。

③ 半焦排放因子 由于半焦电阻率是冶金焦炭的一倍以上，适用于矿热炉冶炼。目前铁合金冶炼中大量采用半焦替代冶金焦炭。

铁合金冶炼要求碳质还原剂的固定碳含量在84%以上，一般铁合金冶炼企业仅考察碳质还原剂的固定碳含量，基本不检测其低位发热量。因此采用低位发热量确定其含碳量的方法不适用。

半焦挥发分含量大约在4%左右，考虑到半焦干馏温度在800℃，其挥发分主要是含碳量较高的组分，建议挥发分中含碳量比例取70%，半焦$CO_2$排放因子确定方法为：

有实测值：(固定碳含量+挥发分含量×70%) ×3.667。

缺省值：(0.84+4%×70%)×3.667=3.183t$CO_2$/t。

### 3.7.3 电力行业

(1) 发电企业输出的电和热如何计算和报告？

①发电企业不需要报告购入及输出的热量；②发电企业报告的净购入电量即为从电网购入的电量，如果有转供其他企业的，可以扣减，但不能扣除其自发电量；③其他企业的配套发电厂按照发电企业的《指南》进行核算。

(2) 发电企业没有根据《指南》实测参数，如何处理？

两种情况：①电厂使用了烟煤、无烟煤这样的燃料，但没有含碳量、氧化率等参数的实测值，能不能选取其他《指南》里的缺省值，如果可以，应该参照哪个行业的《指南》？②电厂使用了煤矸石、混合煤等其他燃料，并且相关参数没有实测热值或没有相关记录，如何计算排放量？

按以下三种情形处理：

a. 不存在燃煤混烧。使用表3-29中对应煤种的单位热值含碳量缺省值数据替代。

**表3-29 不同类别煤中单位热值含碳量缺省值**

| 煤种 | 无烟煤 | 烟煤 | 褐煤 | 洗精煤 | 其他洗煤 | 型煤 | 水煤浆 | 煤粉 | 煤矸石 | 焦炭 | 其他焦化产品 |
|---|---|---|---|---|---|---|---|---|---|---|---|
| 单位热值含碳量/(tC/TJ) | 27.49 | 26.18 | 27.97 | 25.41 | 25.41 | 33.56 | 33.56 | 33.56 | 27.3 | 29.42 | 29.42 |

b. 存在燃煤混烧，并可获得入炉煤中不同煤种消耗量（或比例）和低位发热量。根据报告年份入炉煤中各煤种所占热量比例，以及上表中对应煤种的单位热值含碳量缺省值数据，计算得出混烧煤种的平均单位热值含碳量。具体公式为：

$$CC = \sum_{j=1}^{n} \alpha_j \times CC_j$$

式中，$\alpha_j$ 为入炉煤 $j$ 所占热量比例；$CC_j$ 为入炉煤 $j$ 的单位热值含碳量缺省值，具体见表 3-29；$j$ 为入炉煤种，如无烟煤、烟煤、褐煤、洗精煤、其他洗煤、型煤、焦炭、煤矸石、水煤浆等。

测量入炉煤（不同煤种）的消耗量以及低位发热量，则不同煤种所占热量比例的计算公式如下：

$$\alpha_j = \frac{FC_{入炉煤,j} \times NCV_{入炉煤,j}}{\sum_{j=1}^{n} FC_{入炉煤,j} \times NCV_{入炉煤,j}}$$

式中，$FC_{入炉煤,j}$ 为入炉煤 $j$ 的年消耗量；$NCV_{入炉煤,j}$ 为入炉煤 $j$ 的年加权平均低位发热量，要求每天至少测量一次；$j$ 为入炉煤煤种。

c. 存在燃煤混烧，但无法获得入炉煤中不同煤种消耗量（或比例）和低位发热量。根据报告年份入厂煤中各煤种所占热量比例，以及表 3-29 中对应煤种的单位热值含碳量缺省值数据，计算得出混烧煤种的单位热值含碳量。具体公式为：

$$CC = \sum_{j=1}^{n} \alpha_j \times CC_j$$

式中，$\alpha_j$ 为入厂煤 $j$ 所占热量比例；$CC_j$ 为入厂煤 $j$ 的单位热值含碳量缺省值，具体见表 3-29；$j$ 为入厂煤种，如无烟煤、烟煤、褐煤、洗精煤、其他洗煤、型煤、焦炭、煤矸石、水煤浆等。

测量每批次入厂煤（不同煤种）的消耗量以及低位发热量，则不同煤种所占热量比例的计算公式如下：

$$\alpha_j = \frac{\sum_{k=1}^{m} FC_{入厂煤,j,k} \times NCV_{入厂煤,j,k}}{\sum_{j=1}^{n}\sum_{k=1}^{m} FC_{入厂煤,j,k} \times NCV_{入厂煤,j,k}}$$

式中，$FC_{入厂煤,j,k}$ 为入厂煤第 $k$ 批次、煤种 $j$ 的消耗量；$NCV_{入厂煤,j,k}$ 为入厂煤第 $k$ 批次、煤种 $j$ 的低位发热量；$k$ 为入厂煤批次；$j$ 为入厂煤煤种。

以上三种情形，无论按哪种情形获得单位热值含碳量数据，须保持每个报告年份计算方法的一致性。

（3）热值、含碳量、碳氧化率等实测数据，如监测频次达不到指南要求，可否使用企业实测值？

看具体情况，对于燃煤电厂，热值要求每天至少测量一次，对于元素含碳量，如果不能满足指南要求，建议参考电力行业问题（2）中的解决方案，对于氧化率，如达不到指南要求，使用缺省值 98%。

（4）《中国发电企业温室气体排放核算方法与报告指南（试行）》是否只适用于燃烧化石燃料的发电企业？生物质发电、余热发电和垃圾焚烧发电按照 57 号文要求是否纳入碳排放交易体系？

①《指南》适用于从事电力生产的企业，包括垃圾焚烧发电、生物质发电。

② 根据 57 号文要求，电力行业是指国民经济行业分类（GB/T 4754—2011）中规定的以下两类企业，即

a. 4411（纯发电和热电联产）：指利用煤炭、石油、天然气等化石燃料燃烧产生热能，并通过火电动力装置将热能转换成电能的生产活动；

b. 4420（电网）：指利用电网出售给用户电能的输送与分配活动，以及供电局的供电活动。故按照 57 号文要求，生物质发电、余热发电和垃圾焚烧发电若没有掺烧化石燃料，则不纳入碳排放权交易体系。

（5）生物质发电的电厂，它的生物质燃料热值需要检测吗？

需要检测。生物质燃料的热值等数据在核算和核查的报告中需要特别说明，但不报送。

（6）固定碳含量和元素碳含量区别？

固定碳含量定义：通过实验室的方法，将测得灰分、水分、挥发分从总质量中减去，其差值与原样品炭的百分比即为固定碳含量。元素碳含量是煤中碳元素的含量。

固定含碳量是工业分析的一项指标，元素碳含量的数据通过进行化学分析或元素分析得到。

（7）发电企业核算燃煤燃烧导致的碳排放时，煤炭的元素碳含量是按照什么标准来测量的？

按照核算《指南》规定，燃烧元素碳含量的具体测量标准应符合 GB/T 476《煤中碳和氢的测定方法》的要求。

（8）关于燃煤的元素含碳量，企业现在没有相关的计量装置，如何处理？

可以去具有相应资质的电科院或者煤科院检测。如果历史数据没有实测值，可以用缺省值。

（9）在计算碳氧化率时，飞灰量有实测值，用飞灰量实测值计算碳氧化率和用碳氧化率缺省值哪个对企业更有利？

对于热电联产企业来说，因为分配配额采用的是历史强度法，所以用这两个值对企业没有影响，企业有实测值就用实测值。而对纯发电企业来说，因为采用的是基准法的配额分配方式，用飞灰实测值计算的碳氧化率比缺省值偏大，对企业来说，如果计算碳氧化率的某些量的数据无法获得，推荐使用缺省值。

（10）国家 57 号文下发的发电行业补充数据表中要求分机组上报生产数据，什么情况下可以多个机组合并报数？

在产出相同（都为纯发电或者都为热电联产），机组压力参数、装机容量等级相同的情况下，燃料消耗量、低位发热量、单位热值含碳量、供电量或者供热量中有任意一项无法分机组计量的，可合并报数。

（11）发电企业全厂的外购电力在补充数据表中如何分配到各机组？

填报补充数据表时，按照机组数量平均分配外购电力。

（12）发电企业未统计供热比数值的，使用哪些参数计算？

机组供热比＝(供热煤耗×供热量)/(供热煤耗×供热量＋供电煤耗×供电量)。

（13）热电联产企业补充数据表中供电、供热碳排放强度应该如何计算？

机组供热排放强度＝热电联产机组排放量×供热比/供热量

机组供电排放强度＝热电联产机组排放量×(1－供热比)/供电量

备注：补充数据表中，只包含机组化石燃料燃烧排放和外购电排放，不包含脱硫排放。其中，对于机组的化石燃料燃烧排放，如果是燃煤发电机组，只包括煤炭燃烧和辅助燃油/燃气的排放；如果是燃气发电机组，只包括天然气燃烧的排放。两种类型机组均不包括移动源、食堂等其他消耗化石燃料产生的排放。

(14) 电厂脱硫设施采用建设-经营-转让（Build-Operate-Transfer，BOT）方式进行建设管理或第三方污染治理的方式，是否需要报告脱硫部分产生的碳排放量？

按照核算与报告《指南》，报告主体应以法人主体为边界，若脱硫设施不属于企业法人边界，建议企业进行报告并采取备注的方式注明，供主管部门参考。同时温室气体补充数据表未要求填报脱硫设施生产过程产生的排放，在补充数据表中可不予报告。

(15) 发电企业中的净购入电量需要用购入量减去输出量吗？

发电企业报告的净购入电量即为从电网购入的电量，如果有转供其他企业的，可以扣减，但不能扣除其自发电量。

(16) 发电企业的间接排放，是报告其外购电量还是企业的实际消耗量？

只需报外购电量，企业消耗的自发电量已经涵盖在一次能源消耗中了。

(17) 电除尘器的效率如何确定？

一般采用制造厂提供的数据，但部分企业对除尘设备进行了改造，提高了除尘效率，则应提供改造后实际运行下的第三方检测报告。

(18) 炉渣产量和飞灰产量如何获取？

一般应采用实际称量值，按月记录。如企业存在炉渣和飞灰外销情况，也可按照销售记录进行统计。如果不能获取称量值时，可采用 DL/T 5142—2002《火力发电厂除灰设计规程》中的估算方法进行估算。

(19) 企业不存在使用碳酸盐（如石灰石）脱硫情况时，如何计算脱硫过程排放？

企业可根据实际的脱硫工艺和脱硫剂进行分析所采用脱硫工艺是否存在温室气体排放情况，根据实际排放的温室气体类型及排放量进行核算。如所用脱硫工艺无温室气体排放情况则排放量为 0。

## 3.7.4 建材行业

### 3.7.4.1 水泥行业

(1) 窑炉排气筒（窑头）粉尘、旁路放风粉尘的质量，企业没有正规的统计，如何进行计算？

按照我国现有的生产现状，基本没有旁路放风粉尘的情况，但是水泥生产企业均有窑炉排气筒（窑头）粉尘排放。按照环保部门的规定和（GB 4915—2004）《水泥工业大气污染物排放标准》，窑头粉尘均有监测，且每年需要出具监测报告。监测的数据单位为 $kg/m^3$ 或 kg/t，根据企业生产排气筒的流量数据，换算得到窑炉排气筒（窑头）粉尘的质量。因此，可通过窑炉排气筒的粉尘浓度（除尘之后，单位 $kg/m^3$）、窑炉排气筒的气体流量（$m^3/h$）、产量（t/h）和熟料年产量计算窑头粉尘量。此外，窑头粉尘的质量还可从环保部门给企业开具的排污核定通知上获得（通常每月或每季度排污核定通知书）。

(2) 水泥企业《核算方法与报告指南》第三章“术语和定义”第三条术语“燃料燃烧排放”中的“化石燃料”“替代燃料”“协同处置的废弃物”分别指什么？

化石燃料是指煤炭、石油、天然气等埋藏在地下和海洋下的不可再生的燃料资源。《指南》中化石燃料排放指水泥窑中使用的实物煤、热处理和运输等设备使用的燃油等产生的排放。

替代燃料亦称为非传统燃料或者先进燃料，是可以被用作燃料的任何材料或者化学物质，用来代替传统燃料。《指南》中常见替代燃料包括废轮胎、废油和废塑料等。

利用水泥窑协同处置城市垃圾、污泥、危险废物的技术已被国际公认为是最有效、最安全的方法。所以常见协同处置废弃物包括城市垃圾、污泥和各类固体废弃物。

(3) 如何理解水泥企业《核算方法与报告指南》第四章“核算边界”第三条“原料碳酸盐分解”包括熟料对应的碳酸盐分解排放和窑头粉尘、旁路放风粉尘对应的排放?

原材料碳酸盐分解排放属于工业生产过程排放。生料中的碳酸盐在高温煅烧处理过程中释放二氧化碳，窑头粉尘和旁路粉尘的煅烧也视为二氧化碳相关排放源。

窑头粉尘为熟料冷却风排放粉尘，这部分粉尘已完全煅烧，其成分与熟料是相同的，应当报告由此产生的碳排放。

水泥生产过程中，挥发组分在预热器内循环相当严重。挥发组分的循环富集常会发生窑内结圈或窑尾烟室、旋风筒锥体等部位结皮，严重时将无法进行正常生产。为了降低入窑生料挥发性组分的含量，减少挥发性组分的富集和循环，通常采用在窑尾设置旁路放风，由此产生旁路粉尘。旁路粉尘煅烧率较高，其成分与熟料相差不大，应当报告由此产生的碳排放。《指南》中为简化报告由此产生的碳排放，将旁路粉尘的煅烧率默认为与熟料的煅烧率相同。

(4) 水泥企业窑头粉尘质量采用粉尘监测设施的流量、浓度值进行计算，这里应采用除尘之前的粉尘浓度值，还是除尘之后的粉尘浓度值?

除尘之后的粉尘浓度值。

(5) 水泥企业工艺过程排放的计算是以氧化钙、氧化镁为目标进行追踪的，为什么不按照烧失量来计算?

生料的烧失量包括有机原料的挥发量、水分的挥发量、还原物的氧化、碳酸盐的分解和粉尘等因素，还包括燃料燃烧后的灰烬（燃料燃烧后的灰烬留在窑里，增加了熟料的产量）等因素。碳酸盐分解产生的二氧化碳量占生料烧失量的大部分，如果将生料烧失量完全看作 $CO_2$ 的产生量，误差是较大的。

(6) 水泥企业熟料中不是来源于碳酸盐分解的 CaO、MgO 的含量理解不清楚，能否给出具体的定义。

熟料中不是来源于碳酸盐分解的 CaO、MgO 含量，实际上是指生料中不以碳酸钙和碳酸镁形式存在的钙和镁的化合物［如 $Ca(OH)_2$、$Mg(OH)_2$、$CaSiO_3$ 等］折算成 CaO、MgO 的质量占熟料质量的比例。

如果未采用钢渣、电石渣、黄磷渣等配料，熟料中不是来源于碳酸盐分解的 CaO、MgO 的含量为 0。有钢渣、电石渣、黄磷渣等原料配料时按照熟料中钢渣、电石渣、黄磷渣等引入的氧化钙和氧化镁占熟料总量的含量比例填写。

(7) 水泥企业中有的生产白水泥，不加入非燃料碳，此时生料中非燃料碳煅烧的排放怎么算?

此时该部分的排放设为 0。

(8)《指南》对水泥企业所提供的石灰石消耗排放因子推荐值为何略低于 IPCC 和欧盟缺省值?

IPCC 和欧盟缺省值为碳酸盐原料纯度和分解率均为 100%情况下的理论值。经企业调研和专家咨询，了解到我国碳酸盐原料纯度和分解率达不到100%，企业生产记录数据在95%—99%之间，因此本行业的《指南》根据我国实际生产情况进行了修正。

(9) 水泥磨工段的电耗是否计入电量统计?

应计入企业总排放量的电量统计。补充表格中只是统计设施层面熟料碳排放，不包括水泥粉磨电耗，不需要统计。

(10) 线损是否纳入总的耗电量?

线损也是企业电力消耗的一部分，应纳入企业耗电量。

(11) 附录中只列出了6种废弃物，企业采用了其他废弃物怎么处理?

附录中只列出了6种废弃物，这是通过典型企业调查，参考IPCC《指南》《水泥行业二氧化碳减排议定书》等文献收集得到。不同地区、不同国家使用的废弃物不一样，发热量也不同，千差万别。建议只考虑这6种废弃物。若有其他废弃物，企业愿意报告，就需要自己检测参数，而且有认可的检测标准和方法。

(12) 水泥行业在企业碳排放补充数据核算报告中需要核算窑炉粉尘、旁路粉尘吗?

水泥行业在企业碳排放补充数据表中不需要核算窑炉粉尘、旁路粉尘的排放。

#### 3.7.4.2 平板玻璃

(1) 碳粉含碳量应如何选择?

碳粉的含碳量采用加权平均值，权重为碳粉的加入量，加权次数为碳粉含碳量的测量频次。如企业无实测含碳量则采用默认值100%。

(2) 平板玻璃生产企业温室气体核算方法是否可用于其他玻璃生产企业，如日用玻璃、玻璃工艺制品等企业?

可以用于其他玻璃生产企业，视为无玻璃液熔融等工序，这部分排放量为零。

(3) 石油焦、重油在平板玻璃制造中应用广，但无含碳量、氧化率的缺省值。

均采用煤焦油的平均低位发热量、单位热值含碳量、碳氧化率缺省值。

(4) 玻璃生产原料碳酸盐的分解，直接采用碳酸盐原料的消耗量乘以碳酸盐的排放因子，是否需要考虑碳酸盐原料的纯度? 企业若无法提供纯度值，应如何处理?

需要考虑碳酸盐原料的纯度。企业若没有碳酸盐原料的纯度检测，设置缺省值为100%。

(5) 碳酸盐原料铁白云石的排放因子缺省值给出了一个取值范围，应如何在此范围内取值?

碳酸盐原料铁白云石的排放因子的缺省值，根据铁白云石中钙与其他金属原子的成分比例和不同的分子量选择。

### 3.7.5 造纸行业

(1) 造纸行业《指南》为何不涉及碳酸钠分解的排放?

国外可能有少量碱法制浆企业采用纯碱（碳酸钠）作为原料，发生碳酸盐分解反应，排放二氧化碳，因此欧盟的MRV指令中包括了这种排放类别。但我国的碱法制浆企业基本不采用碳酸钠作为原料，在生产工艺和原料方面与国外存在较大差别，不会导致此类过程排放。

(2) 造纸行业《指南》为何不考虑废水处理所导致的氧化亚氮排放?

造纸和纸制品生产企业废水处理所导致的氧化亚氮排放不足企业总排放量的1%，因此

《指南》中方法予以忽略。

### 3.7.6 化工行业

（1）对一些不常见的燃料品种，如兰炭、煅煤，如何获得含碳量？

对不常见的燃料品种，最好实测元素碳含量，如果无法实测元素含碳量，可以实测低位发热量，然后参考发热量相近燃料品种的单位热值含碳量来估算含碳量。如兰炭的含碳量可根据实测的低位发热量及焦炭的单位热值含碳量来估算。

（2）在基于碳质量平衡法计算生产过程 $CO_2$ 排放时，部分企业存在输入输出混合物，并且企业无法提供混合物的碳含量，如何处理？

在第一年可尽量查找相关依据粗估含碳量，如仍不可得，可假设 0%含碳及 100%含碳分别计算极端值，并从上下限范围中按保守性原则取一个值作为报告数据。同时做好今后获得该混合物含碳量的监测计划，以更准确地核算报告第二年的排放量。

（3）在基于碳质量平衡法计算工艺过程原材料产生的 $CO_2$ 排放时，结果出现负值怎么办？

结果出现负值意即该工艺过程碳的总输出大于碳的总输入，这违背了质量平衡原理。建议：①检查碳输入源流有无遗漏；②检查碳输入源流的活动水平是否偏低，或者碳输出源流的活动水平是否偏高；③检查碳输入源流的含碳量是否偏低，或碳输出源流的含碳量是否偏高。如果上述检查没有发现问题，表明该工艺过程原材料产生的 $CO_2$ 排放量非常低或接近于零，活动水平或含碳量一旦出现较大的不确定性计算结果就可能出现负值。在这种情况下，可以直接说明该工艺过程原材料产生的 $CO_2$ 排放量为 0。

补充：在部分合成氨企业中，有利用合成氨生产尿素的后续工艺。因生产尿素需要 $CO_2$ 作原料，而部分合成氨—尿素联产工艺中需要从外界补充 $CO_2$，有企业将锅炉烟道气中的 $CO_2$ 回收用于尿素生产，而这部分 $CO_2$ 往往没有进行计量。这种情况下，容易造成过程排放出现负值。在结合工艺流程、物料平衡图和现场核查确认存在类似情况并在核查报告中说明后，可将其认为零。极个别甲醇生产企业也存在类似情况。

（4）化工企业是否要计算厂内废水处理的 $CH_4$ 和 $N_2O$ 排放量？

在《指南》起草过程中，综合各方的意见，暂不要求企业核算和报告那些监测成本较高、不确定性较大且贡献细微的排放源。如企业废水处理 $CH_4$ 排放量大于 1%，可参考工业其他行业企业温室气体排放核算与报告《指南》中工业废水处理部分进行核算和报告；$N_2O$ 暂不要求核算。

### 3.7.7 有色行业

（1）主营业务是铝压延加工（国民经济行业代码 3262）的企业采用哪个指南？

铝冶炼的排放源较多较复杂，包括了阳极效应的含氟气体排放、碳阳极消耗的过程排放等，其下游行业铝压延加工不会涉及这些排放源。因此，主营业务是铝压延加工（国民经济行业代码 3262）的企业应采用《其他有色金属冶炼和压延加工业企业温室气体排放核算方法与报告指南》，核算方法更简便，也符合我国国民经济行业分类国家标准。

（2）电解铝行业核算《指南》对电解铝企业为何不考虑煅烧和焙烧石油焦的排放？

我国仅有部分电解铝企业涉及煅烧和焙烧石油焦的问题，根据典型案例测算，煅烧和焙烧石油焦两项能源作为原材料用途的排放量之和仅占企业温室气体排放总量的 5‰左右，低于 1%，因此忽略此类排放源。

(3) 电解铝行业核算《指南》所提供的阳极效应排放因子推荐值为何略低于 IPCC 和《省级清单指南》缺省值？

IPCC 两个版本的《指南》都是 2006 年之前开发的，目前的《省级清单指南》缺省值主要适用于 2005 年省级温室气体清单编制，数据获取年份较早；电解铝行业核算《指南》考虑了技术进步，结合我国目前的实际生产情况，请有色金属工业协会按照国际通用的测定方法，重新测算了阳极效应排放因子推荐值。

(4) 电解铝行业核算《指南》所提供的石灰石消耗排放因子推荐值为何略低于 IPCC 和欧盟缺省值？

IPCC 和欧盟缺省值为碳酸盐原料纯度和分解率均为 100%情况下的理论值。经企业调研和专家咨询，了解到我国碳酸盐原料纯度和分解率达不到 100%，企业生产记录数据在 95%—99%，因此该指南根据我国实际生产情况进行了修正。

(5) 燃料低位热值和排放因子相关参数是否采用实测值？

目前我国大部分电解铝企业做不到对以上参数进行实测。从未来发展趋势来看，低位热值可能可以实测，但含碳量、碳氧化率等排放因子相关参数本行业内部无法实测。

(6) 石灰石消耗排放因子是否采用实测值？

目前我国大部分电解铝企业做不到对以上参数进行实测，暂不建议电解铝企业实测石灰石消耗排放因子。

### 3.7.8 石化行业

(1) 石油化工产品生产和化工产品生产如何界定与划分？

石化行业的《指南》适用于直接以石油、天然气为原料生产石油产品和石油化工产品的企业，包括炼油厂、石油化工厂、石油化纤厂等；化工产品指生产过程中化学方法占主要地位的，生产基础化学原料、化肥、农药、涂料、染料、合成树脂、合成橡胶、化学纤维、橡胶及其制品、专用或日用化学品的企业；企业如果同时存在上述两种情况，可将生产业务根据上述原则划分为独立的核算单位，分别采用石油化工《指南》和化工《指南》核算温室气体排放，最后合并报告。

(2) 除石化行业《指南》列出的主要工业生产过程排放装置（催化裂化装置、催化重整装置、制氢装置、焦化装置、石油焦煅烧装置、氧化沥青装置、乙烯裂解装置、乙二醇/环氧乙烷生产装置）外，其他产品生产装置的过程排放如何核算？

依据《中国石油化工企业温室气体排放核算方法与报告指南（试行）》，除指南中列出的催化裂化装置、催化重整装置、制氢装置、焦化装置、石油焦煅烧装置、氧化沥青装置、乙烯裂解装置、乙二醇/环氧乙烷生产装置几种工业生产过程的排放外，其他产品生产装置的排放核算可参考该指南第 23 页“10. 其他产品生产装置”进行核算。

(3) 某企业是碳素生产企业，主要生产工艺是将石油焦煅烧后加沥青生成碳阳极，请问是应该用“化工生产指南”还是“工业其他行业指南”“石化行业生产指南”？

可参照《国家发展改革委办公厅关于印发第二批 4 个行业企业温室气体核算方法与报告指南（试行）的通知》中的《中国石油化工企业温室气体排放核算方法与报告指南（试行）》进行报告。碳素生产企业不用填写补充数据核算报告。

(4)《中国石油化工企业温室气体排放核算方法与报告指南（试行）》中第 13 页公式

(8) 中的数据组成与第 39 页附表 4 中事故火炬气的不一致，是否需要在公式 8 的基础上乘以碳氧化率？

需要考虑碳氧化率。

(5)《中国石油化工企业温室气体排放核算方法与报告指南（试行）》中第 17 页公式与第 41 页附表 8 不一致，是否需要在附件 8 中加上合成气量、残渣量、合成气含碳量、残渣含碳量？

请按照核算指南第 17 页公式（11）中的相关数据需求收集活动水平及排放因子数据。

(6) 石油化工企业补充报告“附炼油装置层面数据”是不是企业从说明中的 21 类炼油生产装置找，在范围内的就填写，不在范围内就不填？

“附炼油装置层面数据”是企业从说明中的 21 类炼油生产装置找，在范围内的就填写，不在范围内就不填，范围与炼油/乙烯单位产品能源消耗限额一致。

(7) 石油化工企业补充报告中“3 原料油加工量”一栏：企业如果既有炼油装置也有化工装置，那么是不是只填写原油，不填化工装置的原料？下属有个石化厂没有炼油装置，只有催化重整、柴油加氢等，怎么填写？

原料油不仅指原油，燃料油等也应包括在内。企业如果既有炼油装置也有化工装置，需要分开填写。对于炼油装置，需填写原油加工量及相应补充数据表格。对于化工装置，如果是生产合成氨、甲醇或电石的企业，需按照对应的补充数据表格填写。没有炼油装置时不用填写炼油相应的补充数据表。

### 3.7.9 航空行业

(1) 航空器与燃油花费是两家不同的航空公司，怎么确定排放算谁的？

按航空器的拥有者来确认。

(2) 民用航空企业关于跨界运输问题该如何解决？

以企业法人为主体，统计企业所有的航空燃油消耗量（国内+国际）。

(3) 关于航空燃油消耗量如何确定？

①飞行任务书统计数据；②机载测量系统（不包括辅助动力装置消耗）；③加油单（包括飞机排出的沉淀油）。

(4) 机场企业中的移动源排放，在公共建筑《指南》和民用航空企业《指南》中都有涵盖，实践中应选用哪个《指南》？

机场企业的移动源排放建议按照民航《指南》来核算；其他交通企业（港口、铁路、道路）建议按照陆上交通《指南》来核算；公共建筑《指南》关注的是除交通、工业企业外的服务业单位的公共建筑物运营过程的排放。

(5) 关于代码共享的问题

按企业之间的分摊协议来确定。

# 第4章 温室气体排放的核查

## 4.1 对温室气体排放进行核查的重要性和必要性

温室气体排放核查是由第三方核查机构对具体企业在某一时期内的碳排放量进行事后的独立检查和判断。通过第三方核查机构的核查工作，可以确保排放单位的温室气体排放报告报送符合核算指南要求，确保温室气体排放数据真实有效、客观公正，是确定排放单位排放基数、发改委完成配额分配及履约工作的有力保障。

第三方核查是一个独立、客观的过程。一般情况下，核查的目的在于判断重点排放单位以下几个方面是否实施到位，并且满足相关要求：

① 温室气体核算和报告的职责、权限是否已经落实；

② 排放报告及其他支持性文件是否完整可靠，是否符合适用的核算与报告指南的要求；

③ 测量设备是否已经到位，测量是否符合适用的核算和报告指南及相关标准的要求；

④ 根据适用的核算与报告指南的要求，对记录和存储的数据进行评审，判断数据及计算结果是否真实、可靠、准确。

(1) 温室气体排放核查是企业取得配额的关键

从各交易试点公布的配额分配方式来看，企业的历史排放水平是其所获得配额的一个重要的基数。企业的排放数据必须经过第三方核查机构核查后才能作为政府配额分配的依据。而在排放总量设限后，排放权将成为一种稀缺的商品，具有交易价值，能在排放权交易市场上进行交易。企业超额减排形成碳资产，达不到要求则形成碳负债，就需要去碳交易市场购买减排额度。企业在节能减排和技术升级上的投入，都可以形成潜在的碳财富，理论上都可以变现。但前提是企业必须摸清自己的碳资产情况，并按照成本收益的比较对碳资产的使用做统一安排，确立企业的碳资产管理策略。

(2) 温室气体排放核查是企业提升自身社会责任感和品牌建设的重要手段

因为由企业对自身的温室气体排放数据进行统计并公开，缺少透明度和公信力，而由第三方核查机构开展温室气体排放核查，不仅可以对企业自身温室气体排放报告结果进行验证，还有效地保证了温室气体排放报告数据的相关性、完整性、一致性、准确性和透明性。从目前七个试点省市和其他省市的实际操作来看，所有的控排企业温室气体排放报告都需要接受政府指定的第三方机构的核查。对控排企业而言，第三方机构开展温室气体排放核查是必经的年度工作，是应对国际壁垒、增强绿色竞争力的需要，也是提升自身社会责任感和品牌建设的重要手段。

## 4.2　温室气体排放的第三方核查流程

为确保核查工作客观独立、诚实守信、公平公正、专业严谨地完成，国家发改委发布了《全国碳排放权交易第三方核查参考指南》（以下简称“核查指南”），用以指导第三方核查机构开展温室气体排放核查工作。根据核查指南，核查活动主要包括三个阶段，即准备阶段、实施阶段和报告阶段。第三方核查机构开展碳排放核查的流程如图 4-1 所示。

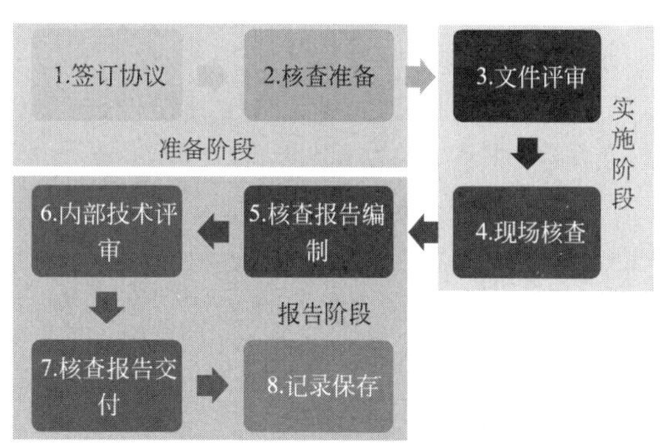


图 4-1　碳排放核查流程图

核查机构应根据核查指南的要求，按照步骤 1—8 实施核查活动，各个步骤的主要实施要点如下：

① 签订协议　核查协议签订之前，核查机构需要对核查工作实施的可行性进行评估，主要从资质、资源和可能存在的利益冲突三方面开展评估。

资质指的是核查机构需要评估被授予资质的行业领域是否涵盖了重点排放单位的行业，核查机构是否有数量足够的具备该行业领域资质的核查员。

资源指的是核查机构需要评估重点排放单位的规模及排放设施的复杂程度与自身时间和人力资源安排是否匹配，能否保证核查任务按时按量保质完成。

利益冲突指的是核查机构需要评估重点排放单位与自身是否存在利益冲突，必要时可以采用重点排放单位出具的无利益冲突证明函作为证据。

核查机构在完成上述评估后确认是否与委托方签订核查协议。核查协议内容可包括核查范围、应用标准和方法、核查流程、预计完成时间、双方责任和义务、保密条款、核查费用、协议的解除、赔偿、仲裁等相关内容。

② 核查准备　核查机构应在与委托方签订核查协议后选择具备能力的核查组长和核查员组成核查组并进行分工；与核查委托方和/或重点排放单位建立联系，并要求核查委托方和/或重点排放单位在商定的日期内提交温室气体排放报告及相关支持文件。核查机构还应进行核查策划。

③ 文件评审　文件评审包括对重点排放单位提交的温室气体排放报告和相关支持性材料的评审。通过文件评审，核查组初步确认重点排放单位的温室气体排放情况，并确定现场核查思路、识别现场核查重点。文件评审工作应贯穿核查工作的始终。

④ 现场核查　核查组应对现场的设施进行观察，与相关人员进行交流，通过“查（记录）问（人员）看（设施）验（方法）”的方法进一步判断排放报告的符合性，并将在文件评审、现场核查过程中发现的不符合项提交给委托方和/或重点排放单位。

⑤ 核查报告编制　确认不符合项关闭后或者 30 天内未收到委托方和/或重点排放单位采取的纠正和纠正措施，核查组应完成核查报告的编写。核查报告应当真实、客观、逻辑清晰，并采用核查指南附件一所规定的格式和内容。

⑥ 内部技术评审　核查报告在提供给委托方和/或重点排放单位之前，应经过核查机构内部独立于核查组成员的技术评审，避免核查过程和核查报告出现技术错误。核查机构应确保技术评审人员具备相应的能力、相应行业领域的专业知识及从事核查活动的技能。

⑦ 核查报告交付　只有当内部技术评审通过后，核查机构方可将核查报告交付给核查委托方和/或重点排放单位，以便于重点排放单位于规定的日期前将经核查的年度排放报告和核查报告报送至其注册所在地的省市级碳交易主管部门。

⑧ 记录保存　核查机构应以安全和保密的方式保管核查过程中的全部书面和电子文件，保存期至少 10 年，保存文件包括以下内容：

a. 与委托方签订的核查协议；

b. 核查活动的相关记录表单，如核查协议评审记录、核查计划、见面会和总结会签到表、现场核查清单和记录等；

c. 重点排放单位温室气体排放报告（初始版和最终版）；

d. 核查报告；

e. 核查过程中从重点排放单位获取的证明文件；

f. 对核查的后续跟踪（如适用）；

g. 信息交流记录，如与委托方或其他利益相关方的书面沟通副本及重要口头沟通记录，核查的约定条件和内部控制等内容；

h. 投诉和申诉以及任何后续更正或改进措施的记录；

i. 其他相关文件。

在实际温室气体排放核查过程中，上述 8 个步骤中较为关键的步骤包括②核查准备、③文件评审、④现场核查以及⑤核查报告编制。下文将对这 4 个步骤具体的实施过程做详细介绍。

## 4.2.1　核查准备

核查机构在充分考虑被授予资质的行业领域、核查员的资质与经验、时间与人力资源安排、重点排放单位的行业、规模及排放设施的复杂程度、与核查委托方或重点排放单位可能存在的利益冲突等因素的基础上与核查委托方签订协议后即可进行核查准备。核查准备的充分与否决定了后续核查工作是否深入以及核查工作开展是否顺利。在核查准备阶段，核查机构需要完成的任务主要有以下 3 件。

（1）组成核查组，并进行核查分工

核查机构应根据备案核查员的专业领域、技术能力与经验，重点排放单位的性质、规模及经营场所等确定核查组，核查组至少由两名成员组成，其中一名为核查组长，至少一名为专业核查员。

核查组长负责确定核查组的任务分工。在确定任务分工时，核查组长将考虑重点排放单位的技术特点、复杂程度、技术风险、设施的规模与位置以及核查员的专业背景和实践经验等方面的因素。

（2）与核查委托方建立联系

由核查组长负责与核查委托方建立联系，发送核查所需文件资料清单（包括温室气体排放报告及相关支持文件，详见 4.2.2），并要求核查委托方和/或重点排放单位在商定的日期内提交。

（3）进行核查策划

核查组长在与核查委托方相关人员联络并获知相关信息的基础上，考虑核查组员的时间、专业背景和实践经验等情况，进行核查策划。核查策划的主要内容包括但不限于：

① 核查工作的整体安排，即核查工作各阶段的时间与人员安排，包括文件评审、现场核查、核查报告编制、内部技术评审所需的时间和人员。例如：对某重点排放单位的文件评审需要 5 人天、现场核查需要 5 人天、核查报告编制需要 7 人天、内部技术评审需要 1 人天。

② 文件评审的时间和人员安排（如组员甲和组员乙参与文件评审，文件评审时间为某月某日—某月某日）。

③ 现场核查的时间和人员安排（如组长和全体组员计划在某月某日—某月某日进行现场核查）。

④ 根据核查员的专业背景匹配工作。如对水泥行业进行核查时，具备水泥行业资质的核查员安排进行熟料生产线的现场观察并与重点排放单位的专业技术人员进行交流。

### 4.2.2 文件评审

是否能获得高质量的文件评审所需资料，是后续核查工作是否能顺利实施的关键。核查机构要求核查委托方提供的文件应包括但不限于以下内容：

① 营业执照；

② 工艺流程图；

③ 场所数量及分布情况；

④ 排放设施数量及分布情况；

⑤ 企业能源台账、能源审计报告；

⑥ 化石燃料、电力及原材料消耗数据，包括生产日报表、生产月报表、台账记录及相应的结算单、发票等凭证；

⑦ 能源计量器具一览表、校准报告、设备更换维修记录；

⑧ 企业上报统计局的能源统计报表；

⑨ 燃料的低位发热值、单位热值含碳量、碳氧化率的监测数据（如有）。

为了确保核查工作的有序实施，核查机构必须在现场核查前对受核查方提供的相关资料进行详细的文件评审。包括对项目边界描述、温室气体排放源识别、活动水平数据的收集、排放因子的选择、温室气体排放量化方法以及其他相关支持性材料的评审；将温室气体排放报告中提供的数据和信息与其他可获得的信息来源进行交叉核对；初步判断排放报告的合理性；识别现场查询的重点。文件评审的要点如下：

① 受核查方的基本信息是否准确；

② 主要工艺流程或过程、主要产品和服务是否完整；

③ 排放报告中数据和信息的完整性；

④ 核算边界和排放设施的信息是否正确；

⑤ 活动水平数据和排放因子的获取方式是否正确；

⑥ 监测计划是否合理；

⑦ 监测设备基本信息是否正确；

⑧ 排放量计算公式是否正确，计算结果是否无误；

⑨ 历年排放量是否存在异常波动和趋势；

⑩ 如果设施和场所较多，初步确定现场访问的抽样，对于满足数据抽样条件的，核查

过程中可以按照核查指南实施；

⑪ 初步判断排放报告中可能出现的错误内容。

核查组应将文件评审的结果形成内部记录，作为下一步制定现场核查计划和抽样计划的参考。

### 4.2.3 现场核查

核查组在文件评审完成后，应明确现场核查的重点和任务分工，制定核查计划、抽样计划，并确认现场继续查看的资料清单。

（1）制定现场核查计划

核查组在制定现场核查计划时应参考文件评审的结果，对核查目的与范围、核查的活动安排、核查组的组成、访问对象及核查组的分工等列出计划。核查组在文件评审阶段发现的“不符合”或者可能出现错误的内容应当作为现场核查的重点。核查组应于现场核查前5个工作日将现场核查计划发送给重点排放单位并进行确认。

（2）确定抽样计划

抽样计划的制定也应基于文件评审的结果。抽样计划分为两种，一种是相似场所的抽样，另一种是大量数据的抽样。两种抽样的方法分别如下：

① 相似场所抽样方法　仅当各场所的业务活动、核算边界、排放设施以及排放源等相似且数据质量保证和质量控制方式相同时，方可采取抽样的方式。

a. 当重点排放单位存在多个相似现场时，应考虑现场的代表性、核查工作量等因素，制定抽样计划，抽样的规模应是所有相似现场总数的平方根（$y=\sqrt{x}$），数值取整时进1；

b. 当存在超过4个相似场所时，当年抽取的样本与上一年度抽取的样本重复率不能超过总抽样量的50%；

c. 当抽样数量较多，且核查机构确认重点排放单位内部质量控制体系相对完善时，现场核查场所可不超过20个。

抽样时尽量选择有特殊性和代表性的场所作为样本，如排放量占比大、排放设施较多、存在新增设施或既有设施退出的场所。

② 大量数据抽样方法　当每个活动数据或排放因子涉及的数据数量较多时，可考虑抽样核查；抽样数量的确定应充分考虑重点排放企业对数据内部管理的完善程度、数据风险控制措施以及样本的代表性等因素。

国家的核查指南中没有给出大量数据抽样的具体比例，根据北京试点的经验，建议当每个活动数据或排放因子涉及的数据量较多且每个排放设施（单个和组合）或计量设备计量的能源消耗导致的年度排放量低于重点排放单位年度总排放量的5%时，核查机构可以采取抽样的方式对数据进行核查，其中对月度数据、记录采用交叉核对的抽样比例不低于30%。

若抽样的场所或者数据样本中发现不符合，应考虑不符合的原因、性质以及对核查结论的影响，判断是否需要扩大抽样数量或将样本覆盖到所有的场所和数据。国家核查指南中没有对样本扩大比例进行定量说明，根据北京试点的经验，扩大抽样的比例为不低于20%；如扩大抽样仍然存在不符合，则扩大至80%—100%。

（3）确定现场需要评审的资料清单

文件评审应该贯穿于整个核查过程。核查组应在现场核查之前把排放单位在文件评审阶段可能不方便或者不能及时提供的资料清单与核查计划、抽样计划一并发送给排放单位并要求其在现场核查时完整地提供。

需要查看的资料清单也可以在现场核查过程中增删，且应尽量减少排放单位在现场核查过程中收集资料的时间，这样可以有助于确保现场核查计划执行的效率。

在确定现场需要查看的资料清单时，核查组应注意以下内容：

① 根据排放单位的实际情况确定资料清单，不能照搬其他排放单位的资料清单；

② 按照排放单位的基本信息、核算边界、排放设施、活动水平数据、排放因子、监测计划及内部质量管理等内容分类确定核查所需资料清单；

③ 资料清单中列出的每一项资料尽量明确表述，便于排放单位提前准备。

(4) 确定现场访问的程序

核查组应根据文件评审结果、核查计划及抽样计划实施现场核查。现场核查可按照首次会议、现场信息收集与验证、核查组内部沟通会议及末次会议四个步骤展开。

① 首次会议　首次会议由核查组长组织召开，参加人员包括核查组全体成员以及排放单位主要负责人，生产、统计、财务、设备等相关部门的人员。首次会议包括的主要内容如下：

a. 签到；

b. 介绍核查团队；

c. 核对排放单位信息（企业名称、注册地址、核查年度、核查标准）；

d. 介绍核查目的；

e. 介绍现场核查计划；

f. 介绍在何种情况下，核查组将开具核查发现；

g. 核查组需要排放单位提供的必要支持（陪同人员、会议室），请排放单位提示现场走访的危险区域及走访规则；

h. 介绍保密协议和申投诉处理规程；

i. 征求排放单位同意现场拍照取证；

j. 询问排放单位是否还有其他问题；

k. 请排放单位简要介绍公司和生产流程。

② 现场信息收集与验证　这是整个现场核查过程中最重要的环节，重点在于验证排放源的完整性和排放数据的准确性。核查组成员按照现场核查计划的安排，通过面谈、查阅文件、现场观察等方式，收集并验证相关信息。内容主要如下：

a. 在排放单位相关人员的陪同下走访厂区，核查组织范围与边界的确定，包括地理和多场所信息，涵盖的设施和排放源，并将排放报告中涉及的所有排放源及计量仪表拍照取证，确定有无遗漏的排放源；

b. 检查文审阶段存在的问题并跟踪解决；

c. 检查企业实际监测与监测计划是否符合；

d. 检查企业温室气体排放和清除的量化过程的正确性，包括量化方法学的选择、活动数据的收集及追溯（包括数据的监测、记录、汇总和保存的全过程，确认不当的数据收集过程带来的风险），排放因子选择的合理性以及出处，采用交叉核对的方法对数据进行验证；

e. 检查企业计量仪表的安装、使用和校准情况；

f. 现场审核重要排放源的排放状况及温室气体排放数据质量管理情况；

g. 确认企业温室气体排放报告是否符合核算指南的要求。

③ 核查组内部沟通会　核查组每天现场核查结束后，由核查组长主持召开内部沟通会，讨论交换信息及核查发现。由核查组长汇总核查结果，出具不符合项。

④ 末次会议　末次会议由核查组长组织召开，参加人员包括核查组全体成员以及排放单位主要负责人，生产、统计、财务、设备等相关部门的人员。末次会议包括的主要内容如下：

a. 签到；

b. 感谢受核查企业的积极配合；

c. 展示核查结果（各类排放源有哪些、活动水平数据和排放因子的来源及交叉核对所用的证据）；

d. 告知受核查企业核查中发现的不符合项［详见本节（5）不符合、纠正及纠正措施］及整改方法（核查组和排放单位应就有关核查发现的不同意见进行讨论，能现场关闭的就现场关闭，不能现场关闭的请企业后续提供材料）；

e. 告知企业核查机构内部还有技术评审，在内部技术评审阶段有可能还会提出不符合项；

f. 询问企业是否还有其他疑问。

（5）不符合、纠正及纠正措施

现场核查实施后核查组应将在文件评审、现场核查过程中发现的不符合提交给委托方和/或重点排放单位。核查委托方和/或重点排放单位应在双方商定的时间内采取纠正和纠正措施。核查组应至少对以下问题提出不符合：

a. 排放报告采用的核算方法不符合核查准则的要求；

b. 重点排放企业的核算边界、排放设施、排放源、活动数据和排放因子等与实际情况不一致；

c. 提供的符合性证据不充分、数据不完整或在应用数据或计算时出现了对排放量产生影响的错误。

重点排放单位应对提出的所有不符合进行原因分析并进行整改，包括采取纠正及纠正措施并提供相应的证据。核查组应对不符合的整改进行书面验证，必要时，可采取现场验证的方式。只有对排放报告进行了更改或提供了清晰的解释（或证据）并满足相关要求时，核查组方可确认不符合项的关闭。

### 4.2.4　核查报告编制

核查报告是核查组对核查过程的描述，是对核查组获取的资料与受核查方在温室气体排放报告中填报信息和数据一致性的确认，是对受核查方报告的温室气体排放量的最终确认，同时对受核查方提供的排放报告和核算方法是否符合相应行业的核算与报告指南做出判断。

根据核查指南，核查报告正文至少包括以下4方面的内容：

① 核查目的、范围及准则；

② 核查过程和方法；

③ 核查发现；

④ 核查结论。

核查组需要按照核查指南附件一给定的统一格式编写核查报告。本书将按照图4-2给定的统一格式结合实际的审核经验，给出核查报告编写的建议。

1. 概述

1.1　**核查目的**

核查机构应该在核查报告中清晰地说出核查目的。一般来说，核查的目的包括以下几个方面：

① 核查企业温室气体的核算和报告的职责、权限是否落实到位；

② 核查企业温室气体排放报告的格式和内容是否符合相应行业的《核算方法与报告指南》及国家相关要求；

③ 核查企业温室气体排放报告数据的来源、排放量计算的方法是否完整和准确；

④ 核查温室气体排放监测设备是否已经到位、测量程序是否符合相应行业的《核算方法与报告指南》及国家相关要求；

⑤ 核查企业温室气体排放数据质量管理是否到位。

1.2　**核查范围**

核查机构应该在核查报告中清晰地说明核查范围。一般来说，核查的范围应该涵盖以下几个方面：

① 重点排放单位基本情况的核查；

② 核算边界的核查；

③ 核算方法的核查；

④ 核算数据的核查，其中包括活动数据及来源的核查、排放因子数据及来源的核查、温室气体排放量以及配额分配相关补充数据的核查；

⑤ 质量保证和文件存档的核查。

1.3　**核查准则**

核查机构应在核查报告中清晰地说明核查准则。一般来说包括以下两方面：

① 相应行业的《核算方法与报告指南》；

② 活动水平数据、排放因子以及计量设施所适用的国家及地方法规及标准。

**2. 核查过程和方法**

2.1　**核查组安排**

核查机构可统一采用列表的方式说明核查组成员工作分工，推荐的表格格式如表 1 所示：

**表 1　核查工作分工表**

| 姓名 | 核查工作分工 | 备注 |
| --- | --- | --- |
| | ① 重点排放单位基本情况的核查；<br>② 核算边界的核查；<br>③ 核算方法的核查；<br>④ 核算数据的核查，其中包括活动数据及来源的核查 | 核查组长 |
| | ① 核算数据的核查，其中包括排放因子数据及来源的核查、温室气体排放量以及配额分配相关补充数据的核查；<br>② 质量保证和文件存档的核查 | 核查组员 |

2.2　**文件评审**

核查机构应在核查报告中描述其文件评审的时间、过程及主要内容。

文件评审一般分为现场前文件预审和现场文件复核两个阶段。

第一阶段：初步确认企业的排放情况，并确定现场核查思路，确定现场核查重点。预审的文件主要包括以下内容：

① 温室气体排放报告初稿；

② 企业提供的相关支撑文件(包括企业基本信息文件、排放设施清单、活动水平数据信息文件、排放因子数据信息文件等)；

③ 核查工作中所使用的准则(见 1.3 部分)。

第二阶段：现场查看文件原件，复核报告所涉及信息，复核文件主要包括“5.3 支持性文件清单”中的文件。

2.3　**现场核查**

核查机构应在核查报告中描述其现场访问的时间、对象及主要内容，可用表格汇总现场核查的实施。

**表 2　现场核查实施表**

| 时间 | 访问对象(姓名/职务) | 部门 | 访谈内容 |
| --- | --- | --- | --- |
| | | | 企业基本情况、地理边界、主要生产运营系统、生产工艺流程、监测计划等 |
| | | | 用能设施、能源计量设备 |

图 4-2

续表

| 时间 | 访问对象(姓名/职务) | 部门 | 访谈内容 |
|---|---|---|---|
| | | | ① 化石燃料燃烧排放概况(如燃料品种、主要燃烧设备等的历史变化);<br>② 过程/特殊排放概况(如原料、产品、废弃物品种、工艺等的历史变化);<br>③ 排放量扣除(固碳产品、回收 $CO_2$ 和 $CH_4$ 等)概况;<br>④ 外购电力、热力排放概况 |
| | | | 统计数据,包括化石燃料、原材料、产品及电力、热力购入,产品生产、使用和销售情况 |

**2.4 核查报告编写及内部技术复核**

核查机构应在核查报告中描述核查报告编写的过程和内部技术复核的过程,内容包括以下几项:

① 核查组开具了几个不符合项;

② 将不符合项发给重点排放单位的时间以及不符合关闭的时间;

③ 准备核查报告的时间;

④ 核查机构如何安排内部技术评审以及采取其他的质量控制措施等。

**3. 核查发现**

**3.1 重点排放单位基本情况的核查**

核查组可通过查阅受核查方的《企业法人营业执照》、《组织机构代码证》、机构简介等相关信息,并与机构相关负责人进行交流访谈,确认如下信息:

① 单位名称、所属行业、实际地理位置、成立时间、所有制性质、规模、隶属关系;

② 重点排放单位的组织机构图;

③ 重点排放单位主要的产品及生产工艺;

④ 重点排放单位能源管理现状,包括使用能源的品种、能源计量统计情况、能源审计情况、年度能源统计报告、能源体系建设情况;

⑤ 温室气体排放报告职责的安排,数据的测量、收集和获取过程建立的规章制度情况;

⑥ 针对数据缺失、生产活动变化以及报告方法变更的应对措施;

⑦ 温室气体减排方面的宣传、教育及培训工作情况;

⑧ 温室气体核算相关数据(包括纸质的和电子的)的保存和管理情况。

⑨ 简要描述不符合(如有),详细描述纠正措施。

**3.2 核算边界的核查**

核查机构需在核查报告中描述以下核查发现:

① 重点排放单位的地理边界,是否以独立法人或视同法人的独立核算单位为边界进行核算,核算边界是否与相应行业的《核算方法与报告指南》一致;

② 重点排放单位的生产系统,包括主要产品与生产工艺;

③ 重点排放单位的主要排放设施,纳入核算和报告边界的排放设施是否完整,可用表 3 的形式进行描述;

**表 3 主要排放设施一览表**

| 排放类型 | 设备名称 | 燃料/原料类型 | 设备型号 | 数量 | 物理位置 |
|---|---|---|---|---|---|
| | | | | | |

④ 重点排放单位的主要排放源,纳入核算和报告边界的排放设施和排放源是否完整,包括化石燃料燃烧、过程/特殊排放、排放扣除量(固碳产品、$CO_2$ 和 $CH_4$ 回收)、净购入电力和热力隐含的排放等;

⑤ 核算边界是否存在变更;

⑥ 如核查机构采用对场所和数据抽样的方式实施核查,应在核查报告中详细说明抽样方案和数量等;

⑦ 简要描述不符合(如有),详细描述纠正措施。

**3.3 核算方法的核查**

核查机构对排放报告中的核算方法进行核查,确认核算方法的选择符合相应行业的《核算方法与报告指南》的要求,对任何偏离指南要求的核算应予以详细说明。

**3.4 核算数据的核查**

3.4.1 活动数据及来源的核查

核查机构应参照重点排放单位报送的年度温室气体排放报告，对比相关的证据材料，并结合现场审核的情况，判断活动水平数据的符合性，参照表4对每一个活动水平上的数据给出描述。

**表4 活动水平数据核查表**

<table>
<tr><td>数据名称</td><td colspan="3"></td></tr>
<tr><td>单位</td><td colspan="3"></td></tr>
<tr><td rowspan="2">数值</td><td>年份</td><td>初始报告数值</td><td>核查与最终报告数值</td></tr>
<tr><td></td><td></td><td></td></tr>
<tr><td>数据来源</td><td colspan="3">生产报表、财务明细账、结算单、发票、统计局能源报表、其他证明材料等(按照实际情况填写)<br>(根据数据来源在下表中三选一，并删除不适用行)
<table>
<tr><td>数据类型</td><td>描述</td><td>优先级</td></tr>
<tr><td>原始数据</td><td>直接计量、监测获得的数据</td><td>高</td></tr>
<tr><td>二次数据</td><td>通过原始数据折算获得的数据</td><td>中</td></tr>
<tr><td>替代数据</td><td>来自相似活动或过程的数据</td><td>低</td></tr>
</table></td></tr>
<tr><td>测量方法</td><td colspan="3">测量方法为仪器直接测量(如地磅、皮带秤、电表、热能计量表等)</td></tr>
<tr><td>测量频次</td><td colspan="3">对于燃料和原料等可存储物质一般为每次购买和使用时测量；对于电力和热力等无法储存的物质一般为持续测量</td></tr>
<tr><td>数据缺失处理</td><td colspan="3">说明该数据在某段时间内发生缺失的原因以及替代处理办法</td></tr>
<tr><td>抽样检查(如有)</td><td colspan="3">说明抽样核查的原则、样本大小、抽样的方法和结果</td></tr>
<tr><td>交叉核对</td><td colspan="3">在重点排放单位能同时提供两套不同活动水平数据来源的情况下，核查机构应采用一套数据源的数据对另一套数据源的活动水平数据进行交叉检查，并形成"核对结论"。推荐使用下表进行填写
<table>
<tr><td>时间</td><td>数据及来源</td><td>交叉核对数值及来源</td><td>备注</td></tr>
<tr><td></td><td></td><td></td><td></td></tr>
</table></td></tr>
<tr><td>核查结论</td><td colspan="3">给出核查结论，并简要描述不符合(如有)</td></tr>
</table>

核查机构除了报告每个活动水平数据之外还应对排放报告中每一个测量设备进行核查，核查的内容包括：序号、规定的和实际的校准频次、校准的标准。推荐采用表5进行报告。

**表5 测量设备信息表**

| 能源计量设备 | 设备名称/代号 | 测量主体 | 数量 | 安装位置 | 计量参数 | 制造商 |
|---|---|---|---|---|---|---|
| | | | | | | |
| 用户号或出厂编号 | 型号 | 精确度 | 检定周期 | 校验/检定时间 | 校验/检定机构 | 仪器管理部门 |
| | | | | | | |

3.4.2 排放因子和计算系数数据及来源的核查

核查机构应对每一个排放因子进行核查，并对符合性进行报告。排放因子和计算系数来源有以下两种：

① 缺省值(参考相应行业的《核算方法与报告指南》)；

图4-2

② 实测值(如燃煤的含碳量和热值等)。

对于缺省值,核查其是否与相应行业《核算方法与报告指南》提供的数值一致,并填写表6。

**表6 排放因子和计算系数核查表(缺省值)**

| 数据名称 | | | | |
|---|---|---|---|---|
| 单位 | | | | |
| 数值 | 报告数值 | | 核查数值 | |
| 来源 | 《核算方法与报告指南》等 | | | |
| 核查结论 | 说明排放报告中的排放因子和计算系数数据是否与《核算方法与报告指南》中的缺省值一致 | | | |

对于实测值,核查机构应该对排放因子的单位、来源、监测方法、监测频次、记录频次、数据缺失处理等内容进行核查,对于采用了抽样方式核查的数据,还应该核查抽样的原则、样本大小和抽样方法等内容。可参照3.4.1节的《活动水平数据核查表》。另外,如果重点排放单位实测排放因子涉及测量仪器,还需报告测量仪器的校准和维护信息,可参照3.4.1节的《测量设备信表息》。

3.4.3 排放量的核查

核查机构需对分类排放量和汇总排放量的结果进行核查。核查组通过重复计算、公式验证等方式对重点排放单位排放报告中的排放量的核算结果进行核查。说明报告排放量的计算公式是否正确、排放量的累加是否正确、排放量的计算是否可再现、排放量的计算结果是否正确、核证值和报告值是否有明显差异、历年排放量是否存在异常波动(变化超过20%或者5000t $CO_2e$)等核查发现。推荐使用表7~表11进行报告。

**表7 化石燃料排放量计算表**

| 燃料品种 | 核证活动水平数据 | | 核证排放因子 | | 核证排放量/$tCO_2$ | 初始报告排放量/$tCO_2$ |
|---|---|---|---|---|---|---|
| | 消耗量/t | 低位发热值/(GJ/t)或(GJ/万立方米) | 含碳量/(tC/GJ) | 碳氧化率 | | |
| | | | | | | |

**表8 过程/特殊排放量计算表(以碳酸盐分解排放为例)**

| 原料品种 | 核证活动水平数据/t | 核证排放因子/($tCO_2$/t碳酸盐) | 核证纯度 | 核证排放量/$tCO_2$ | 初始报告排放量/$tCO_2$ |
|---|---|---|---|---|---|
| | | | | | |

**表9 扣除排放量计算表(以固碳产品排放为例)**

| 固碳产品 | 核证活动水平数据/t | 核证排放因子/($tCO_2$/t固碳产品) | 核证排放量/$tCO_2$ | 初始报告排放量/$tCO_2$ |
|---|---|---|---|---|
| | | | | |

**表10 电力、热力间接排放量计算表**

| 电力 | 核证活动水平数据/MW·h | 核证排放因子/[$tCO_2$/(MW·h)] | 核证排放量/$tCO_2$ | 初始报告排放量/$tCO_2$ |
|---|---|---|---|---|
| 购入量(+) | | | | |
| 输出量(−) | | | | |
| 净购入量 | | | | |

续表

| 热力 | 核证活动水平数据/GJ | 核证排放因子/($tCO_2$/GJ) | 核证排放量/$tCO_2$ | 初始报告排放量/$tCO_2$ |
| --- | --- | --- | --- | --- |
| 购入量(+) | | | | |
| 输出量(−) | | | | |
| 净购入量 | | | | |

**表 11　企业排放汇总表**

| 排放类型 | 核证值/$tCO_2e$ | 报告值/$tCO_2e$ | 误差/% |
| --- | --- | --- | --- |
| 化石燃料燃烧 | | | |
| 生产/特殊过程 | | | |
| 排放扣除 | | | |
| 直接排放小计 | | | |
| 净购入电力 | | | |
| 净购入热力 | | | |
| 能源间接排放小计 | | | |
| 合计 | | | |

3.4.4　配额分配相关补充数据的核查

核查机构应对企业根据 57 号文附件 3 填报的《数据汇总表》和分年度的《温室气体排放报告补充数据表》进行核查。确认企业是否是按照附件 3 规定的“计算方法或填写要求”进行填报，原始数据与计算结果是否正确。

值得注意的是，由于补充报告覆盖的排放源与《核算方法与报告指南》覆盖的排放源不完全一致，所以按照核算指南核算的温室气体排放量与按照补充报告核算的温室气体排放量是不相同的。

**3.5　质量保证和文件存档的核查**

核查机构通过采用文件审核、现场核查的方式确认受核查方在质量保证和文件存档方面是否做到了以下方面：

① 指定了专门的人员进行温室气体排放核算和报告工作；

② 制定了温室气体排放和能源消耗的台账记录，且台账记录与实际情况一致；

③ 建立了温室气体排放数据文件保存和归档管理制度，并遵照执行；

④ 建立了温室气体排放报告内部审核制度，并遵照执行。

**3.6　其他核查发现**

核查组可以在此处描述以下内容：

① 数据不确定性量化分析的结果（影响数据不确定性的因素，如果数据可得，可进行不确定性量化分析）；

② 对重点排放单位的真实性声明的核查发现（通过与管理人员交谈，核查组需要确认该声明是否完整、是否已签字，重点排放单位是否已盖章）；

③ 对监测计划的核查发现（重点排放单位是否编制下一年度的监测计划，监测计划格式的符合性以及监测计划内容的符合性）。

**4. 核查结论**

核查机构应在核查报告中出具肯定的或否定的核查结论。只有当所有的不符合关闭后，核查机构方可在核查报告中出具肯定的核查结论。核查结论应至少包括以下内容：

① 重点排放单位的排放报告与《核算方法与报告指南》的符合性；

② 重点排放单位的排放量声明，应包含按照指南核算的企业温室气体排放总量的声明和按照补充报告模板核算的设施层面二氧化碳排放总量的声明；

③ 重点排放单位的排放量存在异常波动的原因说明；

④ 核查过程中未覆盖的问题描述。

**5. 附件**

**5.1　不符合清单**

核查机构应将文件评审和现场核查时发现的不符合项形成文件提交给重点排放单位，重点排放单位需对不符合项

图 4-2

进行整改，并将整改的结果提交核查机构验证，核查机构验证通过后方可关闭不符合项。建议按照表 12 罗列不符合项并体现不符合项从提出到关闭的整个过程。

**表 12　不符合清单**

| 序号 | 不符合描述 | 重点排放单位原因分析及整改措施 | 核查结论 |
| --- | --- | --- | --- |
| | | | |

**5.2　对今后核算活动的建议**

核查机构需根据文件评审和现场核查的发现，对重点排放单位今后的核算活动提出建议（例如：可对那些没有监测从而估算的数据，虽然不违反《核算方法与报告指南》但是将来有可能出现误报告或不符合的情况提出建议）。推荐采用表 13 的格式提出建议。

**表 13　对今后核算活动的建议**

| 序号 | 建议内容 | 备注 |
| --- | --- | --- |
| | | |

**5.3　支持性文件清单**

核查机构应在核查报告里列出核查活动中所有支持性文件（需要有日期和版本），在有要求的时候能够提供这些文件。推荐格式如下：

**表 14　支持性文件清单**

| 文件编号 | 文件名称 |
| --- | --- |
| | |

图 4-2　温室气体排放核查报告编制建议

## 4.3　温室气体排放的第三方核查要求

在温室气体排放核查的具体实施过程中，重点核查的内容包括图 4-3 所示的 5 个方面，核查机构在对每个方面进行核查时要掌握不同的方法和要点。

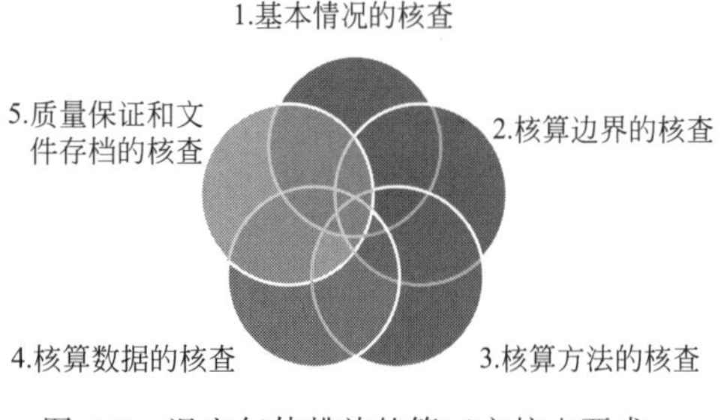


图 4-3　温室气体排放的第三方核查要求

| 核查要求 | 核查方法 |
| --- | --- |
| •重点排放单位名称、单位性质、所属行业领域、组织机构代码、法定代表人、地理位置、排放报告联系人等基本信息；<br>•重点排放单位内部组织结构、主要产品或服务、生产工艺、使用的能源品种及年度能源统计报告情况。 | •核查机构应通过查阅重点排放单位的法人证书、机构简介、组织结构图、工艺流程说明、能源统计报表等文件。<br>•结合现场核查中对相关人员进行访谈。 |

图 4-4　基本情况的核查要求与核查方法

### 4.3.1　基本情况的核查

根据《核查指南》，对重点排放单位基本情况的核查要求和核查方法如图 4-4 所示。

解读：核查机构对重点排放单位基本情况进行核查时需要特别注意以下内容。

① 排放报告中填报的单位名称和法定代表人需要与企业最新年检的营业执照上的名称以及“全国企业信用信息公示系统”网站上查到的企业信息保持一致。

② 排放报告中填报的组织机构代码需要与企业最新版的《组织机构代码证》上的信息一致。另外，2015 年 6 月 23 日《国务院办公厅关于加快推进“三证合一”登记制度改革的意见》（国办发［2015］50 号）提到各地区要做好营业执照、组织机构代码证和税务登记证三证合一，实施统一社会信用代码。因此，如果企业已经实行“三证合一、一照一码”，那么在此处只要填写企业的统一社会信用代码即可。

③ 排放报告中填报的所属行业领域一般需要与企业上报统计局能源统计报表 B204-1 表《工业产销总值及主要产品产量》保持一致。

④ 考虑到部分企业的注册地址与实际办公地址并不一致，排放报告中填报的地理位置最好分类填写清楚。

⑤ 排放报告中填报的企业联系人姓名和联系方式一定要准确，以便第四方抽查工作的需要。

⑥ 排放报告中描述的工艺流程需要与企业实际情况一致，最好能够把企业涉及的主要排放设施在工艺流程图中标注出来。

⑦ 基本情况中描述的能源品种需要与活动数据及来源中描述的能源消耗种类一致。

## 4.3.2 核算边界的核查

根据《核查指南》，对重点排放单位核算边界的核查要求和核查方法如图 4-5 所示。

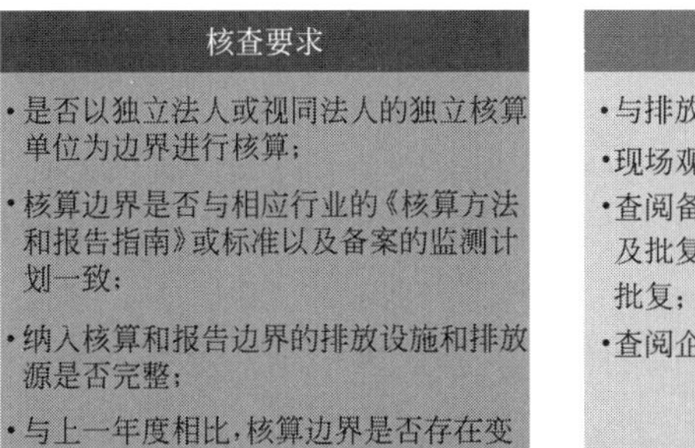


图 4-5 核算边界的核查要求与核查方法

解读：核查机构对重点排放单位核算边界进行核查时需要特别注意以下内容。

① 排放报告中所描述的地理边界是否存在遗漏。如企业的法人机构地理位置除注册地址以外还有其他区域，也应纳入核算边界。

② 地理边界内是否存在其他企业法人，如有，在核查报告中清晰说明企业名称，并明确其不纳入核算边界。

③ 通过现场走访检查排放设施信息及运行情况，并查阅企业近期能源审计报告、重点能耗设备清单等文件资料，判断设施边界与相应行业《核算方法与报告指南》要求的符合情况。

④ 确认每一个排放设施的基本信息，包括设施名称、型号和物理位置是否与现场一致。

⑤ 确认每一个排放源（包括化石燃料燃烧排放、过程/特殊排放、排放扣除、外购电热隐含排放）是否与现场一致，是否有遗漏。

⑥ 若有既有设施退出和新增设施投产，需要在核查报告中清晰地描述。分为 3 种情况分别描述：a. 新增排放设施；b. 替代既有设施的新增设施；c. 既有设施退出。通过现场走访及查阅设备采购安装记录、固定资产设备处置记录等资料，对新增设施和既有设施退出产

生的边界变化进行核查，特别需要注意新增和退出的时间点。

### 4.3.3 核算方法的核查

根据《核查指南》，对重点排放单位核算方法的核查要求和核查方法如图 4-6 所示。

| 核查要求 | 核查方法 |
| --- | --- |
| •确定核算方法符合相应行业的《核算方法和报告指南》以及备案的监测计划的要求；<br>•对任何偏离《核算方法和报告指南》要求的核算都应在核查报告中予以详细的说明。 | •核查机构应对重点排放单位备案的监测计划进行核查，确认备案的监测计划或修改的监测计划符合相应行业的《核算方法和报告指南》的要求。如发现不符合，核查机构应开具不符合项，要求重点排放单位对备案的监测计划进行修改。 |

图 4-6　核算方法的核查要求与核查方法

解读：核查机构对重点排放单位核算方法进行核查时需要特别注意从两个层面分别判断核算方法的符合性。

第一层次：监测计划与相应行业《核算方法与报告指南》的符合性。

第二层次：重点排放单位实际执行情况与监测计划的符合性。

必须两个层次的符合性都满足才能下结论说重点排放单位的核算方法满足《核算方法与报告指南》的要求。

另外，对任何偏离指南要求的核算都应在核查报告中予以详细说明。

### 4.3.4 核算数据的核查

核算数据的核查分为活动数据及来源的核查、排放因子及来源的核查、排放量的核查和配额分配补充数据的核查 4 个部分。下文将分别阐述。

#### 4.3.4.1 活动数据及来源的核查

根据《核查指南》，对重点排放单位活动数据及来源的核查要求和核查方法如图 4-7 所示。

| 核查要求 | 核查方法 |
| --- | --- |
| •对每一个活动数据的来源及数值进行核查。<br>•核查的内容包括活动数据的单位、数据来源、监测方法、监测频次、记录频次、数据缺失处理(如适用)等内容、并对每一个活动数据的符合进行报告。<br>•如果抽样，详细报告样本选择的原则、样本数量以及抽样方法等内容。<br>•如果使用了监测设备，应核查对设备的维护和校准，如果没有及时校准和维护，排放量核算的处理结果不应导致配额的过量发放。 | •核查机构应将每一个活动数据与其他数据来源进行交叉核对，其他的数据来源可包括燃料购买合同、能源台账、月度生产报表、购售电发票、供热协议及报告、化学分析报告、能源审计报告、能流图、能源消费量表、能源加工转换报表、主要产品能源消耗指标、经济指标核算基础数据表、能耗经济指标一览表、环境监测报告、废弃物处理协议等。<br>•查阅校准报告、设备维修和更新记录，《能源计算器具一览表》，《能源计量器具配置表及能源计量网络图》，现场观察设备校准标签；与测量设备管理人员交谈。 |

图 4-7　活动数据及来源的核查要求与核查方法

解读：核查机构对重点排放单位活动水平数据及来源进行核查时需要特别注意以下内容。

① 数据流 确认每一个活动水平数据的数据流（监测—记录—传递—汇总—报告）的过程。

② 数据单位 确认每一个活动水平数据的单位与数值是否相匹配，注意常用单位之间的换算。

③ 数据来源 确认每一个活动水平数据的来源是否符合相应行业《核算方法与报告指南》的要求，是否与以往年份保持一致。特别是当履约年份与历史年份燃料低位热值取值不一致时（例如：历史年份采用缺省值，履约年份采用实测值），应本着排放量计算保守性原则对排放因子数据进行选择。核查机构首先应该判断实测值的抽样、检测方法是否符合相关标准的要求，然后确认缺省值与实测值的差异，尤其是在缺省值高于实测值时，核查机构应在核查报告中对这一差异单独详细描述，以便政府在配额发放和清缴时参考。

如果某一活动水平数据来源于汇总的一个或多个统计报表的数据，核查机构应注意在核查的过程中追溯到数据产生的源头，可从计量器具监测并直接读取的数据逐级核对每一级汇总的数据，避免在数据传递过程中出现误差。例如某重点排放单位的排放报告中的电力消耗量数据来源于上报统计局的报表，核查机构在现场核查时，除了确认数据是否与统计局报表数据一致外，还需要核实统计报表的传递方式。核查人员发现运行人员每天00：00对电表进行抄表，形成日消耗量，并将每个自然月的日消耗量累加形成月消耗量，进而形成年消耗量。核查组经分析确认统计数据真实可靠。

④ 监测方法/频次 确认是否按照监测计划实行，确认测量设备校准的符合性，包括测量设备的序号、规定和实际的校准频次、校准标准等；具体可通过现场观察监测设备信息及监测设备校准标签，与测量设备管理人员交谈，查阅《能源计量器具一览表》、《能源计量器具配置表及能源计量网络图》、设备检定校准更换记录等文件资料。例如核查机构对企业购入电力监测计划执行情况进行核查时，可首先查阅电力接线图，确认结算电表的数量和位置，同时现场访谈变电站工作人员，了解结算电表信息、校准和日常管理情况，然后对结算电表进行现场观察，记录设备序号、规格，并检查电表上的校准标签，判断是否符合校准的要求。

核查机构应确认因设备校准延误而导致的误差是否进行处理，处理的方式不应导致配额的过量发放。如果延迟校准的结果不可获得或者在核查时发现未实施校准，核查机构应在得出最终核查结论之前要求重点排放单位对监测设备进行校准，且排放量的核算不应导致配额的过量发放。

⑤ 数据缺失处理 在现场核查过程中，可能会发现重点排放企业由于某些原因导致活动水平数据的缺失，例如企业内部数据管理不当或者监测仪器故障等。此时，重点排放单位可依据其他数据资料对缺失的数据进行估算。核查机构应要求重点排放单位提供相应的证据资料，本着符合实际、保守的原则对资料进行核查以论证估算数据的合理性。

⑥ 数据抽样 当每个活动数据涉及的数据数量较多时，可考虑抽样核查。抽样数量的确定应充分考虑重点排放企业对数据内部管理的完善程度、数据风险控制措施以及样本的代表性等因素。

国家的核查指南中没有给出大量数据抽样的具体比例，根据北京试点的经验，建议当每个活动数据涉及的数据量较多且每个排放设施（单个和组合）或计量设备计量的能源消耗导致的年度排放量低于重点排放单位年度总排放量的5%时，核查机构可以采取抽样的方式对数据进行核查，其中对月度数据、记录采用交叉核对的抽样比例不低于30%。

若抽样的数据样本中发现不符合，应考虑不符合的原因、性质以及对核查结论的影响，判断是否需要扩大抽样数量或将样本覆盖到所有的数据。国家核查指南中没有对样本扩大比例进行定量说明，根据北京试点的经验，扩大抽样的比例为不低于20%（即扩大至50%）；如扩大抽样仍然存在不符合，则扩大至80%—100%。

⑦ 交叉核对　活动水平数据的来源通常包括生产月报表、能源统计台账、能源消费量表、财务分类明细账、燃料及原材料购买发票、盘库记录、入库单、燃料热值检测报告、上报统计局能源统计报表等，核查机构应对不同来源的数据进行交叉核对。当不同来源数据存在不一致时，核查机构应判断不一致是否合理，并判断排放报告中所采用数据来源是否合理。若发现数据出现异常，核查组应要求重点排放单位提供解释及相关证据予以支持，并判断其合理性。如核查机构对某重点排放单位的电力购入量进行核查时发现排放报告中外购电量数据来源于企业内部抄表记录，为了核实这一数据的合理性，核查机构又查阅了电力发票进行交叉核对，发现数据存在不一致，差异率为0.7%。经对比，核查机构认为这种差异是由于企业内部抄表时间和结算单上的抄表时间存在差异导致，差异率在合理范围内，因此认为数据合理可接受。

#### 4.3.4.2　排放因子及来源的核查

根据《核查指南》，对重点排放单位排放因子及来源的核查要求和核查方法如图4-8所示。

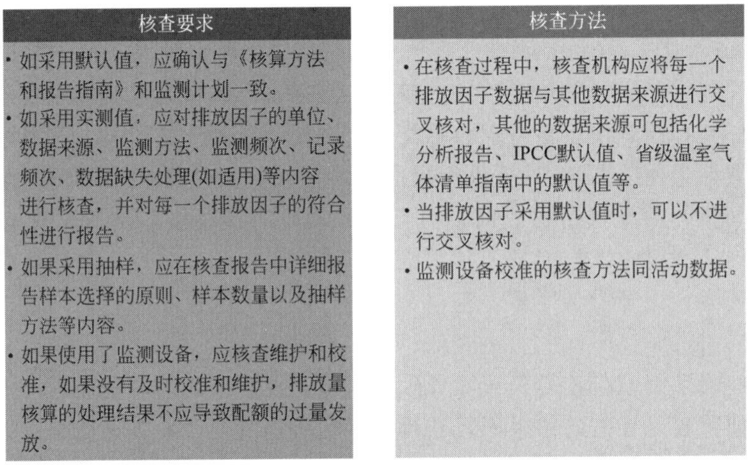

**核查要求**

- 如采用默认值，应确认与《核算方法和报告指南》和监测计划一致。
- 如采用实测值，应对排放因子的单位、数据来源、监测方法、监测频次、记录频次、数据缺失处理(如适用)等内容进行核查，并对每一个排放因子的符合性进行报告。
- 如果采用抽样，应在核查报告中详细报告样本选择的原则、样本数量以及抽样方法等内容。
- 如果使用了监测设备，应核查维护和校准，如果没有及时校准和维护，排放量核算的处理结果不应导致配额的过量发放。

**核查方法**

- 在核查过程中，核查机构应将每一个排放因子数据与其他数据来源进行交叉核对，其他的数据来源可包括化学分析报告、IPCC默认值、省级温室气体清单指南中的默认值等。
- 当排放因子采用默认值时，可以不进行交叉核对。
- 监测设备校准的核查方法同活动数据。

图4-8　排放因子及来源的核查要求与核查方法

解读：核查机构对重点排放单位活动水平数据及来源进行核查时需要特别注意以下内容。

① 注意排放因子单位与活动水平数据单位的一一对应，避免由于单位不匹配产生排放量计算错误。

② 排放因子的取值包含两类：缺省值和实测值。当履约年份与历史年份排放因子取值不一致时（例如：历史年份采用缺省值，履约年份采用实测值），应本着排放量计算保守性原则对排放因子数据进行选择。核查机构首先应该判断实测值的抽样、检测方法是否符合相关标准的要求，然后确认缺省值与实测值的差异，尤其是在缺省值高于实测值时，核查机构应在核查报告中对这一差异单独详细描述，以便政府在配额发放和清缴时参考。

#### 4.3.4.3 排放量的核查

根据《核查指南》，对重点排放单位排放量的核查要求和核查方法如图 4-9 所示。

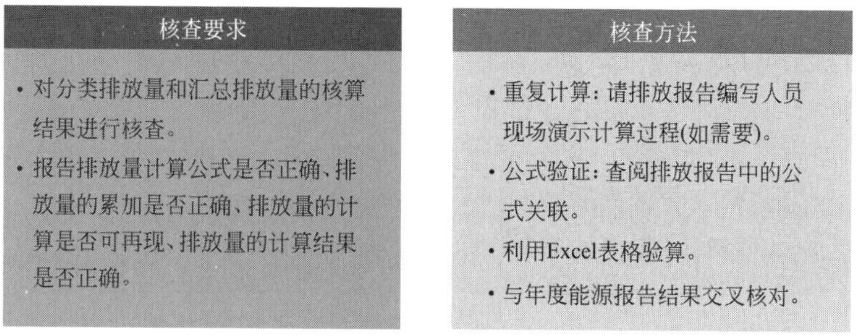

| 核查要求 | 核查方法 |
| --- | --- |
| • 对分类排放量和汇总排放量的核算结果进行核查。<br>• 报告排放量计算公式是否正确、排放量的累加是否正确、排放量的计算是否可再现、排放量的计算结果是否正确。 | • 重复计算：请排放报告编写人员现场演示计算过程(如需要)。<br>• 公式验证：查阅排放报告中的公式关联。<br>• 利用Excel表格验算。<br>• 与年度能源报告结果交叉核对。 |

图 4-9 排放量的核查要求与核查方法

解读：核查机构对排放报告中采用的排放量计算公式进行检查，判断其是否符合相应行业《核算方法与报告指南》的要求。对于有填报系统的省份来说，计算公式已被嵌入填报系统中，因此一般不会出现计算和累加的错误。核查机构主要需要核查活动数据和排放因子的单位是否与嵌入公式的单位相匹配，避免由于单位不匹配造成的排放量计算错误。另外，排放量数据会在核查报告中多处出现（例如：排放量的核查部分和核查结论部分），核查机构需确保数据的一致性。

#### 4.3.4.4 配额分配补充数据的核查

根据《核查指南》，对重点排放单位配额分配补充数据的核查要求和核查方法如图 4-10 所示。

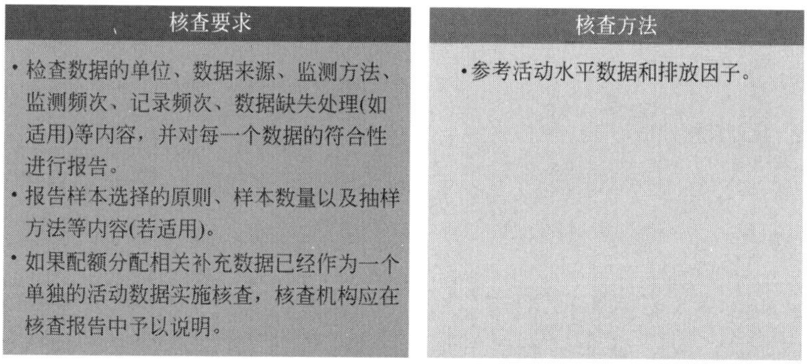

| 核查要求 | 核查方法 |
| --- | --- |
| • 检查数据的单位、数据来源、监测方法、监测频次、记录频次、数据缺失处理(如适用)等内容，并对每一个数据的符合性进行报告。<br>• 报告样本选择的原则、样本数量以及抽样方法等内容(若适用)。<br>• 如果配额分配相关补充数据已经作为一个单独的活动数据实施核查，核查机构应在核查报告中予以说明。 | • 参考活动水平数据和排放因子。 |

图 4-10 配额分配补充数据的核查要求与核查方法

配额分配补充数据的核查要求和要点请参考 4.3.4.1 活动数据及来源的核查和 4.3.4.2 排放因子及来源的核查。

### 4.3.5 质量保证和文件存档的核查

根据《核查指南》，对重点排放单位质量保证和文件存档的核查要求和核查方法如图 4-11所示。

解读：核查机构主要通过查阅文件、记录和访谈的方式来核查重点排放单位是否建立了内部温室气体质量管理和文件存档记录，主要包含以下几方面：

| 核查要求 | 核查方法 |
| --- | --- |
| •是否指定了专门的人员进行温室气体排放核算和报告工作。<br>•是否制定了温室气体排放和能源消耗台账记录，台账记录是否与实际情况一致。<br>•是否建立了温室气体排放数据文件保存和归档管理制度，并遵照执行。<br>•是否建立了温室气体排放报告内部审核制度，并遵照执行。 | • 核查机构可以通过查阅文件和记录以及访谈相关人员等方法来实现对质量保证和文件存档的核查。 |

图 4-11 质量保证和文件存档的核查要求与核查方法

① 是否建立了企业温室气体排放核算与报告的规章制度，包括负责机构的人员、工作流程和内容、工作周期和时间节点等，指定专职人员负责企业温室气体排放核算与报告工作。

② 是否建立了企业温室气体排放源一览表，分别选定合适的核算方法，形成文件并存档。

③ 是否建立了温室气体排放和能源消耗的台账记录。

④ 是否建立了企业温室气体排放参数的监测计划，包括对活动数据的监测和对燃料低位发热量等参数的监测；定期对计量器具、检测设备和在线监测仪表进行维护管理，记录存档。

⑤ 是否建立了温室气体数据记录管理体系，保存、维护温室气体排放核算与报告的文件和有关的数据资料，包括数据来源、数据获取时间以及相关责任人等信息。企业可通过严格执行这些制订的制度文件来确保整个温室气体盘查过程的准确性。

⑥ 是否建立了企业温室气体排放报告内部审核制度，定期对温室气体排放数据进行交叉校验，对可能产生的数据误差风险进行识别，并提出相应的解决方案。

## 4.4 核查案例

### 4.4.1 钢铁行业

某钢铁企业位于XX省XX市XX区XX路XX号，拥有2×100万吨特钢生产线，企业采用长流程炼钢生产工艺，铁矿石经竖炉加工成球团矿，送至高炉进行冶炼，高炉出铁水再送至转炉炼钢，生产出钢坯（粗钢）送至轧制车间轧钢。

该企业在2015年间主要排放源包括：

① 化石燃料燃烧排放 固定燃烧源：高炉、烧结机消耗烟煤、无烟煤和焦炭产生的二氧化碳排放。移动燃烧源：厂内生产用车辆消耗柴油产生的二氧化碳排放。

② 生产过程排放 外购含碳熔剂石灰石和白云石分解产生的二氧化碳排放。

③ 净购入电力隐含的排放 烧结工序主抽风机、冷抽风机，炼铁工序鼓风机、炉前除尘风机、高炉常压泵，炼钢工序一次除尘风机、二次除尘风机及全厂其他用电设备使用电力产生的间接二氧化碳排放。

④ 固碳产品隐含排放 主要产品粗钢中隐含的碳需从总排放量中扣除。

受核查方无外购热力，所以无外购热力隐含的二氧化碳排放。

#### 4.4.1.1　核查准备

核查机构根据备案核查员的专业能力以及该钢铁企业的实际情况，组成三名核查员的核查组，并且指定其中一名为核查组长，核查组长具有钢铁领域的核查资质。

核查组长通过电话访问以及电子邮件的方式与该企业联系人进行了沟通，了解企业的基本情况并发送核查所需文件资料清单，与企业约定文件的提交时间。钢铁企业温室气体核查资料清单如表 4-1 所示。

**表 4-1　钢铁企业温室气体核查资料清单**

| 序号 | 文件 |
|---|---|
| | 企业基本情况 |
| 1 | 企业温室气体排放报告 |
| 2 | 企业简介 |
| 3 | 营业执照 |
| 4 | 组织机构图 |
| 5 | 生产工艺流程图 |
| 6 | 厂区布置图(是否有多个生产或经营现场,如果有请提供所有现场的厂区布置图) |
| 7 | 相关业务的租赁合同和外包合同 |
| 8 | 核查年度是否有生产设施停产,如有请提供停产设施的产能及相应的证明文件 |
| 9 | 能源审计报告 |
| 10 | 电力接线图 |
| 11 | 报统计局能源报表(B204-1 和 205-1) |
| 12 | 生产数据(包括产值、产量等) |
| | 生产设施信息 |
| 13 | 化石燃料燃烧设施清单或台账(包括固定燃烧和移动燃烧设备,各燃烧设备注明设备名称、型号、位置、燃料品种、投产日期)<br>注:化石燃料消耗设备包括固定排放源(焦炉、烧结机、高炉、工业锅炉等)和用于生产的移动排放源(运输车辆及厂内搬运设备) |
| 14 | 熔剂、电极、含碳原料消耗设施清单或台账(包括设备名称、型号、位置以及消耗熔剂、电极、含碳原料的品种及投产日期) |
| 15 | 主要耗电和耗热设施清单或台账(包括设备名称、型号、位置及投产日期) |
| | 活动水平数据和排放因子数据 |
| 16 | 企业能源消费台账、企业能源平衡表或统计月报表(包括化石燃料、熔剂、电极、含碳原料①、电力、热力②的净消耗量和固碳产品③的产量)<br>注 1:熔剂是指白云石、石灰石等;电极消耗主要是指电炉炼钢和精炼炉等消耗的电极量;含碳原料是指生铁、铁合金和直接还原铁等;固碳产品是指粗钢、甲醇等<br>注 2:请至少提供两套数据供交叉核对 |
| 17 | 外购和销售化石燃料、熔剂、电极、含碳原料、电力、热力、固碳产品的原始记录、结算单和发票<br>注:请至少提供两套数据供交叉核对 |
| 18 | 化石燃料低位发热值、含碳量的测量结果和测量日期(若有) |
| 19 | 熔剂、电极、含碳原料排放因子的测量结果和测量日期(若有) |

续表

| 序号 | 文件 |
|---|---|
| 20 | 食堂、浴室、保健站的能耗数据（包括化石燃料、电力和热力消耗等）<br>注：请至少提供两套数据供交叉核对 |
| 计量器具信息 | |
| 21 | 化石燃料消耗量计量器具信息（包括地磅、皮带秤、流量计等，请提供设备名称、型号、序列号、精度、位置，校准报告和更换维修记录） |
| 22 | 化石燃料低位发热值测量仪器清单或台账（请提供设备名称、型号、序列号、精度、位置，校准报告和更换维修记录） |
| 23 | 化石燃料含碳量测量仪器清单或台账（请提供设备名称、型号、序列号、精度、位置，校准报告和更换维修记录） |
| 24 | 熔剂、电极、含碳原料消耗量计量器具信息（请提供设备名称、型号、序列号、精度、位置，校准报告和更换维修记录） |
| 25 | 熔剂、电极、含碳原料 $CO_2$ 排放因子测量仪器信息（请提供设备名称、型号、序列号、精度、位置，校准报告和更换维修记录） |
| 26 | 固碳产品产量计量器具信息（请提供设备名称、型号、序列号、精度、位置，校准报告和更换维修记录） |
| 27 | 外购电量计量电表（请提供设备名称、型号、序列号、精度、位置，校准报告和更换维修记录） |
| 28 | 外购热量计量仪器信息（请提供设备名称、型号、序列号、精度、位置，校准报告和更换维修记录） |
| 质量保证文件 | |
| 29 | 温室气体排放管理手册或者能源管理手册 |
| 30 | 企业温室气体排放监测计划 |

① 化石燃料、熔剂、电极和含碳原料净消耗量＝购入量＋（期初库存量－期末库存量）－钢铁生产之外的其他消耗量－外销量。

② 电力和热力净消耗量＝购入量－钢铁生产之外的其他消耗量－外销量。

③ 固碳产品产量＝销售量＋（期初库存量－期末库存量）。

核查组长根据企业的基本情况及提交的文件资料，考虑核查组成员的时间、专业背景等情况，进行核查策划。核查策划内容如下：

① 核查工作整体安排：该企业 2015 年温室气体排放核查的文件评审需要 6 人天、现场访问需要 6 人天、核查报告编制需要 8 人天、内部技术评审需要 2 人天；

② 核查组由 3 人组成，其中包括核查组长 1 名及核查组员 2 名，1 名内部技术评审人员，其中核查组长和内部技术评审人员需具备钢铁领域的核查资质；

③ 文件评审时间和人员安排：组长和组员 3 人共同工作 2 天；

④ 现场访问时间和人员安排：组长和组员 3 人共同工作 2 天。

#### 4.4.1.2 文件评审

核查组对该企业提供的所有文件资料进行了文件评审。核查组确认该机构提供的数据信息基本完整，活动水平数据和排放因子与以往年份的相关信息一致，不存在排放量的异常波动，设施数量不多，现场不需要抽样，同时识别出以下在现场核查中需要重点关注的内容：

① 企业核算边界是否存在变化；

② 是否存在新增设施和既有设施的退出情况；

③ 能源和含碳原材料消耗数据和产品产量数据的准确性；

④ 内部数据流控制；

⑤ 排放量计算的准确性。

核查组将上述文件评审的结果形成记录，并作为核查计划制定的依据。

#### 4.4.1.3 现场核查

文件评审结束后，核查组制定了现场核查计划，对现场核查的具体活动、核查要点、核查时间安排、参与的成员等列出详细的计划，并于现场核查开始前5个工作日发送给企业。

根据文审的结果，该企业类似场所和设备不多，不需要采取抽样方案。

企业在文件评审阶段提交的材料大部分为电子扫描版，核查组要求企业在现场核查时提供纸质盖章的原版文件供核查。

在召开首次会议后，核查组进入现场信息收集和验证阶段，具体实施过程如下。

（1）核查边界的确定

通过现场查阅厂区平面图、排放设施清单、实地观察以及与该企业代表访谈，核查组确定该企业核算边界为XX省XX市XX区XX路XX号。具体排放设施类型、设备名称、型号及物理位置如表4-2所示。

**表4-2 钢铁企业排放设施一览表**

| 工序 | 排放类型 | 设备 | 型号 | 位置 | 使用燃料/原料类型 | 投产时间 | 同型号设备数量 | 额定装机 |
|---|---|---|---|---|---|---|---|---|
| 烧结工序 | 电力 | 主抽风机 | SJ-16500-1.017/0.842 | 烧结厂 | 电力 | 2012 | 2 | 6300kW |
| | 电力 | 冷抽风机 | AII22000-1.017/0.907 | 烧结厂 | 电力 | 2012 | 2 | 5600kW |
| | 化石燃料燃烧 | 烧结机 | $180m^2$ | 烧结厂 | 烟煤、无烟煤、焦炭 | 2012 | 2 | 13t/h |
| 炼铁工序 | 化石燃料燃烧 | 高炉 | $1080m^3$ | 炼铁厂 | 烟煤、无烟煤、焦炭 | 2012 | 2 | 90t/h |
| | 电力 | 鼓风机 | AV56-13 | 炼铁厂 | 电力 | 2012 | 3 | 16000kW |
| | 电力 | 炉前除尘风机 | Y4-73 | 炼铁厂 | 电力 | 2012 | 1 | 1250kW |
| | 电力 | 高炉常压泵 | KQSN450-M9/568-F | 炼铁厂 | 电力 | 2012 | 5 | 1000kW |
| 炼钢工序 | 电力 | 一次除尘风机 | AII2500-1.082/0.792 | 炼钢厂 | 电力 | 2012 | 3 | 1600kW |
| | 电力 | 二次除尘风机 | Y4-2×73No26F | 炼钢厂 | 电力 | 2014 | 1 | 2500kW |
| 轧钢工序 | 电力 | 轧钢生产线 | 100万吨/年 | 轧钢厂 | 电力 | 2012 | 2 | — |

通过现场观察和与该企业相关人员访谈，核查组确认了如下信息：

① 该企业提供的服务（粗钢）以及其他基本信息（如企业法人、社会统一信用代码等）与排放报告中填写一致；

② 现场的地理边界与排放报告中填写的核算边界一致；

③ 通过现场走访检查排放设施信息及运行情况，并查阅企业2015年能源审计报告，发现企业部分排放设施信息填写不准确，详见本节（6）不符合及纠正措施；

④ 该企业2015年不存在新增排放设施、替代既有设施的新增排放设施或既有设施的退出情况；

⑤ 核查组对该企业唯一的场所进行了走访，不涉及抽样情况。

(2) 活动水平数据的核查

核查组应对“(1) 核查边界的确定”中识别出的每一个排放源的活动水平数据的单位、来源、监测方法、监测频次、记录频次、数据缺失处理等内容进行核查。在数据量不大，不需要抽样的情况下，核查组应该100%查看企业的活动水平数据。在活动水平数据同时能提供两套数据来源的情况下，核查组应采用其中一套数据源的数据对另一套数据源的活动水平数据进行交叉核对，并形成“核对结论”。具体操作详见下列表格中交叉核对部分。对于采用了抽样方式核查的数据，还应该详述抽样的原则、样本大小和抽样方法等内容。采用表4-3—表4-7对每一个企业实测的活动水平数据进行说明。

① 化石燃料燃烧排放涉及的参数如表4-3所示。

**表 4-3　钢铁企业化石燃料燃烧排放活动水平数据核查表**

<table>
<tr><td>数据名称</td><td colspan="4">焦炭年消耗量</td></tr>
<tr><td>单位</td><td colspan="4">t</td></tr>
<tr><td rowspan="8">数值</td><td>工序</td><td>初始报告数值</td><td colspan="2">核查与最终报告数值</td></tr>
<tr><td>烧结</td><td>—</td><td colspan="2">45,268.00</td></tr>
<tr><td>球团</td><td>—</td><td colspan="2">0.00</td></tr>
<tr><td>炼铁</td><td>—</td><td colspan="2">726,123.64</td></tr>
<tr><td>炼钢</td><td>—</td><td colspan="2">0.00</td></tr>
<tr><td>轧钢</td><td>—</td><td colspan="2">0.00</td></tr>
<tr><td>辅助</td><td>—</td><td colspan="2">0.00</td></tr>
<tr><td>合计</td><td>377,161.99</td><td colspan="2">771,391.64</td></tr>
<tr><td rowspan="3">数据来源</td><td colspan="4">生产年报</td></tr>
<tr><td>数据类型</td><td colspan="2">描述</td><td>优先级</td></tr>
<tr><td>原始数据</td><td colspan="2">直接计量、监测获得的数据</td><td>高</td></tr>
<tr><td>测量方法</td><td colspan="4">由电子汽车衡计量企业焦炭购入量，焦炭的消耗量每天由运行人员读取电子秤的数据来记录每个高炉的焦炭消耗量(企业一共配备了4台称重控制器)，然后汇总成每月的数据，从而形成月报表。财务人员每年汇总该消耗数据，从而形成生产年报</td></tr>
<tr><td>测量频次</td><td colspan="4">每次购买时测量购入量；消耗量连续监测，每月统计，按月汇总</td></tr>
<tr><td>数据缺失处理</td><td colspan="4">无数据缺失</td></tr>
<tr><td>抽样检查(如有)</td><td colspan="4">100%核查，无抽样</td></tr>
<tr><td rowspan="2">交叉核对</td><td>时间</td><td>数据及来源</td><td>交叉核对数值及来源</td><td>备注</td></tr>
<tr><td>2015年</td><td>771,391.64t<br>生产年报</td><td>761,203.7t<br>焦炭出库单</td><td>误差为1.3%，在可控范围内</td></tr>
<tr><td>核查结论</td><td colspan="4">初始填报值与核查值不一致。详见本节(6)不符合及纠正措施。核查组查看了企业2015年份的生产年报数据，通过分工序产品总产量和每吨分工序产品要消耗多少焦炭的数据相乘得出分工序的焦炭的消耗量，最后把各工序的焦炭消耗量加和就是本年度焦炭最终消耗量。核查组使用2015年的焦炭出库单数据与生产年报数据进行交叉验证，两者误差率在可控范围内，核查组认为采用焦炭的生产年报数据作为企业的焦炭消耗数据源是真实准确的</td></tr>
</table>

<table>
<tr><td>数据名称</td><td colspan="4">无烟煤年消耗量</td></tr>
<tr><td>单位</td><td colspan="4">t</td></tr>
<tr><td rowspan="8">数值</td><td>工序</td><td>初始报告数值</td><td colspan="2">核查与最终报告数值</td></tr>
<tr><td>烧结</td><td>—</td><td colspan="2">78,495.00</td></tr>
<tr><td>球团</td><td>—</td><td colspan="2">0.00</td></tr>
<tr><td>炼铁</td><td>—</td><td colspan="2">254,930.35</td></tr>
<tr><td>炼钢</td><td>—</td><td colspan="2">0.00</td></tr>
<tr><td>轧钢</td><td>—</td><td colspan="2">0.00</td></tr>
<tr><td>辅助</td><td>—</td><td colspan="2">0.00</td></tr>
<tr><td>合计</td><td>79,801.47</td><td colspan="2">333,425.35</td></tr>
<tr><td>数据来源</td><td colspan="4">生产年报<br><table><tr><td>数据类型</td><td>描述</td><td>优先级</td></tr><tr><td>原始数据</td><td>直接计量、监测获得的数据</td><td>高</td></tr></table></td></tr>
<tr><td>测量方法</td><td colspan="4">由电子汽车衡计量企业无烟煤购入量，无烟煤的消耗量每天由运行人员读取电子秤的数据来记录每个高炉的无烟煤消耗量(企业一共配备了 4 台称重控制器)，然后汇总成每月的数据，从而形成月报表。财务人员每年汇总该消耗数据，从而形成生产年报</td></tr>
<tr><td>测量频次</td><td colspan="4">连续测量，按月结算汇总数据</td></tr>
<tr><td>数据缺失处理</td><td colspan="4">无数据缺失</td></tr>
<tr><td>抽样检查(如有)</td><td colspan="4">100%核查，无抽样</td></tr>
<tr><td rowspan="2">交叉核对</td><td>时间</td><td>数据及来源</td><td>交叉核对数值及来源</td><td>备注</td></tr>
<tr><td>2015 年</td><td>333,425.35t<br>生产年报</td><td>329,474.953t<br>无烟煤结算单</td><td>误差为 1.2%，在可控范围内</td></tr>
<tr><td>核查结论</td><td colspan="4">初始填报值与核查值不一致。详见本节(6)不符合及纠正措施。核查组查看了企业 2015 年的生产年报数据，通过分工序产品总产量和每吨分工序产品要消耗多少无烟煤的数据相乘得出分工序的无烟煤的消耗量，最后把各工序的无烟煤消耗量加和就是一年度无烟煤最终的消耗量。核查组将 2015 年的无烟煤出库单数据与生产年报数据进行交叉验证，两者误差率在可控范围内，核查组认为采用无烟煤的生产年报数据作为企业的无烟煤消耗数据源是真实准确的</td></tr>
</table>

<table>
<tr><td>数据名称</td><td colspan="3">烟煤年消耗量</td></tr>
<tr><td>单位</td><td colspan="3">t</td></tr>
<tr><td rowspan="8">数值</td><td>工序</td><td>初始报告数值</td><td>核查与最终报告数值</td></tr>
<tr><td>烧结</td><td>—</td><td>0.00</td></tr>
<tr><td>球团</td><td>—</td><td>0.00</td></tr>
<tr><td>炼铁</td><td>—</td><td>106,184.93</td></tr>
<tr><td>炼钢</td><td>—</td><td>0.00</td></tr>
<tr><td>轧钢</td><td>—</td><td>0.00</td></tr>
<tr><td>辅助</td><td>—</td><td>0.00</td></tr>
<tr><td>合计</td><td>151,831.67</td><td>106,184.9</td></tr>
</table>

续表

<table>
<tr><td>数据名称</td><td colspan="4">烟煤年消耗量</td></tr>
<tr><td>数据来源</td><td colspan="4">生产年报<br><table><tr><th>数据类型</th><th>描述</th><th>优先级</th></tr><tr><td>原始数据</td><td>直接计量、监测获得的数据</td><td>高</td></tr></table></td></tr>
<tr><td>测量方法</td><td colspan="4">由电子汽车衡计量企业烟煤购入量,烟煤的消耗量每天由运行人员读取电子秤的数据来记录每个高炉的烟煤消耗量(企业一共配备了4台称重控制器),然后汇总成每月的数据,从而形成月报表。财务人员每年汇总该消耗数据,从而形成生产年报</td></tr>
<tr><td>测量频次</td><td colspan="4">每月测量汇总</td></tr>
<tr><td>数据缺失处理</td><td colspan="4">无数据缺失</td></tr>
<tr><td>抽样检查(如有)</td><td colspan="4">100%核查,无抽样</td></tr>
<tr><td rowspan="2">交叉核对</td><td>时间</td><td>数据及来源</td><td>交叉核对数值及来源</td><td>备注</td></tr>
<tr><td>2015年</td><td>106,184.93t<br>生产年报</td><td>104,813.8t<br>烟煤结算单</td><td>误差为1.3%,在可控范围内</td></tr>
<tr><td>核查结论</td><td colspan="4">初始填报值与核查值不一致。详见本节(6)不符合及纠正措施。核查组查看了企业2015年的生产年报数据,通过分工序产品总产量和每吨分工序产品要消耗多少烟煤的数据相乘得出分工序的烟煤的消耗量,最后把各工序的烟煤消耗量加和就是年度烟煤最终的消耗量。核查组使用2015年的烟煤出库单数据与生产年报数据进行交叉验证,两者误差率在可控范围内,核查组认为采用烟煤的生产年报数据作为企业的烟煤消耗数据源是真实准确的</td></tr>
</table>

<table>
<tr><td>数据名称</td><td colspan="4">柴油年消耗量</td></tr>
<tr><td>单位</td><td colspan="4">t</td></tr>
<tr><td rowspan="2">数值</td><td>年份</td><td colspan="2">初始报告数值</td><td>核查与最终报告数值</td></tr>
<tr><td>2015年</td><td colspan="2">—</td><td>2600</td></tr>
<tr><td>数据来源</td><td colspan="4">企业情况说明<br><table><tr><th>数据类型</th><th>描述</th><th>优先级</th></tr><tr><td>替代数据</td><td>来自相似活动或过程的数据</td><td>低</td></tr></table></td></tr>
<tr><td>测量方法</td><td colspan="4">企业共计大中型货车57辆,但其燃料(柴油)消耗未形成统计制度</td></tr>
<tr><td>测量频次</td><td colspan="4">无</td></tr>
<tr><td>数据缺失处理</td><td colspan="4">数据估算</td></tr>
<tr><td>抽样检查(如有)</td><td colspan="4">无</td></tr>
<tr><td rowspan="2">交叉核对</td><td>时间</td><td>数据及来源</td><td>交叉核对数值及来源</td><td>备注</td></tr>
<tr><td>—</td><td>—</td><td>—</td><td>—</td></tr>
<tr><td>核查结论</td><td colspan="4">企业初始填报值没填柴油数据。详见(6)不符合及纠正措施。核查组现场通过与企业沟通得知企业有大货车57辆,但柴油消耗没有形成统计制度,没有做生产报表,也没有提供购入票据。核查填报中的数据是企业依据经验估算出来的</td></tr>
</table>

② 过程/特殊排放涉及的参数如表 4-4 所示。

**表 4-4 钢铁企业过程/特殊排放活动水平数据核查表**

<table>
<tr><td>数据名称</td><td colspan="4">白云石年消耗量</td></tr>
<tr><td>单位</td><td colspan="4">t</td></tr>
<tr><td rowspan="2">数值</td><td>年份</td><td colspan="2">初始报告数值</td><td>核查与最终报告数值</td></tr>
<tr><td>2015 年</td><td colspan="2">97,339.5</td><td>177,270.7</td></tr>
<tr><td rowspan="3">数据来源</td><td colspan="4">生产年报</td></tr>
<tr><td>数据类型</td><td colspan="2">描述</td><td>优先级</td></tr>
<tr><td>原始数据</td><td colspan="2">直接计量、监测获得的数据</td><td>高</td></tr>
<tr><td>测量方法</td><td colspan="4">由电子汽车衡计量企业白云石购入量，白云石的消耗量每天由运行人员读取电子秤的数据来记录每个高炉的白云石消耗量(企业一共配备了 4 台称重控制器)，然后汇总成每月的数据，从而形成月报表。财务人员每年汇总该消耗数据，从而形成生产年报</td></tr>
<tr><td>测量频次</td><td colspan="4">每次购买时测量购入量；消耗量连续监测，每月统计，按月汇总</td></tr>
<tr><td>数据缺失处理</td><td colspan="4">无数据缺失</td></tr>
<tr><td>抽样检查(如有)</td><td colspan="4">100%核查，无抽样</td></tr>
<tr><td rowspan="2">交叉核对</td><td>时间</td><td>数据及来源</td><td>交叉核对数值及来源</td><td>备注</td></tr>
<tr><td>2015 年</td><td>177,270.7t<br>生产年报</td><td>174,304.3t<br>白云石结算单</td><td>误差为 1.7%，可控范围内</td></tr>
<tr><td>核查结论</td><td colspan="4">初始填报值与核查值不一致。详见本节(6)不符合及纠正措施。核查组查看了企业 2015 全部年份的生产年报数据，通过分工序产品总产量和每吨分工序产品要消耗多少白云石的数据相乘得出分工序的白云石的消耗量，最后把各工序的白云石消耗量加和就是年度白云石最终的消耗量。核查组将 2015 年的白云石出库单数据与生产年报数据进行交叉验证，两者误差率在可控范围内，核查组认为采用白云石的生产年报数据作为企业的白云石消耗数据源是真实准确的</td></tr>
</table>

<table>
<tr><td>数据名称</td><td colspan="3">石灰石年消耗量</td></tr>
<tr><td>单位</td><td colspan="3">t</td></tr>
<tr><td rowspan="2">数值</td><td>年份</td><td>初始报告数值</td><td>核查与最终报告数值</td></tr>
<tr><td>2015 年</td><td>97,339.5</td><td>437,679.3</td></tr>
<tr><td rowspan="3">数据来源</td><td colspan="3">生产年报</td></tr>
<tr><td>数据类型</td><td>描述</td><td>优先级</td></tr>
<tr><td>原始数据</td><td>直接计量、监测获得的数据</td><td>高</td></tr>
<tr><td>测量方法</td><td colspan="3">由电子汽车衡计量企业石灰石购入量，石灰石的消耗量每天由运行人员读取电子秤的数据来记录每个高炉的石灰石消耗量(企业一共配备了 4 台称重控制器)，然后汇总成每月的数据，从而形成月报表。财务人员每年汇总该消耗数据，从而形成生产年报</td></tr>
<tr><td>测量频次</td><td colspan="3">每次购买时测量购入量；消耗量连续监测，每月统计，按月汇总</td></tr>
<tr><td>数据缺失处理</td><td colspan="3">无数据缺失</td></tr>
<tr><td>抽样检查(如有)</td><td colspan="3">100%核查，无抽样</td></tr>
</table>

续表

<table>
<tr><td>数据名称</td><td colspan="4">石灰石年消耗量</td></tr>
<tr><td rowspan="2">交叉核对</td><td>时间</td><td>数据及来源</td><td>交叉核对数值及来源</td><td>备注</td></tr>
<tr><td>2015 年</td><td>437,679.3t<br>生产年报</td><td>432,267.9t<br>石灰石结算单</td><td>误差为 1.2%，在可控范围内</td></tr>
<tr><td>核查结论</td><td colspan="4">初始填报值与核查值不一致。详见本节(6)不符合及纠正措施。核查组查看了企业 2015 年的生产年报数据，通过分工序产品总产量和每吨分工序产品要消耗多少石灰石的数据相乘得出分工序的石灰石的消耗量，最后把各工序的石灰石消耗量加和就是年度石灰石最终的消耗量。核查组将 2015 年的石灰石出库单数据与生产年报数据进行交叉验证，两者误差率在可控范围内，核查组认为采用石灰石的生产年报数据作为企业的石灰石消耗数据源是真实准确的</td></tr>
</table>

③ 净购入电力/热力隐含的排放涉及的参数如表 4-5 所示。

**表 4-5 钢铁企业净购入电力/热力隐含的排放活动水平数据核查表**

<table>
<tr><td>数据名称</td><td colspan="5">净购入电力年消耗量</td></tr>
<tr><td>单位</td><td colspan="5">MW·h</td></tr>
<tr><td rowspan="8">数值</td><td>工序</td><td colspan="2">初始报告数值</td><td colspan="2">核查与最终报告数值</td></tr>
<tr><td>烧结</td><td colspan="2">—</td><td colspan="2">152,253.105</td></tr>
<tr><td>球团</td><td colspan="2">—</td><td colspan="2">12,442.952</td></tr>
<tr><td>炼铁</td><td colspan="2">—</td><td colspan="2">248,861.723</td></tr>
<tr><td>炼钢</td><td colspan="2">—</td><td colspan="2">61,217.482</td></tr>
<tr><td>轧钢</td><td colspan="2">—</td><td colspan="2">13,104.590</td></tr>
<tr><td>辅助</td><td colspan="2">—</td><td colspan="2">8,259.377</td></tr>
<tr><td>合计</td><td colspan="2">300,400</td><td colspan="2">496,139.230</td></tr>
<tr><td>数据来源</td><td colspan="5">生产年报<br><table><tr><td>数据类型</td><td>描述</td><td>优先级</td></tr><tr><td>原始数据</td><td>直接计量、监测获得的数据</td><td>高</td></tr></table></td></tr>
<tr><td>测量方法</td><td colspan="5">企业内部已形成分工序的电力计量制度，电力公司通过 402、403 两个结算总电表每月与企业结算电费。企业有余热余压发电装置。受核查企业向其他两家公司转供电力，并且与之每月进行结算。企业每月汇总生产数据，形成月度和年度的财务台账</td></tr>
<tr><td>测量频次</td><td colspan="5">连续测量，按月结算汇总数据</td></tr>
<tr><td>数据缺失处理</td><td colspan="5">无数据缺失</td></tr>
<tr><td>抽样检查(如有)</td><td colspan="5">100%核查，无抽查</td></tr>
<tr><td rowspan="2">交叉核对</td><td>时间</td><td>数据及来源</td><td>交叉核对数值及来源(1)</td><td>交叉核对数值及来源(2)</td><td>备注</td></tr>
<tr><td>2015 年</td><td>496,139.230MW·h<br>生产年报</td><td>490,716.3716MW·h<br>电费结算单</td><td>499,633.280MW·h<br>财务台账</td><td>误差分别为 1% 和 0.6%，都在误差可控范围内</td></tr>
</table>

续表

| 数据名称 | 净购电力年消耗量 |
| --- | --- |
| 核查结论 | 初始填报值与核查值不一致。详见本节(6)不符合及纠正措施。核查组查看了企业 2015 年的电量年度生产报表,报表通过"产量"和"产量与用电量折算比"可计算出分工序的电力消耗,再减去自发电的分工序的用电量得到各工序净购入电力消耗总量<br>(1)生产年报和电费结算单的交叉核对<br>考虑到企业向其他两家公司转供电力,核查组查看了 2015 年电力公司给受核查企业开具的电费结算账单以及受核查企业给其他两家公司开具的发票账单,并通过扣除转供电力计算获取了受核查方的净购入电力消耗账单汇总年度数据,与生产报表年度用电数据进行交叉验证,误差率在可控范围内<br>(2)生产年报和财务台账的交叉核对<br>核查组查看了企业的电力财务台账,其中记录 402、403 两个电力公司结算总表的数据,并记录了受核查方向其他两家公司转供电力数据。通过扣除转供电力计算获取了企业的净购入消耗电量汇总年度数据,与生产报表年度用电数据进行交叉验证,误差率在可控范围内<br>经过以上两次交叉核对,核查组认为企业的生产年报中的电力数据作为数据源是真实、准确、可靠的 |

④ 排放扣除量涉及的参数如表 4-6 所示。

**表 4-6 钢铁企业排放扣除量活动水平数据核查表**

<table>
<tr><td>数据名称</td><td colspan="4">粗钢年产量</td></tr>
<tr><td>单位</td><td colspan="4">t</td></tr>
<tr><td rowspan="2">数值</td><td>年份</td><td colspan="2">初始报告数值</td><td>核查与最终报告数值</td></tr>
<tr><td>2015 年</td><td colspan="2">1,360,541</td><td>1,946,677</td></tr>
<tr><td rowspan="3">数据来源</td><td colspan="4">生产年报</td></tr>
<tr><td>数据类型</td><td colspan="2">描述</td><td>优先级</td></tr>
<tr><td>原始数据</td><td colspan="2">直接计量、监测获得的数据</td><td>高</td></tr>
<tr><td>测量方法</td><td colspan="4">粗钢产量由电子汽车衡测量,由财务人员每月统计生铁产量,计入生产年报中</td></tr>
<tr><td>测量频次</td><td colspan="4">每月测量汇总</td></tr>
<tr><td>数据缺失处理</td><td colspan="4">无数据缺失</td></tr>
<tr><td>抽样检查(如有)</td><td colspan="4">100%核查,无抽样</td></tr>
<tr><td rowspan="2">交叉核对</td><td>时间</td><td>数据及来源</td><td>交叉核对数值及来源</td><td>备注</td></tr>
<tr><td>2015 年</td><td>1,946,677t<br>生产年报</td><td></td><td></td></tr>
<tr><td>核查结论</td><td colspan="4">由于企业未提供固碳产品粗钢的交叉核对数据,所以粗钢的年度生产数据没有一定说服力</td></tr>
</table>

本案例中，企业的活动水平数据除了有实测值外，还有部分来源于钢铁行业《核算方法与报告指南》中的缺省值，例如各种化石燃料的低位热值。对于这类活动水平数据，核查组只需要核查填报值与钢铁行业《核算方法与报告指南》中缺省值是否一致即可。故采用简化的表 4-7 对来源于缺省值的活动水平数据进行核查。

表 4-7 钢铁企业采用缺省值的活动水平数据核查表

| 数据名称 | 焦炭低位热值 | | | |
|---|---|---|---|---|
| 单位 | GJ/t | | | |
| 数值 | 报告数值 | 28.447 | 核查数值 | 28.447 |
| 来源 | 钢铁行业《核算方法与报告指南》附录二 | | | |
| 核查结论 | 采用缺省值,数据正确、真实、可靠 | | | |

| 数据名称 | 无烟煤低位热值 | | | |
|---|---|---|---|---|
| 单位 | GJ/t | | | |
| 数值 | 报告数值 | 20.304 | 核查数值 | 20.304 |
| 来源 | 钢铁行业《核算方法与报告指南》附录二 | | | |
| 核查结论 | 采用缺省值,数据正确、真实、可靠 | | | |

| 数据名称 | 烟煤低位热值 | | | |
|---|---|---|---|---|
| 单位 | GJ/t | | | |
| 数值 | 报告数值 | 19.57 | 核查数值 | 19.57 |
| 来源 | 钢铁行业《核算方法与报告指南》附录二 | | | |
| 核查结论 | 采用缺省值,数据正确、真实、可靠 | | | |

| 数据名称 | 柴油低位热值 | | | |
|---|---|---|---|---|
| 单位 | GJ/t | | | |
| 数值 | 报告数值 | 42.652 | 核查数值 | 42.652 |
| 来源 | 钢铁行业《核算方法与报告指南》附录二 | | | |
| 核查结论 | 采用缺省值,数据正确、真实、可靠 | | | |

(3) 排放因子的核查

排放因子的来源有以下两种:

① 缺省值(参考相应行业《核算方法与报告指南》附录二、国家主管部门公布值、其他权威文献)。

② 实测值(测量的方法和频率均需满足相应行业《核算方法与报告指南》中的要求)。

本案例中,排放因子全部为缺省值。核查组主要查看企业填报的数值是否与缺省值一致。因此,采用简化的表 4-8—表 4-11 对每一个排放因子进行说明。

① 化石燃料燃烧排放涉及的参数如表 4-8 所示。

表 4-8 钢铁企业化石燃料燃烧排放因子数据核查表

| 数据名称 | 焦炭单位热值含碳量 | | | |
|---|---|---|---|---|
| 单位 | tC/TJ | | | |
| 数值 | 报告数值 | 29.5 | 核查数值 | 29.5 |
| 来源 | 钢铁行业《核算方法与报告指南》附录二 | | | |
| 核查结论 | 采用缺省值,数据正确、真实、可靠 | | | |

| 数据名称 | 焦炭碳氧化率 | | |
|---|---|---|---|
| 单位 | % | | |
| 数值 | 报告数值 | 93 | 核查数值 | 93 |
| 来源 | 钢铁行业《核算方法与报告指南》附录二 | | | |
| 核查结论 | 采用缺省值，数据正确、真实、可靠 | | | |

| 数据名称 | 无烟煤单位热值含碳量 | | | |
|---|---|---|---|---|
| 单位 | tC/TJ | | | |
| 数值 | 报告数值 | 27.49 | 核查数值 | 27.49 |
| 来源 | 钢铁行业《核算方法与报告指南》附录二 | | | |
| 核查结论 | 采用缺省值，数据正确、真实、可靠 | | | |

| 数据名称 | 无烟煤碳氧化率 | | | |
|---|---|---|---|---|
| 单位 | % | | | |
| 数值 | 报告数值 | 94 | 核查数值 | 94 |
| 来源 | 钢铁行业《核算方法与报告指南》附录二 | | | |
| 核查结论 | 采用缺省值，数据正确、真实、可靠 | | | |

| 数据名称 | 烟煤单位热值含碳量 | | | |
|---|---|---|---|---|
| 单位 | tC/TJ | | | |
| 数值 | 报告数值 | 26.18 | 核查数值 | 26.18 |
| 来源 | 钢铁行业《核算方法与报告指南》附录二 | | | |
| 核查结论 | 采用缺省值，数据正确、真实、可靠 | | | |

| 数据名称 | 烟煤碳氧化率 | | | |
|---|---|---|---|---|
| 单位 | % | | | |
| 数值 | 报告数值 | 93 | 核查数值 | 93 |
| 来源 | 钢铁行业《核算方法与报告指南》附录二 | | | |
| 核查结论 | 采用缺省值，数据正确、真实、可靠 | | | |

| 数据名称 | 柴油单位热值含碳量 | | | |
|---|---|---|---|---|
| 单位 | tC/TJ | | | |
| 数值 | 报告数值 | 20.2 | 核查数值 | 20.2 |
| 来源 | 钢铁行业《核算方法与报告指南》附录二 | | | |
| 核查结论 | 采用缺省值，数据正确、真实、可靠 | | | |

| 数据名称 | 柴油碳氧化率 | | |
|---|---|---|---|
| 单位 | % | | |
| 数值 | 报告数值 | 98 | 核查数值 | 98 |
| 来源 | 钢铁行业《核算方法与报告指南》附录二 | | | |
| 核查结论 | 采用缺省值，数据正确、真实、可靠 | | | |

② 过程/特殊排放涉及的参数如表 4-9 所示。

**表 4-9　钢铁企业过程/特殊排放因子数据核查表**

| 数据名称 | 石灰石排放因子 | | | |
|---|---|---|---|---|
| 单位 | $tCO_2/t$ | | | |
| 数值 | 报告数值 | 0.44 | 核查数值 | 0.44 |
| 来源 | 钢铁行业《核算方法与报告指南》附录二 | | | |
| 核查结论 | 采用缺省值，数据正确、真实、可靠 | | | |

| 数据名称 | 白云石排放因子 | | | |
|---|---|---|---|---|
| 单位 | $tCO_2/t$ | | | |
| 数值 | 报告数值 | 0.47 | 核查数值 | 0.47 |
| 来源 | 钢铁行业《核算方法与报告指南》附录二 | | | |
| 核查结论 | 采用缺省值，数据正确、真实、可靠 | | | |

③ 净购入电力/热力隐含的排放涉及的参数如表 4-10 所示。

**表 4-10　钢铁企业电力/热力隐含的排放因子数据核查表**

| 数据名称 | 电力排放因子 | | | |
|---|---|---|---|---|
| 单位 | $tCO_2/(MW \cdot h)$ | | | |
| 数值 | 报告数值 | 0.7035 | 核查数值 | 0.7035 |
| 来源 | 《2011 年和 2012 年中国区域电网平均二氧化碳排放因子》表 2，华东区域电网排放因子 2012 年值。由于主管部门没有公布 2015 年的区域电网平均二氧化碳排放因子，因此，2015 年采用最近可得的 2012 年值 | | | |
| 核查结论 | 采用缺省，数据正确、真实、可靠 | | | |

④ 排放扣除涉及的参数如表 4-11 所示。

**表 4-11　钢铁企业排放扣除的排放因子数据核查表**

| 数据名称 | 粗钢排放因子 | | | |
|---|---|---|---|---|
| 单位 | $tCO_2/t$ | | | |
| 数值 | 报告数值 | 0.0154 | 核查数值 | 0.0154 |
| 来源 | 钢铁行业《核算方法与报告指南》附录二 | | | |
| 核查结论 | 采用国家最新发布值，数据正确、真实、可靠 | | | |

（4）排放量的核查

核查组应根据《核算方法与报告指南》中的核算方法对分类排放量和汇总排放量的结果进行核查。核查组可通过重复计算、公式验证等方式对重点排放单位排放报告中的排放量的核算结果进行核查。说明报告排放量的计算公式是否正确、排放量的累加是否正确、排放量的计算是否可再现、排放量的计算结果是否正确等核查发现。通过表 4-12（a）—表 4-12（e）展示钢铁企业排放量核查结果。

**表 4-12（a）　化石燃料排放量计算表**

| 燃料品种 | 核证活动水平数据 | | 核证排放因子 | | 核证排放量/$tCO_2$ | 初始报告排放量/$tCO_2$ |
|---|---|---|---|---|---|---|
| | 消耗量/t | 低位发热值/(GJ/t) | 含碳量/(tC/GJ) | 碳氧化率/% | | |
| | *A* | *B* | *C* | *D* | *ABCD*×44/12 | |
| 焦炭 | 771,391.64 | 28.447 | 0.0295 | 93 | 2,207,434.35 | 1,117,237 |
| 无烟煤 | 333,425.35 | 20.304 | 0.02749 | 94 | 641,437.35 | 153,520.6 |
| 烟煤 | 106,184.93 | 19.57 | 0.02618 | 93 | 185,514.45 | 265,263.3 |
| 柴油 | 2600 | 42.652 | 0.0202 | 98 | 8049.37 | — |
| 小计 | | | | | 3,042,435.51 | 1,536,020.9 |

**表 4-12（b）　过程排放量计算表**

| 原料品种 | 核证活动水平数据/t | 核证排放因子/($tCO_2$/t 碳酸盐) | 核证纯度/% | 核证排放量/$tCO_2$ | 初始报告排放量/$tCO_2$ |
|---|---|---|---|---|---|
| | *A* | *B* | *C* | *ABC* | |
| 石灰石 | 437,679.3 | 0.44 | 100 | 192,578.88 | 99,193.25 |
| 白云石 | 177,270.7 | 0.471 | 100 | 83,494.50 | 45,846.9 |
| 小计 | | | | 276,073.38 | 145,040.15 |

**表 4-12（c）　净购入电力排放量计算表**

| 核证活动水平数据/MW·h | 核证排放因子/[$tCO_2$/(MW·h)] | 核证排放量/$tCO_2$ | 初始报告排放量/$tCO_2$ |
|---|---|---|---|
| *A* | *B* | *AB* | |
| 496,139.230 | 0.7035 | 349,033.95 | 211,331.40 |

**表 4-12（d）　固碳产品隐含排放量计算表**

| 核证活动水平数据/t | 核证排放因子/($tCO_2$/t) | 核证排放量/$tCO_2$ | 初始报告排放量/$tCO_2$ |
|---|---|---|---|
| *A* | *B* | *AB* | |
| 1,946,677.35 | 0.0154 | 29,978.83 | 20,952.33 |

表 4-12（e） 企业排放汇总表

| 排放类型 | 核证值/$tCO_2$ | 报告值/$tCO_2$ | 误差/% |
|---|---|---|---|
| | A | B | [(B−A)/A]×100% |
| 化石燃料燃烧 | 3,042,435.51 | 1,520,976.46 | 100 |
| 生产/特殊过程 | 276,073.38 | 145,040.15 | 90 |
| 排放扣除(固碳产品) | 29,978.83 | 20,952.33 | 43 |
| 直接排放小计 | 3,288,530.06 | 1,666,016.62 | 99 |
| 净购入电力 | 349,039.95 | 211,331.40 | 65 |
| 净购入热力 | 0.00 | 0.00 | — |
| 能源间接排放小计 | 349,033.95 | 211,331.40 | 65 |
| 合计 | 3,637,564.01 | 1,856,395.69 | 98 |

（5）配额分配相关补充数据的核查

配额分配补充数据与核算指南要求的数据略有不同，核算指南只要求填报企业层面的排放数据，而配额分配补充数据不仅要求填报企业层面的排放数据还要求填报分工序的排放数据，对于受核查企业来说，包括了烧结、球团、炼铁、炼钢、轧钢、其他辅助工序等 7 个工序，考虑到补充报告的要求，核查组在按照钢铁行业《核算方法与报告指南》核查时就已经核查了分工序的化石燃料和电力消耗量。配额补充数据涵盖的排放源比核算指南要少，只包括化石燃料燃烧排放和净购入电力排放而不包括工业过程排放和固碳产品隐含排放扣除量。

另外，配额分配补充数据还要求计算企业的综合能耗。

企业消耗的焦炭、无烟煤、烟煤、柴油和电力分别乘以各自的折标系数，再相加。焦炭、无烟煤、烟煤和柴油的折标系数由各自的低位热值除以标煤的低位热值得到。标煤的低位热值取 29.271GJ/t。电力折标系数取自《综合能耗计算通则》（GBT 2589—2008）附录 A，取当量值 0.1229tce/（MW·h）。计算过程如表 4-13 所示。

表 4-13 钢铁企业综合能耗计算表

| 品种 | 消耗量/t 或 MW·h | 低位热值/(GJ/t) | 标煤热值/(GJ/t) | 折标系数 | 折标量/tce |
|---|---|---|---|---|---|
| | A | B | C | D=B/C | AD |
| 焦炭 | 771,391.6 | 28.447 | 29.271 | 0.9718 | 749,676.40 |
| 无烟煤 | 333,425.4 | 20.304 | 29.271 | 0.6937 | 231,282.44 |
| 烟煤 | 106,184.9 | 19.57 | 29..271 | 0.6686 | 70,993.10 |
| 柴油 | 2600 | 42.652 | 29.271 | 1.4571 | 3788.57 |
| 外购电 | 496,139.230 | — | — | 0.1229 | 60,975.51 |
| 企业综合能耗/tce | | | | | 1,116,716.02 |

最后，把对配额分配补充数据的核查结果填入数据汇总表以及相应行业的补充数据表中，如表 4-14 和表 4-15 所示。

表 4-14 钢铁企业补充数据汇总表

| 年份 | 企业基本信息 | | | 纳入碳交易主营产品信息 | | | | | | | | | 能源和温室气体排放相关数据 | | |
|---|---|---|---|---|---|---|---|---|---|---|---|---|---|---|---|
| | | | | 产品一 | | | 产品二 | | | 产品三 | | | | | |
| | 企业名称 | 组织机构代码 | 行业代码 | 名称 | 单位 | 产量 | 名称 | 单位 | 产量 | 名称 | 单位 | 产量 | 企业综合能耗/万吨标煤 | 按照指南核算的企业温室气体排放总量/万吨二氧化碳当量 | 按照补充报告模板核算的企业或设施层面二氧化碳排放总量/万吨 |
| 2015 | | | | 粗钢 | t | 1,946,677.35 | | | | | | | 111.67 | 363.76 | 339.15 |

注:因为“按照补充报告核算的企业设施层面的二氧化碳排放量总量”不包含工业过程排放和固碳产品隐含排放,所以数值与“按照指南核算的企业温室气体排放总量”不同。

表 4-15 钢铁生产企业(粗钢生产)2015 年温室气体排放报告补充数据表

| 补充数据 | 数值 | 计算方法或填写要求 |
|---|---|---|
| 1. 纳入碳排放权交易体系的二氧化碳排放总量/$tCO_2$ | 3,391,475.46 | 1.1 与 1.2 之和 |
| 1.1 化石燃料燃烧排放 | 3,042,435.51 | 数据来自核算与报告指南附表 1 |
| 1.2 净购入电力、热力产生的排放 | 349,039.95 | 数据来自核算与报告指南附表 1 |
| 2. 粗钢产量/t | 1,946,677.35 | 优先选用企业计量数据,如生产日志或月度、年度统计报表<br>其次选用报送统计局数据 |
| 3. 排放强度/($tCO_2$/t) | 1.742 | 纳入碳排放权交易体系的二氧化碳排放总量/粗钢产量 |
| 4. 企业不同生产工序的二氧化碳排放量及产品产量 | | |
| 4.1 炼焦工序 | | |
| 4.1.1 化石燃料燃烧排放/$tCO_2$ | | 按核算与报告指南公式(2)计算 |
| 4.1.2 净购入电力、热力产生的排放/$tCO_2$ | | 按核算与报告指南公式(10)计算 |
| 4.1.3 焦炭产量/t | | |
| 4.2 烧结工序 | | |
| 4.2.1 化石燃料燃烧排放/$tCO_2$ | 280,547.27 | 按核算与报告指南公式(2)计算 |
| 4.2.2 净购入电力、热力产生的排放/$tCO_2$ | 107,110.06 | 按核算与报告指南公式(10)计算 |
| 4.2.3 烧结产量/t | 2,540,291.98 | |
| 4.3 球团工序 | | |
| 4.3.1 化石燃料燃烧排放/$tCO_2$ | 0.00 | 按核算与报告指南公式(2)计算 |
| 4.3.2 净购入电力、热力产生的排放/$tCO_2$ | 8753.62 | 按核算与报告指南公式(10)计算 |
| 4.3.3 成品矿槽产量/t | 315,959.42 | |
| 4.4 炼铁工序 | | |
| 4.4.1 化石燃料燃烧排放/$tCO_2$ | 2,753,838.87 | 按核算与报告指南公式(2)计算 |
| 4.4.2 净购入电力、热力产生的排放/$tCO_2$ | 175,074.22 | 按核算与报告指南公式(10)计算 |
| 4.4.3 生铁产量/t | 1,880,710.82 | |

续表

| 补充数据 | 数值 | 计算方法或填写要求 |
|---|---|---|
| 4.5 炼钢工序 | | |
| 4.5.1 化石燃料燃烧排放/$tCO_2$ | 0.00 | 按核算与报告指南公式(2)计算 |
| 4.5.2 净购入电力、热力产生的排放/$tCO_2$ | 43,066.50 | 按核算与报告指南公式(10)计算 |
| 4.5.3 粗钢产量/t | 1,946,677.35 | |
| 4.6 钢铁加工工序 | | |
| 4.6.1 化石燃料燃烧排放/$tCO_2$ | 0.00 | 按核算与报告指南公式(2)计算 |
| 4.6.2 净购入电力、热力产生的排放/$tCO_2$ | 9219.08 | 按核算与报告指南公式(10)计算 |
| 4.6.3 钢材产量/t | 177,093.82 | |
| 4.7 自备发电、供热 | | 企业无自备化石燃料电厂 |
| 4.7.1 化石燃料燃烧排放/$tCO_2$ | | 按核算与报告指南公式(2)计算 |
| 4.7.2 净购入电力、热力产生的排放/$tCO_2$ | | 按核算与报告指南公式(10)计算 |
| 4.8 其他辅助工序 | | |
| 4.8.1 化石燃料燃烧排放/$tCO_2$ | | 按核算与报告指南公式(2)计算 |
| 4.8.2 净购入电力、热力产生的排放/$tCO_2$ | 5810.47 | 按核算与报告指南公式(10)计算 |
| 5. 企业新增钢铁加工工序二氧化碳排放量/$tCO_2$ | 0.00 | 2016年1月1日之前投产为既有，之后为新增 |
| 6. 企业新增钢铁加工工序的钢材产量/t | 0.00 | |

(6) 不符合及纠正措施

现场核查实施后核查组应将在文件评审、现场核查过程中发现的不符合提交给委托方和/或重点排放单位。核查委托方和/或重点排放单位应在双方商定的时间内采取纠正和纠正措施。

重点排放单位应对提出的所有不符合进行原因分析并进行整改包括采取纠正及纠正措施并提供相应的证据。核查组应对不符合的整改进行验证，只有确认委托方和/或重点排放单位对排放报告进行了更改或提供了清晰的解释或证据并满足相关要求时，核查组方可确认不符合的关闭。

本案例在文件评审和现场核查中发现的不符合项如表4-16所示。

**表4-16 钢铁企业不符合及纠正措施一览表**

| 序号 | 不符合描述 | 重点排放单位原因分析及整改措施 | 核查结论 |
|---|---|---|---|
| 1 | 企业填报的排放设施相关信息填写不准确，漏填轧钢工序排放设施 | 原因分析：不理解排放设施的概念<br>整改措施：增加了轧钢工序的排放设施信息 | 核查组确认设施边界符合钢铁行业《核算方法与报告指南》的要求，排放报告中的排放设施名称、型号和物理位置与现场一致，不存在漏识别的范围，不符合项关闭 |
| 2 | 企业固碳产品粗钢产量填报值与核查值不一致 | 原因分析：不清楚固碳产品的概念<br>整改措施：把固碳产品量修改成粗钢产量 | 不符合项关闭 |

续表

| 序号 | 不符合描述 | 重点排放单位原因分析及整改措施 | 核查结论 |
|---|---|---|---|
| 3 | 企业焦炭、烟煤、无烟煤、白云石、石灰石与电力的消耗量填报有误 | 原因分析：对数据来源选取的优先级不清楚，导致选择了低优先级数据源<br>整改措施：全部改成高优先级的生产直接测量数据 | 不符合项关闭 |
| 4 | 企业未填报柴油消耗 | 原因分析：排放源识别不全<br>整改措施：把生产用车柴油消耗排放纳入 | 不符合项关闭 |
| 5 | 企业将核算边界内使用的高炉煤气（二次能源）纳入 | 原因分析：不理解钢铁行业《核算方法与报告指南》的大黑箱核算方法，错把企业自产自用的二次能源计入化石燃料燃烧排放<br>整改措施：把企业自产自用的高炉煤气剔除 | 不符合项关闭 |

#### 4.4.1.4 核查报告的编写

核查组根据文件评审和现场核查发现编制完成了核查报告。核查报告在提交给委托方之前经过独立于核查组的技术复核人员进行内部评审。之后将核查报告交指定的报告授权人签字完成最终核查报告的签发，提交委托方。核查报告应包含的内容详见本书4.2.4核查报告编制部分。

### 4.4.2 电力行业

某发电企业位于XX省XX市XX区XX路XX号，建设规模为2×600MW亚临界燃褐煤直接空冷国产机组，同步安装静电除尘器、湿法脱硫（含气-气换热器）装置，加装脱硝装置。电力1回500kV送出，接入距厂区10km的500kV级XX变电站。

该企业在2015年间主要排放源包括：

① 化石燃料燃烧排放　燃煤锅炉消耗的褐煤和点火用柴油；叉车消耗柴油。

② 脱硫过程排放　脱硫消耗石灰石。

③ 外购电力排放　两台机组没有同时检修，因此没有外购电力，不涉及此部分排放。

#### 4.4.2.1 核查准备

具体实施步骤可参考钢铁行业的4.4.1.1核查准备。发电行业与钢铁行业的主要区别在于核查所需资料清单以及人员时间配置与钢铁行业不同。下面分别说明。

① 资料清单："企业基本情况""质量保证文件"与钢铁行业基本相同，直接参考钢铁行业核查资料清单即可，表4-17只列出发电企业要求的其他特殊资料清单。

**表4-17 发电企业温室气体核查特殊资料清单**

| 序号 | 文件 |
|---|---|
| | 生产设施信息 |
| 1 | 主要化石燃料燃烧设施清单或台账（包括固定燃烧和移动燃烧设备，各燃烧设备注明设备名称、型号、位置、燃料品种、投产日期）<br>固定燃烧设备：包括锅炉等<br>移动燃烧设备：包括厂内生产用叉车、装卸车等 |
| 2 | 主要耗电和耗热设施清单或台账（包括设备名称、型号、位置、投产日期） |

续表

| 序号 | 文件 |
|---|---|
| | 活动水平数据和排放因子数据 |
| 3 | 分机组的化石燃料消耗量①(主要指燃煤、天然气、汽油、柴油、液化石油气等,可来源于能源消费台账、生产报表、购销存表、经济技术指标表、生产管理系统、财务分类明细账、领用记录等)<br>注:请至少提供两套数据供交叉核对 |
| 4 | 分机组的脱硫剂消耗量(主要指石灰石等,可来源于能源消费台账、生产报表、购销存表、经济技术指标表、生产管理系统、财务分类明细、领用记录等)<br>注:请至少提供两套数据供交叉核对 |
| 5 | 分机组的外购电力量(主要指外购并使用的网电,不包括企业自发自用电量和转供电量,可来源于能源消费台账、生产报表、经济技术指标表、生产管理系统、财务分类明细账、外购电力结算单和发票等) |
| 6 | 食堂、浴室、保健站的能耗数据(包括化石燃料和电能消耗) |
| 7 | 分机组的燃料低位热值测量数据(固体燃料:每日测量值,可来源于煤质分析表等;液体燃料:每批次测量或供应商提供年度平均值;气体燃料:每月测量或供应商提供月平均值) |
| 8 | 分机组的化石燃料元素含碳量测量数据(固体燃料:每天采集缩分样品,每月分析混合样,必须是元素碳含量,固定碳含量不可用) |
| 9 | 分机组的碳氧化率数据(对燃煤机组而言,通过每月炉渣产量和每月检测含碳量、每月飞灰产量和每月检测含碳量、除尘效率、燃煤消耗量、燃煤低位热值和燃煤单位热值含碳量进行计算)<br>注:炉渣和飞灰含碳量检测需遵循 DL/T 567.6—1995《飞灰和炉渣可燃物测定方法》的要求 |
| | 计量器具信息 |
| 10 | 化石燃料消耗量计量器具信息(包括地磅、皮带秤、流量计等,请提供设备名称、型号、序列号、精度、位置,校准报告和更换维修记录) |
| 11 | 脱硫剂消耗量计量器具信息(包括地磅、皮带秤等,请提供设备名称、型号、序列号、精度、位置,校准报告和更换维修记录) |
| 12 | 外购电量测量电表(请提供设备名称、型号、序列号、精度、位置,校准报告和更换维修记录) |
| 13 | 低位热值测量仪器(请提供设备名称、型号、序列号、精度、位置,校准报告和更换维修记录) |
| 14 | 元素含碳量测量仪器(请提供设备名称、型号、序列号、精度、位置,校准报告和更换维修记录) |
| 15 | 炉渣产量和飞灰产量测量仪器(请提供设备名称、型号、序列号、精度、位置,校准报告和更换维修记录) |
| 16 | 炉渣含碳量和飞灰含碳量测量仪器(请提供设备名称、型号、序列号、精度、位置,校准报告和更换维修记录) |

① 包括生物质混合燃料中的化石燃料(如燃煤)和垃圾发电中使用的化石燃料(如燃煤)。

② 人员时间配置:该企业 2015 年温室气体排放核查的文件评审需要 4 人天、现场访问需要 2 人天、核查报告编制需要 7 人天、内部技术评审需要 1 人天。

核查组由 2 人组成,其中包括核查组长及核查组员各 1 名,1 名内部技术评审人员,其中核查组长和内部技术评审人员需具备发电领域的核查资质。

文件评审时间和人员安排:组长和组员共同工作 2 天。

现场访问时间和人员安排:组长和组员共同工作 1 天。

#### 4.4.2.2 文件评审

此步骤的主要目的是识别出现场核查中的重点。具体实施步骤可参考钢铁行业的"4.4.1.2 文件评审"。本案例中识别出的现场核查中需要重点关注的内容如下:

① 企业核算边界是否存在变化；

② 是否存在新增设施和既有设施的退出情况；

③ 褐煤、柴油、石灰石消耗数据的准确性；

④ 内部数据流控制；

⑤ 排放量计算的准确性。

核查组将上述文件评审的结果形成记录，并作为核查计划制定的依据。

#### 4.4.2.3 现场核查

现场核查的具体实施步骤可参考钢铁企业“4.4.1.3 现场核查”。此处只对发电行业的特殊方面进行说明。

（1）核查边界的确定

通过现场查阅厂区平面图、排放设施清单、实地观察以及与该企业代表访谈，核查组确定该企业核算边界为XX省XX市XX区XX路XX号。具体排放设施类型、设备名称、型号及物理位置如表4-18所示。

**表4-18 发电企业排放设施一览表**

| 排放类型 | 设备名称 | 燃料/原料类型 | 设备型号 | 数量 | 物理位置 |
|---|---|---|---|---|---|
| 固定燃烧源 | 锅炉 | 褐煤、柴油 | B&WB2080/17.5-M | 2 | 动力车间 |
| 移动燃烧源 | 叉车 | 柴油 | — | 若干 | 全厂 |
| 过程排放源 | 脱硫塔 | 石灰石 | — | 1 | 脱硫车间 |

（2）活动水平数据的核查

① 化石燃料燃烧排放涉及的大部分参数的核查方法均可参考钢铁行业。值得注意的是发电企业的燃煤低位热值一般都会每日检测，该值需要采用实测值而非缺省值。因此，本节给出燃煤低位热值的详细核查过程，其他化石燃料燃烧排放活动水平数据直接给出结果，见表4-19。另外需要注意的是发电行业的数据最好可以分机组分别核查，虽然《核算方法与报告指南》中没有要求，但是配额分配补充数据表中要求数据分机组。最后，锅炉点火用柴油和厂内叉车等运输用柴油要分开核算，因为只有点火用柴油被纳入了配额分配补充数据表中。

**表4-19 发电企业化石燃料燃烧排放活动水平数据核查表**

<table>
<tr><td>数据名称</td><td colspan="3">褐煤低位热值</td></tr>
<tr><td>单位</td><td colspan="3">GJ/t</td></tr>
<tr><td rowspan="2">数值</td><td>年份</td><td>初始报告数值</td><td>核查与最终报告数值</td></tr>
<tr><td>2015年</td><td>13.34</td><td>13.21</td></tr>
<tr><td>数据来源</td><td colspan="3">煤质分析报表<br><table><tr><td>数据类型</td><td>描述</td><td>优先级</td></tr><tr><td>原始数据</td><td>直接计量、监测获得的数据</td><td>高</td></tr></table></td></tr>
<tr><td>测量方法</td><td colspan="3">弹筒量热仪</td></tr>
<tr><td>测量频次</td><td colspan="3">弹筒量热仪对入炉煤每日进行测量，按月加权汇总并上报数据形成煤质分析报表</td></tr>
</table>

续表

<table>
<tr><td>数据名称</td><td colspan="4">褐煤低位热值</td></tr>
<tr><td>数据缺失处理</td><td colspan="4">无数据缺失</td></tr>
<tr><td>抽样检查(如有)</td><td colspan="4">100%核查,无抽样</td></tr>
<tr><td rowspan="2">交叉核对</td><td>时间</td><td>数据及来源</td><td>交叉核对数值及来源</td><td>备注</td></tr>
<tr><td>2015 年</td><td>煤质分析报表:13.21GJ/t</td><td>《2006 IPCC 国家温室气体清单指南》缺省值:11.9GJ/t</td><td>比缺省值大 11%(<20%),数据可接受</td></tr>
<tr><td>核查结论</td><td colspan="4">开具不符合项 1:企业采取 2015 年 1—12 月实测低位热值的算术平均值作为 2015 年的年均值,与发电行业《核算方法与报告指南》要求的加权平均值不符。详见本节(6)不符合及纠正措施</td></tr>
</table>

| 数据名称 | 单位 | 填报值 | 核查值 | 核查结论 |
|---|---|---|---|---|
| 1# 锅炉褐煤消耗量 | t | 1,793,663.13 | 1,793,663.13 | 数据准确 |
| 2# 锅炉褐煤消耗量 | t | 1,611,674.00 | 1,611,674.00 | 数据准确 |
| 1# 锅炉点火柴油消耗量 | t | 93.81 | 93.81 | 数据准确 |
| 2# 锅炉点火柴油消耗量 | t | 128.91 | 128.91 | 数据准确 |
| 叉车柴油消耗量 | t | 19.06 | 19.06 | 数据准确 |
| 柴油低位热值 | GJ/t | 42.652 | 42.652 | 数据准确 |

② 过程/特殊排放涉及的参数为脱硫消耗石灰石，此为发电行业特有参数，其核查过程见表 4-20。

**表 4-20 发电企业过程/特殊排放活动水平数据核查表**

<table>
<tr><td>数据名称</td><td colspan="4">石灰石消耗量</td></tr>
<tr><td>单位</td><td colspan="4">t</td></tr>
<tr><td rowspan="2">数值</td><td>年份</td><td colspan="2">初始报告数值</td><td>核查与最终报告数值</td></tr>
<tr><td>2015 年</td><td colspan="2">65,880.77</td><td>65,880.77</td></tr>
<tr><td>数据来源</td><td colspan="4">生产月报表<br><table><tr><td>数据类型</td><td>描述</td><td>优先级</td></tr><tr><td>原始数据</td><td>直接计量、监测获得的数据</td><td>高</td></tr></table></td></tr>
<tr><td>测量方法</td><td colspan="4">地磅</td></tr>
<tr><td>测量频次</td><td colspan="4">石灰石每批次进厂量通过地磅来计量,运行人员每日进行盘库统计,每月根据期末盘库差值计算出每月石灰石实际消耗量,按月汇总并上报数据形成生产月报表</td></tr>
<tr><td>数据缺失处理</td><td colspan="4">无数据缺失</td></tr>
<tr><td>抽样检查(如有)</td><td colspan="4">100%核查,无抽样</td></tr>
<tr><td rowspan="2">交叉核对</td><td>时间</td><td>数据及来源</td><td>交叉核对数值及来源</td><td>备注</td></tr>
<tr><td>2015 年</td><td>生产月报表:65,880.77t</td><td>与石灰石出库单和石灰石购买发票:65,880.77t</td><td>一致</td></tr>
<tr><td>核查结论</td><td colspan="4">企业报告数据正确、真实、可信</td></tr>
</table>

(3) 排放因子的核查

本案例中，所有排放因子均为缺省值，因此本节不再单独阐述每个排放因子的核查方法，而是直接以简单的列表形式给出数据和核查结果，如表 4-21 所示。

**表 4-21　发电企业排放因子数据一览表**

| 数据名称 | 单位 | 填报值 | 核查值 | 核查结论 |
|---|---|---|---|---|
| 褐煤单位热值含碳量 | tC/TJ | 19.42 | 27.97 | 开具不符合项 2：企业使用实测的固定碳含量代替元素碳含量，与发电行业《核算方法与报告指南》的要求不符。详见本节(6)不符合及纠正措施 |
| 褐煤碳氧化率 | % | 98 | 98 | 数据准确 |
| 柴油单位热值含碳量 | tC/TJ | 20.2 | 20.2 | 数据准确 |
| 柴油碳氧化率 | % | 98 | 98 | 数据准确 |
| 石灰石中碳酸盐含量 | % | 90 | 90 | 数据准确 |
| 石灰石排放因子 | $tCO_2/t$ | 0.44 | 0.44 | 数据准确 |

(4) 排放量的核查

核查组应根据《核算方法与报告指南》中的核算方法对分类排放量和汇总排放量的结果进行核查。核查组可通过重复计算、公式验证等方式对重点排放单位排放报告中的排放量的核算结果进行核查。说明报告排放量的计算公式是否正确、排放量的累加是否正确、排放量的计算是否可再现、排放量的计算结果是否正确等核查发现。通过表 4-22 (a)—表 4-22 (c) 展示核查结果。

**表 4-22 (a)　化石燃料排放量计算表**

| 燃料品种 | 核证活动水平数据 | | 核证排放因子 | | 核证排放量 $/tCO_2$ | 初始报告排放量 $/tCO_2$ |
|---|---|---|---|---|---|---|
| | 消耗量/t | 低位发热值/(GJ/t) | 含碳量/(tC/GJ) | 碳氧化率/% | | |
| | *A* | *B* | *C* | *D* | *ABCD*×44/12 | |
| 1# 锅炉褐煤 | 1,793,663.13 | 13.21 | 0.02797 | 98 | 2,382,109.07 | 1,669,719.20 |
| 2# 锅炉褐煤 | 1,611,674.00 | 13.21 | 0.02797 | 98 | 2,140,414.88 | 1,500,305.71 |
| 1# 锅炉柴油 | 93.81 | 42.652 | 0.0202 | 98 | 290.43 | 290.43 |
| 2# 锅炉柴油 | 128.91 | 42.652 | 0.0202 | 98 | 399.09 | 399.09 |
| 叉车柴油 | 19.06 | 42.652 | 0.0202 | 98 | 59.02 | 59.02 |

**表 4-22 (b)　脱硫过程排放量计算表**

| 原料品种 | 核证活动水平数据/t | 核证排放因子 /($tCO_2$/t 碳酸盐) | 核证纯度/% | 核证排放量/$tCO_2$ | 初始报告排放量/$tCO_2$ |
|---|---|---|---|---|---|
| | *A* | *B* | *C* | *ABC* | |
| 石灰石 | 65,880.77 | 0.44 | 90 | 26,088.78 | 26,088.78 |

**表 4-22 (c)　企业排放汇总表**

| 排放类型 | 核证值/$tCO_2$ | 报告值/$tCO_2$ | 误差/% |
|---|---|---|---|
| | *A* | *B* | (*B*−*A*)/*A*×100% |
| 化石燃料燃烧 | 4,523,272.49 | 3,170,773.45 | −29.90 |

续表

| 排放类型 | 核证值/$tCO_2$ | 报告值/$tCO_2$ | 误差/% |
|---|---|---|---|
| | *A* | *B* | (*B*−*A*)/*A*×100% |
| 生产/特殊过程 | 26,088.78 | 26,088.78 | 0.00 |
| 排放扣除 | — | — | — |
| 直接排放小计 | 4,549,361.28 | 3,196,862.23 | −29.90 |
| 净购入电力 | — | — | — |
| 净购入热力 | — | — | — |
| 能源间接排放小计 | — | — | — |
| 合计 | 4,549,361.28 | 3,196,862.23 | −29.73 |

(5) 配额分配相关补充数据的核查

配额分配补充数据与核算指南要求的数据略有不同，核算指南只要求填报排放数据，而配额分配补充数据不仅要求填报排放数据还要求填报生产数据。

受核查企业为纯发电企业，补充的生产数据有 3 个，即发电量、供电量和供电煤耗。这 3 个数据均来源于受核查企业的生产月报表，与企业上报统计局的能源统计报表进行了交叉核对，核查组确认数据一致，详见表 4-23。

**表 4-23　发电企业配额分配补充数据核查表**

<table>
<tr><td>数据名称</td><td colspan="4">机组 1 发电量</td></tr>
<tr><td>单位</td><td colspan="4">MW・h</td></tr>
<tr><td rowspan="2">数值</td><td>年份</td><td colspan="2">初始报告数值</td><td>核查与最终报告数值</td></tr>
<tr><td>2015 年</td><td colspan="2">2,659,870</td><td>2,659,870</td></tr>
<tr><td>数据来源</td><td colspan="4">生产月报表<br><table><tr><td>数据类型</td><td>描述</td><td>优先级</td></tr><tr><td>原始数据</td><td>直接计量、监测获得的数据</td><td>高</td></tr></table></td></tr>
<tr><td>测量方法</td><td colspan="4">电表</td></tr>
<tr><td>测量频次</td><td colspan="4">电表连续测量，每日记录，按月汇总并上报数据形成生产月报表</td></tr>
<tr><td>数据缺失处理</td><td colspan="4">无数据缺失</td></tr>
<tr><td>抽样检查(如有)</td><td colspan="4">100%核查，无抽样</td></tr>
<tr><td rowspan="2">交叉核对</td><td>时间</td><td>数据及来源</td><td>交叉核对数值及来源</td><td>备注</td></tr>
<tr><td>2015 年</td><td>生产月报表：2,659,870MW・h</td><td>上报统计局能源报表：2,659,870MW・h</td><td>一致</td></tr>
<tr><td>核查结论</td><td colspan="4">企业报告数据正确、真实、可信</td></tr>
</table>

<table>
<tr><td>数据名称</td><td colspan="3">机组 2 发电量</td></tr>
<tr><td>单位</td><td colspan="3">MW・h</td></tr>
<tr><td rowspan="2">数值</td><td>年份</td><td>初始报告数值</td><td>核查与最终报告数值</td></tr>
<tr><td>2015 年</td><td>2,371,230</td><td>2,371,230</td></tr>
</table>

续表

<table>
<tr><td>数据名称</td><td colspan="4">机组 2 发电量</td></tr>
<tr><td>数据来源</td><td colspan="4">生产月报表<table><tr><th>数据类型</th><th>描述</th><th>优先级</th></tr><tr><td>原始数据</td><td>直接计量、监测获得的数据</td><td>高</td></tr></table></td></tr>
<tr><td>测量方法</td><td colspan="4">电表</td></tr>
<tr><td>测量频次</td><td colspan="4">电表连续测量，每日记录，按月汇总并上报数据形成生产月报表</td></tr>
<tr><td>数据缺失处理</td><td colspan="4">无数据缺失</td></tr>
<tr><td>抽样检查(如有)</td><td colspan="4">100%核查，无抽样</td></tr>
<tr><td rowspan="2">交叉核对</td><td>时间</td><td>数据及来源</td><td>交叉核对数值及来源</td><td>备注</td></tr>
<tr><td>2015 年</td><td>生产月报表：2,371,230MW・h</td><td>上报统计局能源报表：2,371,230MW・h</td><td>一致</td></tr>
<tr><td>核查结论</td><td colspan="4">企业报告数据正确、真实、可信</td></tr>
</table>

<table>
<tr><td>数据名称</td><td colspan="4">机组 1 供电量</td></tr>
<tr><td>单位</td><td colspan="4">MW・h</td></tr>
<tr><td rowspan="2">数值</td><td colspan="2">年份</td><td>初始报告数值</td><td>核查与最终报告数值</td></tr>
<tr><td colspan="2">2015 年</td><td>2,439,635</td><td>2,439,635</td></tr>
<tr><td>数据来源</td><td colspan="4">生产月报表<table><tr><th>数据类型</th><th>描述</th><th>优先级</th></tr><tr><td>原始数据</td><td>直接计量、监测获得的数据</td><td>高</td></tr></table></td></tr>
<tr><td>测量方法</td><td colspan="4">电表</td></tr>
<tr><td>测量频次</td><td colspan="4">电表连续测量，每日记录，按月汇总并上报数据形成生产月报表</td></tr>
<tr><td>数据缺失处理</td><td colspan="4">无数据缺失</td></tr>
<tr><td>抽样检查(如有)</td><td colspan="4">100%核查，无抽样</td></tr>
<tr><td rowspan="2">交叉核对</td><td>时间</td><td>数据及来源</td><td>交叉核对数值及来源</td><td>备注</td></tr>
<tr><td>2015 年</td><td>生产月报表：2,439,635MW・h</td><td>上报统计局能源报表：2,439,635MW・h</td><td>一致</td></tr>
<tr><td>核查结论</td><td colspan="4">企业报告数据正确、真实、可信</td></tr>
</table>

<table>
<tr><td>数据名称</td><td colspan="3">机组 2 供电量</td></tr>
<tr><td>单位</td><td colspan="3">MW・h</td></tr>
<tr><td rowspan="2">数值</td><td>年份</td><td>初始报告数值</td><td>核查与最终报告数值</td></tr>
<tr><td>2015 年</td><td>2,180,554</td><td>2,180,554</td></tr>
<tr><td>数据来源</td><td colspan="3">生产月报表<table><tr><th>数据类型</th><th>描述</th><th>优先级</th></tr><tr><td>原始数据</td><td>直接计量、监测获得的数据</td><td>高</td></tr></table></td></tr>
</table>

续表

| 数据名称 | 机组2供电量 | | | |
|---|---|---|---|---|
| 测量方法 | 电表 | | | |
| 测量频次 | 电表连续测量，每日记录，按月汇总并上报数据形成生产月报表 | | | |
| 数据缺失处理 | 无数据缺失 | | | |
| 抽样检查(如有) | 100%核查，无抽样 | | | |
| 交叉核对 | 时间 | 数据及来源 | 交叉核对数值及来源 | 备注 |
| | 2015年 | 生产月报表:2,180,554MW·h | 上报统计局能源报表:2,180,554MW·h | 一致 |
| 核查结论 | 企业报告数据正确、真实、可信 | | | |

| 数据名称 | 机组1供电煤耗 | | | |
|---|---|---|---|---|
| 单位 | tce/(MW·h) | | | |
| 数值 | 年份 | 初始报告数值 | 核查与最终报告数值 | |
| | 2015年 | 0.332 | 0.332 | |
| 数据来源 | 生产月报表<br>数据类型：二次数据；描述：通过原始数据折算获得的数据；优先级：中 | | | |
| 测量方法 | 非直接测量数据 | | | |
| 测量频次 | 机组1标煤消耗量除以供电量计算获得 | | | |
| 数据缺失处理 | 无数据缺失 | | | |
| 抽样检查(如有) | 100%核查，无抽样 | | | |
| 交叉核对 | 时间 | 数据及来源 | 交叉核对数值及来源 | 备注 |
| | 2015年 | 生产月报表:0.332tce/(MW·h) | 上报统计局能源报表:0.332tce/(MW·h) | 一致 |
| 核查结论 | 企业报告数据正确、真实、可信 | | | |

| 数据名称 | 机组2供电煤耗 | | |
|---|---|---|---|
| 单位 | tce/(MW·h) | | |
| 数值 | 年份 | 初始报告数值 | 核查与最终报告数值 |
| | 2015年 | 0.334 | 0.334 |
| 数据来源 | 生产月报表<br>数据类型：二次数据；描述：通过原始数据折算获得的数据；优先级：中 | | |
| 测量方法 | 非直接测量数据 | | |
| 测量频次 | 机组2标煤消耗量除以供电量计算获得 | | |

续表

| 数据名称 | 机组 2 供电煤耗 | | | |
|---|---|---|---|---|
| 数据缺失处理 | 无数据缺失 | | | |
| 抽样检查(如有) | 100%核查,无抽样 | | | |
| 交叉核对 | 时间 | 数据及来源 | 交叉核对数值及来源 | 备注 |
| | 2015 年 | 生产月报表:0.334tce/(MW·h) | 上报统计局能源报表:0.334tce/(MW·h) | 一致 |
| 核查结论 | 企业报告数据正确、真实、可信 | | | |

另外，配额分配补充数据还要求计算企业的综合能耗和每台机组的供电碳排放强度，计算方法如下：

①企业综合能耗：企业消耗的褐煤（1# 锅炉和 2# 锅炉之和）和柴油（1# 锅炉、2# 锅炉、叉车之和）分别乘以各自的折标系数，再相加。折标系数为褐煤和柴油的低位热值除以标煤的低位热值得到。标煤的低位热值取 29.271GJ/t。计算过程如表 4-24 所示。

**表 4-24 发电企业综合能耗计算表**

| 品种 | 消耗量/t | 低位热值/(GJ/t) | 标煤热值/(GJ/t) | 折标系数 | 折标量/tce |
|---|---|---|---|---|---|
| | $A$ | $B$ | $C$ | $D=B/C$ | $AD$ |
| 褐煤 | 3,405,337.13 | 13.21 | 29.271 | 0.4514 | 1,537,281.30 |
| 柴油 | 241.78 | 42.652 | 29.271 | 1.4571 | 352.30 |
| 企业综合能耗/tce | | | | | 1,537,633.59 |

② 每台机组的供电碳排放强度：机组二氧化碳排放量与机组供电量之商，机组二氧化碳排放量为机组消耗褐煤和点火柴油引起的二氧化碳排放量（受核查方没有外购电力，如果有的话外购电力也应该包含），不包含移动源叉车消耗柴油和脱硫碳酸盐分解的二氧化碳排放量。计算过程如表 4-25 所示。

**表 4-25 发电企业碳排放强度计算表**

| 机组编号 | 燃料品种 | 排放量①/$tCO_2$ | 排放量合计/$tCO_2$ | 供电量/MW·h | 供电碳排放强度/[$tCO_2$/(MW·h)] |
|---|---|---|---|---|---|
| | | | $A$ | $B$ | $A/B$ |
| 机组 1 | 褐煤 | 2,382,109.07 | 2,382,399.50 | 2,439,635 | 0.977 |
| | 点火柴油 | 290.43 | | | |
| | 外购电力 | 0 | | | |
| 机组 2 | 褐煤 | 2,140,414.88 | 2,140,813.98 | 2,180,554 | 0.982 |
| | 点火柴油 | 399.09 | | | |
| | 外购电力 | 0 | | | |

① 详见本节(4)排放量的核查。

最后，把对配额分配补充数据的核查结果填入数据汇总表以及相应行业的补充数据表中，如表 4-26 和表 4-27 所示。

**表 4-26　发电企业补充数据汇总表**

<table>
<tr><th rowspan="3">年份</th><th colspan="3">企业基本信息</th><th colspan="9">纳入碳交易主营产品信息</th><th colspan="3">能源和温室气体排放相关数据</th></tr>
<tr><th rowspan="2">企业名称</th><th rowspan="2">组织机构代码</th><th rowspan="2">行业代码</th><th colspan="3">产品一</th><th colspan="3">产品二</th><th colspan="3">产品三</th><th rowspan="2">企业综合能耗/万吨标煤</th><th rowspan="2">按照指南核算的企业温室气体排放总量/万吨二氧化碳当量</th><th rowspan="2">按照补充报告模板核算的企业或设施层面二氧化碳排放总量/万吨</th></tr>
<tr><th>名称</th><th>单位</th><th>产量</th><th>名称</th><th>单位</th><th>产量</th><th>名称</th><th>单位</th><th>产量</th></tr>
<tr><td>2015</td><td></td><td></td><td></td><td>电力</td><td>MW·h</td><td>4,620,189</td><td></td><td></td><td></td><td></td><td></td><td></td><td>153.76</td><td>454.94</td><td>452.32</td></tr>
</table>

注：因为“按照补充报告核算的企业设施层面的二氧化碳排放量总量”不包含脱硫排放和移动源排放，所以数值比“按照指南核算的企业温室气体排放总量”略小。

**表 4-27　发电企业 2015 年温室气体排放报告补充数据表**

| 补充数据 | | | 数值 | 计算方法或填写要求 |
|---|---|---|---|---|
| 机组 1① | 1　既有还是新增 | | 既有 | 2016 年 1 月 1 日之前投产为既有，之后为新增 |
| | 2　发电燃料类型 | | 燃煤 | 燃煤或者燃气 |
| | 3　装机容量/MW | | 600 | |
| | 4　压力参数/机组类型 | | 亚临界 | 对于燃煤机组，压力参数指：高压、超高压、亚临界、超临界、超超临界<br>对于燃气机组，机组类型指：B 级、E 级、F 级 |
| | 5　冷却方式 | | 直接空冷 | 开式循环<br>闭式循环<br>直接空冷<br>间接空冷 |
| | 6　机组二氧化碳排放量/$tCO_2$ | | 2,382,399.50 | 6.1 与 6.2 之和 |
| | 6.1　化石燃料燃烧排放量/$tCO_2$ | | 2,382,399.50 | 按核算与报告指南公式(2)计算 |
| | 6.1.1　消耗量/t 或万立方米 | 燃煤② | 1,793,663.13 | |
| | | 辅助燃油 | 93.81 | |
| | 6.1.2　低位发热量/(GJ/t)或(GJ/万立方米) | 燃煤 | 13.21 | |
| | | 辅助燃油 | 42.652 | |
| | 6.1.3　单位热值含碳量/(tC/GJ) | 燃煤 | 0.02797 | |
| | | 辅助燃油 | 0.0202 | |
| | 6.1.4　碳氧化率/% | 燃煤 | 98 | |
| | | 辅助燃油 | 98 | |
| | 6.2　购入电力产生的排放量/$tCO_2$ | | 0 | 该企业没有外购电力 |
| | 6.2.1　消费的购入电量/MW·h | | 0 | |
| | 6.2.2　区域电网平均排放因子/[($tCO_2$/(MW·h)] | | — | |
| | 7　发电量/MW·h | | 2,659,870 | 来源于受核查企业生产月报表 |

续表

| 补充数据 | | | 数值 | 计算方法或填写要求 |
|---|---|---|---|---|
| 机组 1① | 8 供电量/MW·h | | 2,439,635 | 来源于受核查企业生产月报表 |
| | 9 供热量/GJ | | — | 受核查企业为纯发电企业,不供热 |
| | 10 供热比 | | — | 受核查企业为纯发电企业,不供热 |
| | 11 供电煤耗/[tce/(MW·h)]或供电气耗/[万立方米/(MW·h)] | | 0.332 | 来源于受核查企业生产月报表 |
| | 12 供热煤耗/(tce/TJ)或供热气耗/(万立方米/TJ) | | — | 受核查企业为纯发电企业,不供热 |
| | 13 供电碳排放强度/[$tCO_2$/(MW·h)] | | 0.977 | 6 与 8 之商,即机组 1 二氧排放量除以机组 1 供电量 |
| | 14 供热碳排放强度/($tCO_2$/TJ) | | — | 本企业为纯发电企业,不供热 |
| 机组 2 | 1 既有还是新增 | | 既有 | 2016 年 1 月 1 日之前投产为既有,之后为新增 |
| | 2 发电燃料类型 | | 燃煤 | 燃煤或者燃气 |
| | 3 装机容量/MW | | 600 | |
| | 4 压力参数/机组类型 | | 亚临界 | 对于燃煤机组,压力参数指:高压、超高压、亚临界、超临界、超超临界;<br>对于燃气机组,机组类型指:B 级、E 级、F 级 |
| | 5 冷却方式 | | 直接空冷 | 开式循环<br>闭式循环<br>直接空冷<br>间接空冷 |
| | 6 机组二氧化碳排放量/$tCO_2$ | | 2,140,813.98 | 6.1 与 6.2 之和 |
| | 6.1 化石燃料燃烧排放量/$tCO_2$ | | 2,140,813.98 | 按核算与报告指南公式(2)计算 |
| | 6.1.1 消耗量/t 或万立方米 | 燃煤② | 1,611,674.00 | |
| | | 辅助燃油 | 128.91 | |
| | 6.1.2 低位发热量/(GJ/t)或(GJ/万立方米) | 燃煤 | 13.21 | |
| | | 辅助燃油 | 42.652 | |
| | 6.1.3 单位热值含碳量/(tC/GJ) | 燃煤 | 0.02797 | |
| | | 辅助燃油 | 0.0202 | |
| | 6.1.4 碳氧化率/% | 燃煤 | 98 | |
| | | 辅助燃油 | 98 | |
| | 6.2 购入电力产生的排放量/$tCO_2$ | | 0 | 本企业没有外购电力 |
| | 6.2.1 消费的购入电量/MW·h | | 0 | |
| | 6.2.2 区域电网平均排放因子/[$tCO_2$/(MW·h)] | | — | |
| | 7 发电量/MW·h | | 2,371,230 | 来源于受核查企业生产月报表 |
| | 8 供电量/MW·h | | 2,180,554 | 来源于受核查企业生产月报表 |
| | 9 供热量/GJ | | — | 受核查企业为纯发电企业,不供热 |

续表

| 补充数据 | | 数值 | 计算方法或填写要求 |
|---|---|---|---|
| 机组 2 | 10 供热比 | — | 受核查企业为纯发电企业,不供热 |
| | 11 供电煤耗/[tce/(MW·h)]或供电气耗/[万立方米/(MW·h)] | 0.334 | 来源于受核查企业生产月报表 |
| | 12 供热煤耗/(tce/TJ)或供热气耗/(万立方米/TJ) | — | 受核查企业为纯发电企业,不供热 |
| | 13 供电碳排放强度/[$tCO_2$/(MW·h)] | 0.982 | 6 与 8 之商,即机组 1 二氧排放量除以机组 1 供电量 |
| | 14 供热碳排放强度/($tCO_2$/TJ) | — | 本企业为纯发电企业,不供热 |
| 既有设施 | 15 二氧化碳排放总量/$tCO_2$ | 4,523,213.47 | 机组 1 和机组 2 排放量之和 |
| 新增设施 | 16 二氧化碳排放总量/$tCO_2$ | 0 | 受核查企业没有 2016 年 1 月 1 日后投产的设施 |

① 如果机组数多于 1 个,请自行添加表格。
② 如果机组有其它燃料,请自行更改或添加表格。

(6) 不符合及纠正措施

本案例在文件评审和现场核查中发现的不符合项如表 4-28 所示。

**表 4-28 发电企业不符合及纠正措施一览表**

| 序号 | 不符合描述 | 重点排放单位原因分析及整改措施 | 核查结论 |
|---|---|---|---|
| 1 | 企业采取 2015 年 1—12 月的实测低位热值的算术平均值作为 2015 年的年均值,与发电行业《核算方法与报告指南》要求的加权平均值不符 | 原因分析:受核查企业没有正确理解发电行业《核算方法与报告指南》关于燃煤实测低位热值数据来源部分<br>整改措施:受核查企业在终版排放报告中已经将算术平均值修改为加权平均值 | 企业终版排放报告中的数值与核查结果一致。不符合项关闭 |
| 2 | 企业使用实测的固定碳含量代替元素碳含量,与发电行业《核算方法与报告指南》的要求不符 | 原因分析:受核查企业没有正确理解发电行业《核算方法与报告指南》中要求使用元素含碳量的要求,而是直接采用了固定碳<br>整改措施:受核查企业没有按照发电行业《核算方法与报告指南》的要求每日采集每月测量缩分样的元素含碳量,因此在终版报告中直接采取《省级温室气体清单编制指南》(试行)表 1.5 中公共电力与热力部门褐煤的含碳量缺省值 | 企业终版排放报告中的数值与核查结果一致。不符合项关闭 |

#### 4.4.2.4 核查报告的编写

参考钢铁行业 4.4.1.4 核查报告的编写。

### 4.4.3 建材行业

某水泥生产企业位于 XX 省 XX 市 XX 区 XX 路 XX 号,建设规模为一条日产 2500t 熟料的新型干法生产线,生产工艺主要包括生料制备、熟料烧成、水泥生产,主要产品为熟料和水泥。同时配建窑头和窑尾余热发电锅炉,所发电力自用。

该企业在 2015 年间主要排放源包括:

① 化石燃料燃烧排放 回转窑中烟煤和泥煤的燃烧产生的二氧化碳排放,回转窑中柴

油点火燃烧产生的二氧化碳排放，厂内叉车、洒水车等车辆使用柴油对应的排放；

② 原料中碳酸盐分解产生的排放　回转窑中熟料烧成过程中石灰石矿分解产生的二氧化碳排放，窑炉排气筒（窑头）粉尘对应的排放；

③ 生料中非燃料碳煅烧产生的排放　回转窑中配料如砂岩/粉煤灰/铁矿渣中非燃料碳煅烧氧化产生的二氧化碳排放；

④ 净购入电力隐含的排放　石灰石破碎、煤磨、生料磨、水泥磨、机修房、办公楼等设备设施使用电力产生的间接二氧化碳排放。

受核查方在 2015 年无净购入热力对应的热力生产活动产生的二氧化碳排放，无替代燃料或废弃物中非生物质碳的燃烧排放。

#### 4.4.3.1 核查准备

具体实施步骤可参考钢铁行业的 4.4.1.1 核查准备。水泥行业与钢铁行业的主要区别在于核查所需资料清单以及人员时间配置与钢铁行业不同。下面分别说明。

① 资料清单："企业基本情况""质量保证文件"与钢铁行业基本相同，直接参考钢铁行业核查资料清单即可，表 4-29 只列出水泥企业要求的其他特殊资料清单。

**表 4-29　水泥企业温室气体核查特殊资料清单**

| 序号 | 文　件 |
|---|---|
| | 生产设施信息 |
| 1 | 主要化石燃料、替代燃料或协同处置废弃物燃烧设施清单或台账（包括固定燃烧和移动燃烧设备，各燃烧设备注明设备名称、型号、位置、燃料品种、投产日期）<br>固定燃烧设备：包括窑炉、工业锅炉和其他燃烧设备<br>移动燃烧设备：包括厂内生产用叉车、装卸车等 |
| 2 | 主要耗电和耗热设施清单或台账（包括设备名称、型号、位置、投产日期）<br>例如：破碎机、煤磨、生料磨、水泥磨等 |
| | 活动水平数据和排放因子数据 |
| 3 | 分生产线的化石燃料燃烧量①（可来源于能源消费台账、生产报表、购销存表、经济技术指标表、生产管理系统、财务分类明细账、领用记录等）<br>注：请至少提供两套数据供交叉核对 |
| 4 | 分生产线的化石燃料低位热值测量数据（固体燃料：至少每月测量；液体燃料：至少每季度测量；气体燃料：至少每半年测量） |
| 5 | 分生产线的替代燃料或废弃物用量②（可来源于能源消费台账、生产报表、购销存表、经济技术指标表、生产管理系统、财务分类明细账、领用记录等）<br>注：请至少提供两套数据供交叉核对 |
| 6 | 分生产线的熟料产量（可来源于生产报表等）<br>注：请至少提供两套数据供交叉核对 |
| 7 | 分生产线的熟料中氧化钙和氧化镁含量（企业测量数据） |
| 8 | 分生产线的窑炉排气筒（窑头）粉尘的重量和窑炉旁路放风粉尘的重量（可来源于在线监测、环保局排污核定通知单、物料衡算，根据环保局粉尘监测报告中的窑炉排气筒粉尘浓度、窑炉排气筒气体流量、窑炉运行时间计算）<br>注：请至少提供两套数据供交叉核对 |
| 9 | 分生产线的生料产量（可来源于生产报表等）<br>注：请至少提供两套数据供交叉核对 |

续表

| 序号 | 文　　件 |
| --- | --- |
| 10 | 分生产线的生料配比(可来源于生产报表等) |
| 11 | 分生产线的生料中各种配料的氧化钙和氧化镁含量(企业测量数据) |
| 12 | 分生产线的生料烧失量(可来源于生产报表等) |
| 13 | 生料中非燃料碳含量③(若有) |
| 14 | 分生产线且分工段(例如:生料工段、熟料工段、水泥工段等)的净购电量④<br>注:请至少提供两套数据供交叉核对 |
| 15 | 分生产线且分工段(例如:生料工段、熟料工段、水泥工段等)的余热电消耗量<br>注:请至少提供两套数据供交叉核对 |
| 16 | 分生产线且分工段(例如:生料工段、熟料工段、水泥工段等)的净购热量⑤<br>注:请至少提供两套数据供交叉核对 |
| 17 | 食堂、浴室、保健站的能耗数据(包括化石燃料、电力和热力消耗等)<br>注:请至少提供两套数据供交叉核对 |
| 计量器具信息 | |
| 18 | 主要化石燃料、替代燃料或协同处置废弃物消耗量计量器具信息(包括地磅、皮带秤、流量计等,请提供设备名称、型号、序列号、精度、位置,校准报告和更换维修记录) |
| 19 | 化石燃料低位发热值测量仪器清单或台账(请提供设备名称、型号、序列号、精度、位置,校准报告和更换维修记录) |
| 20 | 生料产量计量器具信息(请提供设备名称、型号、序列号、精度、位置,校准报告和更换维修记录) |
| 21 | 熟料产量计量器具信息(请提供设备名称、型号、序列号、精度、位置,校准报告和更换维修记录) |
| 22 | 熟料中氧化钙和氧化镁的含量测量仪器信息(请提供设备名称、型号、序列号、精度、位置,校准报告和更换维修记录) |
| 23 | 生料中各种配料氧化钙和氧化镁的含量测量仪器信息(请提供设备名称、型号、序列号、精度、位置、校准报告和更换维修记录) |
| 24 | 生料烧失量测量仪器信息(请提供设备名称、型号、序列号、精度、位置,校准报告和更换维修记录) |
| 25 | 外购电量和余热电量测量电表(请提供设备名称、型号、序列号、精度、位置,校准报告和更换维修记录) |
| 26 | 外购热量测量仪器信息(请提供设备名称、型号、序列号、精度、位置,校准报告和更换维修记录) |
| 27 | 生料中非燃料碳含量测量仪器信息(请提供设备名称、型号、序列号、精度、位置、校准报告和更换维修记录)(若有) |

① 水泥窑中使用的实物煤、热处理和运输等设备使用的燃油等。

② 包括废轮胎、废油和废塑料等替代燃料和污水污泥等废弃物。

③ 生料中采用的配料,如钢渣、煤矸石、高碳粉煤灰等,含有可燃的非燃料碳,这些碳在生料高温煅烧过程中都转化为二氧化碳。

④ 主要指购自电网的电量,不包括企业余热发电使用量,净购电量=购入量－水泥之外的其他产品生产的用电量－外销量。

⑤ 净购热量=购入量－水泥之外的其他产品生产的用热量－外销量。

② 人员时间配置：该企业 2015 年温室气体排放核查的文件评审需要 6 人天、现场访问需要 3 人天、核查报告编制需要 10 人天、内部技术评审需要 1.5 人天。

核查组由 3 人组成，其中包括核查组长 1 名及核查组员 2 名，1 名内部技术评审人员，其中核查组长和内部技术评审人员需具备水泥领域的核查资质。

文件评审时间和人员安排：组长和组员 3 人共同工作 2 天。

现场访问时间和人员安排：组长和组员 3 人共同工作 1 天。

#### 4.4.3.2 文件评审

此步骤的主要目的是识别出现场核查中的重点。具体实施步骤可参考钢铁行业的 4.4.1.2 文件评审。本案例中识别出的现场核查中需要重点关注的内容如下：

① 企业核算边界是否存在变化；

② 是否存在新增设施和既有设施的退出情况；

③ 烟煤、泥煤、柴油、电力（外购网电及余热发电）消耗数据的准确性；

④ 生料、熟料产量数据的准确性；

⑤ 熟料和生料配料中氧化钙和氧化镁测量数据的准确性；

⑥ 生料烧失量测量数据的准确性；

⑦ 内部数据流控制；

⑧ 排放量计算的准确性。

核查组将上述文件评审的结果形成记录，并作为核查计划制定的依据。

#### 4.4.3.3 现场核查

现场核查的具体实施步骤可参考钢铁企业 4.4.1.3 现场核查。此处只对水泥行业的特殊方面进行说明。

（1）核查边界的确定

通过现场查阅厂区平面图、排放设施清单、实地观察以及与该企业代表访谈，核查组确定该企业核算边界为 XX 省 XX 市 XX 区 XX 路 XX 号。具体排放设施类型、设备名称、型号及物理位置如表 4-30 所示。

**表 4-30 水泥企业排放设施一览表**

| 排放类型 | 设备名称 | 燃料/原料类型 | 设备型号 | 数量 | 物理位置 |
|---|---|---|---|---|---|
| 固定燃烧源 | 回转窑 | 烟煤、泥煤、柴油 | $\Phi$4m×60m | 1 | 制造分厂 |
| 原料分解 | | 石灰石 | | | |
| 生料中非燃料碳煅烧 | | 砂岩/高碳粉煤灰/铁矿渣 | | | |
| 移动燃烧源 | 叉车、洒水车 | 柴油 | — | 若干 | 全厂 |
| 外购电力 | 石灰石破碎机 | 电力 | MB56/75 | 1 | 制造分厂 |
| | 生料立磨 | 电力 | MPS4000B | 1 | 制造分厂 |
| | 水泥磨 | 电力 | $\Phi$3.8m×13 m | 1 | 制造分厂 |

（2）活动水平数据的核查

①化石燃料燃烧排放涉及的大部分参数的核查方法均可参考钢铁行业，实测化石燃料低位热值的核查方法请参考发电行业，值得注意的是在化石燃料低位热值的测量频率方面，发电行业与水泥行业要求略有不同（发电行业要求每日检测，水泥及其他非能源生产行业要求每月或每批次检测），详见本书 3.5.1 燃料燃烧 $CO_2$ 排放部分。因此本节不展示每个数据的详细核查过程，只用列表形式展示核查结果，见表 4-31。

表 4-31 水泥企业化石燃料燃烧排放活动水平数据一览表

| 数据名称 | 单位 | 填报值 | 核查值 | 核查结论 |
|---|---|---|---|---|
| 烟煤年消耗量 | t | 103,408.06 | 103,408.06 | 数据准确 |
| 烟煤低位热值 | GJ/t | 19.57 | 22.09 | 开具不符合项 1:有实测值应优先采用实测值。详见本节(6)不符合及纠正措施 |
| 泥煤年消耗量 | t | 0.00 | 9,142.52 | 开具不符合项 2:企业漏报泥煤数据。详见本节(6)不符合及纠正措施 |
| 泥煤低位热值 | GJ/t | 0.00 | 14.97 | 开具不符合项 2:企业漏报泥煤数据。详见本节(6)不符合及纠正措施 |
| 回转窑点火柴油消耗量 | t | 56.33 | 56.33 | 数据准确 |
| 运输柴油年消耗量 | t | 84.80 | 89.69 | 开具不符合项 3:企业运输车辆柴油消耗量统计错误。详见本节(6)不符合及纠正措施 |
| 柴油低位热值 | GJ/t | 42.652 | 42.652 | 数据准确 |

② 特殊/过程排放涉及的参数均为水泥企业的特有参数，每一个参数的核查过程详见表4-32。

表 4-32 水泥企业过程/特殊排放活动水平数据核查表

<table>
<tr><td>数据名称</td><td colspan="4">窑头粉尘质量</td></tr>
<tr><td>单位</td><td colspan="4">t</td></tr>
<tr><td rowspan="2">数值</td><td>年份</td><td colspan="2">初始报告数值</td><td>核查与最终报告数值</td></tr>
<tr><td>2015 年</td><td colspan="2">22.61</td><td>22.61</td></tr>
<tr><td rowspan="3">数据来源</td><td colspan="4">环保局排放核定量</td></tr>
<tr><td>数据类型</td><td colspan="2">描述</td><td>优先级</td></tr>
<tr><td>二次数据</td><td colspan="2">通过原始数据折算获得的数据</td><td>中</td></tr>
<tr><td>测量方法</td><td colspan="4">核定值</td></tr>
<tr><td>测量频次</td><td colspan="4">核定值</td></tr>
<tr><td>数据缺失处理</td><td colspan="4">无数据缺失</td></tr>
<tr><td>抽样检查(如有)</td><td colspan="4">100%核查,无抽样</td></tr>
<tr><td rowspan="2">交叉核对</td><td>时间</td><td>数据及来源</td><td>交叉核对数值及来源</td><td>备注</td></tr>
<tr><td>2015 年</td><td>环保局排放核定量:22.61t</td><td>排放污染物动态申报表:22.61t</td><td>一致</td></tr>
<tr><td>核查结论</td><td colspan="4">企业报告数据正确、真实、可信</td></tr>
</table>

<table>
<tr><td>数据名称</td><td colspan="3">水泥熟料产量</td></tr>
<tr><td>单位</td><td colspan="3">t</td></tr>
<tr><td rowspan="2">数值</td><td>年份</td><td>初始报告数值</td><td>核查与最终报告数值</td></tr>
<tr><td>2015 年</td><td>723,134.71</td><td>723,134.71</td></tr>
</table>

续表

<table>
<tr><td>数据名称</td><td colspan="4">水泥熟料产量</td></tr>
<tr><td>数据来源</td><td colspan="4">生产月报<br><table><tr><th>数据类型</th><th>描述</th><th>优先级</th></tr><tr><td>原始数据</td><td>直接计量、监测获得的数据</td><td>高</td></tr></table></td></tr>
<tr><td>测量方法</td><td colspan="4">生料除以料耗比计算而得到</td></tr>
<tr><td>测量频次</td><td colspan="4">每日推算,每月汇总形成生产月报表</td></tr>
<tr><td>数据缺失处理</td><td colspan="4">无数据缺失</td></tr>
<tr><td>抽样检查(如有)</td><td colspan="4">100%核查,无抽样</td></tr>
<tr><td rowspan="2">交叉核对</td><td>时间</td><td>数据及来源</td><td>交叉核对数值及来源</td><td>备注</td></tr>
<tr><td>2015年</td><td>生产月报:723,134.71t</td><td>销售的熟料和用于生产水泥熟料之和:845,677.60t</td><td>基本一致</td></tr>
<tr><td>核查结论</td><td colspan="4">销售的熟料和用于生产的水泥熟料只有当出库时才统计,与熟料实际的生产时间并不一致,所以两套数据略有差异。核查组采用生产月报中的推算数据,因为这套数据与实际生产时间相匹配,更能反映实际的生产情况<br>企业报告数据正确、真实、可信</td></tr>
</table>

<table>
<tr><td>数据名称</td><td colspan="4">熟料中氧化钙含量</td></tr>
<tr><td>单位</td><td colspan="4">%</td></tr>
<tr><td rowspan="2">数值</td><td>年份</td><td colspan="2">初始报告数值</td><td>核查与最终报告数值</td></tr>
<tr><td>2015年</td><td colspan="2">66.33</td><td>66.33</td></tr>
<tr><td>数据来源</td><td colspan="4">产品质量年报<br><table><tr><th>数据类型</th><th>描述</th><th>优先级</th></tr><tr><td>原始数据</td><td>直接计量、监测获得的数据</td><td>高</td></tr></table></td></tr>
<tr><td>测量方法</td><td colspan="4">荧光分析法测量</td></tr>
<tr><td>测量频次</td><td colspan="4">每小时测量一次,取加权平均值</td></tr>
<tr><td>数据缺失处理</td><td colspan="4">无数据缺失</td></tr>
<tr><td>抽样检查(如有)</td><td colspan="4">100%核查,无抽样</td></tr>
<tr><td rowspan="2">交叉核对</td><td>时间</td><td>数据及来源</td><td>交叉核对数值及来源</td><td>备注</td></tr>
<tr><td>2015年</td><td>产品质量年报:66.33%</td><td>与其他水泥企业的数值进行了对比,确认受核查方所报数据合理</td><td>数据合理</td></tr>
<tr><td>核查结论</td><td colspan="4">企业报告数据正确、真实、可信</td></tr>
</table>

<table>
<tr><td>数据名称</td><td colspan="3">熟料中氧化镁含量</td></tr>
<tr><td>单位</td><td colspan="3">%</td></tr>
<tr><td rowspan="2">数值</td><td>年份</td><td>初始报告数值</td><td>核查与最终报告数值</td></tr>
<tr><td>2015年</td><td>1.72</td><td>1.72</td></tr>
</table>

续表

| 数据名称 | 熟料中氧化镁含量 | | | |
|---|---|---|---|---|
| 数据来源 | 产品质量年报<br>数据类型：原始数据；描述：直接计量、监测获得的数据；优先级：高 | | | |
| 测量方法 | 荧光分析法测量 | | | |
| 测量频次 | 每小时测量一次，取加权平均值 | | | |
| 数据缺失处理 | 无数据缺失 | | | |
| 抽样检查（如有） | 100%核查，无抽样 | | | |
| 交叉核对 | 时间 | 数据及来源 | 交叉核对数值及来源 | 备注 |
| | 2015 年 | 产品质量年报：1.72% | 与其他水泥企业的数值进行了对比，确认受核查方所报数据合理 | 数据合理 |
| 核查结论 | 企业报告数据正确、真实、可信 | | | |

| 数据名称 | 熟料中非碳酸盐氧化钙含量 | | |
|---|---|---|---|
| 单位 | % | | |
| 数值 | 年份 | 初始报告数值 | 核查与最终报告数值 |
| | 2015 年 | 0.00% | 2.11% |
| 数据来源 | 质控监测数据<br>数据类型：二次数据；描述：通过原始数据折算获得的数据；优先级：中 | | |
| 测量方法 | 受核查方生料配料由石灰石、砂岩、页岩、废石、废渣、湿粉煤灰、磷矿渣、高热值粉煤灰组成。其中磷矿渣中的氧化钙和氧化镁是非碳酸盐<br>荧光分析法测量生料中磷矿渣的非碳酸盐氧化钙和氧化镁的含量。再根据磷矿渣在生料中的质量配比推算出生料中的非碳酸盐氧化钙和氧化镁含量。最后根据 GB/T 32151.8—2015 计算出熟料中非碳酸盐氧化钙和氧化镁含量。 | | |
| 测量频次 | 根据 GB/T 32151.8—2015 计算：（见下） | | |

根据 GB/T 32151.8—2015 计算：

$$FR_{10} = \frac{FS_{10}}{(1-L)\times F_e}$$

$$FR_{20} = \frac{FS_{20}}{(1-L)\times F_e}$$

式中，$L$ 为生料烧失量，%；$F_e$ 为熟料中燃煤灰分掺入量换算因子，取值为 1.04；$FS_{10}$ 为生料中不是以碳酸盐形式存在的 CaO 的含量，%；$FS_{20}$ 为生料中不是以碳酸盐形式存在的 MgO 的含量，%；$FR_{10}$ 为熟料中非碳酸盐 CaO 含量，%；$FR_{20}$ 为熟料中非碳酸盐 MgO 含量，%。

其中，根据质控中心提供的磷矿渣 CaO 含量可知：

$$FS_{10} = 磷矿渣\ CaO\ 含量\times(磷矿渣质量 / 生料质量)$$

| 生料消耗量 /t | 磷矿渣质量 /t | 磷矿渣 CaO 含量 /% | 生料中非碳酸盐 CaO 含量 /% | 生料烧失量 /% |
|---|---|---|---|---|
| 1,095,593.93 | 30,737.19 | 46.63 | 1.31 | 35.56 |

续表

<table>
<tr><td>数据名称</td><td colspan="4">熟料中非碳酸盐氧化钙含量</td></tr>
<tr><td>数据缺失处理</td><td colspan="4">无数据缺失</td></tr>
<tr><td>抽样检查(如有)</td><td colspan="4">100%核查,无抽样</td></tr>
<tr><td rowspan="2">交叉核对</td><td>时间</td><td>数据及来源</td><td>交叉核对数值及来源</td><td>备注</td></tr>
<tr><td>2015 年</td><td>质控监测数据:2.11%</td><td>与其他水泥企业的数值进行对比,确认受核查方所报数据合理</td><td>数据合理</td></tr>
<tr><td>核查结论</td><td colspan="4">开具不符合项 4:企业未填报熟料中非碳酸盐氧化钙和氧化镁含量。详见本节(6)不符合及纠正措施</td></tr>
</table>

<table>
<tr><td>数据名称</td><td colspan="5">熟料中非碳酸盐氧化镁含量</td></tr>
<tr><td>单位</td><td colspan="5">%</td></tr>
<tr><td rowspan="2">数值</td><td>年份</td><td colspan="2">初始报告数值</td><td colspan="2">核查与最终报告数值</td></tr>
<tr><td>2015 年</td><td colspan="2">0.00%</td><td colspan="2">0.08%</td></tr>
<tr><td rowspan="3">数据来源</td><td colspan="5">质控监测数据</td></tr>
<tr><td>数据类型</td><td colspan="3">描述</td><td>优先级</td></tr>
<tr><td>二次数据</td><td colspan="3">通过原始数据折算获得的数据</td><td>中</td></tr>
<tr><td>测量方法</td><td colspan="5">受核查方生料配料由石灰石、砂岩、页岩、废石、废渣、湿粉煤灰、磷矿渣、高热值粉煤灰组成。其中磷矿渣中的氧化钙和氧化镁是非碳酸盐<br>荧光分析法测量生料中磷矿渣的非碳酸盐氧化钙和氧化镁的含量。再根据磷矿渣在生料中的质量配比推算出生料中的非碳酸盐氧化钙和氧化镁含量。最后根据 GB/T 32151.8—2015 计算出熟料中非碳酸盐氧化钙和氧化镁含量。</td></tr>
<tr><td rowspan="3">测量频次</td><td colspan="5">根据 GB/T 32151.8—2015 计算:<br>$$FR_{10}=\frac{FS_{10}}{(1-L)\times F_e}$$<br>$$FR_{20}=\frac{FS_{20}}{(1-L)\times F_e}$$<br>式中,$L$ 为生料烧失量,%;$F_e$ 为熟料中燃煤灰分掺入量换算因子,取值为 1.04;$FS_{10}$ 为生料中不是以碳酸盐形式存在的 CaO 的含量,%;$FS_{20}$ 为生料中不是以碳酸盐形式存在的 MgO 的含量,%;$FR_{10}$ 为熟料中非碳酸盐 CaO 含量,%;$FR_{20}$ 为熟料中非碳酸盐 MgO 含量,%。<br>其中,根据质控中心提供的磷矿渣 CaO 含量可知:<br>$FS_{10}$ = 磷矿渣 CaO 含量×(磷矿渣质量 / 生料质量)</td></tr>
<tr><td>生料消耗量 /t</td><td>磷矿渣质量 /t</td><td>磷矿渣 CaO 含量 /%</td><td>生料中非碳酸盐 CaO 含量 /%</td><td>生料烧失量 /%</td></tr>
<tr><td>1,095,593.93</td><td>30,737.19</td><td>1.66</td><td>0.05</td><td>35.56</td></tr>
<tr><td>数据缺失处理</td><td colspan="5">无数据缺失</td></tr>
<tr><td>抽样检查(如有)</td><td colspan="5">100%核查,无抽样</td></tr>
<tr><td rowspan="2">交叉核对</td><td>时间</td><td>数据及来源</td><td colspan="2">交叉核对数值及来源</td><td>备注</td></tr>
<tr><td>2015 年</td><td>质控监测数据:0.08%</td><td colspan="2">与其他水泥企业的数值进行对比,确认受核查方所报数据合理</td><td>数据合理</td></tr>
<tr><td>核查结论</td><td colspan="5">开具不符合项 4:企业未填报熟料中非碳酸盐氧化钙和氧化镁含量。详见 4.4.1.5 不符合及纠正措施</td></tr>
</table>

<table>
<tr><td>数据名称</td><td colspan="4">生料使用量</td></tr>
<tr><td>单位</td><td colspan="4">t</td></tr>
<tr><td rowspan="2">数值</td><td>年份</td><td>初始报告数值</td><td colspan="2">核查与最终报告数值</td></tr>
<tr><td>2015</td><td>1,095,593.93</td><td colspan="2">1,095,593.93</td></tr>
<tr><td>数据来源</td><td colspan="4">生产月报<br>数据类型 / 描述 / 优先级<br>原始数据 / 直接计量、监测获得的数据 / 高</td></tr>
<tr><td>测量方法</td><td colspan="4">窑喂料秤</td></tr>
<tr><td>测量频次</td><td colspan="4">每批次测量，每月汇总形成生产月报</td></tr>
<tr><td>数据缺失处理</td><td colspan="4">无数据缺失</td></tr>
<tr><td>抽样检查(如有)</td><td colspan="4">100%核查，无抽样</td></tr>
<tr><td rowspan="2">交叉核对</td><td>时间</td><td>数据及来源</td><td>交叉核对数值及来源</td><td>备注</td></tr>
<tr><td>2015</td><td>生产月报:1,095,593.93t</td><td>产购销存记录:1,095,593.93t</td><td>一致</td></tr>
<tr><td>核查结论</td><td colspan="4">企业报告数据正确、真实、可信</td></tr>
</table>

③ 净购入电力/热力隐含排放涉及的参数为净购入电力。可参考钢铁行业案例中相应参数的核查过程，此处不再赘述，仅列出核查结果，见表 4-33。

**表 4-33 水泥企业净购入电力/热力隐含排放活动水平数据核查表**

| 数据名称 | 单位 | 填报值 | 核查值 | 核查结论 |
|---|---|---|---|---|
| 净购入电力 | MW·h | 77,623.50 | 79,916.55 | 开具不符合项 5:企业外购电力数据填报错误。详见本节(6)不符合及纠正措施 |

(3) 排放因子的核查

本案例中，所有排放因子均为缺省值，因此本节不单独阐述每个排放因子的核查方法，而是直接以简单的列表形式给出数据和核查结果，见表 4-34。值得注意的是，水泥企业《核算方法与报告指南》中针对不同的化石燃料燃烧设备给出了不同的碳氧化率推荐值，例如窑炉为 98%、工业锅炉为 95%、其他燃烧设备为 91%，这一点有别于其他行业的《核算方法与报告指南》。

**表 4-34 水泥企业排放因子数据一览表**

| 数据名称 | 单位 | 填报值 | 核查值 | 核查结论 |
|---|---|---|---|---|
| 烟煤单位热值含碳量 | tC/TJ | 26.18 | 26.18 | 数据准确 |
| 烟煤(窑炉)碳氧化率 | % | 98 | 98 | 数据准确 |
| 泥煤单位热值含碳量 | tC/TJ | 0.00 | 27.97 | 开具不符合项 2:企业漏报泥煤数据。详见本节(6)不符合及纠正措施。由于泥煤热值与褐煤相近，核查报告终稿中选择与褐煤相同的含碳量值 |
| 泥煤(窑炉)碳氧化率 | % | 0.00 | 98 | 开具不符合项 2:企业漏报泥煤数据。详见本节(6)不符合及纠正措施 |

续表

| 数据名称 | 单位 | 填报值 | 核查值 | 核查结论 |
|---|---|---|---|---|
| 柴油单位热值含碳量 | tC/TJ | 20.2 | 20.2 | 数据准确 |
| 柴油碳氧化率 | % | 99 | 99 | 数据准确 |
| 电力排放因子 | $tCO_2$/(MW·h) | 0.6671 | 0.5271 | 由于主管部门没有公布 2015 年的区域电网平均二氧化碳排放因子，因此，2015 年采用最近可得的《2011 年和 2012 年中国区域电网平均二氧化碳排放因子》表 2，南方区域电网排放因子 2012 年值。开具不符合项 6：企业电力排放因子选择错误。详见(6)不符合及纠正措施 |

(4) 排放量的核查

核查组应根据《核算方法与报告指南》中的核算方法对分类排放量和汇总排放量的结果进行核查。核查组可通过重复计算、公式验证等方式对重点排放单位排放报告中的排放量的核算结果进行核查。说明报告排放量的计算公式是否正确、排放量的累加是否正确、排放量的计算是否可再现、排放量的计算结果是否正确等核查发现。通过表 4-35 (a)—表 4-35 (e) 展示核查结果。

**表 4-35 (a)　化石燃料排放量计算表**

| 燃料品种 | 核证活动水平数据 | | 核证排放因子 | | 核证排放量/$tCO_2$ | 初始报告排放量/$tCO_2$ |
|---|---|---|---|---|---|---|
| | 消耗量/t | 低位发热值/(GJ/t) | 含碳量/(tC/GJ) | 碳氧化率/% | | |
| | *A* | *B* | *C* | *D* | *ABCD*×44/12 | |
| 烟煤(窑炉) | 103,408.06 | 22.09 | 0.02618 | 98 | 214,890.52 | 189,794.33 |
| 泥煤(窑炉) | 9142.52 | 14.97 | 0.02797 | 98 | 13,755.54 | 0 |
| 点火柴油 | 56.33 | 42.652 | 0.0202 | 99 | 176.17 | 176.17 |
| 运输柴油 | 89.69 | 42.652 | 0.0202 | 99 | 280.51 | 284.70 |

**表 4-35 (b)　原料分解排放量计算表**

| 水泥熟料产量/t | 窑头粉尘质量/t | 窑炉旁路放风粉尘的质量/t | 熟料中氧化钙含量/% | 熟料中非碳酸盐氧化钙含量/% | 熟料中氧化镁含量/% | 熟料中非碳酸盐氧化镁含量/% | 核证排放量/$tCO_2$ | 初始报告排放量/$tCO_2$ |
|---|---|---|---|---|---|---|---|---|
| *A* | *B* | *C* | *D* | *E* | *F* | *G* | $(A+B+C)[(D-E)\times 44/56+(F-G)\times 44/40]$ | |
| 723,134.71 | 22.61 | 0 | 66.33 | 2.11 | 1.72 | 0.08 | 377,940.61 | 390,236.50 |

**表 4-35 (c)　生料中非燃料碳煅烧排放量计算表**

| 核证生料消耗量/t | 核证生料中非燃料碳含量/% | 核证排放量/$tCO_2$ | 初始报告排放量/$tCO_2$ |
|---|---|---|---|
| *A* | *B* | *AB*×44/12 | |
| 1,095,593.93 | 0.30 | 12,051.53 | 12,051.53 |

表 4-35（d） 外购电力排放量计算表

| 核证活动水平数据/MW·h | 核证排放因子/[$tCO_2$/(MW·h)] | 核证排放量/$tCO_2$ | 初始报告排放量/$tCO_2$ |
|---|---|---|---|
| $A$ | $B$ | $AB$ | |
| 79,916.55 | 0.5271 | 42,124.01 | 51,782.64 |

表 4-35（e） 企业排放汇总表

| 排放类型 | | 核证值/$tCO_2$ | 报告值/$tCO_2$ | 误差/% |
|---|---|---|---|---|
| | | $A$ | $B$ | $[(B-A)/A]\times 100\%$ |
| 化石燃料燃烧 | | 229,102.74 | 190,317.63 | −16.93 |
| 生产/特殊过程 | 原料分解 | 377,940.61 | 390,236.50 | 3.25 |
| | 生料中非燃料碳煅烧 | 12,051.53 | 12,051.53 | 0.00 |
| 排放扣除 | | — | — | — |
| 直接排放小计 | | 618,814.38 | 592,605.66 | −4.24 |
| 净购入电力 | | 42,124.01 | 51,782.64 | 22.93 |
| 净购入热力 | | — | — | — |
| 能源间接排放小计 | | 42,124.01 | 51,782.64 | 22.93 |
| 合计 | | 661,218.90 | 644,388.30 | −2.55% |

（5）配额分配相关补充数据的核查

配额分配补充数据与核算指南要求的数据略有不同，核算指南只要求填报企业层面的排放数据，而配额分配补充数据不仅要求填报企业层面的排放数据还要求填报分生产线分工段的排放数据，具体要求如下：

① 化石燃料燃烧排放：只包括从原燃料进入生产厂区开始，到水泥熟料烧成的整个熟料生产过程消耗的化石燃料（烘干原燃料和烧成熟料消耗的燃料），不包括替代燃料的消耗量，也不包括厂区内辅助生产系统以及附属生产系统的燃料消耗量。

② 消耗电力、热力排放：包括原燃料制备粉磨、均化、烘干等以及熟料制备、预热、煅烧、冷却等用电和用热，不包括采用废弃物作为替代燃料和替代原料时处理废弃物的电耗和热耗，也不包括用于基建、技改等项目建设消耗的电力和热力。

③ 原料分解的排放：只包括熟料对应的原料分解排放，不包括窑头粉尘和窑尾粉尘对应的原料分解排放。

④ 不包括生料中非燃料碳煅烧产生的排放。

受核查企业为熟料和水泥生产企业，只在熟料生产工段中使用烟煤、泥煤和柴油，水泥工段没有化石燃料消耗，因此化石燃料数据的核查直接参考本节“（2）活动水平数据的核查”即可。在熟料工段和水泥工段均消耗电力，因此需要把这两部分电力消耗分开，单独核查熟料工段的外购电力消耗量和熟料工段的余热发电消耗量。这两个数据均来源于受核查企业的生产月报表，与企业电力结算单、余热发电日记录进行了交叉核对，核查组确认数据一致，详见表 4-36。

**表 4-36　水泥企业配额分配补充数据核查表**

<table>
<tr><td>数据名称</td><td colspan="4">熟料工段净购入电力消耗量</td></tr>
<tr><td>单位</td><td colspan="4">MW·h</td></tr>
<tr><td rowspan="2">数值</td><td>年份</td><td colspan="2">初始报告数值</td><td>核查与最终报告数值</td></tr>
<tr><td>2015 年</td><td colspan="2">20,551.23</td><td>20,551.23</td></tr>
<tr><td rowspan="3">数据来源</td><td colspan="4">生产月报表</td></tr>
<tr><td>数据类型</td><td colspan="2">描述</td><td>优先级</td></tr>
<tr><td>原始数据</td><td colspan="2">直接计量、监测获得的数据</td><td>高</td></tr>
<tr><td>测量方法</td><td colspan="4">电表</td></tr>
<tr><td>测量频次</td><td colspan="4">电表连续测量，每日记录，按月汇总并上报数据形成生产月报表</td></tr>
<tr><td>数据缺失处理</td><td colspan="4">无数据缺失</td></tr>
<tr><td>抽样检查(如有)</td><td colspan="4">100%核查，无抽样</td></tr>
<tr><td rowspan="2">交叉核对</td><td>时间</td><td>数据及来源</td><td>交叉核对数值及来源</td><td>备注</td></tr>
<tr><td>2015 年</td><td>生产月报表：20,551.23MW·h</td><td>电力结算单：20,551.23MW·h</td><td>一致</td></tr>
<tr><td>核查结论</td><td colspan="4">企业报告数据正确、真实、可信</td></tr>
</table>

<table>
<tr><td>数据名称</td><td colspan="4">熟料工段余热发电消耗量</td></tr>
<tr><td>单位</td><td colspan="4">MW·h</td></tr>
<tr><td rowspan="2">数值</td><td>年份</td><td colspan="2">初始报告数值</td><td>核查与最终报告数值</td></tr>
<tr><td>2015 年</td><td colspan="2">31,117.41</td><td>31,117.41</td></tr>
<tr><td rowspan="3">数据来源</td><td colspan="4">生产月报表</td></tr>
<tr><td>数据类型</td><td colspan="2">描述</td><td>优先级</td></tr>
<tr><td>原始数据</td><td colspan="2">直接计量、监测获得的数据</td><td>高</td></tr>
<tr><td>测量方法</td><td colspan="4">电表</td></tr>
<tr><td>测量频次</td><td colspan="4">电表连续测量，每日记录，按月汇总并上报数据形成生产月报表</td></tr>
<tr><td>数据缺失处理</td><td colspan="4">无数据缺失</td></tr>
<tr><td>抽样检查(如有)</td><td colspan="4">100%核查，无抽样</td></tr>
<tr><td rowspan="2">交叉核对</td><td>时间</td><td>数据及来源</td><td>交叉核对数值及来源</td><td>备注</td></tr>
<tr><td>2015 年</td><td>生产月报表：31,117.41MW·h</td><td>余热发电日记录：31,117.41MW·h</td><td>一致</td></tr>
<tr><td>核查结论</td><td colspan="4">企业报告数据正确、真实、可信</td></tr>
</table>

另外，配额分配补充数据还要求计算企业的综合能耗和熟料工段的电力加权排放因子，计算方法如下：

① 企业综合能耗：企业消耗的烟煤、泥煤（褐煤）和柴油（点火和运输之和）分别乘以各自的折标系数，再相加。折标系数为烟煤、泥煤（褐煤）和柴油的低位热值除以标煤的低位热值得到。标煤的低位热值取 29.271GJ/t。电力折标系数取自《综合能耗计算通则》（GB/T 2589—2008）附录 A，取当量值 0.1229tce/(MW·h)。计算过程如表 4-37 所示。

表 4-37　水泥企业综合能耗计算表

| 品种 | 消耗量/t 或 MW·h | 低位热值/(GJ/t) | 标煤热值/(GJ/t) | 折标系数 | 折标量/tce |
|---|---|---|---|---|---|
| | $A$ | $B$ | $C$ | $D=B/C$ | $AD$ |
| 烟煤 | 103,408.06 | 22.09 | 29.271 | 0.7547 | 78,039.15 |
| 泥煤 | 9142.52 | 14.97 | 29.271 | 0.5114 | 4675.74 |
| 柴油 | 146.02 | 42.652 | 29.271 | 1.4571 | 212.77 |
| 外购电 | 79,916.55 | — | — | 0.1229 | 9821.74 |
| 企业综合能耗/tce | | | | | 92,749.41 |

② 熟料工段（包括原燃料制备粉磨、均化、烘干等以及熟料制备、预热、煅烧、冷却等用电）的电力加权排放因子：企业熟料工段的电力来源于两处，即外购网电和自身余热发电，外购网电的排放因子采用主管部门公布的区域电网供电二氧化碳排放因子，余热发电排放因子为 0。加权平均排放因子计算如表 4-38 所示。

表 4-38　水泥企业熟料工段的电力加权排放因子计算表

| 外购电力消耗量/MW·h | 外购电力排放因子/[$tCO_2$/(MW·h)] | 余热发电消耗量/MW·h | 余热发电排放因子/[$tCO_2$/(MW·h)] | 加权排放因子/[$tCO_2$/(MW·h)] |
|---|---|---|---|---|
| $A$ | $B$ | $C$ | $D$ | $(AB+CD)/(A+C)$ |
| 20,551.23 | 0.5271 | 31,117.41 | 0 | 0.2097 |

最后，把对配额分配补充数据的核查结果填入数据汇总表以及相应行业的补充数据表中，如表 4-39 和表 4-40 所示。

表 4-39　水泥企业数据汇总表

| 年份 | 企业基本信息 | | | 纳入碳交易主营产品信息 | | | | | | | | | 能源和温室气体排放相关数据 | | |
|---|---|---|---|---|---|---|---|---|---|---|---|---|---|---|---|
| | 企业名称 | 组织机构代码 | 行业代码 | 产品一 | | | 产品二 | | | 产品三 | | | 企业综合能耗/万吨标煤 | 按照指南核算的企业温室气体排放总量/万吨二氧化碳当量 | 按照补充报告模板核算的企业或设施层面二氧化碳排放总量/万吨 |
| | | | | 名称 | 单位 | 产量 | 名称 | 单位 | 产量 | 名称 | 单位 | 产量 | | | |
| 2015 | | | | 熟料 | t | 723,134.71 | | | | | | | 9.27 | 66.12 | 61.76 |

注：因为“按照补充报告核算的企业设施层面的二氧化碳排放量总量”不包含生料中非燃料碳煅烧排放、移动源排放、水泥工段外购电力排放、窑头粉尘对应的原料分解排放，所以数值比“按照指南核算的企业温室气体排放总量”略小。

表 4-40　水泥企业 2015 年温室气体排放报告补充数据表

| 补充数据 | | | 数值 | 计算方法或填写要求 |
|---|---|---|---|---|
| 生产工段 1①② | 1　既有还是新增 | | 既有 | 2016 年 1 月 1 日之前投产为既有，之后为新增 |
| | 2　二氧化碳排放总量/$tCO_2$ | | 617,583.57 | 2.1、2.2、2.3 与 2.4 之和 |
| | 2.1　化石燃料燃烧排放量/$tCO_2$ | | 228,822.23 | 按核算与报告指南公式(2)计算 |
| | 2.1.1　消耗量/t 或万立方米 | 烟煤③ | 103,408.06 | 来源于企业生产月报 |
| | | 泥煤 | 9142.52 | 来源于企业生产月报 |
| | | 柴油 | 56.33 | 来源于企业生产月报 |

续表

| 补充数据 | | | 数值 | 计算方法或填写要求 |
|---|---|---|---|---|
| 生产工段1①② | 2.1.2 低位发热量/(GJ/t)或(GJ/万立方米) | 烟煤 | 22.09 | 来源于企业煤质分析表 |
| | | 泥煤 | 14.97 | 来源于企业煤质分析表 |
| | | 柴油 | 42.652 | 水泥行业《核算方法与报告指南》附录二缺省值 |
| | 2.1.3 单位热值含碳量/(tC/GJ) | 烟煤 | 0.02618 | 水泥行业《核算方法与报告指南》附录二缺省值 |
| | | 泥煤 | 0.02797 | 水泥行业《核算方法与报告指南》附录二缺省值 |
| | | 柴油 | 0.0202 | 水泥行业《核算方法与报告指南》附录二缺省值 |
| | 2.1.4 碳氧化率/% | 烟煤 | 98 | 水泥行业《核算方法与报告指南》附录二缺省值 |
| | | 泥煤 | 98 | 水泥行业《核算方法与报告指南》附录二缺省值 |
| | | 柴油 | 99 | 水泥行业《核算方法与报告指南》附录二缺省值 |
| | 2.2 熟料对应的碳酸盐分解排放/$tCO_2$ | | 377,928.79 | 按核算与报告指南公式(6)计算 |
| | 2.2.1 熟料产量/t | | 723,134.71 | 来源于企业生产月报表 |
| | 2.2.2 熟料中CaO的含量/% | | 66.33 | 来源于企业产品质量年报 |
| | 2.2.3 熟料中MgO的含量/% | | 1.72 | 来源于企业产品质量年报 |
| | 2.2.4 熟料中不是来源于碳酸盐分解的CaO的含量/% | | 2.11 | 来源于质控监测数据 |
| | 2.2.5 熟料中不是来源于碳酸盐分解的MgO的含量/% | | 0.08 | 来源于质控监测数据 |
| | 2.3 消耗电力对应的排放量/$tCO_2$ | | 10,832.55 | 按核算与报告指南公式(8)计算 |
| | 2.3.1 消耗电量/MW·h | | 51,668.64 | 外购电力消耗量:20,551.23MW·h,来源于生产月报<br>余热发电消耗量:31,117.41MW·h,来源于生产月报 |
| | 2.3.2 排放因子/[($tCO_2$/(MW·h)] | | 0.2097 | 排放因子根据来源采用加权平均,其中:<br>区域电网平均排放因子:0.5271$tCO_2$/(MW·h)<br>余热发电排放因子:0<br>加权平均排放因子=20,551.23×0.5271/51,668.64=0.2097$tCO_2$/(MW·h) |
| | 2.4 消耗热力对应的排放量/$tCO_2$ | | — | 按核算与报告指南公式(8)计算 |
| | 2.4.1 消耗热量/GJ | | — | 消耗热量包括余热回收、蒸汽锅炉或自备电厂 |
| | 2.4.2 热力供应排放因子/($tCO_2$/GJ) | | — | 热力供应排放因子根据来源采用加权平均,其中:<br>余热回收排放因子为0<br>蒸汽锅炉或自备电厂排放因子用排放量/供热量计算<br>若数据不可得,采用0.11$tCO_2$/GJ |
| | 3 熟料产量/t | | 723,134.71 | 同2.2.1 |
| 既有设施 | 4 二氧化碳排放总量/$tCO_2$ | | 617,583.57 | 各生产工段既有设施之和 |
| 新增设施 | 5 二氧化碳排放总量/$tCO_2$ | | — | |

① 核算边界包括从原燃材料进入生产厂区开始,到水泥熟料烧成的整个熟料生产过程消耗的化石燃料(烘干原燃材料和烧成熟料消耗的燃料),不包括替代燃料的消耗量,也不包括厂区内辅助生产系统以及附属生产系统的燃料消耗量。消耗电力、热力包括原燃料制备粉磨、均化、烘干等以及熟料制备、预热、煅烧、冷却等用电和用热,不包括采用废弃物作为替代燃料和替代原料时处理废弃物的电耗和热耗,也不包括用于基建、技改等项目建设消耗的电力和热力。

② 如果企业熟料生产工段多于1个,请自行添加表格。

③ 如果企业有其他类型的化石燃料,请自行添加。

（6）不符合及纠正措施

本案例在文件评审和现场核查中发现的不符合项如表4-41所示。

**表4-41 水泥企业不符合及纠正措施一览表**

| 序号 | 不符合描述 | 重点排放单位原因分析及整改措施 | 核查结论 |
| --- | --- | --- | --- |
| 1 | 企业排放报告初稿中烟煤低位热值与核查结果不一致 | 原因分析：受核查企业没有正确理解水泥行业《核算方法与报告指南》关于化石燃料实测低位热值数据来源部分，直接采用了缺省值，而没有采用企业实测值<br>整改措施：受核查企业在终版排放报告中已采用符合水泥行业《核算方法与报告指南》测量方法和频率要求的企业实测值 | 企业终版排放报告中的数值与核查结果一致。不符合项关闭 |
| 2 | 企业在排放报告初稿中漏报泥煤数据 | 原因分析：受核查企业没有正确理解水泥行业《核算方法与报告指南》中纳入核算边界的化石燃料的定义<br>整改措施：受核查企业在排放报告中补报了泥煤消耗量、低位热值、单位热值含碳量和碳氧化率数据，并增加了泥煤燃烧的二氧化碳排放量 | 企业终版排放报告中的数值与核查结果一致。不符合项关闭 |
| 3 | 企业排放报告初稿中运输车辆柴油消耗量填报数据与核查结果不一致 | 原因分析：统计错误<br>整改措施：重新统计柴油消耗量并修改柴油燃烧二氧化碳排放量数据。更新的数据已填入排放报告终稿中 | 企业终版排放报告中的数值与核查结果一致。不符合项关闭 |
| 4 | 企业在排放报告初稿中未填报熟料中非碳酸盐氧化钙和氧化镁含量 | 原因分析：企业不明白企业未填报熟料中非碳酸盐氧化钙和氧化镁含量的计算方法<br>整改措施：参考GB/T 32151.8—2015中的计算方法，重新计算并在排放报告终稿中报告了熟料中非碳酸盐氧化钙和氧化镁含量数值，并相应更新了原料分解二氧化碳排放量 | 企业终版排放报告中的数值与核查结果一致。不符合项关闭 |
| 5 | 企业排放报告初稿中外购电力消耗量填报数据与核查结果不一致 | 原因分析：统计错误<br>整改措施：重新统计外购电力消耗量并修改外购电力隐含二氧化碳排放量数据。更新的数据已填入排放报告终稿中 | 企业终版排放报告中的数值与核查结果一致。不符合项关闭 |

#### 4.4.3.4 核查报告的编写

参考钢铁行业4.4.1.4核查报告的编写。

### 4.4.4 造纸行业

某造纸企业位于XX省XX市XX区XX路XX号，设计产能30万吨，主要产品为A级高强瓦楞原纸。企业外购废纸，送入碎剪筛选系统，利用制浆机进行浓缩，浓缩后进浆塔，然后进入造纸机，造纸机消耗蒸汽进行烘干，再进入复剪机成品入库。

该企业在 2015 年间主要排放源包括：

① 化石燃料燃烧排放　叉车消耗柴油产生的排放。

② 净购入电力隐含的排放　制浆车间水力碎浆机，造纸车间驱网辊、复卷机以及全厂其他用电设备使用电力产生的间接二氧化碳排放。

③ 净购入热力隐含排放　造纸车间造纸机使用蒸汽烘干产生的间接二氧化碳排放。

④ 废水厌氧处理产生的排放　采用厌氧技术处理高浓度有机废水产生的甲烷排放。废水处理产生的甲烷收集起来用于发电，所发电力除用于满足污水处理车间的运营外，剩余部分供给纸浆和造纸生产。

受核查方在 2015 年不消耗石灰石，所以无工业生产过程排放。

#### 4.4.4.1 核查准备

具体实施步骤可参考钢铁行业的 4.4.1.1 核查准备。造纸行业与钢铁行业的主要区别在于核查所需资料清单以及人员时间配置与钢铁行业不同。下面分别说明。

① 资料清单："企业基本情况""质量保证文件"与钢铁行业基本相同，直接参考钢铁行业核查资料清单即可，表 4-42 只列出造纸企业要求的其他特殊资料清单。

**表 4-42 造纸企业温室气体核查特殊资料清单**

| 序号 | 文件 |
|---|---|
| 生产设施信息 | |
| 1 | 主要化石燃料燃烧设施清单或台账(包括固定燃烧和移动燃烧设备,各燃烧设备注明设备名称、型号、位置、燃料品种、投产日期)<br>固定燃烧设备:包括锅炉、窑炉和内燃机等<br>移动燃烧设备:包括厂内生产用叉车、装卸车等 |
| 2 | 石灰石消耗设施清单或台账(包括设备名称、型号、位置及投产日期)(若有) |
| 3 | 主要耗电和耗热设施清单或台账(包括设备名称、型号、位置及投产日期) |
| 4 | 废水厌氧处理设施清单或台账(包括设备名称、型号、位置及投产日期) |
| 5 | 甲烷回收和销毁设施清单或台账(如沼气发电机组、火炬等,包括设备名称、型号、位置及投产日期) |
| 活动水平数据和排放因子数据 | |
| 6 | 分工序(例如:纸浆制造工序、机制纸及纸板制造工序、纸制品制造工序、其他工序等)的化石燃料燃烧量(可来源于能源消费台账、生产报表、购销存表、经济技术指标表、生产管理系统、财务分类明细账、领用记录等)<br>注:请至少提供两套数据供交叉核对 |
| 7 | 化石燃料低位热值测量数据(固体燃料:至少每月测量;液体燃料:至少每季度测量;气体燃料:至少每半年测量) |
| 8 | 外购并消耗的石灰石量(可来源于能源消费台账、生产报表、购销存表、经济技术指标表、生产管理系统、财务分类明细账、领用记录等)<br>注:请至少提供两套数据供交叉核对 |
| 9 | 废水处理系统厌氧处理去除的 COD 总量统计值(或年处理废水量、进出口 COD 平均浓度)。废水处理系统以污泥方式清除掉的 COD 总量<br>注:请至少提供两套数据供交叉核对 |

续表

| 序号 | 文件 |
|---|---|
| 10 | 废水处理系统甲烷销毁量(火炬等)和回收量(沼气发电等)<br>注:请至少提供两套数据供交叉核对 |
| 11 | 分工序(例如:纸浆制造工序、机制纸及纸板制造工序、纸制品制造工序、其他工序等)的净购入电量①<br>注:请至少提供两套数据供交叉核对 |
| 12 | 分工序(例如:纸浆制造工序、机制纸及纸板制造工序、纸制品制造工序、其他工序等)的净购入热量②<br>注:请至少提供两套数据供交叉核对 |
| 13 | 食堂、浴室、保健站的能耗数据(包括化石燃料、电力和热力消耗等)<br>注:请至少提供两套数据供交叉核对 |
| 计量器具信息 | |
| 14 | 主要化石燃料消耗量计量器具信息(包括地磅、皮带秤、流量计等,请提供设备名称、型号、序列号、精度、位置,校准报告和更换维修记录) |
| 15 | 化石燃料低位发热值测量仪器清单或台账(请提供设备名称、型号、序列号、精度、位置,校准报告和更换维修记录) |
| 16 | 石灰石消耗量计量器具信息(请提供设备名称、型号、序列号、精度、位置,校准报告和更换维修记录) |
| 17 | 产品(纸浆、机制纸及纸板、纸制品)产量计量器具信息(请提供设备名称、型号、序列号、精度、位置,校准报告和更换维修记录) |
| 18 | 厌氧废水处理量、进出口COD浓度测量仪器信息(请提供设备名称、型号、序列号、精度、位置,校准报告和更换维修记录) |
| 19 | 以污泥形式清除掉的COD量测量仪器信息(请提供设备名称、型号、序列号、精度、位置,校准报告和更换维修记录) |
| 20 | 甲烷销毁和回收量计量仪器(请提供设备名称、型号、序列号、精度、位置,校准报告和更换维修记录) |
| 21 | 外购电量测量电表(请提供设备名称、型号、序列号、精度、位置,校准报告和更换维修记录) |
| 22 | 外购热量测量仪器信息(请提供设备名称、型号、序列号、精度、位置,校准报告和更换维修记录) |

① 净购入电量=购入量-外销量。

② 净购入热量=购入量-外销量。

② 人员时间配置：该企业2015年温室气体排放核查的文件评审需要4人天、现场访问需要2人天、核查报告编制需要6人天、内部技术评审需要1人天。

核查组由2人组成，其中包括核查组长1名及核查组员1名，1名内部技术评审人员，其中核查组长和内部技术评审人员需具备造纸领域的核查资质。

文件评审时间和人员安排：组长和组员2人共同工作2天。

现场访问时间和人员安排：组长和组员2人共同工作1天。

#### 4.4.4.2 文件评审

此步骤的主要目的是识别出现场核查中的重点。具体实施步骤可参考钢铁行业的4.4.1.2文件评审。本案例中识别出的现场核查中需要重点关注的内容如下：

① 企业核算边界是否存在变化；

② 是否存在新增设施和既有设施的退出情况；

③ 柴油、电力、热力消耗数据的准确性；

④ 厌氧处理废水量、废水处理设施进出口 COD 浓度、甲烷回收量数据的准确性；

⑤ 内部数据流控制；

⑥ 排放量计算的准确性。

核查组将上述文件评审的结果形成记录，并作为核查计划制定的依据。

#### 4.4.4.3 现场核查

现场核查的具体实施步骤可参考钢铁企业 4.4.1.3 现场核查。此处只对造纸行业的特殊方面进行说明。

(1) 核查边界的确定

通过现场查阅厂区平面图、排放设施清单、实地观察以及与该企业代表访谈，核查组确定该企业核算边界为 XX 省 XX 市 XX 区 XX 路 XX 号。具体排放设施类型、设备名称、型号及物理位置如表 4-43 所示。

**表 4-43 造纸企业排放设施一览表**

| 排放类型 | 设备名称 | 燃料/原料类型 | 设备型号 | 数量 | 物理位置 |
|---|---|---|---|---|---|
| 移动燃烧源 | 叉车 | 柴油 | — | 若干 | 全厂 |
| 外购电力 | 水力碎浆机 | 电力 | D45LP | 1 | 制浆车间 |
| | 驱网辊 | 电力 | YVP315L2-4 | 2 | 造纸车间 |
| | 复卷机 | 电力 | 4400 | 2 | 造纸车间 |
| 外购热力 | 造纸机 | 热力 | 4400 | 2 | 造纸车间 |
| 废水厌氧处理 | 厌氧反应器 | — | 15000$m^3$/d | 1 | 废水处理车间 |

(2) 活动水平数据的核查

① 化石燃料燃烧排放涉及的参数的核查方法可参考钢铁行业，因此本节不展示每个数据的详细核查过程，只用表 4-44 展示核查结果。

**表 4-44 造纸企业化石燃料燃烧排放活动水平数据一览表**

| 数据名称 | 单位 | 填报值 | 核查值 | 核查结论 |
|---|---|---|---|---|
| 运输柴油消耗量 | t | 134.23 | 134.23 | 数据准确 |
| 柴油低位热值 | GJ/t | 42.652 | 42.652 | 数据准确 |

② 过程/特殊排放涉及的参数：造纸企业一般会涉及造纸废水的厌氧处理及甲烷回收利用，此为造纸企业的特征参数，每一个参数的核查过程详见表 4-45。

**表 4-45 造纸企业过程/特殊排放活动水平数据核查表**

| 数据名称 | 厌氧处理废水量 | | |
|---|---|---|---|
| 单位 | $m^3$ | | |
| 数值 | 年份 | 初始报告数值 | 核查与最终报告数值 |
| | 2015 年 | — | 3,909,450 |

续表

<table>
<tr><td>数据来源</td><td>废水处理抄表记录表<br><table><tr><td>数据类型</td><td>描述</td><td>优先级</td></tr><tr><td>原始数据</td><td>直接计量、监测获得的数据</td><td>高</td></tr></table></td></tr>
<tr><td>测量方法</td><td>污水的月处理量由污水车间的运行人员读取智能电磁流量计的数据，并记录在《废水处理抄表记录表》中，每月进行抄表并统计。行政办公室人员保留该记录表</td></tr>
<tr><td>测量频次</td><td>连续测量、每月测量汇总</td></tr>
<tr><td>数据缺失处理</td><td>无数据缺失</td></tr>
<tr><td>抽样检查(如有)</td><td>无抽样检查</td></tr>
<tr><td>交叉核对</td><td><table><tr><td>时间</td><td>数据及来源</td><td>交叉核对数值及来源</td><td>备注</td></tr><tr><td>2015 年</td><td>废水处理抄表记录表：3,909,450 $m^3$</td><td>暂无交叉核对源，核查组根据厌氧反应器的额定日处理废水量以及年运行天数推算出的年处理废水量与企业填报值基本一致</td><td>基本一致</td></tr></table></td></tr>
<tr><td>核查结论</td><td>开具不符合项 2：排放报告中没有直接出现本数据，但经由该数据计算得到的厌氧处理去除的有机物总量初始填报值与核查值不一致</td></tr>
</table>

<table>
<tr><td>数据名称</td><td>$COD_{in}$浓度</td></tr>
<tr><td>单位</td><td>kgCOD/$m^3$</td></tr>
<tr><td>数值</td><td><table><tr><td>年份</td><td>初始报告数值</td><td>核查与最终报告数值</td></tr><tr><td>2015 年</td><td>—</td><td>5.362</td></tr></table></td></tr>
<tr><td>数据来源</td><td>化学需氧量($COD_{Cr}$)原始记录表<br><table><tr><td>数据类型</td><td>描述</td><td>优先级</td></tr><tr><td>原始数据</td><td>直接计量、监测获得的数据</td><td>高</td></tr></table></td></tr>
<tr><td>测量方法</td><td>化学需氧量进口浓度的监测由化验室的运行人员不定期进行监测，并记录在《化学需氧量($COD_{Cr}$)原始记录表》中。由行政办公室人员保留该原始记录表。核查组查看了企业 2015 年 1 月至 12 月的原始记录表，采用 12 个月的污水进口 COD 浓度算术平均值作为当年的平均数据，然后用该数据计算厌氧处理去除的有机物总量</td></tr>
<tr><td>测量频次</td><td>每年汇总统计</td></tr>
<tr><td>数据缺失处理</td><td>无数据缺失</td></tr>
<tr><td>抽样检查(如有)</td><td>无抽样检查</td></tr>
<tr><td>交叉核对</td><td><table><tr><td>时间</td><td>数据及来源</td><td>交叉核对数值及来源</td><td>备注</td></tr><tr><td>2015 年</td><td>化学需氧量($COD_{Cr}$)原始记录表：5.362 kgCOD/$m^3$</td><td>暂无交叉核对源</td><td>—</td></tr></table></td></tr>
<tr><td>核查结论</td><td>开具不符合项 2：排放报告中没有直接出现本数据，但经由该数据计算得到的厌氧处理去除的有机物总量初始填报值与核查值不一致</td></tr>
</table>

<table>
<tr><td>数据名称</td><td>COD$_{out}$浓度</td></tr>
<tr><td>单位</td><td>kgCOD/m$^3$</td></tr>
<tr><td>数值</td><td><table><tr><td>年份</td><td>初始报告数值</td><td>核查与最终报告数值</td></tr><tr><td>2015年</td><td>0</td><td>1.209</td></tr></table></td></tr>
<tr><td>数据来源</td><td>化学需氧量(COD$_{Cr}$)原始记录表<table><tr><td>数据类型</td><td>描述</td><td>优先级</td></tr><tr><td>原始数据</td><td>直接计量、监测获得的数据</td><td>高</td></tr></table></td></tr>
<tr><td>测量方法</td><td>化学需氧量出口浓度的监测由化验室的运行人员不定期进行监测，并记录在《化学需氧量(COD$_{Cr}$)原始记录表》中。由行政办公室人员保留该原始记录表。核查组查看了企业2015年1月至12月的原始记录表，采用12个月的污水出口COD浓度算术平均值作为当年的平均数据，然后用该数据计算厌氧处理去除的有机物总量</td></tr>
<tr><td>测量频次</td><td>每年汇总统计</td></tr>
<tr><td>数据缺失处理</td><td>无数据缺失</td></tr>
<tr><td>抽样检查(如有)</td><td>无抽样检查</td></tr>
<tr><td>交叉核对</td><td><table><tr><td>时间</td><td>数据及来源</td><td>交叉核对数值及来源</td><td>备注</td></tr><tr><td>2015年</td><td>化学需氧量(COD$_{Cr}$)原始记录表：1.209 kgCOD/m$^3$</td><td>暂无交叉核对源</td><td>—</td></tr></table></td></tr>
<tr><td>核查结论</td><td>开具不符合项2：排放报告中没有直接出现本数据，但经由该数据计算得到的厌氧处理去除的有机物总量初始填报值与核查值不一致</td></tr>
</table>

<table>
<tr><td>数据名称</td><td>废水厌氧处理去除的有机物总量</td></tr>
<tr><td>单位</td><td>kgCOD</td></tr>
<tr><td>数值</td><td><table><tr><td>年份</td><td>初始报告数值</td><td>核查与最终报告数值</td></tr><tr><td>2015年</td><td>19,684,081.5</td><td>16,235,945.85</td></tr></table></td></tr>
<tr><td>数据来源</td><td>废水厌氧处理去除的有机物总量需要通过其他参数计算得到，具体公式为：<br>废水厌氧处理去除的有机物总量＝厌氧废水处理量×(COD$_{in}$浓度－ COD$_{in}$浓度)<br>上述公式中涉及的参数来源如下：<br>废水处理量来源于废水处理抄表记录表<table><tr><td>数据类型</td><td>描述</td><td>优先级</td></tr><tr><td>原始数据</td><td>直接计量、监测获得的数据</td><td>高</td></tr></table>厌氧处理进口COD浓度(COD$_{in}$浓度)和出口COD浓度(COD$_{out}$浓度)来源于化学需氧量(COD$_{Cr}$)原始记录表<table><tr><td>数据类型</td><td>描述</td><td>优先级</td></tr><tr><td>原始数据</td><td>直接计量、监测获得的数据</td><td>高</td></tr></table></td></tr>
<tr><td>测量方法</td><td>详见参数“厌氧处理废水量”“COD$_{in}$浓度”和“COD$_{out}$浓度”</td></tr>
<tr><td>测量频次</td><td>详见参数“厌氧处理废水量”“COD$_{in}$浓度”和“COD$_{out}$浓度”</td></tr>
<tr><td>数据缺失处理</td><td>无数据缺失</td></tr>
</table>

续表

| 抽样检查(如有) | 无抽样检查 |
|---|---|
| 交叉核对 | 详见参数“厌氧处理废水量”“$COD_{in}$浓度”和“$COD_{out}$浓度” |
| 核查结论 | 开具不符合项2:企业废水厌氧处理去除的有机物总量初始填报值与核查值不一致 |

<table>
<tr><td>数据名称</td><td colspan="3">以污泥方式清除掉的有机物总量</td></tr>
<tr><td>单位</td><td colspan="3">kgCOD</td></tr>
<tr><td rowspan="2">数值</td><td>年份</td><td>初始报告数值</td><td>核查与最终报告数值</td></tr>
<tr><td>2015年</td><td>0</td><td>0</td></tr>
<tr><td>数据来源</td><td colspan="3">企业未测量以污泥方式清除掉的有机物总量,本次核查按照0处理</td></tr>
<tr><td>测量方法</td><td colspan="3">企业未测量以污泥方式清除掉的有机物总量</td></tr>
<tr><td>测量频次</td><td colspan="3">企业未测量以污泥方式清除掉的有机物总量</td></tr>
<tr><td>数据缺失处理</td><td colspan="3">按照0处理</td></tr>
<tr><td>抽样检查(如有)</td><td colspan="3">无抽样检查</td></tr>
<tr><td>交叉核对</td><td colspan="3">无</td></tr>
<tr><td>核查结论</td><td colspan="3">企业未测量以污泥方式清除掉的有机物总量,暂时按照0处理。核查组建议受核查企业在后续的年度核查中对“以污泥方式清除掉的有机物总量”进行每月监测,并保存好相关记录</td></tr>
</table>

<table>
<tr><td>数据名称</td><td colspan="4">甲烷回收量</td></tr>
<tr><td>单位</td><td colspan="4">kgCH$_4$</td></tr>
<tr><td rowspan="2">数值</td><td>年份</td><td colspan="2">初始报告数值</td><td>核查与最终报告数值</td></tr>
<tr><td>2015年</td><td colspan="2">1,859,990.00</td><td>1,859,990.00</td></tr>
<tr><td rowspan="3">数据来源</td><td colspan="4">沼气发电月报表</td></tr>
<tr><td>数据类型</td><td colspan="2">描述</td><td>优先级</td></tr>
<tr><td>原始数据</td><td colspan="2">直接计量、监测获得的数据</td><td>高</td></tr>
<tr><td>测量方法</td><td colspan="4">沼气流量计在线连续监测沼气流量,气体分析仪在线监测沼气中的甲烷含量。运行人员每天在沼气发电运行日志中记录沼气流量和沼气中的甲烷含量并计算得到实际回收的甲烷量,每月汇总并得到沼气发电月报表</td></tr>
<tr><td>测量频次</td><td colspan="4">连续监测、每日记录、每月汇总</td></tr>
<tr><td>数据缺失处理</td><td colspan="4">无数据缺失</td></tr>
<tr><td>抽样检查(如有)</td><td colspan="4">无抽样检查</td></tr>
<tr><td rowspan="2">交叉核对</td><td>时间</td><td>数据及来源</td><td>交叉核对数值及来源</td><td>备注</td></tr>
<tr><td>2015年</td><td>沼气发电月报表:1,859,990.00 kgCH$_4$</td><td>暂无交叉核对数据</td><td>无</td></tr>
<tr><td>核查结论</td><td colspan="4">数据正确、真实、可信</td></tr>
</table>

③ 净购入电力/热力隐含排放涉及的参数:造纸企业除了外购电力外一般还需要外购蒸汽用于纸张的烘干。其中净购入电力的核查过程可以参考钢铁行业案例(根据配额分配补充

数据的要求，最好分别核查每一个工序的电力消耗），本节只详细展示外购蒸汽参数的核查过程，具体见表4-46。

**表4-46 造纸企业净购入电力/热力隐含排放活动水平数据核查表**

| 数据名称 | 单位 | 填报值 | 核查值 | 核查结论 |
|---|---|---|---|---|
| 纸浆工序净购入电力 | MW·h | 50,494.16 | 50,494.16 | 数据准确 |
| 抄纸工序净购入电力 | MW·h | 117,819.74 | 117,819.74 | 数据准确 |

| 数据名称 | 净购入蒸汽 | | | |
|---|---|---|---|---|
| 单位 | t | | | |
| 数值 | 年份 | 初始报告数值 | 核查与最终报告数值 | |
| | 2015年 | 0 | 770,157.30 | |
| 数据来源 | 蒸汽结算单 | | | |
| | 数据类型 | 描述 | 优先级 | |
| | 原始数据 | 直接计量、监测获得的数据 | 高 | |
| 测量方法 | 蒸汽流量计连续测量，运行人员每天读取蒸汽流量计的数据来获取当天的蒸汽消耗量，并记录在生产日报表中，然后汇总成每月的数据，从而形成生产月报表。财务人员每月与蒸汽供应商根据蒸汽流量表的数据进行抄表结算，并保留蒸汽结算单 | | | |
| 测量频次 | 连续测量、每日记录、每月汇总 | | | |
| 数据缺失处理 | 无数据缺失 | | | |
| 抽样检查（如有） | 100%核查，无抽样 | | | |
| 交叉核对 | 时间 | 数据及来源 | 交叉核对数值及来源 | 备注 |
| | 2015年 | 蒸气结算单：770,157.30t | 生产月报表：770,157.30t | 一致 |
| 核查结论 | 开具不符合项1：企业未填报蒸汽消耗量及蒸汽焓值 | | | |

| 数据名称 | 蒸汽热焓值 | | |
|---|---|---|---|
| 单位 | kJ/kg | | |
| 数值 | 年份 | 初始报告数值 | 核查与最终报告数值 |
| | 2015年 | 0 | 2981.50 |
| 数据来源 | 现场勘测记录 | | |
| | 数据类型 | 描述 | 优先级 |
| | 原始数据 | 直接计量、监测获得的数据 | 高 |
| 测量方法 | 核查组现场查看企业的蒸汽进口的温度压力显示仪表，温度压力显示仪表显示企业的蒸汽温度为269℃，压力为0.505MPa。核查组同时前往热力供应企业查看蒸汽的出口数据，热力供应商的数据为273℃，0.57MPa，考虑管损等原因，企业进口侧蒸汽的温度压力显示数据是正确的。企业现场也明确表示以往使用的蒸汽的温度与压力一直稳定在270℃与0.5MPa附近。核查组查阅蒸汽焓值表，根据温度与压力，确认企业购买蒸汽的热焓值为2981.50 kJ/kg | | |

续表

| 测量频次 | 连续监测，每月结算，按月汇总 | | | |
|---|---|---|---|---|
| 数据缺失处理 | 无数据缺失 | | | |
| 抽样检查（如有） | 无抽样检查 | | | |
| 交叉核对 | 时间 | 数据及来源 | 交叉核对数值及来源 | 备注 |
| | 2015年 | 蒸气温度压力显示仪器：2981.50kJ/kg | 热力供应商数据：2981.50kJ/kg | 一致 |
| 核查结论 | 开具不符合项1：企业未填报蒸汽消耗量及蒸汽焓值 | | | |

(3) 排放因子的核查

本案例中，所有排放因子均为缺省值，因此本节不单独阐述每个排放因子的核查方法，而是直接以简单的列表形式给出数据和核查结果，见表4-47。

**表4-47 造纸企业排放因子数据一览表**

| 数据名称 | 单位 | 填报值 | 核查值 | 核查结论 |
|---|---|---|---|---|
| 柴油单位热值含碳量 | tC/TJ | 20.2 | 20.2 | 数据准确 |
| 柴油碳氧化率 | % | 98 | 98 | 数据准确 |
| 废水厌氧处理系统的甲烷最大生产能力 | $kgCH_4$/ kgCOD | 0.25 | 0.25 | 数据准确 |
| 甲烷修正因子 | — | 0.5 | 0.5 | 数据准确 |
| 电力排放因子 | $tCO_2$/(MW·h) | 0.7035 | 0.7035 | 由于主管部门没有公布2015年的区域电网平均二氧化碳排放因子，因此，2015年采用最近可得的《2011年和2012年中国区域电网平均二氧化碳排放因子》表2，华东区域电网排放因子2012年值 |
| 热力排放因子 | $tCO_2$/GJ | 0.11 | 0.11 | 数据准确 |

(4) 排放量的核查

核查组应根据《核算方法与报告指南》中的核算方法对分类排放量和汇总排放量的结果进行核查。核查组可通过重复计算、公式验证等方式对重点排放单位排放报告中的排放量的核算结果进行核查。说明报告排放量的计算公式是否正确、排放量的累加是否正确、排放量的计算是否可再现、排放量的计算结果是否正确等核查发现。通过表4-48（a）—表4-48（e）展示核查结果。

**表4-48（a） 化石燃料排放量计算表**

| 燃料品种 | 核证活动水平数据 | | 核证排放因子 | | 核证排放量/$tCO_2$ | 初始报告排放量/$tCO_2$ |
|---|---|---|---|---|---|---|
| | 消耗量/t | 低位发热值/(GJ/t) | 含碳量/(tC/GJ) | 碳氧化率/% | | |
| | *A* | *B* | *C* | *D* | *ABCD*×44/12 | |
| 运输柴油 | 134.23 | 42.652 | 0.0202 | 98 | 392.63 | 392.63 |

表 4-48（b） 外购电力排放量计算表

| 核证活动水平数据/MW・h | | 核证排放因子/[$tCO_2$/(MW・h)] | 核证排放量/$tCO_2$ | 初始报告排放量/$tCO_2$ |
|---|---|---|---|---|
| A | | B | AB | |
| 制浆工序 | 50,494.16 | 0.7035 | 35,522.64 | 35,522.64 |
| 抄纸工序 | 50,494.16 | 0.7035 | 82,886.18 | 82,886.18 |

表 4-48（c） 外购热力排放量计算表

| 核证活动水平数据 | | | 核证排放因子/($tCO_2$/GJ) | 核证排放量/$tCO_2$ | 初始报告排放量/$tCO_2$ |
|---|---|---|---|---|---|
| 外购蒸汽量/t | 蒸汽热焓/(kJ/kg) | 外购热/GJ | | | |
| A | B | C=A(B−83.74)/1000 | D | CD | |
| 770,157.30 | 2891.5 | 2,231,731.02 | 0.11 | 245,490.41 | 245,490.41 |

表 4-48（d） 废水厌氧处理排放量计算表

| 厌氧处理废水量/$m^3$ | 进口 COD 浓度/(kgCOD/$m^3$) | 出口 COD 浓度/(kgCOD/$m^3$) | 厌氧处理去除的有机物总量/kgCOD |
|---|---|---|---|
| A | B | C | D=A(B−C) |
| 3,909,450 | 5.362 | 1.209 | 16,235,945.85 |

| 厌氧处理去除的有机物总量/kgCOD | 以污泥方式清除掉的有机物总量/kgCOD | 甲烷最大生产能力/($kgCH_4$/kgCOD) | 甲烷修正因子 | 甲烷回收量/$kgCH_4$ | 核证甲烷排放量/$kgCH_4$ | 核证甲烷排放量/$tCO_2e$ | 初始报告排放量/$tCO_2e$ |
|---|---|---|---|---|---|---|---|
| D | E | F | G | H | I=(D−E)FG−H | J=I×21/1000 | |
| 16,235,945.85 | 0 | 0.25 | 0.5 | 1,859,990 | 169,503.23 | 3,559.57 | 12,610.92 |

表 4-48（e） 企业排放汇总表

| 排放类型 | | 核证值 | | | 报告值 | 误差/% |
|---|---|---|---|---|---|---|
| | | 二氧化碳排放/$tCO_2$ | 甲烷排放/$tCH_4$ | 合计/$tCO_2e$ | 合计/$tCO_2e$ | |
| | | A | B | C=A+B×21 | D | (D−C)/C×100% |
| 化石燃料燃烧 | | 392.63 | — | 392.63 | 392.63 | 0.00 |
| 生产/特殊过程 | 废水厌氧处理 | — | 169.50 | 3559.57 | 12,610.92 | 254.28 |
| 排放扣除 | | — | — | — | — | — |
| 直接排放小计 | | 392.63 | 169.50 | 3952.20 | 13,003.55 | 229.02 |
| 净购入电力 | | 118,408.83 | — | 118,408.83 | 118,408.83 | 0.00 |
| 净购入热力 | | 245,490.41 | — | 245,490.41 | 0 | −100.00 |
| 能源间接排放小计 | | 363,899.24 | — | 363,899.24 | 118,408.8 | −67.46 |
| 合计 | | 364,291.87 | | 367,851.44 | 131,412.35 | −64.28 |

(5) 配额分配相关补充数据的核查

配额分配补充数据与核算指南要求的数据略有不同，核算指南只要求填报企业层面的排放数据，而配额分配补充数据不仅要求填报企业层面的排放数据还要求填报分工序的排放数据以及生产数据，具体要求如下：

① 只包含化石燃料固定燃烧源排放和外购电力、热力排放，不包括过程排放和废水厌氧处理甲烷排放。

② 化石燃料燃烧排放：需补充纸浆制造工序、机制纸及纸板制造工序、纸制品制造工序和其他工序的数据。

③ 消耗电力、热力排放：分为纸浆制造工序、机制纸及纸板制造工序、纸制品制造工序和其他工序的数据。

受核查企业无化石燃料固定燃烧源，只在制浆工序使用电力，造纸工序中使用电力和热力，因此外购电力和热力数据的核查直接参考本节“(2) 活动水平数据的核查”即可。需要补充核查的两个生产数据为纸浆产量和机制纸和纸板产量。这两个数据均来源于受核查企业的生产月报表，与上报统计局能源报表进行了交叉核对，核查组确认数据一致，详见表 4-49。

**表 4-49 造纸企业配额分配补充数据核查表**

<table>
<tr><td>数据名称</td><td colspan="4">纸浆产量</td></tr>
<tr><td>单位</td><td colspan="4">t</td></tr>
<tr><td rowspan="2">数值</td><td>年份</td><td colspan="2">初始报告数值</td><td>核查与最终报告数值</td></tr>
<tr><td>2015 年</td><td colspan="2">262,113.40</td><td>262,113.40</td></tr>
<tr><td rowspan="3">数据来源</td><td colspan="4">生产月报表</td></tr>
<tr><td>数据类型</td><td colspan="2">描述</td><td>优先级</td></tr>
<tr><td>原始数据</td><td colspan="2">直接计量、监测获得的数据</td><td>高</td></tr>
<tr><td>测量方法</td><td colspan="4">电子汽车衡</td></tr>
<tr><td>测量频次</td><td colspan="4">电子汽车衡测量，每日记录，按月汇总并上报数据形成生产月报表</td></tr>
<tr><td>数据缺失处理</td><td colspan="4">无数据缺失</td></tr>
<tr><td>抽样检查(如有)</td><td colspan="4">100%核查，无抽样</td></tr>
<tr><td rowspan="2">交叉核对</td><td>时间</td><td>数据及来源</td><td>交叉核对数值及来源</td><td>备注</td></tr>
<tr><td>2015 年</td><td>生产月报表：262,113,40t</td><td>上报统计局能源报表：262,113,40t</td><td>一致</td></tr>
<tr><td>核查结论</td><td colspan="4">企业报告数据正确、真实、可信</td></tr>
</table>

<table>
<tr><td>数据名称</td><td colspan="3">瓦楞纸产量</td></tr>
<tr><td>单位</td><td colspan="3">t</td></tr>
<tr><td rowspan="2">数值</td><td>年份</td><td>初始报告数值</td><td>核查与最终报告数值</td></tr>
<tr><td>2015 年</td><td>254,250.6</td><td>254,250.6</td></tr>
<tr><td rowspan="3">数据来源</td><td colspan="3">生产月报表</td></tr>
<tr><td>数据类型</td><td>描述</td><td>优先级</td></tr>
<tr><td>原始数据</td><td>直接计量、监测获得的数据</td><td>高</td></tr>
<tr><td>测量方法</td><td colspan="3">电子汽车衡</td></tr>
</table>

续表

| 测量频次 | 电子汽车衡测量，每日记录，按月汇总并上报数据形成生产月报表 | | | |
|---|---|---|---|---|
| 数据缺失处理 | 无数据缺失 | | | |
| 抽样检查(如有) | 100%核查，无抽样 | | | |
| 交叉核对 | 时间 | 数据及来源 | 交叉核对数值及来源 | 备注 |
| | 2015 年 | 生产月报表：245,250,6t | 上报统计局能源报表：245,250,6t | 一致 |
| 核查结论 | 企业报告数据正确、真实、可信 | | | |

另外，配额分配补充数据还要求计算企业的综合能耗和排放强度，计算方法如下：

① 企业综合能耗：企业消耗的柴油、电力和热力分别乘以各自的折标系数，再相加。柴油折标系数为柴油的低位热值除以标煤的低位热值得到。标煤的低位热值取 29.271GJ/t。电力折标系数取自《综合能耗计算通则》（GB/T 2589—2008）附录 A，取当量值 0.1229tce/（MW・h）。热力折标系数取自《综合能耗计算通则》（GB/T 2589—2008）附录 A，取当量值 0.03412tce/GJ 计算过程如表 4-50 所示。

**表 4-50　造纸企业综合能耗计算表**

| 品种 | 消耗量 /t 或 MW・h 或 GJ | 低位热值 /(GJ/t) | 标煤热值 /(GJ/t) | 折标系数 | 折标量 /tce |
|---|---|---|---|---|---|
| | *A* | *B* | *C* | *D*=*B*/*C* | *AD* |
| 柴油 | 134.23 | 42.652 | 29.271 | 1.4571 | 195.59 |
| 外购电力 | 168,313.90 | — | — | 0.1229 | 20,685.78 |
| 外购热力 | 2,231,731.02 | — | — | 0.03412 | 76,146.66 |
| 企业综合能耗/tce | | | | | 97,028.03 |

② 排放强度：纳入碳排放权交易体系的二氧化碳排放总量/主营产品产量，纳入碳排放权交易体系的二氧化碳排放总量包括企业层面的化石燃料燃烧排放，以及电力和热力消耗隐含的二氧化碳排放量，不包含石灰石分解（受核查方不涉及）和废水厌氧处理的二氧化碳排放量。计算过程如表 4-51 所示。

**表 4-51　造纸企业排放强度计算表**

| 能源品种 | 排放量① /$tCO_2$ | 排放量合计 /$tCO_2$ | 瓦楞纸产量 /t | 排放强度 /($tCO_2$/t) |
|---|---|---|---|---|
| 化石燃料 | 392.63 | *A* | *B* | *A*/*B* |
| 外购电力 | 118,408.83 | 364,291.87 | 254,250.6 | 1.43 |
| 外购热力 | 245,490.41 | | | |

①详见本节(4)排放量的核查。

最后，把对配额分配补充数据的核查结果填入数据汇总表以及相应行业的补充数据表中，如表 4-52 和表 4-53 所示。

**表 4-52 造纸企业数据汇总表**

| 年份 | 企业基本信息 | | | 纳入碳交易主营产品信息 | | | | | | | | | 能源和温室气体排放相关数据 | | |
|---|---|---|---|---|---|---|---|---|---|---|---|---|---|---|---|
| | | | | 产品一 | | | 产品二 | | | 产品三 | | | | | |
| | 企业名称 | 组织机构代码 | 行业代码 | 名称 | 单位 | 产量 | 名称 | 单位 | 产量 | 名称 | 单位 | 产量 | 企业综合能耗/万吨标煤 | 按照指南核算的企业温室气体排放总量/万吨二氧化碳当量 | 按照补充报告模板核算的企业或设施层面二氧化碳排放总量/万吨 |
| 2015 | | | | 瓦楞纸 | t | 254,250.60 | | | | | | | 9.70 | 36.79 | 36.43 |

注：因为“按照补充报告核算的企业设施层面的二氧化碳排放量总量”不包含废水厌氧处理甲烷排放，所以数值比“按照指南核算的企业温室气体排放总量”略小。

**表 4-53 造纸企业 2015 年温室气体排放报告补充数据表**

| 补充数据 | 数值 | 计算方法或填写要求 |
|---|---|---|
| 1 纳入碳排放权交易体系的二氧化碳排放总量/$tCO_2$ | 364,291.87 | 1.1、1.2、1.3 之和 |
| 1.1 化石燃料燃烧排放量/$tCO_2$ | 392.63 | 数据来自核算与报告指南附表 1 |
| 1.2 净购入使用电力对应的排放量/$tCO_2$ | 118,408.83 | 数据来自核算与报告指南附表 1 |
| 1.3 净购入使用热力对应的排放量/$tCO_2$ | 245,490.41 | 数据来自核算与报告指南附表 1 |
| 2 主营产品产量/t | 254,250.6 | (2)纸和纸板。<br>来源于企业生产月报表 |
| 3 排放强度/($tCO_2$/t) | 1.43 | 纳入碳排放权交易体系的二氧化碳排放总量/主营产品产量 |
| 4 企业不同生产工序的二氧化碳排放量及产品产量 | | |
| 4.1 纸浆制造工序 | | |
| 4.1.1 化石燃料燃烧排放量/$tCO_2$ | 0.00 | 受核查方没有直接生产系统的化石燃料固定燃烧源 |
| 4.1.2 净购入使用电力对应的排放量/$tCO_2$ | 35,522.64 | 来源于生产月报表 |
| 4.1.3 净购入使用热力对应的排放量/$tCO_2$ | 0.00 | 受核查方纸浆制造工序没有外购热力消耗 |
| 4.1.4 纸浆产量/t | 262,113.40 | 来源于生产月报表 |
| 4.2 机制纸及纸板制造工序 | | |
| 4.2.1 化石燃料燃烧排放量/$tCO_2$ | 0.00 | 受核查方没有直接生产系统的化石燃料固定燃烧源 |
| 4.2.2 净购入使用电力对应的排放量/$tCO_2$ | 82,886.18 | 来源于生产月报表 |
| 4.2.3 净购入使用热力对应的排放量/$tCO_2$ | 245,490.41 | 来源于外购蒸汽结算单 |
| 4.2.4 机制纸和纸板产量/t | 254,250.6 | 来源于生产月报表 |
| 4.3 纸制品制造工序 | — | |
| 4.3.1 化石燃料燃烧排放量/$tCO_2$ | — | 按核算与报告指南 公式(2)计算 |
| 4.3.2 净购入使用电力对应的排放量/$tCO_2$ | — | 按核算与报告指南 公式(6)计算 |

续表

| 补充数据 | 数值 | 计算方法或填写要求 |
|---|---|---|
| 4.3.3 净购入使用热力对应的排放量/$tCO_2$ | — | 按核算与报告指南 公式(7)计算 |
| 4.3.4 纸制品产量/t | — | |
| 4.4 其他工序 | — | |
| 4.4.1 化石燃料燃烧排放量/$tCO_2$ | — | 按核算与报告指南 公式(2)计算 |
| 4.4.2 净购入使用电力对应的排放量/$tCO_2$ | — | 按核算与报告指南 公式(6)计算 |
| 4.4.3 净购入使用热力对应的排放量/$tCO_2$ | — | 按核算与报告指南 公式(7)计算 |
| 5 企业新增机制纸和纸板生产工序二氧化碳排放量/$tCO_2$ | — | 仅针对主营产品为纸浆的企业<br>2016 年 1 月 1 日之前投产为既有，之后为新增 |
| 6 企业新增纸制品生产工序二氧化碳排放量/$tCO_2$ | — | |
| 7 企业新增机制纸和纸板生产工序机制纸和纸板的产量/t | — | 仅针对主营产品为纸浆的企业 |
| 8 企业新增纸制品生产工序纸制品的产量/t | — | |

(6) 不符合及纠正措施

本案例在文件评审和现场核查中发现的不符合项如表 4-54 所示。

**表 4-54 造纸企业不符合及纠正措施一览表**

| 序号 | 不符合描述 | 重点排放单位原因分析及整改措施 | 核查结论 |
|---|---|---|---|
| 1 | 企业排放报告初稿中未填报蒸汽消耗量及蒸汽焓值 | 原因分析：受核查企业没有正确理解外购热力的含义，不知道如何将外购蒸汽的质量转换成热量<br>整改措施：受核查企业在终版排放报告中补充填报外购蒸汽隐含的二氧化碳排放量 | 企业终版排放报告中的数值与核查结果一致。不符合项关闭 |
| 2 | 企业在初版排放报告中填报的废水厌氧处理去除的有机物总量与核查值不一致 | 原因分析：填报错误<br>整改措施：受核查企业在终版排放报告中更正了废水厌氧处理去除的有机物总量并相应更新了排放量 | 企业终版排放报告中的数值与核查结果一致。不符合项关闭 |

#### 4.4.4.4 核查报告的编写

参考钢铁行业 4.4.1.4 核查报告的编写。

### 4.4.5 化工行业

某化工企业位于 XX 省 XX 市 XX 区 XX 路 XX 号，拥有 33000kV·A 电石炉 4 台，主要产品为电石。电石生产工艺涉及的化学反应为 $CaO+3C \xlongequal{} CaC_2+CO$。企业外购石灰石通过石灰窑煅烧生成石灰，经筛分后的石灰和烘干炭材以及外购电极糊作为原料进入电石炉冶炼。冶炼好的出炉料经过浇注、冷却、脱模、破碎等步骤成为成品电石入库。

该企业在 2015 年间主要排放源包括：

① 化石燃料燃烧排放　叉车消耗柴油产生的二氧化碳排放。

② 生产过程排放　外购石灰石煅烧分解产生的二氧化碳排放；电极糊和兰炭等含碳原料的碳输入以及电石产品和尾气粉尘的碳输出，经碳质量平衡法计算产生的二氧化碳排放。

③ 净购入电力隐含的排放　电石车间离心鼓风机，气烧窑车间风机，包装车间卷扬机，

空分空压车间空压机，循环水站离心泵及全厂其他用电设备使用电力产生的间接二氧化碳排放。

受核查方石灰石分解采用气烧窑（即电石生产中所产生的大量炉气回收后供石灰窑煅烧石灰石），不需外购化石燃料，因此不涉及化石燃料固定燃烧源排放。同时，受核查方无外购热力，亦无外供热力，所以无外购热力隐含的二氧化碳排放。最后受核查方无二氧化碳回收利用，因此，不用考虑回收二氧化碳的排放扣除。

#### 4.4.5.1 核查准备

具体实施步骤可参考钢铁行业的4.4.1.1核查准备。化工行业与钢铁行业的主要区别在于核查所需资料清单以及人员时间配置与钢铁行业不同。下面分别说明。

① 资料清单："企业基本情况""质量保证文件"与钢铁行业基本相同，直接参考钢铁行业核查资料清单即可，表4-55只列出化工企业要求的其他特殊资料清单。

**表4-55 化工企业核查所需特殊资料清单**

| 序号 | 文件 |
|---|---|
| | 生产设施信息 |
| 1 | 主要化石燃料燃烧设施清单或台账(包括固定燃烧和移动燃烧设备,各燃烧设备注明设备名称、型号、位置、燃料品种、投产日期)<br>固定燃烧设备:包括锅炉、燃烧器、涡轮机、加热器、焚烧炉、煅烧炉、窑炉、熔炉、烤炉、内燃机等<br>移动燃烧设备:包括厂内生产用叉车、装卸车等 |
| 2 | 碳酸盐消耗设施清单或台账(包括设备名称、型号、位置及投产日期) |
| 3 | 含碳原材料消耗设施清单或台账(包括设备名称、型号、位置及投产日期) |
| 4 | 硝酸生产设施清单或台账(包括设备名称、型号、位置、硝酸生产技术类型、$NO_x/N_2O$尾气处理技术类型及投产日期)<br>硝酸生产技术类型是指:高压法、中压法、常压法、双加压法、综合法、低压法<br>$NO_x/N_2O$尾气处理技术类型是指:非选择性催化还原NSCR、选择性催化还原SCR、延长吸收 |
| 5 | 己二酸生产设施清单或台账(包括设备名称、型号、位置、己二酸生产技术类型、$NO_x/N_2O$尾气处理技术类型及投产日期)<br>己二酸生产技术类型是指:硝酸氧化工艺、其他工艺<br>$NO_x/N_2O$尾气处理技术类型是指:催化去除、热去除、回收为硝酸、回收用作己二酸原料 |
| 6 | 二氧化碳回收设施清单或台账(包括设备名称、型号、位置及投产日期) |
| 7 | 主要耗电和耗热设施清单或台账(包括设备名称、型号、位置及投产日期) |
| | 活动水平数据和排放因子数据 |
| 8 | 分车间的化石燃料(用作燃料和原材料)消耗量(可来源于能源消费台账、生产报表、购销存表、经济技术指标表、生产管理系统、财务分类明细账、领用记录等)<br>注:请至少提供两套数据供交叉核对 |
| 9 | 化石燃料(用作燃料和原材料)低位热值测量数据(固体燃料:至少每月测量;液体燃料:至少每季度测量;气体燃料:至少每半年测量) |
| 10 | 化石燃料(用作燃料和原材料)含碳量测量数据(固体燃料:每天取样,每月测量混合缩分样,必须是元素碳含量,固定碳含量不可用;液体燃料:至少每季度测量;气体燃料:至少每半年测量) |
| 11 | 分车间的含碳原材料(例如电极、碳质还原剂)消耗量、含碳产品产量、其他含碳输出物生成量(可来源于能源消费台账、生产报表、购销存表、经济技术指标表、生产管理系统、财务分类明细账、领用记录等)<br>注:请至少提供两套数据供交叉核对 |

续表

| 序号 | 文件 |
| --- | --- |
| 12 | 含碳原材料和含碳产品元素含碳量(固体材料和液体材料:每天每班取样,每月测量混合缩分样,必须是元素碳含量,固定碳含量不可用;气体材料:定期测量) |
| 13 | 外购并消耗的碳酸盐量(如石灰石、白云石等用作原材料、助熔剂或脱硫剂;可来源于能源消费台账、生产报表、购销存表、经济技术指标表、生产管理系统、财务分类明细账、领用记录等)<br>注:请至少提供两套数据供交叉核对 |
| 14 | 碳酸盐化学组成、纯度和 $CO_2$ 排放因子(自测值或有资质的专业机构定期检测值或采用供应商提供的商品性状数据) |
| 15 | 每种生产技术类型(高压法、中压法、常压法、双加压法、综合法、低压法)的硝酸产量(可来源于能源消费台账、生产报表、购销存表、经济技术指标表、生产管理系统、财务分类明细账、领用记录等)<br>注:请至少提供两套数据供交叉核对 |
| 16 | 硝酸生产 $N_2O$ 生成因子和 $N_2O$ 去除率(自测值或有资质的专业机构定期检测值)(若有) |
| 17 | 硝酸尾气处理设备运行时间与硝酸生产装置运行时间(来源于企业生产记录) |
| 18 | 每种生产技术(硝酸氧化工艺、其他工艺)的己二酸产量(可来源于能源消费台账、生产报表、购销存表、经济技术指标表、生产管理系统、财务分类明细账、领用记录等)<br>注:请至少提供两套数据供交叉核对 |
| 19 | 己二酸生产 $N_2O$ 生成因子和 $N_2O$ 去除率(自测值或有资质的专业机构定期检测值)(若有) |
| 20 | 己二酸尾气处理设备运行时间与己二酸生产装置运行时间(来源于企业生产记录) |
| 21 | 二氧化碳气体回收外供量(不包括企业现场回收自用的部分;可来源于能源消费台账、生产报表、购销存表、经济技术指标表、生产管理系统、财务分类明细账、领用记录等)<br>注:请至少提供两套数据供交叉核对 |
| 22 | 二氧化碳回收外供气体的纯度(可来源于企业台账) |
| 23 | 分车间的净购入电量①<br>注:请至少提供两套数据供交叉核对 |
| 24 | 分车间的净购入热量②<br>注:请至少提供两套数据供交叉核对 |
| 25 | 食堂、浴室、保健站的能耗数据(包括化石燃料、电力和热力消耗等)<br>注:请至少提供两套数据供交叉核对 |
| | 计量器具信息 |
| 26 | 主要化石燃料(用作燃料和原材料)消耗量计量器具信息(包括地磅、皮带秤、流量计等,请提供设备名称、型号、序列号、精度、位置,校准报告和更换维修记录) |
| 27 | 化石燃料(用作燃料和原材料)低位发热值测量仪器清单或台账(请提供设备名称、型号、序列号、精度、位置,校准报告和更换维修记录) |
| 28 | 化石燃料(用作燃料和原材料)含碳量测量仪器清单或台账(请提供设备名称、型号、序列号、精度、位置,校准报告和更换维修记录) |
| 29 | 含碳原料、含碳产品、其他含碳输出物消耗/产量计量器具信息(请提供设备名称、型号、序列号、精度、位置,校准报告和更换维修记录) |
| 30 | 含碳原材料和含碳产品元素含碳量测量仪器信息(请提供设备名称、型号、序列号、精度、位置,校准报告和更换维修记录) |

续表

| 序号 | 文件 |
| --- | --- |
| 31 | 碳酸盐消耗量计量器具信息(请提供设备名称、型号、序列号、精度、位置,校准报告和更换维修记录) |
| 32 | 碳酸盐的化学组成、纯度和 $CO_2$ 排放因子测量仪器信息(请提供设备名称、型号、序列号、精度、位置,校准报告和更换维修记录) |
| 33 | 硝酸和己二酸产量计量器具信息(请提供设备名称、型号、序列号、精度、位置,校准报告和更换维修记录) |
| 34 | 硝酸和己二酸 $N_2O$ 生成因子和 $N_2O$ 去除率测量仪器信息(请提供设备名称、型号、序列号、精度、位置,校准报告和更换维修记录) |
| 35 | 二氧化碳气体回收量和外供量计量器具信息(请提供设备名称、型号、序列号、精度、位置,校准报告和更换维修记录) |
| 36 | 二氧化碳气体纯度测量仪器信息(请提供设备名称、型号、序列号、精度、位置,校准报告和更换维修记录) |
| 37 | 外购电量计量电表(请提供设备名称、型号、序列号、精度、位置,校准报告和更换维修记录) |
| 38 | 外购热量计量仪器信息(请提供设备名称、型号、序列号、精度、位置,校准报告和更换维修记录) |

① 净购入电量＝购入量－外销量。

② 净购入热量＝购入量－外销量。

② 人员时间配置：该企业 2015 年温室气体排放核查的文件评审需要 4 人天、现场访问需要 2 人天、核查报告编制需要 6 人天、内部技术评审需要 1 人天。

核查组由 2 人组成，其中包括核查组长 1 名及核查组员 1 名，1 名内部技术评审人员，其中核查组长和内部技术评审人员需具备化工领域的核查资质。

文件评审时间和人员安排：组长和组员 2 人共同工作 2 天。

现场访问时间和人员安排：组长和组员 2 人共同工作 1 天。

#### 4.4.5.2 文件评审

此步骤的主要目的是识别出现场核查中的重点。具体实施步骤可参考钢铁行业的文件评审（4.4.1.2 节）。本案例中识别出的现场核查中需要重点关注的内容如下：

① 企业核算边界是否存在变化；

② 是否存在新增设施和既有设施的退出情况；

③ 柴油、石灰石、兰炭、电极糊、电力消耗数据和电石、尾气粉尘产量数据的准确性；

④ 内部数据流控制；

⑤ 排放量计算的准确性。

核查组将上述文件评审的结果形成记录，并作为核查计划制定的依据。

#### 4.4.5.3 现场核查

现场核查的具体实施步骤可参考钢铁企业 4.4.1.3 现场核查。此处只对化工行业的特殊方面进行说明。

（1）核查边界的确定

通过现场查阅厂区平面图、排放设施清单、实地观察以及与该企业代表访谈，核查组确定该企业核算边界为 XX 省 XX 市 XX 区 XX 路 XX 号。具体排放设施类型、设备名称、型号及物理位置如表 4-56 所示。

表 4-56　电石企业排放设施一览表

| 排放类型 | 设备名称 | 燃料/原料类型 | 设备型号 | 数量 | 物理位置 |
|---|---|---|---|---|---|
| 化石燃料燃烧排放—移动源 | 叉车 | 柴油 | — | 若干 | 全厂 |
| 外购电力过程排放—含碳原料 | 电石炉 | 兰炭、电极糊、电力 | 33000kVA | 4 台 | 电石车间 |
| 过程排放—碳酸盐分解 | 气烧石灰窑 | 石灰石 | 500t/d | 2 座 | 气烧窑车间 |
| 外购电力 | 净化离心鼓风机 | 电力 | AZY350-500 | 2 台 | 电石车间 |
| | 净化增压离心鼓风机 | 电力 | RMZ200-3200 | 2 台 | 电石车间 |
| | 出炉除尘离心通风机 | 电力 | Y5-51-14D　45° | 2 台 | 电石车间 |
| | 窑尾除尘风机 | 电力 | Y4-73-15D 右旋 45° | 1 台 | 气烧窑车间 |
| | 废气风机 | 电力 | CSE2358-237 | 1 台 | 气烧窑车间 |
| | 驱动风机 | 电力 | L74WD | 2 台 | 气烧窑车间 |
| | 冷却风机 | 电力 | 9-19NO. 14D | 2 台 | 气烧窑车间 |
| | 卷扬机 | 电力 | JM8 | 8 台 | 包装车间 |
| | 行车 | 电力 | QD-5T | 4 台 | 包装车间 |
| | 缝焊机 | 电力 | FN-400 | 2 台 | 电机壳车间 |
| | 除尘器 | 电力 | JQM-8×96 | 2 台 | 烘干车间 |
| | 螺杆空压机 | 电力 | SA200W | 3 台 | 空分空压车间 |
| | 螺杆空压机 | 电力 | E200W-9 | 6 台 | 空分空压车间 |
| | 制氮装置 | 电力 | TLN1000-295 | 3 台 | 空分空压车间 |
| | 单级双吸离心泵 | 电力 | KQSN300-M9/445 | 3 台 | 循环水站 |

(2) 活动水平数据的核查

① 化石燃料燃烧排放涉及的参数的核查方法可参考钢铁行业，因此本节不单独展示每个数据的详细核查过程，只用列表形式展示核查结果，见表 4-57。值得注意的是，化工行业《核算方法与报告指南》中把化石燃料低位热值归为排放因子而非活动水平数据，这与前面几个案例所在行业的《核算方法与报告指南》的规定不同。

表 4-57　电石企业化石燃料燃烧排放活动水平数据一览表

| 数据名称 | 单位 | 填报值 | 核查值 | 核查结论 |
|---|---|---|---|---|
| 运输柴油消耗量 | t | 25.57 | 25.57 | 数据准确 |

② 过程/特殊排放涉及的参数：化工企业会涉及多种含碳原料、含碳产品和含碳废弃物，需要采用碳质量平衡法来计算过程排放量，具体计算方法详见本书 3.3.1.7 核算方法。为清楚地阐述碳质量平衡法的应用，每一个参数的详细的核查过程均用单独的表格展示。见表 4-58。

表 4-58 电石企业过程/特殊排放活动水平数据核查表

<table>
<tr><td>数据名称</td><td>石灰石消耗量</td></tr>
<tr><td>单位</td><td>t</td></tr>
<tr><td>数值</td><td><table><tr><th>年份</th><th>初始报告数值</th><th>核查与最终报告数值</th></tr><tr><td>2015 年</td><td>157,969.00</td><td>157,969.00</td></tr></table></td></tr>
<tr><td>数据来源</td><td>生产月报表<table><tr><th>数据类型</th><th>描述</th><th>优先级</th></tr><tr><td>原始数据</td><td>直接计量、监测获得的数据</td><td>高</td></tr></table></td></tr>
<tr><td>测量方法</td><td>受核查方每月盘库，得出月初库存量和月末库存量，结合每月采购量，计算得出每月消耗的石灰石量，即每月石灰石消耗量＝月初库存量＋月采购量－月末库存量。根据计算结果，受核查方形成生产月报表</td></tr>
<tr><td>测量频次</td><td>每月盘库、计算和记录</td></tr>
<tr><td>数据缺失处理</td><td>无数据缺失</td></tr>
<tr><td>抽样检查(如有)</td><td>100％核查，无抽样</td></tr>
<tr><td>交叉核对</td><td><table><tr><th>时间</th><th>数据及来源</th><th>交叉核对数值及来源</th><th>备注</th></tr><tr><td>2015 年</td><td>生产月报表：157,969.00t</td><td>ERP 系统领用记录：157,969.00t</td><td>一致</td></tr></table></td></tr>
<tr><td>核查结论</td><td>数据正确、真实、可信</td></tr>
</table>

<table>
<tr><td>数据名称</td><td>含碳原料－兰炭消耗量</td></tr>
<tr><td>单位</td><td>t</td></tr>
<tr><td>数值</td><td><table><tr><th>年份</th><th>初始报告数值</th><th>核查与最终报告数值</th></tr><tr><td>2015 年</td><td>73,836.7</td><td>73,836.7</td></tr></table></td></tr>
<tr><td>数据来源</td><td>生产月报表<table><tr><th>数据类型</th><th>描述</th><th>优先级</th></tr><tr><td>原始数据</td><td>直接计量、监测获得的数据</td><td>高</td></tr></table></td></tr>
<tr><td>测量方法</td><td>受核查方每月盘库，得出月初库存量和月末库存量，结合每月采购量，计算得出每月消耗的兰炭量，即每月兰炭消耗量＝月初库存量＋月采购量－月末库存量。根据计算结果，受核查方形成生产月报表</td></tr>
<tr><td>测量频次</td><td>每月盘库、计算和记录</td></tr>
<tr><td>数据缺失处理</td><td>无数据缺失</td></tr>
<tr><td>抽样检查(如有)</td><td>100％核查，无抽样</td></tr>
<tr><td>交叉核对</td><td><table><tr><th>时间</th><th>数据及来源</th><th>交叉核对数值及来源</th><th>备注</th></tr><tr><td>2015 年</td><td>生产月报表：73,836.7t</td><td>ERP 系统领用记录：73,836.7t</td><td>一致</td></tr></table></td></tr>
<tr><td>核查结论</td><td>数据正确、真实、可信</td></tr>
</table>

<table>
<tr><td>数据名称</td><td>含碳原料—电极糊消耗量</td></tr>
<tr><td>单位</td><td>t</td></tr>
<tr><td>数值</td><td><table><tr><th>年份</th><th>初始报告数值</th><th>核查与最终报告数值</th></tr><tr><td>2015 年</td><td>2968.56</td><td>2968.56</td></tr></table></td></tr>
<tr><td>数据来源</td><td>生产月报表<table><tr><th>数据类型</th><th>描述</th><th>优先级</th></tr><tr><td>原始数据</td><td>直接计量、监测获得的数据</td><td>高</td></tr></table></td></tr>
<tr><td>测量方法</td><td>受核查方每月盘库，得出月初库存量和月末库存量，结合每月采购量，计算得出每月消耗的电极糊量，即每月电极糊消耗量＝月初库存量＋月采购量－月末库存量。根据计算结果，受核查方形成生产月报表</td></tr>
<tr><td>测量频次</td><td>每月盘库、计算和记录</td></tr>
<tr><td>数据缺失处理</td><td>无数据缺失</td></tr>
<tr><td>抽样检查(如有)</td><td>100%核查，无抽样</td></tr>
<tr><td>交叉核对</td><td><table><tr><th>时间</th><th>数据及来源</th><th>交叉核对数值及来源</th><th>备注</th></tr><tr><td>2015 年</td><td>生产月报表：2968.56t</td><td>ERP 系统领用记录：2968.56t</td><td>一致</td></tr></table></td></tr>
<tr><td>核查结论</td><td>数据正确、真实、可信</td></tr>
</table>

<table>
<tr><td>数据名称</td><td>含碳产品—电石产量</td></tr>
<tr><td>单位</td><td>t</td></tr>
<tr><td>数值</td><td><table><tr><th>年份</th><th>初始报告数值</th><th>核查与最终报告数值</th></tr><tr><td>2015 年</td><td>132,075.13</td><td>131,916.36</td></tr></table></td></tr>
<tr><td>数据来源</td><td>生产月报表<table><tr><th>数据类型</th><th>描述</th><th>优先级</th></tr><tr><td>原始数据</td><td>直接计量、监测获得的数据</td><td>高</td></tr></table></td></tr>
<tr><td>测量方法</td><td>电子汽车衡测量，运行人员每日记录，每月汇总形成生产月报表</td></tr>
<tr><td>测量频次</td><td>每日记录、每月汇总</td></tr>
<tr><td>数据缺失处理</td><td>无数据缺失</td></tr>
<tr><td>抽样检查(如有)</td><td>100%核查，无抽样</td></tr>
<tr><td>交叉核对</td><td><table><tr><th>时间</th><th>数据及来源</th><th>交叉核对数值及来源</th><th>备注</th></tr><tr><td>2015 年</td><td>生产月报表：131,916.36t</td><td>产品产值统计表：132,075.13t</td><td>企业统计值折标后与核查数据一致</td></tr></table></td></tr>
<tr><td>核查结论</td><td>开具不符合项 1：企业填报的电石产量没有折标，但是却采用了标准电石的排放因子，导致排放量计算错误</td></tr>
</table>

<table>
<tr><td>数据名称</td><td>含碳废物—尾气尘粉</td></tr>
<tr><td>单位</td><td>t</td></tr>
<tr><td>数值</td><td><table><tr><th>年份</th><th>初始报告数值</th><th>核查与最终报告数值</th></tr><tr><td>2015 年</td><td>13,758.88</td><td>13,758.88</td></tr></table></td></tr>
</table>

续表

<table>
<tr><td rowspan="3">数据来源</td><td colspan="4">生产月报表</td></tr>
<tr><td>数据类型</td><td colspan="2">描述</td><td>优先级</td></tr>
<tr><td>原始数据</td><td colspan="2">直接计量、监测获得的数据</td><td>高</td></tr>
<tr><td>测量方法</td><td colspan="4">电子汽车衡测量，运行人员每日记录，每月汇总形成生产月报表</td></tr>
<tr><td>测量频次</td><td colspan="4">每日记录、每月汇总</td></tr>
<tr><td>数据缺失处理</td><td colspan="4">无数据缺失</td></tr>
<tr><td>抽样检查(如有)</td><td colspan="4">100%核查，无抽样</td></tr>
<tr><td rowspan="2">交叉核对</td><td>时间</td><td>数据及来源</td><td>交叉核对数值及来源</td><td>备注</td></tr>
<tr><td>2015 年</td><td>生产月报表:13,758,88t</td><td>暂无交叉核对源</td><td>—</td></tr>
<tr><td>核查结论</td><td colspan="4">数据正确、真实、可信</td></tr>
</table>

③ 净购入电力/热力隐含排放涉及的参数可参考钢铁行业案例，此处只简单列出数据和核查结果，见表 4-59。

**表 4-59 电石企业净购入电力/热力隐含排放活动水平数据一览表**

| 数据名称 | 单位 | 填报值 | 核查值 | 核查结论 |
|---|---|---|---|---|
| 净购入电力 | MW·h | 468,855.20 | 468,855.20 | 数据准确 |

(3) 排放因子的核查

本案例中，实测排放因子有两个，即石灰石中 $CaCO_3$ 和 $MgCO_3$ 的纯度，其余排放因子均为缺省值或专家建议值或权威文献推荐值。本节只在表 4-60 中详细描述实测排放因子的核查过程，其他缺省排放因子只以简单的列表形式展示数据和核查结果。

**表 4-60 电石企业实测排放因子数据核查表**

<table>
<tr><td>数据名称</td><td colspan="3">石灰石中 $CaCO_3$ 含量</td></tr>
<tr><td>单位</td><td colspan="3">%</td></tr>
<tr><td rowspan="2">数值</td><td>年份</td><td>初始报告数值</td><td>核查与最终报告数值</td></tr>
<tr><td>2015 年</td><td>91.8</td><td>91.8</td></tr>
<tr><td rowspan="3">数据来源</td><td colspan="3">质量分析报表</td></tr>
<tr><td>数据类型</td><td>描述</td><td>优先级</td></tr>
<tr><td>原始数据</td><td>直接计量、监测获得的数据</td><td>高</td></tr>
<tr><td>测量方法</td><td colspan="3">荧光分析法测量石灰石中 CaO 的含量，再根据 CaO 的含量，通过公式 $CaCO_3$ 含量=CaO 含量×100/56 计算出石灰石中 $CaCO_3$ 的含量，记录在质量分析表中</td></tr>
<tr><td>测量频次</td><td colspan="3">每批次测量，全年共 156 个分析样本，所以采取全部样本的算术平均值作为石灰石中 $CaCO_3$ 的纯度值</td></tr>
<tr><td>数据缺失处理</td><td colspan="3">无数据缺失</td></tr>
<tr><td>抽样检查(如有)</td><td colspan="3">100%核查，无抽样</td></tr>
</table>

续表

| 交叉核对 | 时间 | 数据及来源 | 交叉核对数值及来源 | 备注 |
|---|---|---|---|---|
| | 2015 年 | 质量分析报表:91.8% | 暂无交叉核对源 | — |
| 核查结论 | 数据正确、真实、可信 | | | |

| 数据名称 | 石灰石中 $MgCO_3$ 含量 | | |
|---|---|---|---|
| 单位 | % | | |
| 数值 | 年份 | 初始报告数值 | 核查与最终报告数值 |
| | 2015 年 | 2.00 | 2.00 |
| 数据来源 | 质量分析报表 | | |
| | 数据类型 | 描述 | 优先级 |
| | 原始数据 | 直接计量、监测获得的数据 | 高 |
| 测量方法 | 荧光分析法测量石灰石中 MgO 的含量，再根据 MgO 的含量，通过公式 $MgCO_3$ 含量＝MgO 含量×84/40 计算出石灰石中 $MgCO_3$ 的含量，记录在质量分析表中 | | |
| 测量频次 | 每批次测量，全年共 156 个分析样本，所以采取全部样本的算术平均值作为石灰石中 $MgCO_3$ 的纯度值 | | |
| 数据缺失处理 | 无数据缺失 | | |
| 抽样检查(如有) | 100%核查，无抽样 | | |

| 交叉核对 | 时间 | 数据及来源 | 交叉核对数值及来源 | 备注 |
|---|---|---|---|---|
| | 2015 年 | 质量分析报表:2.00% | 暂无次交叉核对源 | — |
| 核查结论 | 数据正确、真实、可信 | | | |

其他缺省排放因子如表 4-61 所示，在计算排放量时需要特别注意单位，含碳量排放因子的单位是 $tCO_2/t$，含碳量的单位是 tC/t，两者差一个转化系数 44/12。

**表 4-61 电石企业缺省排放因子数据一览表**

| 数据名称 | 单位 | 填报值 | 核查值 | 核查结论 |
|---|---|---|---|---|
| 柴油低位热值 | GJ/t | 43.330 | 43.330 | 数据准确 |
| 柴油单位热值含碳量 | tC/TJ | 20.2 | 20.2 | 数据准确 |
| 柴油碳氧化率 | % | 98 | 98 | 数据准确 |
| 石灰石－$CaCO_3$ 排放因子 | $tCO_2/t$ | 0.4397 | 0.4397 | 数据准确 |
| 石灰石－$MgCO_3$ 排放因子 | $tCO_2/t$ | 0.5220 | 0.5220 | 数据准确 |
| 兰炭作为原材料的含碳量 | tC/t | 0.8363 | 0.8363 | 由于企业没有实测兰炭含碳量，且化工行业《核算方法与报告指南》中没有给出兰炭含碳量缺省值，因此采用低位热值与兰炭最接近的焦炭含碳量数值(附录二表 2.1 中焦炭的低位发热值和单位热值含碳量缺省值，两者的乘积即为兰炭的含碳量)是合理的 |

续表

| 数据名称 | 单位 | 填报值 | 核查值 | 核查结论 |
|---|---|---|---|---|
| 电极糊作为原材料的含碳量 | tC/t | 0.9316 | 0.9316 | 由于企业没有实测电极糊含碳量，且化工行业《核算方法与报告指南》中没有给出电极糊含碳量缺省值，因此采用专业机构的建议值是合理的 |
| 标准电石的含碳量 | tC/t | 0.314 | 0.314 | 数据准确 |
| 尾气粉尘的含碳量 | tC/t | 0.1903 | 0.1903 | 由于企业没有实测尾气粉尘的排放因子，且化工行业《核算方法与报告指南》中没有给出尾气粉尘含碳量缺省值，因此采用权威文献推荐值是合理的 |
| 电力排放因子 | $tCO_2$/(MW·h) | 0.8843 | 0.8843 | 由于主管部门没有公布2015年的区域电网平均二氧化碳排放因子，因此，2015年采用最近可得的《2011年和2012年中国区域电网平均二氧化碳排放因子》表2，华北区域电网排放因子2012年值 |

(4) 排放量的核查

核查组应根据《核算方法与报告指南》中的核算方法对分类排放量和汇总排放量的结果进行核查。核查组可通过重复计算、公式验证等方式对重点排放单位排放报告中的排放量的核算结果进行核查。说明报告排放量的计算公式是否正确、排放量的累加是否正确、排放量的计算是否可再现、排放量的计算结果是否正确等核查发现。通过表4-62（a）—表4-62（e）展示核查结果。

**表4-62（a） 化石燃料排放量计算表**

| 燃料品种 | 核证活动水平数据/t | 核证排放因子 | | | 核证排放量/$tCO_2$ | 初始报告排放量/$tCO_2$ |
|---|---|---|---|---|---|---|
| | | 低位发热值/(GJ/t) | 含碳量/(tC/GJ) | 碳氧化率/% | | |
| | *A* | *B* | *C* | *D* | *ABCD*×44/12 | |
| 运输柴油 | 25.57 | 43.330 | 0.0202 | 98 | 80.42 | 80.42 |

**表4-62（b） 碳酸盐分解排放量计算表**

| 原料品种 | 核证活动水平数据/t | 核证排放因子/($tCO_2$/t碳酸盐) | 核证纯度/% | 核证排放量/$tCO_2$ | 初始报告排放量/$tCO_2$ |
|---|---|---|---|---|---|
| | *A* | *B* | *C* | *ABC* | |
| 石灰石—$CaCO_3$ | 157,969.00 | 0.4397 | 91.8 | 63,763.33 | — |
| 石灰石—$MgCO_3$ | | 0.5220 | 2 | 1649.20 | — |
| 小计 | | | | 65,412.53 | 65,412.53 |

表 4-62（c） 含碳原材料消耗产生的排放量计算表（碳质量平衡法）

| 碳源流 | | 物料名称 | 投入/产出/输出量/t | 含碳量/(tC/t) | 核证排放量/$tCO_2$ | 初始报告排放量/$tCO_2$ |
|---|---|---|---|---|---|---|
| | | | $A$ | $B$ | $C=AB\times44/12$ | |
| 含碳原料 | 1 | 兰炭 | 73,836.7 | 0.8363 | 226,426.63 | 226,426.63 |
| | | 电极糊 | 2968.56 | 0.9316 | 10,140.21 | 10,140.21 |
| 含碳产品 | 2 | 标准电石 | 131,916.36 | 0.314 | 151,879.70 | 152,062.50 |
| 含碳废物 | 3 | 尾气粉尘 | 13,758.88 | 0.1903 | 9600.49 | 9600.49 |
| 小计 | | $C_1-C_2-C_3$ | | | 75,086.65 | 74,903.85 |

表 4-62（d） 外购电力排放量计算表

| 核证活动水平数据/MW·h | 核证排放因子/[$tCO_2$/(MW·h)] | 核证排放量/$tCO_2$ | 初始报告排放量/$tCO_2$ |
|---|---|---|---|
| $A$ | $B$ | $AB$ | |
| 468,855.20 | 0.8843 | 414,608.65 | 414,608.65 |

表 4-62（e） 企业排放汇总表

| 排放类型 | | 核证值/$tCO_2$ | 报告值/$tCO_2$ | 误差/% |
|---|---|---|---|---|
| | | $A$ | $B$ | $[(B-A)/A]\times100\%$ |
| 化石燃料燃烧 | | 80.42 | 80.42 | 0.00 |
| 生产/特殊过程 | 碳酸盐分解 | 65,412.53 | 65,412.53 | 0.00 |
| | 含碳原料消耗 | 75,086.65 | 74,903.85 | −0.24 |
| 排放扣除 | | — | — | — |
| 直接排放小计 | | 140,579.60 | 140,396.80 | −0.13 |
| 净购入电力 | | 414,608.65 | 414,608.65 | 0.00 |
| 净购入热力 | | — | — | — |
| 能源间接排放小计 | | 414,608.65 | 414,608.65 | 0.00 |
| 合计 | | 555,188.25 | 555,005.46 | −0.03 |

（5）配额分配相关补充数据的核查

配额分配补充数据与核算指南要求的数据略有不同，核算指南只要求填报企业层面的排放数据，而配额分配补充数据不仅要求填报企业层面的排放数据还要求填报分车间的排放数据，对于受核查方来说，由于只有 1 个电石车间，因此，核算指南要求的数据可以涵盖配额分配补充数据。另外，配额分配补充数据涵盖的排放源比核算指南要少，具体要求如下：

① 只包含能源作为原材料产生的排放和外购电力、热力排放，不包括化石燃料排放和碳酸盐分解排放。

② 电力消耗排放 不仅要核算外购网电还需要核算来自可再生能源发电、余热发电、自备电厂的电量（受核查方只涉及外购网电）。电力排放因子采用各种电量排放因子的加权平均值。

③ 热力消耗排放 不仅包括外购热力还包括余热回收或自备电厂发的热量（受核查方不涉及热力消耗）。热力排放因子采用各种热量排放因子的加权平均值。

另外，配额分配补充数据还要求计算企业的综合能耗，计算方法如下。

企业消耗的柴油、兰炭、电极糊和电力分别乘以各自的折标系数，再相加。柴油和兰炭的折标系数为各自的低位热值除以标煤的低位热值得到。标煤的低位热值取29.271GJ/t。电极糊折标系数取自《电石单位产品能源消耗限额》（GB 21343—2015）附录A，取0.8571tce/t。电力折标系数取自《综合能耗计算通则》（GB/T 2589—2008）附录A，取当量值0.1229tce/(MW·h)。计算过程如表4-63所示。

**表4-63 电石企业综合能耗计算表**

| 品种 | 消耗量/t或MW·h | 低位热值/(GJ/t) | 标煤热值/(GJ/t) | 折标系数 | 折标量/tce |
|---|---|---|---|---|---|
| | $A$ | $B$ | $C$ | $D=B/C$ | $AD$ |
| 柴油 | 25.57 | 43.330 | 29.271 | 1.4803 | 37.85 |
| 兰炭 | 73,836.7 | 28.447 | 29.271 | 0.9718 | 71,758.14 |
| 电极糊 | 2968.56 | | | 0.8571 | 2544.35 |
| 外购电 | 468,855.20 | — | — | 0.1229 | 57,622.30 |
| 企业综合能耗/tce | | | | | 131,962.65 |

最后，把对配额分配补充数据的核查结果填入数据汇总表以及相应行业的补充数据表中，如表4-64所示。

**表4-64 电石企业数据汇总表**

| 年份 | 企业基本信息 | | | 纳入碳交易主营产品信息 | | | | | | | | | 能源和温室气体排放相关数据 | | |
|---|---|---|---|---|---|---|---|---|---|---|---|---|---|---|---|
| | 企业名称 | 组织机构代码 | 行业代码 | 产品一 | | | 产品二 | | | 产品三 | | | 企业综合能耗/万吨标煤 | 按照指南核算的企业温室气体排放总量/万吨二氧化碳当量 | 按照补充报告模板核算的企业或设施层面二氧化碳排放总量/万吨 |
| | | | | 名称 | 单位 | 产量 | 名称 | 单位 | 产量 | 名称 | 单位 | 产量 | | | |
| 2015 | | | | 标准电石 | t | 131,916.36 | | | | | | | 13.20 | 55.52 | 48.97 |

注：因为“按照补充报告核算的企业设施层面的二氧化碳排放量总量”不包化石燃料燃烧排放、碳酸盐分解排放，所以数值比“按照指南核算的企业温室气体排放总量”略小。

**表4-65 化工生产企业（电石生产）2015年温室气体排放报告补充数据表**

| 补充数据 | | 数值 | 计算方法或填写要求 |
|---|---|---|---|
| 电石分厂(或车间)①,② | 1 既有还是新增 | 既有 | 2016年1月1日之前投产为既有，之后为新增 |
| | 2 二氧化碳排放总量/$tCO_2$ | 489,695.30 | 2.1、2.2与2.3之和 |
| | 2.1 能源作为原材料产生的排放量/$tCO_2$ | 75,086.64 | 按核算与报告指南公式(8)计算 |
| | 2.1.1 能源作为原料的投入量/t | 兰炭：73,836.70<br>电极糊：2968.56 | 来源于生产月报 |

续表

| 补充数据 | | 数值 | 计算方法或填写要求 |
|---|---|---|---|
| 电石分厂(或车间)①,② | 2.1.2　能源中含碳量/% | 兰炭:83.63 | 兰炭:采用化工行业《核算方法与报告指南》附录二表 2.1 中焦炭的低位发热值和单位热值含碳量缺省值,两者的乘积即为兰炭的含碳量<br>电极糊:由于化工行业《核算方法与报告指南》中没有电极糊的含碳量,因此采用内蒙古冶金研究院建议的电极糊含碳量缺省值 |
| | | 电极糊:93.16 | |
| | 2.1.3　碳产品和其他含碳输出物的产量/t | 折标电石:131,916.36 | 来源于生产月报表 |
| | | 电石炉尾气除尘粉:13,758.88 | |
| | 2.1.4　碳产品和其他含碳输出物含碳量/% | 电石:31.40 | 电石:来源于化工行业《核算方法与报告指南》附录二<br>尾气粉尘:来源于葛菊芬、斯文国的《关于利用密闭电石炉的尾气作为锅炉燃料气的探讨》 |
| | | 电石炉尾气粉尘:19.03 | |
| | 2.2　消耗电力对应的排放量/$tCO_2$ | 414,608.65 | 按核算与报告指南公式(13)计算 |
| | 2.2.1　消耗电量/MW·h | 468,855.20 | 受核查方消耗的电量均来自电网供电,不含可再生能源发电、余热发电、自备电厂<br>采用电量结算单数据 |
| | 2.2.2　排放因子/[$tCO_2$/(MW·h)] | 0.8843 | 采用区域电网平均排放因子 |
| | 2.3　消耗热力对应的排放量/$tCO_2$ | — | 按核算与报告指南公式(14)计算 |
| | 2.3.1　消耗热量/GJ | — | 热量包括余热回收、蒸汽锅炉或自备电厂 |
| | 2.3.2　热力供应排放因子/($tCO_2$/GJ) | — | 热力供应排放因子根据来源采用加权平均,其中:<br>余热回收排放因子为 0<br>蒸汽锅炉或自备电厂排放因子用排放量/供热量计算得出<br>若数据不可得,采用 0.11$tCO_2$/GJ |
| | 3　电石产量/t | 131,916.36(折标电石) | 来源于企业生产月报 |
| 既有设施 | 4　二氧化碳排放总量/$tCO_2$ | 489,695.30 | |
| 新增设施 | 5　二氧化碳排放总量/$tCO_2$ | 0 | |

① 核算边界:从焦炭等原材料和能源计量进入电石生产界区开始,到电石成品计量入库的电石产品整个生产过程,包括炭材破碎、筛分、烘干、整流、电石炉、炉气净化车间、余热回收等设施。

② 如果企业电石分厂(或车间)多于 1 个,请自行添加表格。

(6) 不符合及纠正措施

本案例在文件评审和现场核查中发现的不符合项如表 4-66 所示。

表 4-66 电石企业不符合及纠正措施一览表

| 序号 | 不符合描述 | 重点排放单位原因分析及整改措施 | 核查结论 |
| --- | --- | --- | --- |
| 1 | 企业排放报告初稿中填报的电石产量没有折标，但是却采用了标准电石的排放因子来计算排放量，导致排放量计算错误 | 原因分析：受核查企业没有正确理解化工行业《核算方法与报告指南》附录二中标准电石排放因子的含义<br>整改措施：受核查企业在终版排放报告中将每月实际电石产量根据每个月的电石发气量加权平均计算到年度标准电石产量 131,916.36t。折算公式为：标准电石产量=电石产量×电石发气量/标准电石发气量(300 L/kg)<br>同时受核查企业也相应更新了排放量计算值 | 企业终版排放报告中的数值与核查结果一致。不符合项关闭 |

#### 4.4.5.4 核查报告的编写

参考钢铁行业 4.4.1.4 核查报告的编写。

### 4.4.6 有色行业

某铜压延加工企业位于XX省XX市XX区XX路XX号，拥有一套年产30万吨 $\phi$8mm低氧光亮杆的SCR连铸连轧铜条生产线，同时拥有年产10万t软硬铜线的大拉伸线生产设备。

该企业在2015年间主要排放源包括：

① 化石燃料燃烧排放 固定燃烧源：连铸连轧生产线消耗天然气产生的排放。移动燃烧源：厂内生产用车辆消耗柴油产生的二氧化碳排放。

② 净购入电力隐含的排放 连铸连轧生产线、架装伸线机、轴装伸线机、中伸机及全厂其他用电设备使用电力产生的间接二氧化碳排放。

受核查企业为铜压延加工企业，不涉及粗铜冶炼工序，因此没有能源作为原材料用途(冶金还原剂)和工业生产过程排放。同时受核查企业无外购热力，所以无外购热力隐含的二氧化碳排放。

#### 4.4.6.1 核查准备

具体实施步骤可参考钢铁行业的4.4.1.1核查准备。其他有色金属行业与钢铁行业的主要区别在于核查所需资料清单以及人员时间配置与钢铁行业不同。

① 资料清单："企业基本情况""质量保证文件"与钢铁行业基本相同，直接参考钢铁行业核查资料清单即可，表4-67只列出其他有色金属企业要求的特殊资料清单。

表 4-67 其他有色金属(除电解铝和镁冶炼外)企业温室气体核查特殊资料清单

| 序号 | 文件 |
| --- | --- |
| 生产设施信息 | |
| 1 | 化石燃料燃烧设施清单或台账(包括固定燃烧和移动燃烧设备，各燃烧设备注明设备名称、型号、位置、燃料品种、投产日期)<br>注：化石燃料消耗设备包括固定排放源(锅炉、煅烧炉、窑炉、熔炉、内燃机)和用于生产的移动排放源(运输车辆及厂内搬运设备) |
| 2 | 焦炭、兰炭、天然气、无烟煤等冶金还原剂消耗设施清单或台账(包括设备名称、型号、位置、还原剂品种、投产日期) |

续表

| 序号 | 文件 |
| --- | --- |
| 3 | 纯碱、石灰石、草酸、白云石原料消耗设施清单或台账(包括设备名称、型号、位置以及消耗含碳原料的品种及投产日期) |
| 4 | 耗电和耗热设施清单或台账(包括设备名称、型号、位置及投产日期) |
| | 活动水平数据和排放因子数据 |
| 5 | 企业能源消费台账、企业能源平衡表或统计月报表(包括化石燃料净消耗量,冶金还原剂净消耗量,产品产量,纯碱、石灰石、草酸、白云石原料消耗量,电力净消耗量,热力的净消耗量)<br>注:请至少提供两套数据供交叉核对 |
| 6 | 外购和销售化石燃料、冶金还原剂、纯碱、石灰石、草酸、白云石、电力、热力的原始记录、结算单和发票 |
| 7 | 化石燃料低位发热值、含碳量的测量结果和测量日期(若有) |
| 8 | 纯碱、石灰石、草酸、白云石原料纯度的测量结果和测量日期(若有) |
| 9 | 食堂、浴室、保健站的能耗数据(包括化石燃料、电力和热力消耗等)<br>注:请至少提供两套数据供交叉核对 |
| | 计量器具信息 |
| 10 | 化石燃料(用作燃料和原材料)消耗量计量器具信息(包括地磅、皮带秤、流量计等,请提供设备名称、型号、序列号、精度、位置,校准报告和更换维修记录) |
| 11 | 化石燃料(用作燃料和原材料)低位发热值测量仪器清单或台账(请提供设备名称、型号、序列号、精度、位置,校准报告和更换维修记录) |
| 12 | 化石燃料(用作燃料和原材料)含碳量测量仪器清单或台账(请提供设备名称、型号、序列号、精度、位置,校准报告和更换维修记录) |
| 13 | 纯碱、石灰石、草酸、白云石消耗量计量器具信息(请提供设备名称、型号、序列号、精度、位置,校准报告和更换维修记录) |
| 14 | 纯碱、石灰石、草酸、白云石原料纯度测量仪器信息(请提供设备名称、型号、序列号、精度、位置,校准报告和更换维修记录) |
| 15 | 外购电量计量电表信息(请提供设备名称、型号、序列号、精度、位置,校准报告和更换维修记录) |
| 16 | 外购热量计量仪器信息(请提供设备名称、型号、序列号、精度、位置,校准报告和更换维修记录) |

② 人员时间配置:该企业2015年温室气体排放核查的文件评审需要2人天、现场访问需要2人天、核查报告编制需要4人天、内部技术评审需要1人天。

核查组由2人组成,其中包括核查组长1名及核查组员1名,1名内部技术评审人员,其中核查组长和内部技术评审人员需具备其他有色金属领域的核查资质。

文件评审时间和人员安排:组长和组员2人共同工作1天。

现场访问时间和人员安排:组长和组员2人共同工作1天。

#### 4.4.6.2 文件评审

此步骤的主要目的是识别出现场核查中的重点。具体实施步骤可参考钢铁行业的4.4.1.2文件评审。本案例中识别出的现场核查中需要重点关注的内容如下:

① 企业核算边界是否存在变化;

② 是否存在新增设施和既有设施的退出情况；

③ 化石燃料和电力消耗数据的准确性；

④ 内部数据流控制；

⑤ 排放量计算的准确性。

核查组将上述文件评审的结果形成记录，并作为核查计划制定的依据。

#### 4.4.6.3 现场核查

现场核查的具体实施步骤可参考钢铁企业现场核查（4.4.1.3 节）。此处只对其他有色金属行业的特殊方面进行说明。

(1) 核查边界的确定

通过现场查阅厂区平面图、排放设施清单、实地观察以及与该企业代表访谈，核查组确定该企业核算边界为 XX 省 XX 市 XX 区 XX 路 XX 号。具体排放设施类型、设备名称、型号及物理位置如表 4-68 所示。

**表 4-68 铜压延加工企业排放设施一览表**

| 排放源 | 排放设备 | 设备地理和物理位置 |
|---|---|---|
| 化石燃料燃烧排放－天然气 | 连铸连轧生产线 | 生产部门 |
| 化石燃料燃烧排放－柴油 | 厂内叉车 | 厂区内 |
| 间接排放－电力 | 连铸连轧生产线 | 生产部门 |
| 间接排放－电力 | 架装伸线机 | 生产部门 |
| 间接排放－电力 | 轴装伸线机 | 生产部门 |
| 间接排放－电力 | 中伸机 | 生产部门 |

(2) 活动水平数据的核查

① 化石燃料燃烧排放涉及的参数的核查方法可参考钢铁行业，因此本节不展示每个数据的详细核查过程，只用列表形式展示核查结果，见表 4-69。

**表 4-69 铜压延加工企业化石燃料燃烧排放活动水平数据一览表**

| 数据名称 | 单位 | 填报值 | 核查值 | 核查结论 |
|---|---|---|---|---|
| 天然气消耗量 | 万立方米 | 1068.77 | 1068.77 | 数据准确 |
| 柴油消耗量 | t | 97.04 | 97.04 | 数据准确 |
| 天然气低位热值 | GJ/万立方米 | 389.31 | 389.31 | 数据准确 |
| 柴油低位热值 | GJ/t | 42.652 | 42.652 | 数据准确 |

② 净购入电力/热力隐含排放涉及的参数可参考钢铁行业案例，此处只简单列出数据和核查结果，见表 4-70。

**表 4-70 铜压延加工企业净购入电力/热力隐含排放活动水平数据一览表**

| 数据名称 | 单位 | 填报值 | 核查值 | 核查结论 |
|---|---|---|---|---|
| 净购入电力 | MW·h | 34,807.41 | 34,807.41 | 数据准确 |

（3）排放因子的核查

本案例中，所有排放因子均为缺省值或国家公布值。本节只以简单的列表形式展示数据和核查结果，见表 4-71。

**表 4-71 铜压延加工企业排放因子数据一览表**

| 数据名称 | 单位 | 填报值 | 核查值 | 核查结论 |
|---|---|---|---|---|
| 天然气单位热值含碳量 | tC/TJ | 15.3 | 15.3 | 数据准确 |
| 天然气碳氧化率 | % | 99 | 99 | 数据准确 |
| 柴油单位热值含碳量 | tC/TJ | 20.2 | 20.2 | 数据准确 |
| 柴油碳氧化率 | % | 98 | 98 | 数据准确 |
| 电力排放因子 | $tCO_2$/(MW·h) | 0.7035 | 0.7035 | 由于主管部门没有公布 2015 年的区域电网平均二氧化碳排放因子，因此，2015 年采用最近可得的《2011 年和 2012 年中国区域电网平均二氧化碳排放因子》表 2，华东区域电网排放因子 2012 年值 |

（4）排放量的核查

核查组应根据《核算方法与报告指南》中的核算方法对分类排放量和汇总排放量的结果进行核查。核查组可通过重复计算、公式验证等方式对重点排放单位排放报告中的排放量的核算结果进行核查。说明报告排放量的计算公式是否正确、排放量的累加是否正确、排放量的计算是否可再现、排放量的计算结果是否正确等核查发现。通过表 4-72（a）—表 4-72（c）展示核查结果。

**表 4-72（a） 化石燃料排放量计算表**

| 燃料品种 | 核证活动水平数据 | | 核证排放因子 | | 核证排放量/$tCO_2$ | 初始报告排放量/$tCO_2$ |
|---|---|---|---|---|---|---|
| | 消耗量/t 或万立方米 | 低位发热值/(GJ/t)或(GJ/万立方米) | 含碳量/(tC/GJ) | 碳氧化率/% | | |
| | A | B | C | D | ABCD×44/12 | |
| 天然气 | 1068.77 | 389.31 | 0.0153 | 99 | 300.42 | 300.42 |
| 柴油 | 97.04 | 42.652 | 0.0202 | 98 | 23,108.86 | 23,108.86 |
| 小计 | | | | | 23,409.28 | 23,409.28 |

**表 4-72（b） 净购入电力排放量计算表**

| 核证活动水平数据/MW·h | 核证排放因子/[$tCO_2$/(MW·h)] | 核证排放量/$tCO_2$ | 初始报告排放量/$tCO_2$ |
|---|---|---|---|
| A | B | AB | |
| 34,807.41 | 0.7035 | 24,487.01 | 24,487.01 |

**表 4-72（c） 企业排放汇总表**

| 排放类型 | 核证值/$tCO_2$ | 报告值/$tCO_2$ | 误差/% |
|---|---|---|---|
| | A | B | (B−A)/A×100% |
| 化石燃料燃烧 | 23,409.28 | 23,409.28 | 0.00 |

续表

| 排放类型 | 核证值/$tCO_2$ | 报告值/$tCO_2$ | 误差/% |
|---|---|---|---|
| | A | B | (B−A)/A×100% |
| 生产/特殊过程 | 0.00 | 0.00 | 0.00 |
| 排放扣除 | 0.00 | 0.00 | 0.00 |
| 直接排放小计 | 23,409.28 | 23,409.28 | 0.00 |
| 净购入电力 | 24,487.01 | 24,487.01 | 0.00 |
| 净购入热力 | 0.00 | 0.00 | 0.00 |
| 能源间接排放小计 | 24,487.01 | 24,487.01 | 0.00 |
| 合计 | 47,896.29 | 47,896.29 | 0.00 |

(5) 配额分配相关补充数据的核查

配额分配补充数据与核算指南要求的数据略有不同，核算指南只要求填报企业层面的排放数据，而配额分配补充数据不仅要求填报企业层面的排放数据还要求填报分工序的排放数据，但是对于受核查企业来说，由于只有一个工序，即压延加工工序，因此核算指南的要求不补充报告的要求并没有本质的区别。配额补充数据涵盖的排放源比核算指南要少，只包括固定源化石燃料燃烧排放、净购入电力排放和净购入热力排放而不包括移动源化石燃料燃烧排放、工业过程排放。

另外，配额分配补充数据还要求计算企业的综合能耗，计算方法如下。

企业消耗的天然气、柴油和电力分别乘以各自的折标系数，再相加。天然气和柴油的折标系数为各自的低位热值除以标煤的低位热值得到。标煤的低位热值取 29.271GJ/t。电力折标系数取自《综合能耗计算通则》(GB/T 2589—2008) 附录 A，取当量值 0.1229tce/(MW・h)。计算过程如表 4-73 所示。

**表 4-73 铜压延加工企业综合能耗计算表**

| 品种 | 消耗量 /t或万立方米或MW・h | 低位热值 /(GJ/t)或(GJ/万立方米) | 标煤热值 /(GJ/t) | 折标系数 | 折标量 /tce |
|---|---|---|---|---|---|
| | A | B | C | D=B/C | AD |
| 天然气 | 1068.77 | 389.31 | 29.271 | 13.3002 | 14,214.85 |
| 柴油 | 97.04 | 42.652 | 29.271 | 1.4571 | 141.40 |
| 外购电 | 34,807.41 | — | — | 0.1229 | 4277.83 |
| 企业综合能耗/tce | | | | | 18,634.08 |

最后，把对配额分配补充数据的核查结果填入数据汇总表以及相应行业的补充数据表中，如表 4-74 和表 4-75 所示。

**表 4-74 铜压延加工企业数据汇总表**

| 年份 | 企业基本信息 | | | 纳入碳交易主营产品信息 | | | | | | | | | 能源和温室气体排放相关数据 | | |
|---|---|---|---|---|---|---|---|---|---|---|---|---|---|---|---|
| | 企业名称 | 组织机构代码 | 行业代码 | 产品一 | | | 产品二 | | | 产品三 | | | 企业综合能耗/万吨标煤 | 按照指南核算的企业温室气体排放总量/万吨二氧化碳当量 | 按照补充报告模板核算的企业或设施层面二氧化碳排放总量/万吨 |
| | | | | 名称 | 单位 | 产量 | 名称 | 单位 | 产量 | 名称 | 单位 | 产量 | | | |
| 2015 | | | | 铜杆 | t | 299,129 | 铜线 | t | 91,794 | | | | 1.86 | 4.79 | 4.79 |

**表 4-75 其他有色金属冶炼和压延加工业企业 2015 年温室气体排放报告补充数据表**

| 补充数据 | 数值 | 计算方法或填写要求 |
|---|---|---|
| 1 纳入碳排放权交易体系的二氧化碳排放总量/$tCO_2$ | 47,896.29 | |
| 1.1 化石燃料燃烧排放量/$tCO_2$ | 23,409.28 | 数据来自核算与报告指南附表1 |
| 1.2 净购入使用电力对应的排放量/$tCO_2$ | 24,487.01 | 数据来自核算与报告指南附表1 |
| 1.3 净购入使用热力对应的排放量/$tCO_2$ | 0.00 | 数据来自核算与报告指南附表1 |
| 2 粗铜产量/t | — | 优先选用企业计量数据，如生产日志或月度、年度统计报表<br>其次选用报送统计局数据 |
| 3 排放强度/($tCO_2$/t) | — | 纳入碳排放权交易体系的二氧化碳排放总量/粗铜产量 |
| 4 企业不同生产工序的二氧化碳排放量及产品产量 | | |
| 4.1 冶炼工序 | — | |
| 4.1.1 化石燃料燃烧排放量/$tCO_2$ | — | 按核算与报告指南 公式(2)计算 |
| 4.1.2 净购入使用电力对应的排放量/$tCO_2$ | — | 按核算与报告指南 公式(8)计算 |
| 4.1.3 净购入使用热力对应的排放量/$tCO_2$ | — | 按核算与报告指南 公式(9)计算 |
| 4.1.4 粗铜产量/t | — | |
| 4.2 压延加工工序 | | |
| 4.2.1 化石燃料燃烧排放量/$tCO_2$ | 23,108.86 | 按核算与报告指南 公式(2)计算 |
| 4.2.2 净购入使用电力对应的排放量/$tCO_2$ | 24,487.01 | 按核算与报告指南 公式(8)计算 |
| 4.2.3 净购入使用热力对应的排放量/$tCO_2$ | 0.00 | 按核算与报告指南 公式(9)计算 |
| 4.2.4 铜压延加工材产量/t | 铜杆:299,129<br>铜线:91,794 | |
| 4.3 其他工序 | — | |
| 4.3.1 化石燃料燃烧排放量/$tCO_2$ | — | 按核算与报告指南 公式(2)计算 |
| 4.3.2 净购入使用电力对应的排放量/$tCO_2$ | — | 按核算与报告指南 公式(8)计算 |
| 4.3.3 净购入使用热力对应的排放量/$tCO_2$ | — | 按核算与报告指南 公式(9)计算 |
| 5 企业新增压延加工工序二氧化碳排放量/$tCO_2$ | 0.00 | 2016年1月1日之前投产为既有，之后为新增 |
| 6 企业新增压延加工工序的铜压延加工材产量/t | 0.00 | |

（6）不符合及纠正措施

本案例在文件评审和现场核查中未发现不符合项。

#### 4.4.6.4 核查报告的编写

参考钢铁行业4.4.1.4核查报告的编写。

### 4.4.7 石化行业

某石油化工企业位于XX省XX市XX区XX路XX号，企业主要采用烃类裂解技术生产化工产品。根据《石油化工生产企业温室气体排放核算方法与报告指南（试行）》，识别出该企业在2015年间主要排放源包括：

① 化石燃料燃烧排放　焚烧炉、氧化炉等固定排放源消耗乙烯裂解气、天然气、液化石油气、丁辛醇装置尾气、焦油、废气、废液、残渣及柴油等；货车、叉车、吊车等移动源消耗汽油、柴油。

② 火炬燃烧　乙二醇生产装置、乙烯裂解装置、焚烧炉、氧化炉。

③ 生产过程排放　乙烯裂解装置和乙二醇生产装置。

④ $CO_2$ 回收利用　回收 $CO_2$ 自用。

⑤ 净购入电力隐含的排放　全厂用电设备和耗热设备使用电力和热力产生的间接二氧化碳排放。

#### 4.4.7.1 核查准备

具体实施步骤可参考钢铁行业的4.4.1.1核查准备。石化行业与钢铁行业的主要区别在于核查所需资料清单以及人员时间配置与钢铁行业不同。下面分别说明：

① 资料清单：“企业基本情况”“质量保证文件”与钢铁行业基本相同，直接参考钢铁行业核查资料清单即可，表4-76只列出石化企业要求的特殊资料清单。

表4-76　石化企业核查所需特殊资料清单

| 序号 | 文件 |
|---|---|
| 生产设施信息 | |
| 1 | 主要化石燃料燃烧设施清单或台账（包括固定燃烧和移动燃烧设备，各燃烧设备注明设备名称、型号、位置及燃料品种） |
| 2 | 主要耗电和耗热设施清单或台账（包括设备名称、型号、位置） |
| 3 | 火炬清单或台账（包括设备名称、编号、型号、位置） |
| 4 | 催化裂化装置清单或台账[包括设备名称、编号、位置、烧焦方式（连续或间歇）、烧焦尾气处理方式（直接排放或通过CO锅炉完全燃烧后再排放）] |
| 5 | 催化重整装置清单或台账[包括设备名称、编号、位置、催化剂烧焦是否在自己企业进行、烧焦方式（连续或间歇）] |
| 6 | 其他含催化剂烧焦的生产装置清单或台账[包括设备名称、编号、位置、催化剂烧焦是否在自己企业进行、烧焦方式（连续或间歇）] |
| 7 | 制氢装置清单或台账（包括设备名称、编号、位置、使用的原料） |
| 8 | 焦化装置清单或台账[包括设备名称、编号、位置、采用形式（延迟焦化装置、流化焦化装置或灵活焦化装置）] |
| 9 | 石油焦煅烧装置清单或台账（包括设备名称、编号、位置） |
| 10 | 氧化沥青装置清单或台账（包括设备名称、编号、位置） |

续表

| 序号 | 文件 |
| --- | --- |
| 11 | 乙烯裂解装置清单或台账[包括设备名称、编号、位置、清焦方式(烧焦、水力或机械清焦)、乙烯裂解反应尾气处理方式(如作为燃料气在裂解炉炉膛中燃烧)] |
| 12 | 乙二醇/环氧乙烷生产装置清单或台账(包括设备名称、编号、位置) |
| 13 | 其他产品生产装置①清单或台账(包括设备名称、编号、位置) |
| 14 | 二氧化碳回收设施清单或台账(包括设备名称、编号、位置) |
| 活动水平数据和排放因子数据 | |
| 15 | 核查年度企业能源消费台账、统计报表、生产记录(包括化石燃料燃烧量②、催化裂化装置烧焦量、催化重整装置待再生的催化剂量、其他生产装置待再生的催化剂量、制氢装置的原料投入量、合成气产生量及残渣产生量、流化焦化装置烧焦量、石油焦煅烧装置的生焦量、石油焦成品质量及石油焦粉尘质量、氧化沥青装置的氧化沥青产量、乙烯裂解装置的年累计烧焦时间、乙二醇/环氧乙烷生产装置的乙烯原料消耗量和产品产量、其他产品生产装置的原料投入量、产品产出量和废弃物产出量、$CO_2$ 气体回收外供量、回收作原料量及相应的 $CO_2$ 体积浓度、电力净消耗量、热力净消耗量)<br>注:请至少提供两套数据供交叉核对 |
| 16 | 正常工况火炬气流量、$CO_2$ 气体浓度、除 $CO_2$ 外其他各种含碳化合物的体积浓度<br>注:请至少提供两套数据供交叉核对 |
| 17 | 事故火炬的持续时间和平均气体流量(来源:事故调查报告)<br>注:请至少提供两套数据供交叉核对 |
| 18 | 外购和销售化石燃料、电力、热力、二氧化碳的原始记录、结算单和发票<br>注:请至少提供两套数据供交叉核对 |
| 19 | 化石燃料低位发热值、含碳量的测量记录(若有) |
| 20 | 催化裂化装置焦层含碳量的测量记录(若有) |
| 21 | 催化重整装置催化剂烧焦前及烧焦后的含碳量的测量记录 |
| 22 | 制氢装置原料、合成气及残渣的含碳量的测量记录 |
| 23 | 石油焦煅烧装置生焦和成品焦含碳量的测量记录 |
| 24 | 沥青氧化过程 $CO_2$ 排放系数测量记录(若有) |
| 25 | 乙烯裂解装置炉管烧焦尾气监测记录(包括尾气流量、$CO_2$ 及 CO 浓度) |
| 26 | 乙烯原料、环氧乙烷产品的纯度分析测量记录 |
| 27 | 其他产品生产装置的原料、产品及废弃物的含碳量的测量记录(若有) |
| 28 | 食堂、浴室、保健站的能耗数据(包括化石燃料、电力和热力消耗等)<br>注:请至少提供两套数据供交叉核对 |
| 计量器具信息 | |
| 29 | 化石燃料低位发热值、含碳量测量仪器清单或台账(若有,注明测量仪器的名称、型号、位置、所测燃料品种,提供校准报告和更换维修记录) |
| 30 | 电力和热力计量设备清单或台账(包括设备名称、型号、序列号、精度、位置,提供校准报告和更换维修记录) |
| 31 | 气体组分分析仪(包括设备名称、型号、位置,提供校准报告和更换维修记录) |

续表

| 序号 | 文件 |
|---|---|
| 32 | 焦层含碳量测量仪器(若有,注明测量仪器的名称、型号、位置,提供校准报告和更换维修记录) |
| 33 | 制氢装置原料、合成气及残渣的含碳量的测量仪器(包括仪器名称、型号、位置,提供校准报告和更换维修记录) |
| 34 | 石油焦煅烧装置生焦和成品焦含碳量的测量仪器(包括仪器名称、型号、位置,提供校准报告和更换维修记录) |
| 35 | 沥青氧化过程 $CO_2$ 排放系数测量仪器(若有,注明仪器名称、型号、位置,提供校准报告和更换维修记录) |
| 36 | 乙烯裂解装置炉管烧焦尾气监测的气体流量计、监测尾气中 $CO_2$ 及 CO 浓度的气体成分分析仪(包括仪器名称、型号、位置,提供校准报告和更换维修记录) |
| 37 | 乙烯原料、环氧乙烷产品的纯度分析仪器(包括仪器名称、型号、位置,提供校准报告和更换维修记录) |
| 38 | 其他产品生产装置的原料、产品及废弃物的含碳量的测量仪器(若有,注明测量仪器的名称、型号、位置,提供校准报告和更换维修记录) |

① 其他含有工业生产过程排放的生产装置包括甲醇、二氯乙烷、醋酸乙烯、丙烯醇、丙烯腈、炭黑等。

② 指明确送往各类燃烧设备作为燃料燃烧的化石燃料部分,并应包括进入到这些燃烧设备燃烧的企业自产及回收的能源。化石燃料燃烧量不包括石油化工生产过程中作为原料或材料使用的能源消费量。

② 人员时间配置:该企业 2015 年温室气体排放核查的文件评审需要 8 人天、现场访问需要 12 人天、核查报告编制需要 12 人天、内部技术评审需要 3 人天。

核查组由 4 人组成,其中包括核查组长 1 名及核查组员 3 名,1 名内部技术评审人员,其中核查组长和内部技术评审人员需具备石化领域的核查资质。

文件评审时间和人员安排:组长和组员 4 人共同工作 2 天。

现场访问时间和人员安排:组长和组员 4 人共同工作 3 天。

#### 4.4.7.2 文件评审

此步骤的主要目的是识别出现场核查中的重点。具体实施步骤可参考钢铁行业的 4.4.1.2 文件评审。本案例中识别出的现场核查中需要重点关注的内容如下:

① 企业核算边界是否存在变化;

② 是否存在新增设施和既有设施的退出情况;

③ 能源和原材料消耗数据的准确性;

④ 内部数据流控制;

⑤ 排放量计算的准确性。

核查组将上述文件评审的结果形成记录,并作为核查计划制定的依据。

#### 4.4.7.3 现场核查

现场核查的具体实施步骤可参考钢铁企业 4.4.1.3 现场核查。此处只对石化行业的特殊方面进行说明。

(1) 核查边界的确定

通过现场查阅厂区平面图、排放设施清单、实地观察以及与该企业代表访谈,核查组确定该企业核算边界为 XX 省 XX 市 XX 区 XX 路 XX 号。具体排放设施类型、设备名称及物理位置如表 4-77 所示。

表 4-77　石化企业排放设施一览表

| 排放类型 | 设备名称 | 燃料/原料类型 | 物理位置 |
| --- | --- | --- | --- |
| 化石燃料燃烧一固定源 | 乙烯裂解装置 | 天然气、乙烯裂解气 | 乙烯车间 |
| | 丁辛醇装置 | 丁辛醇装置尾气 | 丁辛醇车间 |
| | 焚烧炉 | 生产废液及废气（篇幅所限，此处并未一一列出） | 焚烧炉车间 |
| | 热回收锅炉 | 生产残渣、酸水和尾气（篇幅所限，此处并未一一列出） | 热回收锅炉车间 |
| | 动力锅炉 | 焦油、低聚物 | 动力站 |
| | 食堂灶具 | 液化石油气 | 食堂 |
| 化石燃料燃烧排放一移动源 | 货车、叉车、吊车等工程车辆 | 柴油 | 全厂 |
| 火炬燃烧 | 火炬 | 各种生产装置的尾气（篇幅所限，此处并未一一列出） | 全厂 |
| 过程排放 | 乙烯裂解装置 | 炉管烧焦 | 乙烯裂解车间 |
| | 乙二醇装置 | 乙烯 | 乙二醇车间 |
| $CO_2$ 回收利用 | 乙二醇装置产生 $CO_2$ 直接回收自用 | $CO_2$ | — |
| 外购电力 | 全厂用电设备 | 电力 | 全厂 |
| 外购热力 | 全厂耗热设备 | 热力 | 全厂 |

（2）活动水平数据的核查

核查组应对本节“（1）核查边界的确定”中识别出的每一个排放源的活动水平数据的单位、来源、监测方法、监测频次、记录频次、数据缺失处理等内容进行核查。在数据量不大，不需要抽样的情况下，核查组应该100%查看企业的活动水平数据。在活动水平数据同时能提供两套数据来源的情况下，核查组应采用其中一套数据源的数据对另一套数据源的活动水平数据进行交叉核对，并形成“核对结论”。具体操作详见下列表格中交叉核对部分。对于采用了抽样方式核查的数据，还应该详述抽样的原则、样本大小和抽样方法等内容。采用表 4-78 至表 4-81 对每一个企业实测的活动水平数据进行说明。

① 化石燃料燃烧排放涉及的参数的核查方法可参考钢铁行业，因此本节不单独展示每个数据的详细核查过程，只用列表形式展示核查结果，见表 4-78。同时，由于本案例涉及的化石燃料种类过多，碍于篇幅限制，未一一列出，而是用合计值表示。

表 4-78　石化企业化石燃料燃烧排放活动水平数据一览表

| 数据名称 | 单位 | 填报值 | 核查值 | 核查结论 |
| --- | --- | --- | --- | --- |
| 天然气 | 万立方米 | 14,546.60 | 14,546.60 | 数据准确 |
| 乙烯裂解气 | 万立方米 | 379,904.00 | 379,904.00 | 数据准确 |
| 丁辛醇装置尾气 | 万立方米 | 5546.00 | 5546.00 | 数据准确 |
| 焚烧炉燃烧废液合计 | t | 2892.01 | 2892.01 | 数据准确 |
| 焚烧炉燃烧废气合计 | t | 2020.75 | 2020.75 | 数据准确 |
| 热回收锅炉燃烧残渣合计 | t | 2395.91 | 2395.91 | 数据准确 |

续表

| | | | | |
|---|---|---|---|---|
| 热回收锅炉燃烧酸水合计 | t | 24,710 | 24,710 | 数据准确 |
| 热回收锅炉燃烧尾气合计 | 万立方米 | 9.89 | 9.89 | 数据准确 |
| 动力锅炉焦油消耗 | t | 1523 | 1523 | 数据准确 |
| 动力锅炉低聚物消耗 | t | 92.5 | 92.5 | 数据准确 |
| 食堂液化石油气 | t | 3422 | 3422 | 数据准确 |
| 运输柴油 | t | 37 | 37 | 数据准确 |

② 过程/特殊排放涉及的参数：石化企业一般都会涉及事故工况下的火炬燃烧排放以及一些特殊生产装置的过程排放，本节对这些特殊参数的详细核查过程一一列表说明，见表4-79。另外，由于石化企业火炬系统燃烧尾气种类众多，且核查方法是一致的，此处只列出火炬燃烧所有种类尾气的合计值。

**表4-79 石化企业过程/特殊排放活动水平数据一览表**

<table>
<tr><td>数据名称</td><td colspan="4">火炬燃烧废气量合计</td></tr>
<tr><td>单位</td><td colspan="4">万立方米</td></tr>
<tr><td rowspan="2">数值</td><td>年份</td><td colspan="2">初始报告数值</td><td>核查与最终报告数值</td></tr>
<tr><td>2015年</td><td colspan="2">255.8615</td><td>255.8615</td></tr>
<tr><td rowspan="3">数据来源</td><td colspan="4">公用工程分摊表、各类生产装置月报</td></tr>
<tr><td>数据类型</td><td colspan="2">描述</td><td>优先级</td></tr>
<tr><td>原始数据</td><td colspan="2">直接计量、监测获得的数据</td><td>高</td></tr>
<tr><td>测量方法</td><td colspan="4">设计值或使用流量计测量</td></tr>
<tr><td>测量频次</td><td colspan="4">连续测量</td></tr>
<tr><td>数据缺失处理</td><td colspan="4">无数据缺失</td></tr>
<tr><td>抽样检查(如有)</td><td colspan="4">100%核查，无抽样</td></tr>
<tr><td rowspan="2">交叉核对</td><td>时间</td><td>数据及来源</td><td>交叉核对数值及来源</td><td>备注</td></tr>
<tr><td>2015年</td><td>公用工程分摊表、各类生产装置月报：255.8615万立方米</td><td>环保月报：255.8615万立方米</td><td>一致</td></tr>
<tr><td>核查结论</td><td colspan="4">数据正确、真实、可信</td></tr>
</table>

<table>
<tr><td>数据名称</td><td colspan="3">乙烯裂解装置排放量</td></tr>
<tr><td>单位</td><td colspan="3">$tCO_2$</td></tr>
<tr><td rowspan="2">数值</td><td>年份</td><td>初始报告数值</td><td>核查与最终报告数值</td></tr>
<tr><td>2015年</td><td>346.68</td><td>346.68</td></tr>
<tr><td rowspan="3">数据来源</td><td colspan="3">乙烯裂解装置生产月报表</td></tr>
<tr><td>数据类型</td><td>描述</td><td>优先级</td></tr>
<tr><td>原始数据</td><td>直接计量、监测获得的数据</td><td>高</td></tr>
</table>

续表

| | | | | |
|---|---|---|---|---|
| 测量方法 | 指南中乙烯裂解装置使用烧焦气体流量乘以时间再乘以烧焦尾气中的 CO 和 $CO_2$ 浓度算得排放量，但企业实际是根据管壁在烧焦前后的炭黑厚度变化计算得到碳排放。为真实反映企业排放情况，核查组确定采用企业的计算方法计算乙烯裂解装置的排放量 | | | |
| 测量频次 | 按烧焦次数计算 | | | |
| 数据缺失处理 | 无数据缺失 | | | |
| 抽样检查(如有) | 100%核查，无抽样 | | | |
| 交叉核对 | 时间 | 数据及来源 | 交叉核对数值及来源 | 备注 |
| | 2015 年 | 乙烯裂解装置生产月报表：346.68 $tCO_2$ | 环保月报：346.68 $tCO_2$ | 一致 |
| 核查结论 | 数据正确、真实、可信 | | | |

| | | | | |
|---|---|---|---|---|
| 数据名称 | 乙二醇装置排放量 | | | |
| 单位 | $tCO_2$ | | | |
| 数值 | 年份 | 初始报告数值 | 核查与最终报告数值 | |
| | 2015 年 | 124,713.18 | 124,713.18 | |
| 数据来源 | 乙二醇装置生产月报表 | | | |
| | 数据类型 | 描述 | 优先级 | |
| | 原始数据 | 直接计量、监测获得的数据 | 高 | |
| 测量方法 | 核算指南中，采用碳质量平衡法计算乙二醇生产装置的 $CO_2$ 排放量，但企业乙二醇装置生产过程中排放的 $CO_2$，部分直接厂内自用，且有流量计计量。因此为真实反映企业实际排放情况，核查组确定采用企业实际计量数据计算乙二醇生产装置的 $CO_2$ 排放量 | | | |
| 测量频次 | 流量计连续测量 | | | |
| 数据缺失处理 | 无数据缺失 | | | |
| 抽样检查(如有) | 100%核查，无抽样 | | | |
| 交叉核对 | 时间 | 数据及来源 | 交叉核对数值及来源 | 备注 |
| | 2015 年 | 乙二醇装置生产月报表：124,713.18 $tCO_2$ | 环保月报：124,713.18 $tCO_2$ | 一致 |
| 核查结论 | 数据正确、真实、可信 | | | |

③ 排放扣除涉及的参数：主要是指二氧化碳回收量，该参数的核查过程如表 4-80 所示。

**表 4-80 石化企业排放扣除活动水平数据核查表**

| | | | |
|---|---|---|---|
| 数据名称 | 二氧化碳回收量 | | |
| 单位 | 万立方米 | | |
| 数值 | 年份 | 初始报告数值 | 核查与最终报告数值 |
| | 2015 年 | 2334.56 | 2334.56 |

续表

<table>
<tr><td rowspan="3">数据来源</td><td colspan="4">乙二醇装置生产月报表</td></tr>
<tr><td>数据类型</td><td colspan="2">描述</td><td>优先级</td></tr>
<tr><td>原始数据</td><td colspan="2">直接计量、监测获得的数据</td><td>高</td></tr>
<tr><td>测量方法</td><td colspan="4">企业乙二醇装置生产过程中排放的 $CO_2$，部分直接厂内自用，用流量计计量</td></tr>
<tr><td>测量频次</td><td colspan="4">流量计连续测量</td></tr>
<tr><td>数据缺失处理</td><td colspan="4">无数据缺失</td></tr>
<tr><td>抽样检查(如有)</td><td colspan="4">100%核查，无抽样</td></tr>
<tr><td rowspan="2">交叉核对</td><td>时间</td><td>数据及来源</td><td>交叉核对数值及来源</td><td>备注</td></tr>
<tr><td>2015 年</td><td>乙二醇装置生产月报表：2334.56 万立方米</td><td>环保月报：2334.56 万立方米</td><td>一致</td></tr>
<tr><td>核查结论</td><td colspan="4">数据正确、真实、可信</td></tr>
</table>

④ 净购入电力/热力隐含排放涉及的参数可参考钢铁行业和造纸行业案例，此处只简单列出数据和核查结果，如表 4-81 所示。

**表 4-81　石化企业净购入电力/热力隐含排放活动水平数据一览表**

| 数据名称 | 单位 | 填报值 | 核查值 | 核查结论 |
|---|---|---|---|---|
| 净购入电力 | MW·h | 359,047.00 | 359,047.00 | 数据准确 |
| 净购入热力 | GJ | 3,463,021.00 | 3,463,021.00 | 数据准确 |

(3) 排放因子的核查

本案例中，实测排放因子有两个，即乙烯裂解气的低位热值和丁辛醇装置尾气的低位热值，其余排放因子均为缺省值或装置设计值或者企业经验值。考虑到本案例废气、废液、废渣作为化石燃料种类众多，同时火炬燃烧尾气种类也众多，限于篇幅，不一一列出每种物质的排放因子，而是分类给出加权平均排放因子，如表 4-82 所示。

**表 4-82　石化企业排放因子数据一览表**

| 序号 | 排放因子 | 数据 | 描述 | 核查结论 |
|---|---|---|---|---|
| 1 | 天然气低位热值/(GJ/万立方米) | 389.310 | 石油化工行业《核算方法与报告指南》中提供的默认值 | 数据准确 |
| 2 | 天然气单位热值含碳量/(tC/GJ) | 0.0153 | 石油化工行业《核算方法与报告指南》中提供的默认值 | 数据准确 |
| 3 | 液化石油气低位热值/(GJ/t) | 47.31 | 石油化工行业《核算方法与报告指南》中提供的默认值 | 数据准确 |
| 4 | 液化石油气单位热值含碳量/(tC/GJ) | 0.0172 | 石油化工行业《核算方法与报告指南》中提供的默认值 | 数据准确 |
| 5 | 柴油低位热值/(GJ/t) | 43.33 | 石油化工行业《核算方法与报告指南》中提供的默认值 | 数据准确 |
| 6 | 柴油单位热值含碳量/(tC/GJ) | 0.0202 | 石油化工行业《核算方法与报告指南》中提供的默认值 | 数据准确 |
| 7 | 电力排放因子/[$tCO_2$/(MW·h)] | 0.7035 | 《2011 年和 2012 年中国区域电网平均二氧化碳排放因子》表 2，华东区域电网排放因子 2012 年值。由于主管部门没有公布 2015 年的区域电网平均二氧化碳排放因子，因此，2015 年采用最近可得的 2012 年值 | 数据准确 |

续表

| 序号 | 排放因子 | 数据 | 描述 | 核查结论 |
|---|---|---|---|---|
| 8 | 热力排放因子/($tCO_2$/GJ) | 0.11 | 石油化工行业《核算方法与报告指南》中提供的默认值 | 数据准确 |
| 9 | 乙烯裂解气(低位热值)/(GJ/万立方米) | 53.481 | 企业根据乙烯裂解气组分分析及各组分低位热值加权平均计算而得 | 数据准确 |
| 10 | 乙烯裂解气(单位热值含碳量)/(tC/万立方米) | 0.0122 | 企业没有实测乙烯裂解气的含碳量,因此根据实测的乙烯裂解气低位热值,选取石油化工行业《核算方法与报告指南》附录二表2.1中热值与之最接近的"其他煤气"的单位热值含碳量缺省值 | 数据准确 |
| 11 | 丁辛醇装置尾气低位热值/(GJ/万立方米) | 51.116 | 企业根据丁辛醇装置尾气及各组分低位热值加权平均计算而得 | 数据准确 |
| 12 | 丁辛醇装置尾气(单位热值含碳量)/(tC/万立方米) | 0.0122 | 企业没有实测丁辛醇装置尾气的含碳量,因此根据实测的丁辛醇装置尾气低位热值,选取石油化工行业《核算方法与报告指南》附录二表2.1中热值与之最接近的"其他煤气"的单位热值含碳量缺省值 | 数据准确 |
| 13 | 焚烧炉燃烧废液加权平均含碳量/(tC/t) | 0.5631 | 选取企业装置组分设计值加权平均所得 | 数据准确 |
| 14 | 焚烧炉燃烧废气加权平均含碳量/(tC/万立方米) | 0.4953 | 选取企业装置组分设计值加权平均所得 | 数据准确 |
| 15 | 热回收锅炉燃烧残渣加权平均含碳量/(tC/t) | 0.3691 | 选取企业装置组分设计值加权平均值 | 数据准确 |
| 16 | 热回收锅炉燃烧酸水含碳量/(tC/t) | 0.9793 | 选取企业装置组分设计值 | 数据准确 |
| 17 | 热回收锅炉燃烧尾气含碳量/(t/万立方米) | 0.95 | 选取企业装置组分设计值 | 数据准确 |
| 18 | 焦油含碳量/(tC/t) | 1 | 选取的企业经验值 | 数据准确 |
| 19 | 低聚物含碳量/(tC/t) | 1 | 选取的企业经验值 | 数据准确 |
| 20 | 液体燃料碳氧化率/% | 98 | 石油化工行业《核算方法与报告指南》中提供的默认值 | 数据准确 |
| 21 | 气体燃料碳氧化率/% | 99 | 石油化工行业《核算方法与报告指南》中提供的默认值 | 数据准确 |
| 22 | 残渣碳氧化率/% | 93 | 石油化工行业《核算方法与报告指南》中提供的焦炭的碳氧化率默认值 | 数据准确 |
| 23 | 乙二醇装置回收 $CO_2$ 纯度/% | 100 | 企业经验值 | 数据准确 |
| 24 | 火炬气体摩尔组分的平均碳原子数目 | 3 | 石油化工行业《核算方法与报告指南》中石油化工系统缺省值 | 数据准确 |
| 25 | 火炬燃烧碳氧化率/% | 98 | 石油化工行业《核算方法与报告指南》 | 数据准确 |

(4) 排放量的核查

核查组应根据《核算方法与报告指南》中的核算方法对分类排放量和汇总排放量的结果进行核查。核查组可通过重复计算、公式验证等方式对重点排放单位排放报告中的排放量的核算结果进行核查。说明报告排放量的计算公式是否正确、排放量的累加是否正确、排放量的计算是否可再现、排放量的计算结果是否正确等核查发现。通过表 4-83（a）—表 4-83（f）展示核查结果。

**表 4-83（a） 化石燃料排放量计算表**

| 燃料品种 | 核证活动水平数据/(t或万立方米) | 核证排放因子 | | | 核证排放量/$tCO_2$ | 初始报告排放量/$tCO_2$ |
|---|---|---|---|---|---|---|
| | | 含碳量/(tC/t)或(tC/万立方米) | | 碳氧化率/% | | |
| | | 低位发热值/(GJ/t)或(GJ/万立方米) | 含碳量/(tC/GJ) | | | |
| | A | B | C | D | ABCD×44/12 | |
| 天然气 | 14,546.60 | 389.310 | 0.0153 | 99 | 314,524.96 | 314,524.96 |
| 乙烯裂解气 | 379,904.00 | 53.481 | 0.0122 | 99 | 899,787.26 | 899,787.26 |
| 丁辛醇装置尾气 | 5546.00 | 51.116 | 0.0122 | 99 | 12,554.61 | 12,554.61 |
| 焚烧炉燃烧废液合计 | 2892.01 | 0.5631 | | 98 | 5852.03 | 5852.03 |
| 焚烧炉燃烧废气合计 | 2020.75 | 0.4953 | | 99 | 3633.20 | 3633.20 |
| 热回收锅炉燃烧残渣合计 | 2395.91 | 0.3691 | | 93 | 3015.95 | 3015.95 |
| 热回收锅炉燃烧酸水 | 24,710.00 | 0.9793 | | 98 | 86,953.29 | 86,953.29 |
| 热回收锅炉燃烧尾气 | 9.89 | 0.95 | | 99 | 34.11 | 34.11 |
| 焦油 | 1523.00 | 1 | | 98 | 5472.65 | 5472.65 |
| 低聚物 | 92.50 | 1 | | 98 | 332.38 | 332.38 |
| 食堂液化石油气 | 3422.00 | 47.31 | 0.0172 | 98 | 10,005.96 | 10,005.96 |
| 运输柴油 | 37.00 | 43.33 | 0.0202 | 98 | 116.37 | 116.37 |

**表 4-83（b） 事故火炬燃烧排放**

| 火炬废气燃烧量 | 气体摩尔组分的平均碳原子数目 | 碳氧化率/% | 核证排放量/$tCO_2$ | 初始报告排放量/$tCO_2$ |
|---|---|---|---|---|
| A | B | C | D=ABC×(44/22.4)×10 | |
| 255.8615 | 3 | 98 | 14,776.00 | 14,776.00 |

**表 4-83（c） 工业生产过程排放**

| 装置名称 | 核证排放量/$tCO_2$ | 初始排放量/$tCO_2$ |
|---|---|---|
| 乙烯裂解装置 | 346.68 | 346.68 |
| 乙二醇装置 | 124,713.18 | 124,713.18 |

**表 4-83（d） 二氧化碳回收利用量**

| $CO_2$ 回收体积/万立方米 | $CO_2$ 纯度/% | 核证排放量/$tCO_2$ | 初始排放量/$tCO_2$ |
|---|---|---|---|
| A | B | C=AB×19.7 | |
| 2334.56 | 100 | 45,990.83 | 45,990.83 |

表 4-83（e） 外购电力和热力排放量计算表

| 能源品种 | 外购量/MW·h或GJ | 排放因子/[$tCO_2$/(MW·h)]或($tCO_2$/GJ) | 核证排放量/$tCO_2$ | 初始报告排放量/$tCO_2$ |
|---|---|---|---|---|
| | $A$ | $B$ | $C=AB$ | |
| 电力 | 359,047.00 | 0.7035 | 252,589.56 | 252,589.56 |
| 热力 | 3,463,021.00 | 0.11 | 380,932.31 | 380,932.31 |

表 4-83（f） 企业排放汇总表

| 排放类型 | | 核证值/$tCO_2$ | 报告值/$tCO_2$ | 误差/% |
|---|---|---|---|---|
| | | $A$ | $B$ | $[(B-A)/A]\times100\%$ |
| 化石燃料燃烧 | | 1,342,282.77 | 1,342,282.77 | 0 |
| 火炬燃烧 | | 14,776.00 | 14,776.00 | 0 |
| 生产/特殊过程 | 乙烯裂解装置 | 346.68 | 346.68 | 0 |
| | 乙二醇装置 | 124,713.18 | 124,713.18 | 0 |
| 排放扣除 | | 45,990.83 | 45,990.83 | 0 |
| 直接排放小计 | | 1,436,127.80 | 1,436,127.80 | 0 |
| 净购入电力 | | 252,589.56 | 252,589.56 | 0 |
| 净购入热力 | | 380,932.31 | 380,932.31 | 0 |
| 能源间接排放小计 | | 633,521.87 | 633,521.87 | 0 |
| 合计 | | 2,069,649.67 | 2,069,649.67 | 0 |

（5）配额分配相关补充数据的核查

配额分配补充数据涵盖的排放源比核算指南要少，只包括乙烯生产用化石燃料燃烧排放（天然气和裂解气）、净购入电力和热力排放，而不包括非乙烯生产化石燃料燃烧排放、火炬燃烧排放、生产过程排放、二氧化碳回收利用扣除量。

另外，配额分配补充数据还要求计算企业的综合能耗，计算方法如下。

企业消耗的能源（天然气、电力和热力）和耗能工质（二氧化碳气）分别乘以各自的折标系数，再相加。天然气的折标系数为天然气的低位热值（389.31GJ/万立方米）除以标煤的低位热值（29.271GJ/t）得到，即13.3tce/万立方米。电力折标系数取自《综合能耗计算通则》（GB/T 2589—2008）附录A，取当量值0.1229tce/(MW·h)。热力折标系数取自《综合能耗计算通则》（GB/T 2589—2008）附录A，取当量值0.03412tce/GJ。二氧化碳折标系数取自《综合能耗计算通则》（GB/T 2589—2008）附录B，取2.143tce/万立方米。计算过程如表4-84所示。

表 4-84 石化企业综合能耗计算表

| 品种 | 消耗量 | 低位热值/(GJ/万立方米) | 标煤热值/(GJ/t) | 折标系数 | 折标量/tce |
|---|---|---|---|---|---|
| | $A$ | $B$ | $C$ | $D=B/C$ | $AD$ |
| 天然气 | 14,546.6万立方米 | 389.31 | 29.271 | 13.3 | 193,469.78 |
| 外购电 | 359,047MW·h | — | — | 0.1229 | 44,126.88 |
| 外购热 | 3,463,021GJ | — | — | 0.03412 | 118,158.28 |
| 回收自用二氧化碳 | 2334.56万立方米 | — | — | 2.143 | 5002.96 |
| 企业综合能耗/tce | | | | | 360,757.89 |

最后，把对配额分配补充数据的核查结果填入数据汇总表以及相应行业的补充数据表中，如表 4-85 和表 4-86 所示。

**表 4-85 石化企业数据汇总表**

| 年份 | 企业基本信息 | | | 纳入碳交易主营产品信息 | | | | | | | | | 能源和温室气体排放相关数据 | | |
|---|---|---|---|---|---|---|---|---|---|---|---|---|---|---|---|
| | 企业名称 | 组织机构代码 | 行业代码 | 产品一 | | | 产品二 | | | 产品三 | | | 企业综合能耗/万吨标煤 | 按照指南核算的企业温室气体排放总量/万吨二氧化碳当量 | 按照补充报告模板核算的企业或设施层面二氧化碳排放总量/万吨 |
| | | | | 名称 | 单位 | 产量 | 名称 | 单位 | 产量 | 名称 | 单位 | 产量 | | | |
| 2015 | | | | 乙烯 | 万吨 | 76.68 | 丙烯 | 万吨 | 41.56 | | | | 36.08 | 206.96 | 184.78 |

注：因为"按照补充报告核算的企业设施层面的二氧化碳排放量总量"只包括乙烯生产用化石燃料燃烧排放（天然气和裂解气）、净购入电力和热力排放，而不包括非乙烯生产化石燃料燃烧排放、火炬燃烧排放、生产过程排放、二氧化碳回收利用扣除量，所以数值比"按照指南核算的企业温室气体排放总量"略小。

**表 4-86 石油化工企业（乙烯生产）2015 年温室气体排放报告补充数据表**

| 补充数据 | | | 数值 | 计算方法或填写要求 |
|---|---|---|---|---|
| 乙烯装置1[①②] | 1 既有还是新增 | | 既有 | 2016 年 1 月 1 日之前投产为既有，之后为新增 |
| | 2 二氧化碳排放总量/$tCO_2$ | | 1,847,834.09 | 2.1、2.2、2.3 之和 |
| | 2.1 化石燃料燃烧排放量/$tCO_2$ | | 1,214,312.22 | 按核算与报告指南公式(2)计算 |
| | 2.1.1 消耗量/t 或万立方米 | 天然气[③] | 14,546.60 | |
| | | 裂解气 | 379,904.00 | |
| | 2.1.2 低位发热量/(GJ/t)或(GJ/万立方米) | 天然气 | 389.310 | |
| | | 裂解气 | 53.481 | |
| | 2.1.3 单位热值含碳量/(tC/GJ) | 天然气 | 0.0153 | |
| | | 裂解气 | 0.0122 | |
| | 2.1.4 碳氧化率/% | 天然气 | 99 | |
| | | 裂解气 | 99 | |
| | 2.2 消耗电力对应的排放量/$tCO_2$ | | 252,589.56 | 按核算与报告指南公式(18)计算 |
| | 2.2.1 消耗电量/MW·h | | 359,047 | 电量包括从电网供电、可再生能源发电、余热发电、自备电厂<br>受核查企业只有电网购电 |
| | 2.2.2 排放因子/[$tCO_2$/(MW·h)] | | 0.7035 | 排放因子根据来源采用加权平均，其中：<br>① 电网排放因子选用区域电网平均排放因子<br>② 可再生能源、余热发电排放因子为 0<br>③ 自备电厂排放因了用排放量/供电量计算得出，如数据不可获得，可采用区域电网平均排放因子<br>受核查企业只有电网购电，因此直接采用区域电网平均 $CO_2$ 供电排放因子 |
| | 2.3 消耗热力对应的排放量/$tCO_2$ | | 380,932.31 | 按核算与报告指南公式(19)计算 |
| | 2.3.1 消耗热量/GJ | | 3,463,021 | 热量包括余热回收、蒸汽锅炉或自备电厂 |

续表

| 补充数据 | | 数值 | 计算方法或填写要求 |
|---|---|---|---|
| 乙烯装置1①② | 2.3.2 热力供应排放因子/($tCO_2$/GJ) | 0.11 | 热力供应排放因子根据来源采用加权平均，其中：<br>① 余热回收排放因子为0<br>② 蒸汽锅炉或自备电厂排放因子用排放量/供热量计算<br>若数据不可得，采用0.11$tCO_2$/GJ |
| | 3 乙烯产量/t | 766,800 | 优先选用企业计量数据，如生产日志或月度、年度统计报表<br>其次选用报送统计局数据 |
| | 4 丙烯产量/t | 415,600 | 优先选用企业计量数据，如生产日志或月度、年度统计报表<br>其次选用报送统计局数据 |
| 既有设施 | 5 二氧化碳排放总量/$tCO_2$ | 1,847,834.09 | |
| 新增设施 | 6 二氧化碳排放总量/$tCO_2$ | 0 | |

① 核算边界包括原料缓冲罐、原料脱硫和脱砷、裂解炉区、急冷区、压缩区、分离区等单元，不包括汽油加氢、辅助锅炉、主火炬、废碱处理、其他产品储罐、循环水场、空压站等单元。

② 如果企业乙烯装置多于1个，请自行添加表格。

③ 如果企业有其他类型的化石燃料，请自行添加。

(6) 不符合及纠正措施

本案例在文件评审和现场核查中发现的不符合项如表4-87所示。

**表4-87 石化企业不符合及纠正措施一览表**

| 序号 | 不符合描述 | 重点排放单位原因分析及整改措施 | 核查结论 |
|---|---|---|---|
| 1 | 排放报告中填报的电量消耗包含家属区用电量 | 原因分析：家属区用电量没有单独计量，用电量无法拆开，并且生产与生活合并上报与企业上报统计局的数据也是同一口径<br>整改措施：目前情况下无法拆分生产和生活电量，已在报告中加上相关澄清进行说明 | 核查组同意这种处理方式，不符合项关闭。但是建议企业将来把家属区用电与生产用电分开计量 |

#### 4.4.7.4 核查报告的编写

参考钢铁行业4.4.1.4核查报告的编写。

### 4.4.8 航空行业

某机场位于XX省XX市近郊，2015年旅客吞吐量达到4120万人次，分为Ⅰ区和Ⅱ区两部分，Ⅰ区包括T1航站楼（总建筑面积7.96万平方米，2009年8月11日启用）、锅炉房（建筑面积0.0768万平方米，2009年8月11日启用），Ⅱ区包括T2航站楼（总建筑面积40.06万平方米，2009年8月11日启用）和办公楼（建筑面积0.8743万平方米，2009年8月11日启用）。此次核查的范围包括T1航站楼、T2航站楼、锅炉房和办公楼。

该机场在2015年间主要排放源包括：

① 化石燃料燃烧排放　固定燃烧源：锅炉消耗天然气产生的二氧化碳排放。移动排放源：地面运输车辆消耗柴油产生的二氧化碳排放。

② 净购入电力隐含的排放　主要包括建筑物照明、动力、办公以及暖通空调设备、西区能源中心、东区锅炉房的水泵、风机、电梯、自动门及其他用电设备消耗电力产生的间接二氧化碳排放。

受核查企业为机场，不涉及运输飞行中航空器消耗的航空汽油、航空煤油和生物质混合燃料产生的二氧化碳排放。同时，受核查机场自备蒸汽锅炉，不需外购热力，因此也不涉及外购热力的排放。

#### 4.4.8.1　核查准备

具体实施步骤可参考钢铁行业的4.4.1.1核查准备。民航行业与钢铁行业的主要区别在于核查所需资料清单以及人员时间配置与钢铁行业不同。下面分别说明：

① 资料清单："企业基本情况""质量保证文件"与钢铁行业基本相同，直接参考钢铁行业核查资料清单即可，表4-88只列出民航属企业要求的特殊资料清单。

**表4-88　民航企业温室气体核查特殊资料清单**

| 序号 | 文件 |
|---|---|
| | 生产设施信息 |
| 1 | 化石燃料和生物质混合燃料消耗设施清单或台账（包括固定燃烧和移动燃烧设备，各燃烧设备注明设备名称、型号、位置、燃料品种、投产日期）<br>注：化石燃料和生物质混合燃料消耗设备包括固定排放源（锅炉）和移动排放源（航空器、气源车、电源车、运输车辆） |
| 2 | 耗电和耗热设施清单或台账（包括设备名称、型号、位置及投产日期） |
| | 活动水平数据和排放因子数据 |
| 3 | 核查年度企业能源消费台账或统计月报表（包括运输飞行航空燃油净消耗量①、地面活动②化石燃料净消耗量、运输飞行生物质混合燃料净消耗量③、电力净消耗量④、热力消耗量⑤）<br>注：请至少提供两套数据供交叉核对 |
| 4 | 外购和销售运输飞行航空燃油、地面活动化石燃料、运输飞行生物质混合燃料 、电力和热力的原始记录、结算单和发票<br>注：购买记录中需包含生物质混合燃料低位发热值以及混合燃料中生物质含量，国内航班和国际航班分开统计 |
| | 计量器具信息 |
| 5 | 化石燃料和生物质混合燃料消耗量计量器具信息（请提供设备名称、型号、序列号、精度、位置，校准报告和更换维修记录） |
| 6 | 净购入电量计量电表信息（请提供设备名称、型号、序列号、精度、位置，校准报告和更换维修记录） |
| 7 | 净购入热量计量仪器信息（请提供设备名称、型号、序列号、精度、位置，校准报告和更换维修记录） |

① 航空燃油消耗量按航班飞行任务统计的数据进行汇总，航空燃油应包括企业运营的所有飞机（包括企业所有与租赁的飞机）的燃油消耗。企业应分别统计国内航班和国际航班的航空燃油消耗量。

② 锅炉、运输车辆等。

③ 国内航班和国际航班分别统计。

④ 以企业电表记录的读数为准，如果没有，可采用供应商提供的电费发票或者结算单等结算凭证上的数据。企业应按净购入电量所在的不同电网，分别统计净购入电量数据。

⑤ 以企业热计量表计量的读数为准，如果没有，可采用供应商提供的供热量发票或者结算单等结算凭证上的数据。

② 人员时间配置：该企业2015年温室气体排放核查的文件评审需要2人天、现场访问

需要 2 人天、核查报告编制需要 4 人天、内部技术评审需要 1 人天。

核查组由 2 人组成，其中包括核查组长 1 名及核查组员 1 名，1 名内部技术评审人员，其中核查组长和内部技术评审人员需具备民航领域的核查资质。

文件评审时间和人员安排：组长和组员 2 人共同工作 1 天。

现场访问时间和人员安排：组长和组员 2 人共同工作 1 天。

#### 4.4.8.2　文件评审

此步骤的主要目的是识别出现场核查中的重点。具体实施步骤可参考钢铁行业的 4.4.1.2 文件评审。本案例中识别出的现场核查中需要重点关注的内容如下：

① 企业核算边界是否存在变化；

② 是否存在新增设施和既有设施的退出情况；

③ 化石燃料和电力消耗数据的准确性；

④ 内部数据流控制；

⑤ 排放量计算的准确性。

核查组将上述文件评审的结果形成记录，并作为核查计划制定的依据。

#### 4.4.8.3　现场核查

现场核查的具体实施步骤可参考钢铁企业 4.4.1.3 现场核查。此处只对民航行业的特殊方面进行说明。

（1）核查边界的确定

通过现场查阅厂区平面图、排放设施清单、实地观察以及与该机场代表访谈，核查组确定该机场核算边界为 XX 省 XX 市近郊，包括Ⅰ区和Ⅱ区。具体排放设施类型、设备名称、型号及物理位置如表 4-89 所示。

**表 4-89　机场企业排放设施一览表**

| 边界 | 排放源类型 | 设备 | 数量/台 | 总功率/kW |
|---|---|---|---|---|
| 锅炉房 | 化石燃料燃烧－天然气 | 蒸汽锅炉 | 2 | 额定蒸发量 10t/h |
| T1 航站楼 | 净购入电力排放 | 电梯 | 22 | 165 |
| | | 离心式冷水机组 | 8 | 2483 |
| | | 冷却塔 | 13 | 175 |
| | | 空调箱 | 27 | 558.2 |
| | | 空调循环水泵 | 12 | 569 |
| | | 冷却水泵 | 11 | 760 |
| | | 生活水泵 | 9 | 65 |
| | | 照明 | | 127 |
| T2 航站楼 | 净购入电力排放 | 电梯 | 151 | 1132.5 |
| | | 风冷热泵机组 | 4 | 272 |
| | | 板式热交换器 | 18 | |
| | | 冷水板式热交换器 | 4 | |
| | | 空调箱 | 480 | 5579.4 |

续表

| 边界 | 排放源类型 | 设备 | 数量/台 | 总功率/kW |
|---|---|---|---|---|
| T2 航站楼 | 净购入电力排放 | 风机盘管 | 856 | 113.1 |
| | | 空调循环水泵 | 26 | 576 |
| | | VRV 外机、内机 | | 1529.3 |
| | | 分体空调 | 59 | 113.39 |
| | | 饮水机 | 29 | 58 |
| | | 开水炉 | 46 | 92 |
| 办公楼 | 净购入电力排放 | 离心式冷水机组 | 8 | 单台制冷量为 1900 冷吨① |
| | | 水蓄冷罐 | 2 | 单台蓄冷量为 55000 冷吨 |
| | | 横流式冷却塔 | 8 | |
| 全机场 | 化石燃料燃烧一柴油 | 运输车辆 | 若干 | |

① 冷吨是制冷学单位，又名冷冻吨，1 冷吨表示将 1t 0℃的饱和水在 24h 冷冻到 0℃的冰所需要的制冷量。

(2) 活动水平数据的核查

① 化石燃料燃烧排放涉及的参数的核查方法可参考钢铁行业，因此本节不展示每个数据的详细核查过程，只用列表形式展示核查结果，见表 4-90。

**表 4-90　机场企业化石燃料燃烧排放活动水平数据一览表**

| 数据名称 | 单位 | 填报值 | 核查值 | 核查结论 |
|---|---|---|---|---|
| 天然气消耗量 | 万立方米 | 110.5345 | 120.8777 | 受核查方填报的天然气消耗量与实际核查结果不一致。详见本节(6)不符合及纠正措施 |
| 柴油消耗量 | t | 598.10 | 514.37 | 受核查方将柴油耗量台账中的柴油体积当成柴油质量进行填报，核查组开具不符合项。详见本书(6)不符合及纠正措施 |
| 天然气低位热值 | GJ/万立方米 | 389.31 | 389.31 | 数据准确 |
| 柴油低位热值 | GJ/t | 42.652 | 42.652 | 数据准确 |

② 净购入电力/热力隐含排放涉及的参数可参考钢铁行业案例，此处只简单列出数据和核查结果，见表 4-91。

**表 4-91　机场企业净购入电力/热力隐含排放活动水平数据一览表**

| 数据名称 | 单位 | 填报值 | 核查值 | 核查结论 |
|---|---|---|---|---|
| 净购入电力 | MW·h | 75,785.2 | 75,785.2 | 数据准确 |

(3) 排放因子的核查

本案例中，所有排放因子均为缺省值或国家公布值。本节只以简单的列表形式展示数据和核查结果，见表 4-92。

**表 4-92　机场企业排放因子数据一览表**

| 数据名称 | 单位 | 填报值 | 核查值 | 核查结论 |
|---|---|---|---|---|
| 天然气单位热值含碳量 | tC/TJ | 15.3 | 15.3 | 数据准确 |

续表

| 数据名称 | 单位 | 填报值 | 核查值 | 核查结论 |
|---|---|---|---|---|
| 天然气碳氧化率 | % | 99 | 99 | 数据准确 |
| 柴油单位热值含碳量 | tC/TJ | 20.2 | 20.2 | 数据准确 |
| 柴油碳氧化率 | % | 98 | 98 | 数据准确 |
| 电力排放因子 | $tCO_2$/(MW·h) | 0.7035 | 0.7035 | 由于主管部门没有公布2015年的区域电网平均二氧化碳排放因子，因此，2015年采用最近可得的《2011年和2012年中国区域电网平均二氧化碳排放因子》表2，华东区域电网排放因子2012年值 |

(4) 排放量的核查

核查组应根据《核算方法与报告指南》中的核算方法对分类排放量和汇总排放量的结果进行核查。核查组可通过重复计算、公式验证等方式对重点排放单位排放报告中的排放量的核算结果进行核查。说明报告排放量的计算公式是否正确、排放量的累加是否正确、排放量的计算是否可再现、排放量的计算结果是否正确等核查发现。通过表4-93（a）—表4-93（c）展示核查结果。

**表4-93（a） 化石燃料排放量计算表**

| 燃料品种 | 核证活动水平数据/t或万立方米 | 核证排放因子 | | | 核证排放量/$tCO_2$ | 初始报告排放量/$tCO_2$ |
|---|---|---|---|---|---|---|
| | | 低位发热值/(GJ/t)或(GJ/万立方米) | 含碳量/(tC/GJ) | 碳氧化率/% | | |
| | *A* | *B* | *C* | *D* | *ABCD*×44/12 | |
| 天然气 | 120.8777 | 389.31 | 0.0153 | 99 | 2613.60 | 2613.60 |
| 柴油 | 514.37 | 42.652 | 0.0202 | 98 | 1592.44 | 1851.66 |
| 小计 | | | | | 4206.05 | 4465.27 |

**表4-93（b） 净购入电力排放量计算表**

| 核证活动水平数据/MW·h | 核证排放因子/[$tCO_2$/(MW·h)] | 核证排放量/$tCO_2$ | 初始报告排放量/$tCO_2$ |
|---|---|---|---|
| *A* | *B* | *AB* | |
| 75,785.2 | 0.7035 | 53,314.89 | 53,314.89 |

**表4-93（c） 企业排放汇总表**

| 排放类型 | 核证值/$tCO_2$ | 报告值/$tCO_2$ | 误差/% |
|---|---|---|---|
| | *A* | *B* | [(*B*−*A*)/*A*]×100% |
| 化石燃料燃烧 | 4206.05 | 4465.27 | 6.16 |
| 生产/特殊过程 | 0.00 | 0.00 | 0.00 |
| 排放扣除 | 0.00 | 0.00 | 0.00 |
| 直接排放小计 | 4206.05 | 4465.27 | 6.16 |
| 净购入电力 | 53,314.89 | 53,314.89 | 0.00 |

续表

| 排放类型 | 核证值/$tCO_2$ | 报告值/$tCO_2$ | 误差/% |
|---|---|---|---|
| | $A$ | $B$ | $[(B-A)/A]\times 100\%$ |
| 净购入热力 | 0.00 | 0.00 | 0.00 |
| 能源间接排放小计 | 53,314.89 | 53,314.89 | 0.00 |
| 合计 | 57,520.94 | 57,780.16 | 0.45 |

（5）配额分配相关补充数据的核查

配额分配补充数据与核算指南要求的数据略有不同，核算指南只要求填报企业层面的排放数据，而配额分配补充数据不仅要求填报企业层面的排放数据还要求填报机场吞吐量、主要建筑物建筑面积及投入使用时间。

另外，配额分配补充数据还要求计算企业的综合能耗，计算方法如下。

企业消耗的天然气、柴油和电力分别乘以各自的折标系数，再相加。天然气和柴油的折标系数为各自的低位热值除以标煤的低位热值得到。标煤的低位热值取 29.271GJ/t。电力折标系数取自《综合能耗计算通则》（GB/T 2589—2008）附录 A，取当量值 0.1229tce/(MW·h)。计算过程如表 4-94 所示。

**表 4-94　机场企业数据汇总表**

| 品种 | 消耗量/t 或万立方米或 MW·h | 低位热值/(GJ/t)或(GJ/万立方米) | 标煤热值/(GJ/t) | 折标系数 | 折标量/tce |
|---|---|---|---|---|---|
| | $A$ | $B$ | $C$ | $D=B/C$ | $AD$ |
| 天然气 | 120.8777 | 389.31 | 29.271 | 13.3002 | 1607.70 |
| 柴油 | 514.37 | 42.652 | 29.271 | 1.4571 | 749.51 |
| 外购电 | 75,785.2 | — | — | 0.1229 | 9314.00 |
| 企业综合能耗/tce | | | | | 11,671.21 |

最后，把对配额分配补充数据的核查结果填入数据汇总表以及相应行业的补充数据表中，如表 4-95 和表 4-96 所示。

**表 4-95　机场企业数据汇总表**

| 年份 | 企业基本信息 | | | 纳入碳交易主营产品信息 | | | | | | | | | 能源和温室气体排放相关数据 | | |
|---|---|---|---|---|---|---|---|---|---|---|---|---|---|---|---|
| | 企业名称 | 组织机构代码 | 行业代码 | 产品一 | | | 产品二 | | | 产品三 | | | 企业综合能耗/万吨标煤 | 按照指南核算的企业温室气体排放总量/万吨二氧化碳当量 | 按照补充报告模板核算的企业或设施层面二氧化碳排放总量/万吨 |
| | | | | 名称 | 单位 | 产量 | 名称 | 单位 | 产量 | 名称 | 单位 | 产量 | | | |
| 2015 | | | | | | | | | | | | | 1.17 | 5.75 | 5.75 |

**表 4-96 民用航空企业（机场）2015 年温室气体排放报告补充数据表**

| 补充数据 | | 数值 | 计算方法或填写要求 |
|---|---|---|---|
| 1 既有还是新增 | | 既有 | 2016 年 1 月 1 日之前投产为既有，之后为新增 |
| 2 二氧化碳总排放量/t | | 57,520.94 | 数据来自核算与报告指南附表 1 |
| 3 吞吐量/万人次 | | 4120 | 优先选用企业计量数据，如生产日志或月度、年度统计报表<br>其次选用报送民航局数据<br>再次选用报送统计局数据 |
| 4 主要建筑物建筑面积及投入使用时间 | | | |
| 4.1 航站楼 | 1# 航站楼 | | 如果航站楼超过 1 座，请自行添加表格 |
| | 建筑面积/万平方米 | 7.96 | 优先选用企业计量数据，如生产日志或月度、年度统计报表<br>其次选用报送民航局数据<br>再次选用报送统计局数据 |
| | 投入使用时间(年/月/日) | 2009 年 8 月 11 日 | |
| | 2# 航站楼 | | 如果航站楼超过 1 座，请自行添加表格 |
| | 建筑面积/万平方米 | 40.06 | 优先选用企业计量数据，如生产日志或月度、年度统计报表<br>其次选用报送民航局数据<br>再次选用报送统计局数据 |
| | 投入使用时间(年/月/日) | 2009 年 8 月 11 日 | |
| 4.2 办公楼 | 1# 办公楼 | | 如果办公楼超过 1 座，请自行添加表格 |
| | 建筑面积/万平方米 | 0.8743 | 优先选用企业计量数据，如生产日志或月度、年度统计报表<br>其次选用报送民航局数据<br>再次选用报送统计局数据 |
| | 投入使用时间(年/月/日) | 2009 年 8 月 11 日 | |
| 4.3 建筑面积合计/万平方米 | | 48.8943 | 包含航站楼和办公楼的总建筑面积 |
| 5 排放强度/($tCO_2$/万人次) | | 14.38 | 二氧化碳总排放量/吞吐量 |
| 6 排放强度/($tCO_2$/万平方米) | | 1176.43 | 二氧化碳总排放量/建筑面积 |

注：表格中不包含锅炉房面积。

（6）不符合及纠正措施

本案例在文件评审和现场核查中发现的不符合项如表 4-97 所示。

**表 4-97 机场企业不符合及纠正措施一览表**

| 序号 | 不符合描述 | 重点排放单位原因分析及整改措施 | 核查结论 |
|---|---|---|---|
| 1 | 企业填报的天然气消耗量与核查值不一致 | 原因分析：企业填报的值是上报统计局报表中的值，其当年统计口径有误<br>整改措施：修改为企业实际的天然气消耗量 | 企业终版排放报告中的数值与核查结果一致。不符合项关闭 |
| 2 | 企业将柴油耗量台账中的柴油体积当成柴油质量进行填报 | 原因分析：填报错误<br>整改措施：受核查企业在终版排放报告中已经将柴油体积数值修改为质量数值 | 企业终版排放报告中的数值与核查结果一致。不符合项关闭 |

#### 4.4.8.4 核查报告的编写

参考钢铁行业 4.4.1.4 核查报告的编写。

# 第5章 碳资产——国内温室气体自愿减排项目开发

## 5.1 国内温室气体自愿减排项目简介

### 5.1.1 CCER及CCER项目定义

根据《碳排放权交易管理暂行办法》，国家核证自愿减排量是指依据国家发展和改革委员会发布施行的《温室气体自愿减排交易管理暂行办法》的规定，经其备案并在国家注册登记系统中登记的温室气体自愿减排量，简称CCER。

CCER是“China Certified Emission Reduction”的缩写，即中国的CER，以区分清洁发展机制（CDM）中的特定术语“CER”（核证减排量，Certified Emission Reduction）。CCER单位以“吨二氧化碳当量（$tCO_2e$）”计。

国家核证自愿减排量与排放配额是碳排放权交易市场初期的交易产品。根据《碳排放权交易管理暂行办法》第四章第三十二条，重点排放单位可按照有关规定，使用国家核证自愿减排量（CCER）抵消其部分经确认的碳排放量。七个碳交易试点都分别制定了各自的碳排放权抵消管理办法，对用于抵消的CCER比例、项目类别、减排量产生时间、项目类型、地域等都做了规定（详见本书第2章及表5-4）。

自愿减排项目是指采用国家发展改革委员会备案认可的减排项目方法学开发，并按照《温室气体自愿减排交易管理暂行办法》的规定在国家发展改革委员会备案登记和产生核证自愿减排量的减排项目，简称CCER项目。

### 5.1.2 CCER项目与一般商业性项目的异同

CCER项目是依托可产生温室气体减排的常规建设项目，利用已备案的CCER项目方法学（详见本章5.5节），经备案的第三方机构审定后在国家发改委备案的项目。备案的CCER项目，其产生的减排量经备案的第三方机构核查核证后，可在经备案的CCER交易机构交易，产生额外的减排收入。

简而言之，常规项目是 CCER 项目的项目基础，CCER 项目除具备常规项目的特征外，其独特之处是具有减排效果和收益。在取得减排收益前，CCER 项目还必须走完一些额外的程序。在开发 CCER 项目和最终交易 CCERs 的过程中，还会产生一些额外的成本。表 5-1 对 CCER 项目和常规项目的异同进行了具体分析。

**表 5-1　CCER 项目和常规项目的异同**

| 指标 | 常规项目 | CCER 项目 |
|---|---|---|
| 成本 | 正常的生产成本，如能源、材料等 | 增加 CCER 项目的开发成本和 CCER 交易成本。CCER 项目开发成本主要包括编制项目文件与监测报告的咨询费用以及出具审定报告与核证报告的第三方费用；CCER 交易成本包括可能的交易所会员费、年费以及交易时产生的手续费 |
| 产品 | 特定的产品/服务 | 获得有附加值的副产品——减排量 CCER，但未经额外性验证和国家公认第三方审定和核查核证且经国家发改委备案，无法出售获利 |
| 经济性和效益 | 采用常规技术的商业化项目获得常规经济性和商业效益 | 在开发成为 CCER 项目前，项目往往缺乏经济竞争力。开发成为 CCER 项目后，通过出售 CCER 而使项目财务性能指标获得明显改善，具有竞争能力 |
| 额外性 | 无额外性：一般商业项目不需 CCER 支持就能商业运作或依法运作 | 存在额外性：存在财务、投/融资、技术、市场风险等障碍，难以按常规条件实施，靠交易 CCER 项目减排量的额外收益克服障碍得以运行 |
| 项目论证程序 | 国内一般的项目可行性论证和立项程序、环境影响评价及批复程序，力求财务/经济和技术可行性，以及对环境的无害性 | 除常规项目的论证程序外，需要编写 CCER 的项目设计文件(PDD)和经过系列国内审批程序，需要"逆向思维"，强调财务/技术方面的障碍和风险，CCER 项目的额外性是 PPD 文件中最重要的一项论证内容 |
| 项目监测核实程序 | 正常的生产过程的监测和质量控制/质量保证：保障产品产量，品种，规格和质量，满足环保和技术标准 | 额外编制减排量及相关参数监测计划，并由国家发改委备案的第三方进行独立核查和核证。监测仪表的检定除要满足国家标准外，还要满足方法学的相关要求 |
| 合作伙伴 | 正常的项目投资/融资，基建/设备供货，安装运行，技术支持，商业销售 | 需寻求碳减排量交易的合作伙伴(买方，中介)，按 CCER 合作游戏规则办事 |
| 市场风险 | 普通商业项目的风险管理及其分担措施，风险和回报的博弈 | 增加 CCER 项目碳减排量交易的市场风险(CCER 价格，需求量)和政策风险(CCER 项目类别、项目类型、减排量产生时间、地域等) |
| 其他效益 | 具备常规技术和管理水平，提升人员素质和诚信 | 需履行社会责任，从而提高社会形象 |

表 5-1 中提到的 CCER 开发成本，有些不是必须发生的。如编制项目设计文件与监测报告的工作由项目业主自己完成，则没有相关费用发生。但如果此项工作由经验丰富的咨询公司完成，可以帮助项目业主化解 CCER 项目在开发过程中的风险，缩短 CCER 项目开发流程，尽早将 CCER 项目备案并取得减排收入。

项目业主也可以采取一些其他措施降低 CCER 项目开发成本。如项目业主可以分析项目开发的成本及收益，确定 CCER 项目每次核证的监测期长度。监测期的长度越短，第三方的核证费用越多（按次收费）。但从另一方面讲，监测期的长度较长，也意味着项目业主拿到减排收益越晚，也可能面临 CCER 价格下降的风险，不能及时将 CCER 项目的减排收入货币化，增加项目业主的现金流。因此，项目业主需要综合考虑相关因素，再确定监测期的长度。

## 5.2 开发 CCER 碳资产的意义

CCER 作为配额的一种补充机制，可用于配额清缴，抵消企业部分实际排放量，实现履约。用于清缴时，每吨国家核证自愿减排量（CCER）相当于 1t 碳排放配额。因而，CCER 具有市场交易价值，是一种新型碳资产。抵消机制的运行势必将极大地鼓励企业开发碳资产。

作为碳资产，CCER 具有许多显著特点和属性。

① CCER 是具有国家公信力的碳资产。CCER 是按照国家统一的温室气体自愿减排方法学并经过一系列严格的程序，包括项目开发前期评估、项目备案、项目监测、减排量核查与核证等，将自愿减排项目产生的减排量经国家发改委备案后产生的，同时固化为碳资产。因此，CCER 是国家权威机构核证的碳资产，国家公信力强。

② CCER 是消除了地区和行业差异性的碳资产。尽管自愿减排项目来自大陆 30 余个省区市，覆盖新能源和可再生能源等多个领域和不同行业；但是自愿减排项目产生的减排量备案成为 CCER 后，很大程度上就不再体现地区差异性和行业差异性，即来自不同自愿减排项目的 CCER 是同质的、等价的碳资产。然而在目前碳交易试点阶段，由于各碳交易试点对用于抵消的 CCER 在项目类别、减排量产生时间、项目类型、地域等方面做了限制，以及市场供需实时变化，导致各地即使同类型项目的 CCER，价格也会有较大差异。在全国碳市场形成后，将明确参与全国碳市场交易的比例和条件，对于可使用的 CCER 将有统一的标准，这种地区和行业差异性有望消除。

③ CCER 是多元化的碳资产。首先，CCER 来源多元化，产生 CCER 的自愿减排项目既可以是按照温室气体自愿减排方法学开发的新项目（即第一类 CCER 项目），也可以源于可转化为自愿减排项目的三类“CDM 项目”（即第二类至第四类 CCER 项目），而且自愿减排项目覆盖领域广、覆盖温室气体种类多。其次，CCER 用途多元化，既可以用作交易，也可以用于实现企业的社会责任、碳中和、市场营销和品牌建设等。再次，CCER 交易方式多元化，CCER 交易不依赖法律强制进行，不仅可以场内交易，还可以场外交易，既可以现货交易，也可以发展为期货等碳金融产品交易。

④ CCER 是同时体现减排和节能成效的碳资产。多数自愿减排项目通过减少能源消耗实现减少温室气体排放，具有减排和节能一举两得的功效。因此，CCER 实质上是减排和节能的联合载体，既是碳资产，又蕴含着节能量。

CCER 作为碳排放权配额交易的重要补充，其交易有利于形成统一碳市场，将在建设全国碳市场、活跃碳市场、盘活碳资产和完善碳资产管理中起到重要作用。

① CCER 交易是形成全国统一碳市场的纽带。CCER 交易是配额交易的补充机制。虽然大多数试点碳市场对 CCER 用于配额抵消设立了限制条件，但仍不妨碍 CCER 在各试点碳市场的流通，而且为数不少的碳交易平台还可以直接交易 CCER。另外，CCER 具有向配额价格高的碳市场流动的趋势，这将导致拉高试点碳市场配额的最低价，拉低配额最高价，并且不同试点碳市场配额可以参照 CCER 交易价格进行置换或交易。由此可见，通过 CCER 交易可实现区域碳市场连接，使区域碳市场配额价格趋同，促进形成全国统一碳市场。

② CCER 交易是全国碳市场配额价格发现的助推剂。CCER 市场价格应能反映自愿减

排项目平均减排成本并得到交易各方认可。全国碳市场中，CCER 交易无论是用于配额抵消还是作为碳金融产品交易，都必然与配额交易连接，CCER 价格必然影响到配额价格，进而影响配额供需，使配额价格趋于体现市场供需情况和真实减排成本，促进配额价格的市场发现。

③ CCER 交易是调控全国碳市场的市场工具。建设全国碳市场的核心目标是采用市场机制实现低成本减排，因此，必须调控全国碳市场交易价格，降低企业履约成本。全国碳市场在短期内难免会出现价格波动和反复，用行政手段进行碳市场调控，不仅不可持续，而且易造成市场硬着陆，所以必须使用市场工具来代替行政手段进行市场调控，CCER 交易正是调控全国碳市场的市场工具。尽管参与全国碳市场交易的比例和条件可能受到限制，但是 CCER 绝对交易量仍然可观，因此，仍可通过 CCER 及其碳金融产品交易实现对全国碳交易市场的有力调控。

④ CCER 是发展碳金融衍生品的良好载体。CCER 具有国家公信力强、多元化、开发周期短、计入期相对较长、市场收益预期较高等特点，因此，CCER 具有开发为碳金融衍生品的诸多有利条件。金融机构已经迈出了探索性的一步。2014 年 11 月 26 日，华能集团与诺安基金在武汉共同发行全国首只基于排放配额和 CCER 的碳基金，全部投放于湖北碳市场。2014 年 12 月 11 日，上海银行、上海环境能源交易所、上海宝碳新能源环保科技有限公司签署国内首单 CCER 质押贷款协议，仅以 CCER 作为质押担保，帮助企业获得贷款。

## 5.3 CCER 项目开发政策与技术支撑体系

我国政府高度重视国内自愿减排交易市场建设，颁布了一系列政策性文件和标准，逐渐形成了制度要素齐全的中国温室气体自愿减排交易政策与技术支撑体系（见图 5-1）。

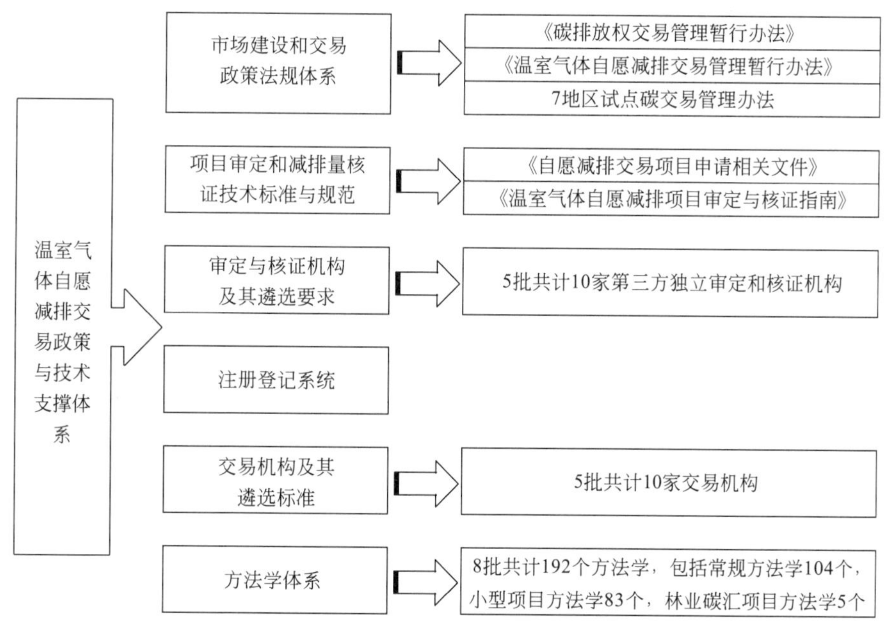


图 5-1 中国温室气体自愿减排交易政策与技术支撑体系
（截至 2016 年 6 月 14 日）

### 5.3.1 碳排放权交易管理暂行办法

在 CCER 项目开发的一系列政策支持文件中，《碳排放权交易管理暂行办法》[中华人民共和国国家发展和改革委员会令（第 17 号）] 属于国务院部门规章，是中国第一份国家碳市场的正式立法文件，对国家层面的碳市场建设给出了相关政策及思路。《碳排放权交易管理暂行办法》于 2014 年 12 月 10 日颁布，于 2015 年 1 月 10 日实施，它是一个框架性文件，它明确了全国碳市场建立的主要思路和管理体系，但具体的操作细则，还有待配套文件进一步细化。另外，该管理暂行办法未对报告、核查、履约违规的行政处罚标准做出规定，未来可能通过国务院条例进行规制。而关于排放报告核查、配额分配、抵消机制、市场调控、核查机构和交易机构的管理等政策也并未在管理办法中呈现，很可能在未来一到两年以级别相对较低的管理文件的形式发布。

《碳排放权交易管理暂行办法》中所说的碳排放权交易是指交易主体按照该办法开展的排放配额和国家核证自愿减排量的交易活动。

《碳排放权交易管理暂行办法》共七章四十八个条款。表 5-2 对《碳排放权交易管理暂行办法》中与自愿减排相关的条款进行了解读。

**表 5-2 《碳排放权交易管理暂行办法》中与自愿减排相关的条款的解读**

| 解读内容 | 具体内容 | 涉及条款 | 评论 |
|---|---|---|---|
| 温室气体种类 | 七种温室气体，包括二氧化碳（$CO_2$）、甲烷（$CH_4$）、氧化亚氮（$N_2O$）、氢氟碳化物（HFCs）、全氟化碳（PFCs）和六氟化硫（$SF_6$）和三氟化氮（$NF_3$） | 第七章第四十七条 | 与《温室气体自愿减排交易管理暂行办法》相比，增加了一种温室气体（三氟化氮） |
| 温室气体自愿减排交易的主管部门 | 实行两级管理，分为国务院碳交易主管部门（国家发改委）和省级碳交易主管部门（省级发改委） | 第一章第五条 | |
| 交易产品 | 碳排放权交易市场初期的交易产品为排放配额和国家核证自愿减排量，适时增加其他交易产品 | 第三章第十八条 | |
| 交易主体 | 重点排放单位及符合交易规则规定的机构和个人 | 第三章第十九条 | |
| 交易平台和规则 | 国务院碳交易主管部门负责确定碳排放权交易机构并对其业务实施监督。具体交易规则由交易机构负责制定，并报国务院碳交易主管部门备案 | 第三章第二十条 | 不同于七个试点市场各自交易的现状，全国市场的交易场所和方式将更为统一。目前还未确定是哪个交易机构作为全国碳交易机构 |
| 注册登记系统 | 国务院碳交易主管部门负责建立和管理碳排放权交易注册登记系统（以下称注册登记系统），国家确定的交易机构的交易系统应与注册登记系统连接，实现数据交换，确保交易信息能及时反映到注册登记系统中 | 第三章第二十三条、第二十四条 | 目前的注册登记系统包括配额和 CCER 两个合规工具的注册登记，分别用于记录排放配额和 CCER 的持有、转移、清缴、注销等相关信息<br>考虑用户的权限差异，注册登记系统为国务院碳交易主管部门和省级碳交易主管部门、重点排放单位、交易机构和其他市场参与方等设立具有不同功能的账户<br>国家自愿减排和排放权交易注册登记系统与 7 个试点连接之时，国家注册登记系统将开放 CCER 的注册登记功能。而注册登记系统中的信息将是判断排放配额及 CCER 归属的最终依据 |

### 5.3.2 温室气体自愿减排交易管理暂行办法

为了推动该领域有序发展，针对国内自愿减排交易存在标准不统一、公信力不足等问题，2012年6月21日国家发展改革委颁布了《温室气体自愿减排交易管理暂行办法》（简称《管理办法》），为自愿减排交易的规范发展提供了基本的制度保障。

《温室气体自愿减排交易管理暂行办法》分为六章，分别对参与自愿减排的各方给予了明确的规定。表5-3对《温室气体自愿减排交易管理暂行办法》的主要内容予以解读。

**表5-3 《温室气体自愿减排交易管理暂行办法》主要内容解读**

| 解读内容 | 具体内容 | 涉及条款 | 评论 |
| --- | --- | --- | --- |
| 自愿减排的温室气体 | 六种温室气体，包括二氧化碳（$CO_2$）、甲烷（$CH_4$）、氧化亚氮（$N_2O$）、氢氟碳化物（HFCs）、全氟化碳（PFCs）和六氟化硫（$SF_6$） | 第一章第二条 | 与《京都议定书》下的清洁发展机制（CDM）交易覆盖类型完全一致<br>国家发改委第17号令《碳排放权交易管理暂行办法》新增加一种温室气体（三氟化氮） |
| 温室气体自愿减排交易的主管部门 | 国家发改委 | 第一章第四条 | |
| 参与国内温室气体自愿减排交易的资格范围 | 国内外机构、企业、团体、个人均可参与 | 第一章第五条 | 资格范围的规定非常宽松，为全民参与节能减排事业奠定了政策基础 |
| 自愿减排交易的管理手段 | 备案管理。需要备案的内容包括：参与自愿减排的项目、项目产生的减排量、可以进行减排量交易的交易所，以及成功交易的项目 | 第一章第六条 | |
| 自愿减排项目资格条件 | 2005年2月16日之后开工建设，且属于以下任一类别：<br>（一）采用经国家主管部门备案的方法学开发的自愿减排项目<br>（二）获得国家发改委批准为清洁发展机制项目但未在联合国清洁发展机制执行理事会注册的项目<br>（三）获得国家发改委批准为清洁发展机制项目且在联合国清洁发展机制执行理事会注册前产生减排量的项目<br>（四）在联合国清洁发展机制执行理事会注册但减排量未获得签发的项目 | 第二章第十三条 | |
| 减排量交易 | 明确交易所申请备案的要求和程序、开展相关工作的原则和内容以及对违规机构的处罚措施等 | 第四章 | |
| 审定与核证管理 | 明确审定和核证机构申请备案的要求和程序、开展相关工作的原则和内容以及对违规机构的处罚措施等 | 第五章 | |
| 可直接向国家发展改革委申请自愿减排项目备案的中央企业名单 | 43家央企可直接向国家发展改革委申请自愿减排项目备案（具体名单见附表5-1） | 附件 | |

**表 5-4　碳交易试点 CCER 抵消限制规则（截至 2016 年 6 月 14 日）**

| 试点 | CCER 抵消规则相关文件 | CCER 抵消限制 | | |
| --- | --- | --- | --- | --- |
| | | 比例限制 | 类型与减排量产生时间限制 | 地域限制 |
| 北京 | 《北京市碳排放权抵消管理办法（试行）》（京政发[2014]14 号） | （一）用于抵消的 CCER 不高于其当年核发碳排放配额量的 5%<br>（二）京外项目的 CCER 不得超过其当年核发配额量的 2.5% | （一）减排量于 2013 年 1 月 1 日后实际产生<br>（二）非来自减排氢氟碳化物、全氟化碳、氧化亚氮、六氟化硫气体的项目及水电项目 | 非来自本市行政辖区内重点排放单位固定设施的减排量，优先使用河北省、天津市等与本市签署应对气候变化、生态建设、大气污染治理等相关合作协议地区的项目 |
| 上海 | 《关于本市碳排放交易试点期间有关抵消机制使用规定的通知》（沪发改环资[2015]3 号）<br>《关于本市碳排放交易试点期间进一步规范使用抵消机制有关规定的通知》（沪发改环资[2015]53 号） | CCER 使用比例不得超过试点企业本年度通过分配取得的配额量的 5% | 项目所有减排量均产生于 2013 年 1 月 1 日后 | 非上海市试点企业排放边界范围内的 CCER |
| 广东 | 《碳排放配额管理的实施细则》（粤发改气候[2015]80 号） | 抵消比例不超过该企业年度碳排放初始配额的 10% | （一）二氧化碳与甲烷的减排量占项目所有减排量的 50%以上<br>（二）非水电项目，非使用煤、油和天然气（不含煤层气）等化石能源的发电、供热和余能（含余热、余压、余气）利用项目<br>（三）非在联合国清洁发展机制执行理事会注册前就已经产生减排量的项目 | |
| 深圳 | 《深圳市碳排放权交易市场抵消信用管理规定（暂行）》（深发改[2015]628 号） | CCER 的使用比例不得超过纳入企业当年实际碳排放量的 10% | 允许特定区域范围内的风力发电、太阳能发电和垃圾焚烧发电项目 | 来自梅州、河源、湛江、汕尾等广东省内地区，新疆、西藏、青海、宁夏、内蒙古、甘肃、陕西、安徽、江西、湖南、四川、贵州、广西、云南、福建、海南等省份，和本市签署碳交易区域战略合作协议的其他省份或者地区 |

续表

| 试点 | CCER 抵消规则相关文件 | CCER 抵消限制 | | |
| --- | --- | --- | --- | --- |
| | | 比例限制 | 类型与减排量产生时间限制 | 地域限制 |
| 深圳 | 《深圳市碳排放权交易市场抵消信用管理规定(暂行)》(深发改[2015]628 号) | CCER 的使用比例不得超过纳入企业当年实际碳排放量的 10% | 允许特定区域范围内的沼气和生物质发电项目、清洁交通减排和海洋固碳减排项目 | 来自本市及和本市签署碳交易区域战略合作协议的省份或者地区 |
| | | | 允许特定区域范围内的林业碳汇项目和农业减排项目 | 全国范围内 |
| | | | 所有项目类型 | 本市企业在全国投资开发的项目 |
| 天津 | 《关于天津市碳排放权交易试点利用抵消机制有关事项的通知》(津发改环资[2015]443 号) | 使用比例不得超过纳入企业当年实际碳排放量的 10% | (一)所属的自愿减排项目,其全部减排量均应产生于 2013 年 1 月 1 日后<br>(二)仅来自二氧化碳气体项目<br>(三)不包括来自水电项目的减排量 | (一)优先使用津京冀地区项目产生的减排量<br>(二)本市及其他碳交易试点省市纳入企业排放边界范围内的减排量不得用于本市的碳排放量抵消 |
| 重庆 | 《重庆市碳排放配额管理细则(试行)》(渝发改环[2014]538 号) | 使用比例不得超过审定排放量的 8% | (一)减排项目于 2010 年 12 月 31 日后投入运行(碳汇项目不受此限)<br>(二)属于以下类型:节约能源和提高能效;清洁能源和非水可再生能源;碳汇;能源活动、工业生产活动、农业、废物处理等领域;非水电减排项目 | |
| 湖北 | 《2015 年湖北省碳排放权抵消机制有关事项的通知》(鄂发改办[2015]154 号) | 抵消比例不超过该企业年度碳排放初始配额的 10% | (一)非大、中型水电类项目产生<br>(二)已备案减排量 100% 可用于抵消;未备案减排量按不高于项目有效计入期(2013 年 1 月 1 日—2015 年 5 月 31 日)内减排量 60% 的比例用于抵消 | (一)在本省行政区域内,纳入碳排放配额管理企业组织边界范围外产生<br>(二)与本省签署了碳市场合作协议的省市,经国家发改委备案的减排量可以用于抵消,年度用于抵消的减排量不高于 5 万吨 |

注:来源于 2015 上海碳市场报告。

### 5.3.3 碳交易试点CCER抵消机制支持文件及规则

七个碳交易试点都制定了自己的碳排放权交易管理办法和碳排放权抵消管理办法，表5-4对与CCER相关的各试点的碳排放权抵消机制相关文件做了具体分析。

由表5-4可以看出，各碳交易试点在CCER抵消机制的设计上都有自己的特殊规定，这些是CCER项目开发商、项目业主和CCERs买家在项目开发过程需要特别注意的，以减少不必要的开发成本和未来的交易风险。具体需要注意的事项简要概括如下：

① 减排量产生时间限制 北京、上海、天津三地的CCER项目，其全部减排量应产生于2013年1月1日以后。

② 项目类别限制 广东禁止使用第三类CCER项目产生的减排量用于抵消。

③ 项目类型限制

a. 水电 北京、广东、天津和重庆明确禁止将所有规模的水电项目产生的减排量用于抵消，湖北规定不能使用大、中型水电项目［根据DL 5180—2003《水电枢纽工程等级划分及设计安全标准》，(单个）水库总库容大于等于0.1亿立方米，装机容量大于等于50MW的项目属于大、中型水电类项目］产生的减排量，上海和深圳对水电项目没有限制。

b. 工业气体减排项目 北京明确限制使用氢氟碳化物、全氟化碳、氧化亚氮、六氟化硫气体的项目产生的减排量用于抵消控排企业的实际排放。天津规定用于抵消的CCER应仅来自二氧化碳气体项目，因此也将工业气体减排项目排除在外。

c. 化石能源发电、供热和余能利用项目 广东不允许使用煤、油和天然气（含煤层气）等化石能源的发电、供热和余能（含余热、余压、余气）利用项目产生的减排量用于抵消控排企业的实际排放。

④ 比例限制 广东、天津、湖北、深圳四地允许使用CCER的比例较高，均为10%；重庆其次，允许使用CCER的比例为8%；上海和北京允许使用CCER的比例较低，仅为5%，尤其是北京，还规定至少这个比例的50%需来自北京市辖区内的项目。

⑤ 地域限制

a. 控排企业减排限制 北京、上海和湖北限制使用各自辖区内控排企业排放边界内的CCER；天津则最为严格，除限制使用其辖区内控排企业排放边界内的CCER外，还不允许使用其他碳交易试点纳入企业排放边界范围内的减排量用于该市的碳排放量抵消。

b. 优先使用合作协议地区项目产生的减排量 天津、深圳、北京、湖北四地已做出相关规定。

七个碳交易试点除了做出以上CCER的使用限制外，也制定了一些优先鼓励措施，如：

① 重庆鼓励使用节约能源和提高能效、清洁能源和非水可再生能源、碳汇、农业、废物处理等领域减排项目产生的减排量；

② 深圳也鼓励使用特定地区的风电、太阳能发电、垃圾焚烧发电、沼气和生物质发电、清洁交通减排、海洋固碳减排、林业碳汇和农业减排项目产生的减排量；

③ 湖北优先使用农、林类项目产生的减排量用于抵消。

还有一点需要特别说明的是，湖北对CCER项目的减排量可用于抵消的额度还做了特殊规定（见表5-5）。

据国家发改委消息，下一步将出台修订的CCER管理规则，制定全国碳市场抵消机制。因此，CCER项目业主和开发机构应密切关注碳市场的政策变化，及时调整项目开发策略，避免不必要的开发成本和碳资产的损失。

表 5-5 湖北 CCER 项目减排量抵消额度规定（截至 2016 年 6 月 14 日）

| 规定 | 评论 |
| --- | --- |
| 已备案减排量 100%可用于抵消 | 交易风险低，与未备案减排量相比，有价格优势 |
| 未备案减排量按不高于项目有效计入期（2013 年 1 月 1 日—2015 年 5 月 31 日）内减排量 60%的比例用于抵消 | 项目业主可以及早将减排收益变现，但与已备案减排量相比，可能会面临价格劣势 |
| 与本省签署了碳市场合作协议的省市，经国家发改委备案的减排量可以用于抵消，年度用于抵消的减排量不高于 5 万吨 | 备案减排量在交易时，可能要考虑在多个碳交易市场出售 |

## 5.3.4 温室气体自愿减排项目审定与核证指南

2012 年 9 月和 10 月，国家发改委分别颁布了《自愿减排交易项目申请相关文件》和《温室气体自愿减排项目审定与核证指南》，进一步明确了项目申请、审定和核证的要求，以及工作程序和报告格式，为审定和核证结果的客观性、公正性提供了保障。

CCER 项目的审定与核证程序和要求，详见本书 5.7.2 节审定流程和 5.7.5 节核查流程。

## 5.3.5 中国自愿减排交易信息平台

中国自愿减排交易信息平台（网址：http：//cdm.ccchina.gov.cn/ccer.aspx）已于 2013 年 10 月 24 日上线。该平台可以获取 CCER 项目备案或减排量备案的领函通知，查询开发 CCER 项目的相关政策、标准、方法学以及审定与核证机构，了解审定项目、备案项目和减排量备案项目的进展情况（见图 5-2）。该平台无论是对于 CCER 开发者，还是对于 CCER 项目业主，都是一个很权威的学习网站。

图 5-2 中国自愿减排交易信息平台

截至 2016 年 6 月 14 日，该平台累计公示 CCER 审定项目 2144 个，项目备案的网站记录和减排量备案的网站记录分别为 564 个和 158 个。根据 CCER 项目备案函领取通知，实际

CCER 项目备案数量为 654 个，另有 90 个项目的备案信息还未公示。实际减排量备案项目为 149 个（因为在项目记录中有 9 个项目已至少签发过一次）。

### 5.3.6 CCER 交易平台

自愿减排项目减排量经备案后，可在国家登记簿登记并在经备案的交易机构内交易。

截至 2016 年 6 月 14 日，国家发展改革委共批准备案了三批共计 8 家温室气体减排交易机构：

① 2013 年 1 月 16 日，国家发展改革委发布了“关于公布温室气体自愿减排交易机构备案的公告”。审核通过了北京环境交易所、天津排放权交易所、上海环境能源交易所、广州碳排放权交易所、深圳排放权交易所为我国温室气体自愿减排交易机构。

② 2014 年 4 月 1 日，国家发展改革委批准重庆联合产权交易所、湖北碳排放权交易中心两家交易机构为温室气体减排交易备案机构。

③ 2016 年 4 月 26 日，国家发展改革委批准四川联合环境交易所作为新增加的温室气体自愿减排交易机构。四川联合环境交易所是目前唯一的非试点地区温室气体自愿减排交易机构。

以上 8 家温室气体自愿减排交易机构可代理自愿减排交易的相关参与方开展在国家自愿减排交易注册登记系统的开户事宜。

2015 年是 CCER 产品上线交易的第一年，由于各碳交易试点市场在使用 CCER 进行抵消方面分别做出了特殊的规定，如用于抵消的 CCER 比例、项目类别、减排量产生时间、项目类型、地域等（详见本章 5.3.3 节），各试点碳市场 2015 年的 CCER 交易量也对此做出了相应反应。

从图 5-3 和图 5-4 可以看出，上海和北京是七个碳交易试点市场 2015 年 CCER 交易量的前两名，重庆尚未有交易，其余四个碳市场 CCER 成交量相对较小，因此下文着重对上海和北京这两个试点的 CCER 交易情况进行分析。

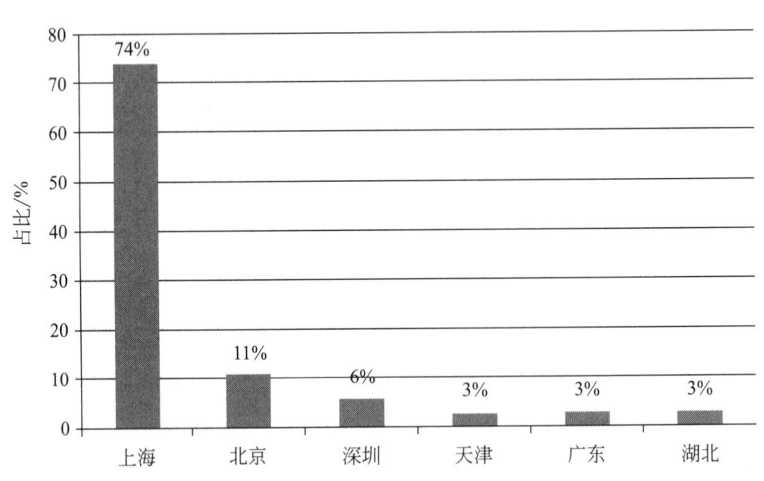


图 5-3　2015 年全国各试点市场 CCER 交易量占比

（数据来源：2015 上海碳市场报告）

(1) 上海，CCER 交易量与抵消量均领先全国

在全国七个碳交易试点中，上海碳市场对 CCER 的抵消规则限制条件较少，相对较为

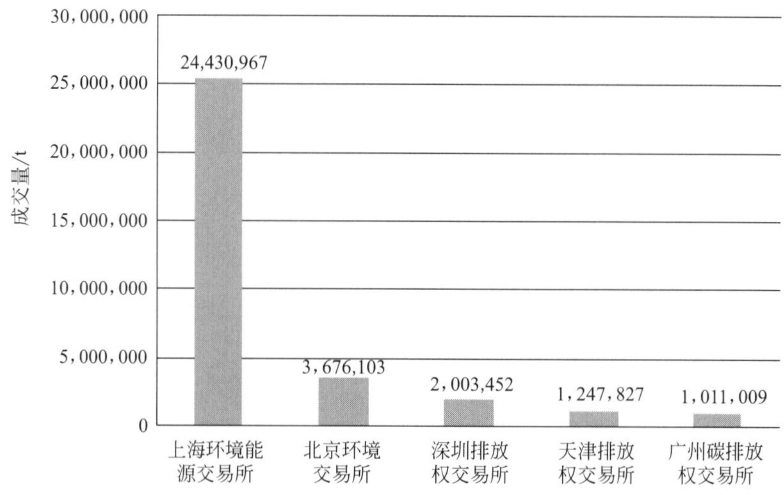


图 5-4 2015 年全国各试点市场 CCER 交易量

开放，且规则出台较早，因此吸引了不少 CCER 进入上海市场。根据《2015 上海碳市场报告》，2015 年上海碳市场的 CCER 成交量占全国七个试点市场成交量（包括线上挂牌和协议转让）的 74.1%。2015 年 4 月以来，CCER 月均成交量在 280 万吨以上，初步形成了具有稳定流动性的 CCER 交易市场。

由于试点企业预期明确、对 CCER 接受度高，上海碳市场的 CCER 抵消量领先全国。在 2015 年 6 月，上海市试点企业购买了约 57.5 万吨 CCER，并已将其中大部分用于 2014 年度清缴履约，抵消量在全国领先。

2015 年，上海碳市场的 CCER 价格因项目类型、时间等要素的不同和交易方式的不同而呈现较大差异。可用于上海市抵消的 CCER（即所有 CCER 均产生于 2013 年 1 月 1 日后的项目）主要通过协议转让方式交易；不可用于抵消的项目主要通过挂牌交易方式交易。在挂牌交易中 CCER 价格随着交易量的增长也在小幅波动的情况下稳步攀升，年终时稳定在略高于 15 元/t 的水平。

（2）北京，全国碳交易枢纽

根据《北京碳市场年度报告 2015》，截至 2015 年 12 月 31 日，北京碳市场 CCER 挂牌项目数量为 19 个，全年 CCER 共成交 37 笔，成交量 5,124,969t，成交额 24,721,976 元。其中线上成交 12 笔，成交量 7788t，成交额 167,688 元，成交均价 21.53 元/t；协议转让成交 25 笔，成交量 5,117,181t，成交额 24,554,288 元。

从 CCER 成交方式来看，协议转让占据了 CCER 全部成交量及成交额的 90%以上。这主要是由于各试点地区对于 CCER 抵消功能的实现设置了不同的条件，导致不同项目产生的 CCER 内在价值和适用性不同，通过协议转让的方式有助于业主了解具体项目信息并就价格进行协商。

从成交情况来看，北京碳市场 CCER 本年度总成交量超过 500 万吨，在全国七个试点中规模领先。其中，用于北京市的履约项目交易量为 64,106t，共有 8 家企业通过使用 CCER 抵消进行了履约；余下占总量 95%以上的 CCER 被销往其他地区，北京作为全国碳交易枢纽的功能已开始初步显现。

随着 CCER 签发量的增加和试点企业对该产品的接受度不断提高，其他试点的 CCER 交易也会逐渐活跃。CCER 项目业主和交易商可参考 5.3.3 总结的各碳交易试点对 CCER 使用的限制以及各交易平台的交易量和价格表现，选择交易平台择机出售。

## 5.3.7 CCER 审定和核证机构

截至 2016 年 6 月 14 日，国家发展改革委已备案五批共计 10 家第三方审定/核证机构（见表 5-6）。

**表 5-6　备案的第三方审定和核证机构**

| 备案批次 | 备案时间 | 备案的第三方审定/核证机构 |
|---|---|---|
| 第一批 | 2013 年 6 月 | 中国质量认证中心(CQC)<br>广州赛宝认证中心服务有限公司(CEPREI) |
| 第二批 | 2013 年 9 月 | 中环联合(北京)认证中心有限公司(CEC) |
| 第三批 | 2014 年 6 月 | 环境保护部环境保护对外合作中心(MEPFECO)<br>中国船级社质量认证公司(CCSC)<br>北京中创碳投科技有限公司 |
| 第四批 | 2014 年 8 月 | 中国农业科学院(CAAS)<br>深圳华测国际认证有限公司(CTI)<br>中国林业科学研究院林业科技信息研究所 |
| 第五批 | 2016 年 3 月 | 中国建材检验认证集团股份有限公司(CTC) |

表 5-7 列出了 10 家第三方审定/核证机构的审定与核证领域，同时也给出了截至 2016 年 6 月 14 日各机构成功备案 CCER 项目和减排量的项目数量，供 CCER 项目开发机构、CCER 项目业主等在选择审定与核证机构时作为参考。

**表 5-7　第三方审定和核证机构业务领域及业绩**

| 编号 | 审定与核证机构 | 审定与核证领域 | 备案项目数量 | 备案项目比例/% | 减排量备案项目数量 | 减排量备案项目比例/% |
|---|---|---|---|---|---|---|
| 1 | 中国质量认证中心(CQC) | 1—能源工业(可再生能源/不可再生能源),2—能源分配,3—能源需求,4—制造业,5—化工行业,6—建筑行业,7—交通运输业,8—矿产品,9—金属生产,10—燃料的飞逸性排放(固体燃料,石油和天然气),11—碳卤化合物和六氟化硫的生产和消费产生的飞逸性排放,12—溶剂的使用,13—废物处置,14—造林和再造林,15—农业 | 77 | 13.7 | 0 | 0 |
| 2 | 广州赛宝认证中心服务有限公司(CEPREI) | 1—能源工业(可再生能源/不可再生能源),2—能源分配,3—能源需求,4—制造业,5—化工行业,7—交通运输业,8—矿产品,9—金属生产,10—燃料的飞逸性排放(固体燃料,石油和天然气),13—废物处置,14—造林和再造林,15—农业 | 100 | 17.7 | 17 | 11.4 |
| 3 | 中环联合(北京)认证中心有限公司(CEC) | 1—能源工业(可再生能源/不可再生能源),2—能源分配,3—能源需求,4—制造业,5—化工行业,6—建筑行业,7—交通运输业,8—矿产品,9—金属生产,10—燃料的飞逸性排放(固体燃料,石油和天然气),11—碳卤化合物和六氟化硫的生产和消费产生的飞逸性排放,12—溶剂的使用,13—废物处置,14—造林和再造林,15—农业 | 180 | 31.9 | 42 | 28.2 |

续表

| 编号 | 审定与核证机构 | 审定与核证领域 | 备案项目数量 | 备案项目比例/% | 减排量备案项目数量 | 减排量备案项目比例/% |
|---|---|---|---|---|---|---|
| 4 | 环境保护部环境保护对外合作中心(MEPFECO) | 1—能源工业(可再生能源/不可再生能源),4—制造业,5—化工行业,11—碳卤化合物和六氟化硫的生产和消费产生的飞逸性排放,13—废物处置 | 25 | 4.4 | 9 | 6.0 |
| 5 | 中国船级社质量认证公司(CCSC) | 1—能源工业(可再生能源/不可再生能源),2—能源分配,3—能源需求,4—制造业,5—化工行业,6—建筑行业,7—交通运输业,8—矿产品,9—金属生产,10—燃料的飞逸性排放(固体燃料,石油和天然气),11—碳卤化合物和六氟化硫的生产和消费产生的飞逸性排放,12—溶剂的使用,13—废物处置 | 59 | 10.5 | 56 | 37.6 |
| 6 | 北京中创碳投科技有限公司 | 1—能源工业(可再生能源/不可再生能源),2—能源分配,3—能源需求,4—制造业,5—化工行业,6—建筑行业,7—交通运输业,13—废物处置,14—造林和再造林,15—农业 | 59 | 10.5 | 5 | 3.4 |
| 7 | 中国农业科学院(CAAS) | 1—能源工业(可再生能源/不可再生能源),14—造林和再造林,15—农业 | 0 | 0 | 0 | 0 |
| 8 | 深圳华测国际认证有限公司(CTI) | 1—能源工业(可再生能源/不可再生能源);2—能源分配;3—能源需求;4—制造业;5—化工行业;6—建筑行业;7—交通运输业;8—矿产品;9—金属生产;12—溶剂的使用;13—废物处置 | 64 | 11.3 | 20 | 13.4 |
| 9 | 中国林业科学研究院林业科技信息研究所 | 14—造林和再造林 | 0 | 0 | 0 | 0 |
| 10 | 中国建材检验认证集团股份有限公司(CTC) | 1—能源工业(可再生能源/不可再生能源),4—制造业,6—建筑行业 | 0 | 0 | 0 | 0 |
| 合计 | | | 564 | 100 | 149 | 100 |

由表 5-7 可以看出，由于审定与核证领域的资质优势，中国质量认证中心、广州赛宝认证中心服务有限公司（以下简称“广州赛宝”）、中环联合（北京）认证中心有限公司(CEC)（以下简称“中环联合”）完成审定且成功备案的 CCER 项目数量较多；中国船级社质量认证公司、中环联合和深圳华测国际认证有限公司完成核证且减排量备案成功的 CCER 项目数量占据前三名。这一方面反映出这些机构在审定和核证领域的实力，也从另一个方面反映出这些机构的审定或核证的业务负荷量较大，因此 CCER 项目业主或 CCER 项目开发机构对第三方审定和核证机构（DOE）的选择需要进行综合考虑。

中国农业科学院、中国林业科学研究院林业科技信息研究所和中国建材检验认证集团股份有限公司受审定与核证领域的资质限制（如前两者业务领域主要集中在林业碳汇项目），目前还未在 CCER 项目备案或减排量备案方面取得业绩。

## 5.4 CCER 项目资格条件及类别

《温室气体自愿减排交易管理暂行办法》规定，属于以下任一类别的 2005 年 2 月 16 日之后开工建设的项目可申请备案为 CCER 项目：

① 采用经国家主管部门备案的方法学开发的自愿减排项目（以下简称“第一类项目”）；

② 获得国家发改委批准为清洁发展机制项目但未在联合国清洁发展机制执行理事会注册的项目（以下简称“第二类项目”）；

③ 获得国家发改委批准为清洁发展机制项目且在联合国清洁发展机制执行理事会注册前产生减排量的项目（以下简称“第三类项目”）；

④ 在联合国清洁发展机制执行理事会注册但减排量未获得签发的项目（以下简称“第四类项目”）。

如图 5-5 所示，CCER 项目实际上可以分为两类，即新开发的 CCER 项目（第一类项目）和由 CDM 项目转化而来的 CCER 项目（第二至第四类项目）。

图 5-6 给出了截至 2016 年 6 月 14 日，处于审定公示阶段、项目备案阶段和减排量备案阶段的 CCER 项目的类别分布情况统计。

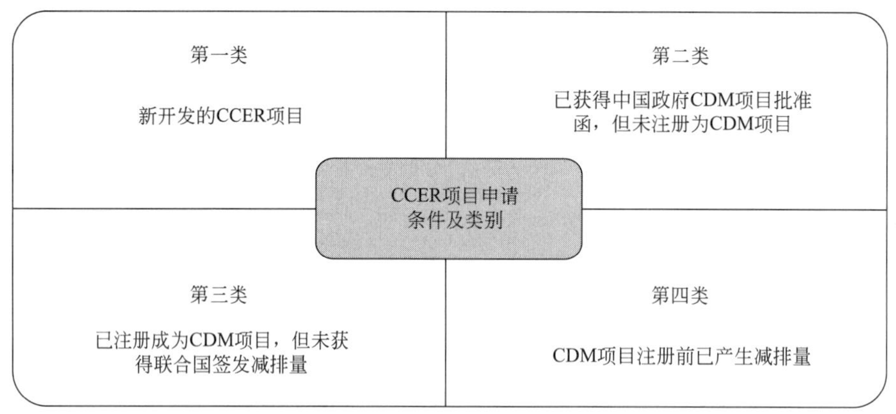


图 5-5 CCER 项目申请条件及类别

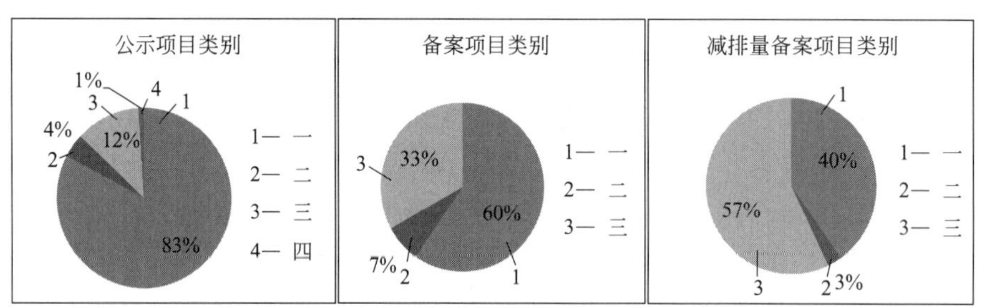


图 5-6 CCER 项目开发各阶段类别分布

由图 5-6 可以清晰地看出，处于审定公示阶段和项目备案阶段的 CCER 项目以第一类居多，占半数以上，第三类项目其次。由于北京、上海和广东已明确不允许使用第三类项目产生的 CCERs 用于履约，第一类项目数量显著增加，由此也可以看出碳市场对此类项目的偏爱。

处于审定公示阶段的 CCER 项目四种类别俱全，第四类项目最少；而处于项目备案阶段和减排量备案阶段的 CCER 项目，都没有第四类项目。尽管第四类项目也可以申请 CCER，但需要有相应的退出 CDM 机制的文件。目前联合国清洁发展机制理事会（CDM EB）已明确了 CDM 项目退出程序，但国家发改委还没有明确 CDM 项目的国内退出程序和机制，因此，目前还没有第四类项目完成项目备案和减排量备案。

因此，项目业主和 CCER 项目开发机构，在开发 CCER 项目的过程中，要注意 CCER 项目相关政策的变化，避免增加开发成本以及造成碳资产的损失。

## 5.5　CCER 方法学

### 5.5.1　方法学定义及作用

方法学是指用于确定项目基准线、论证额外性、计算减排量、制定监测计划等的方法指南，是审查 CCER 项目合格性以及估算/计算项目减排量的技术标准和基础。方法学由基准线方法学和监测方法学两部分构成，前者是确定基准线情景、项目额外性、计算项目减排量的方法依据，后者是确定计算基准线排放、项目排放和泄漏所需监测的数据/信息的相关方法（见图 5-7）。

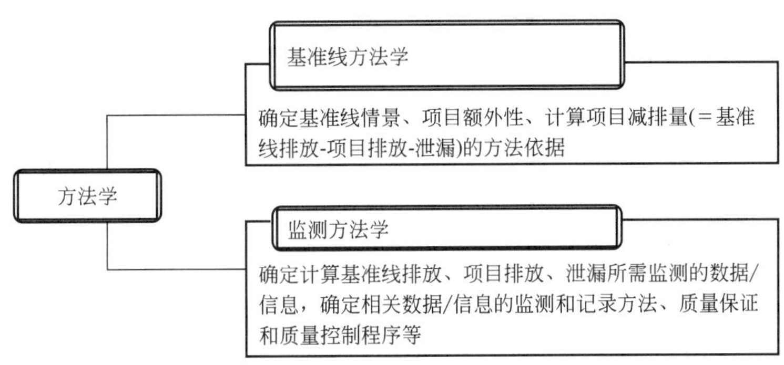


图 5-7　方法学构成

方法学在 CCER 项目开发的各个阶段都起着非常重要的作用。

① 项目设计阶段：必须在 PDD 中选择和应用经过批准的方法学；

② 项目审定和备案阶段：第三方审定和核证机构和国家发改委专家评审委员会分别对方法学的合理应用进行审查；

③ 项目监测阶段：将对方法学的具体实施和监测计划的可行性进行检验；

④ 减排量的核查与核证：第三方审定和核证机构将对监测计划的实施进行严格的审查；

⑤ 减排量备案：国家发改委专家评审委员会将对监测计划的实施进行严格的审查，如不能满足方法学的要求，减排量将无法得到备案或遭受一定的减排量损失。

因此，无论是 CCER 项目业主，还是 CCER 项目减排量购买方，都应对方法学的应用风险做好防范（如在合同条款中做出相应安排），以降低项目开发成本或减排量交易损失。

### 5.5.2　方法学构成

方法学主要包括基准线、额外性、项目边界、减排量计算和监测计划等要素，其中

CCER 项目基准线设定是方法学的核心问题之一。基准线是 CCER 项目额外性分析和项目活动减排量计算的基础。表 5-8 列出了方法学的各要素，并进行了释义。

**表 5-8 方法学要素释义**

| 方法学要素 | 释义 |
|---|---|
| 适用范围 | 明确规定方法学的适用条件 |
| 项目边界 | 项目边界是指一个地理范围，这个范围应包括在项目参与方控制范围内的、数量可观并可合理归因于 CCER 项目活动的所有温室气体源人为排放量 |
| 基准线情景 | 为了提供和 CCER 项目同样的服务，在没有此项目时将出现的情况（需要针对每一种服务进行定义）。可根据所使用的已批准的方法学的要求识别基准线情景 |
| 基准线 | 基准线合理代表在不开展 CCER 项目活动的情况下出现的人为温室气体排放情景，是在国内资源条件、财务能力、技术水平和法规政策下，可能出现的合理排放水平。它往往代表一种或几种已商业化，在国内市场中主流技术设备的能效水平及排放水平<br>基准线实际上是在基准线情景下的排放轨迹 |
| 额外性 | 额外性是指项目活动所带来的减排量相对于基准线是额外的，即这种项目及其减排量在没有外来的 CCER 项目支持的情况下，存在财务效益指标、融资渠道、技术风险、市场普及和资源条件方面的障碍因素，依靠项目业主的现有条件难以实现 |
| 项目排放 | 项目活动引起的排放 |
| 基准线排放 | 基准线情景下出现的排放 |
| 泄漏 | 泄漏是指项目边界之外出现的并且是可测量的和可归因于 CCER 项目活动的温室气体源人为排放量的净变化。泄漏通常可以忽略 |
| 监测计划和方法 | 监测计划和方法提供监测数据的质量控制（QC）和质量保障（QA）程序，用于估计或测量项目边界内产生的排放量，以及确定基准线和识别项目边界外的排放量的净变化 |

目前《温室气体自愿减排交易管理暂行办法》中提到的方法学主要有两种：一种是直接使用来自联合国清洁发展机制执行理事会（CDM EB）批准的 CDM 方法学；另一种是国内项目开发者向国家主管部门申请备案和批准的新方法学。这两类方法学在经过委托专家进行评估之后，都可以由国家主管部门进行备案，为自愿减排项目的申报审批等提供技术基础。

### 5.5.3 备案方法学及适用领域分析

截止到 2016 年 6 月 14 日，国家发改委已在中国自愿减排交易信息平台公布了 8 批共计 192 个已备案的 CCER 方法学（见表 5-9），其中由联合国清洁发展机制（CDM）方法学转化而来的有 174 个，新开发的有 18 个；常规方法学 104 个，小型项目方法学 83 个，林业碳汇项目方法学 5 个。2016 年 3 月 3 日，国家发改委公布了 5 个常用的 CCER 方法学修订版本（见表 5-10）。这些方法学已基本涵盖了国内 CCER 项目的适用领域，为国内 CCER 业主和开发机构开发自愿减排项目提供了广阔的选择空间。

**表 5-9 备案 CCER 方法学信息汇总**

| 备案公告日期 | 批次 | 备案方法学数量 | 常规方法学 | 小型方法学 | 农林方法学 | 备注 |
|---|---|---|---|---|---|---|
| 2013 年 3 月 5 日 | 第一批 | 52 | 26 | 26 | — | 全部由 CDM 方法学转化而来 |
| 2013 年 10 月 25 日 | 第二批 | 2 | — | — | 2 | 新开发方法学 |
| 2014 年 1 月 15 日 | 第三批 | 123 | 69 | 52 | 2 | 常规方法学和小型方法学全部由 CDM 方法学转化而来 |

续表

| 备案公告日期 | 批次 | 备案方法学数量 | 常规方法学 | 小型方法学 | 农林方法学 | 备注 |
|---|---|---|---|---|---|---|
| 2014 年 4 月 8 日 | 第四批 | 1 | 1 | — | — | 新开发方法学 |
| 2015 年 1 月 20 日 | 第五批 | 3 | 3 | — | — | 新开发方法学 |
| 2016 年 1 月 25 日 | 第六批 | 7 | 4 | 2 | 1 | 新开发方法学(除 CM-103) |
| 2016 年 5 月 23 日 | 第七批 | 3 | 1 | 2 | — | 新开发方法学 |
| 2016 年 6 月 3 日 | 第八批 | 1 | — | 1 | | 新开发方法学 |
| 合计 | | 192 | 104 | 83 | 5 | |

**表 5-10　修订 CCER 方法学信息汇总**

| 备案公告日期 | 批次 | 修订方法学数量 | 修订方法学 |
|---|---|---|---|
| 2016 年 1 月 25 日 | 第一批 | 5 | CM-001,CM-003,CM-005,CM-008,CMS-001 |

表 5-11 总结了各领域适用的备案温室气体自愿减排方法学，具体方法学清单详见附表 5-2。

**表 5-11　备案温室气体自愿减排方法学适用领域**

| 领域 | 备案温室气体自愿减排方法学 | | | |
|---|---|---|---|---|
| | 常规自愿减排方法学 | | 小型自愿减排方法学 | |
| | 方法学编号 | 数量 | 方法学编号 | 数量 |
| 可再生能源(生物质类项目不在此类) | CM-001,CM-022,CM-011,CM-026 | 4 | CMS-001，CMS-002，CMS-003，CMS-027,CMS-035,CMS-058 | 6 |
| $N_2O$ | CM-009，CM-013，CM-031，CM-057，CM-061 | 5 | — | — |
| HFCs | CM-010 | 1 | CMS-040,CMS-051,CMS-057 | 3 |
| $SF_6$ | CM-033,CM-047,CM-050,CM-066,CM-096(新) | 5 | — | — |
| PFCs | CM-053,CM-054,CM-059,CM-062 | 4 | — | — |
| 建材(水泥、混凝土、人造板) | CM-002,CM-008,CM-100(新),CM-101(新),CM-104(新) | 5 | CMS-067 | 1 |
| 燃料转换 | CM-004,CM-012,CM-023,CM-030,CM-038,CM-044,CM-087 | 7 | CMS-015，CMS-032，CMS-045，CMS-060,CMS-072 | 5 |
| 燃料飞逸性排放 | CM-014,CM-029,CM-041,CM-042,CM-049,CM-065,CM-089 | 7 | CMS-050 | 1 |
| 垃圾填埋气 | CM-072,CM-077,CM-091,CM-094 | 4 | CMS-022,CMS-068,CMS-071 | 3 |
| 生物质 | CM-070,CM-071,CM-073,CM-075,CM-076,CM-092,CM-093 | 7 | CMS-010,CMS-062,CMS-069 | 3 |
| 能源输配 | CM-019,CM-036,CM-060,CM-083,CM-097(新),CM-102(新) | 6 | CMS-020,CMS-036,CMS-070,CMS-079(新) | 4 |

续表

| 备案温室气体自愿减排方法学 | | | | |
|---|---|---|---|---|
| 领域 | 常规自愿减排方法学 | | 小型自愿减排方法学 | |
| | 方法学编号 | 数量 | 方法学编号 | 数量 |
| 能效（能源生产） | CM-005，CM-016，CM-045，CM-067，CM-068，CM-103 | 6 | CMS-025 | 1 |
| 能效(工业) | CM-018，CM-025，CM-035，CM-039，CM-056，CM-074，CM-078，CM-079，CM-084 | 9 | CMS-008，CMS-019，CMS-024，CMS-037，CMS-038，CMS-042，CMS-049，CMS-061，CMS-065，CMS-073 | 10 |
| 能效(服务) | CM-040，CM-081 | 2 | CMS-012，CMS-013，CMS-018，CMS-031 | 4 |
| 能效(家庭) | CM-021，CM-043，CM-048，CM-052，CM-095 | 5 | CMS-011，CMS-014，CMS-028，CMS-029，CMS-033，CMS-041，CMS-063，CMS-064 | 8 |
| 储能 | — | — | CMS-080(新) | 1 |
| 生物燃料 | CM-024，CM-055 | 2 | CMS-004，CMS-005，CMS-043，CMS-054 | 4 |
| 避免甲烷排放 | CM-007，CM-017，CM-080，CM-085，CM-086，CM-088，CM-090 | 7 | CMS-016，CMS-021，CMS-023，CMS-026，CMS-074，CMS-075，CMS-076，CMS-077，CMS-078，CMS-081（新），CMS-082(新) | 11 |
| 交通 | CM-028，CM-032，CM-051，CM-069，CM-098(新) | 5 | CMS-030，CMS-034，CMS-039，CMS-046，CMS-047，CMS-048，CMS-053，CMS-055 | 8 |
| $CO_2$ 使用 | CM-046，CM-058 | 2 | — | — |
| 煤层气 | CM-003，CM-020 | 2 | CMS-056 | 1 |
| 农业 | CM-099(新) | 1 | CMS-009，CMS-017，CMS-066，CMS-083(新) | 4 |
| 林业碳汇 | AR-CM-001(新)，AR-CM-002(新)，AR-CM-003(新)，AR-CM-004(新)，AR-CM-005(新) | 5 | — | — |
| 小计 | | 109 | | 83 |
| 合计 | 192 | | | |

注：CM 指常规方法学；CMS 指小型项目方法学；AR 指碳汇造林方法学。

在 192 个已备案 CCER 方法学中，使用频率较高的方法学有 10 个，其对应的项目领域详见表 5-12。

**表 5-12 常用备案温室气体自愿减排方法学及适用领域**

| 常用备案温室气体自愿减排方法学 | | | | |
|---|---|---|---|---|
| 领域 | 具体领域 | 自愿减排方法学编号 | 对应 CDM 方法学编号 | 方法学名称 |
| 可再生能源 | 水电、光电、风电、地热 | CM-001-V02 | ACM0002 | 可再生能源并网发电方法学 |
| | | CMS-002-V01 | AMS-I. D. | 联网的可再生能源发电 |

续表

| 常用备案温室气体自愿减排方法学 | | | | |
|---|---|---|---|---|
| 领域 | 具体领域 | 自愿减排方法学编号 | 对应 CDM 方法学编号 | 方法学名称 |
| 废物处置 | 垃圾焚烧发电/供热/热电联产，堆肥 | CM-072-V01 | ACM0022 | 多选垃圾处理方式 |
| | 垃圾填埋气发电 | CM-077-V01 | ACM0001 | 垃圾填埋气项目 |
| 可再生能源 | 生物质热电联产 | CM-075-V01 | ACM0006 | 生物质废弃物热电联产项目 |
| | 生物质发电 | CM-092-V01 | ACM0018 | 纯发电厂利用生物废弃物发电 |
| 能效(能源生产) | 废能利用(余热发电/热电联产) | CM-005-V02 | ACM0012 | 通过废能回收减排温室气体 |
| 避免甲烷排放 | 户用沼气回收 | CMS-026-V01 | AMS-III. R | 家庭或小农场农业活动甲烷回收 |
| 煤层气/煤矿瓦斯 | 煤层气/煤矿瓦斯发电、供热 | CM-003-V02 | ACM0008 | 回收煤层气、煤矿瓦斯和通风瓦斯用于发电、动力、供热和/或通过火炬或无焰氧化分解 |
| 林业碳汇 | 造林 | AR-CM-001-V01 | 新开发方法学 | 碳汇造林项目方法学 |

## 5.5.4　新 CCER 方法学开发流程

对于项目开发者来说，可以应用国家发改委已批准的 CCER 方法学来开发 CCER 项目，成本低、周期短；如果没有合适的 CCER 方法学，可以申请对已批准的 CCER 方法学进行修改或偏离，或者开发新的方法学，向国家主管部门申请备案，并提交该方法学及所依托项目的设计文件。申请备案新的方法学，需要 60 个工作日的专家技术评估时间和 30 个工作日的国家主管部门备案审查时间，因而具有周期长、成本高、风险高的劣势(见图 5-8)。

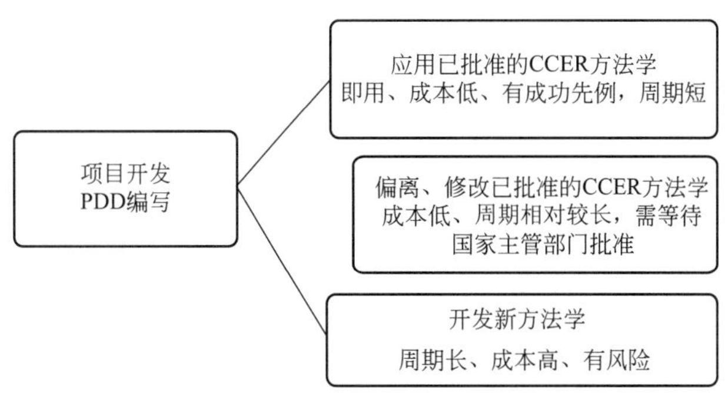


图 5-8　方法学应用与开发

截至 2016 年 6 月 14 日，已有 18 个新开发的方法学。新的 CCER 方法学开发流程见图 5-9。

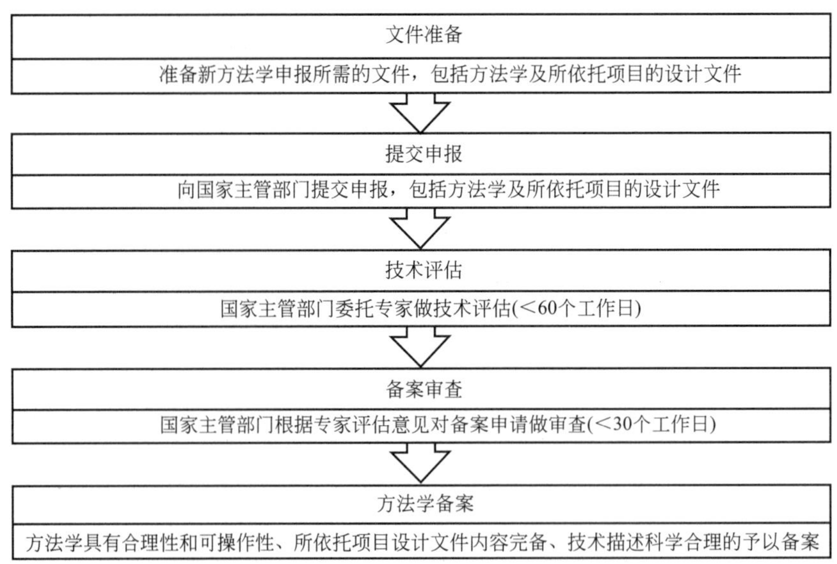


图 5-9　新 CCER 方法学开发流程

## 5.6　CCER 主要项目类型

截至 2016 年 6 月 14 日，中国自愿减排交易信息平台公开可查的 CCER 项目备案记录为 564 个，CCER 减排量备案的项目记录为 158 个，因有 9 个项目的减排量至少备案一次，属于项目记录重复，因此实际减排量备案项目数量为 149 个。CCER 项目备案和减排量备案的项目类型以可再生能源项目居多（包括风电、水电、光伏、生物质能），其次是避免甲烷排放类项目，第三是废物处置类项目（见图 5-10）。

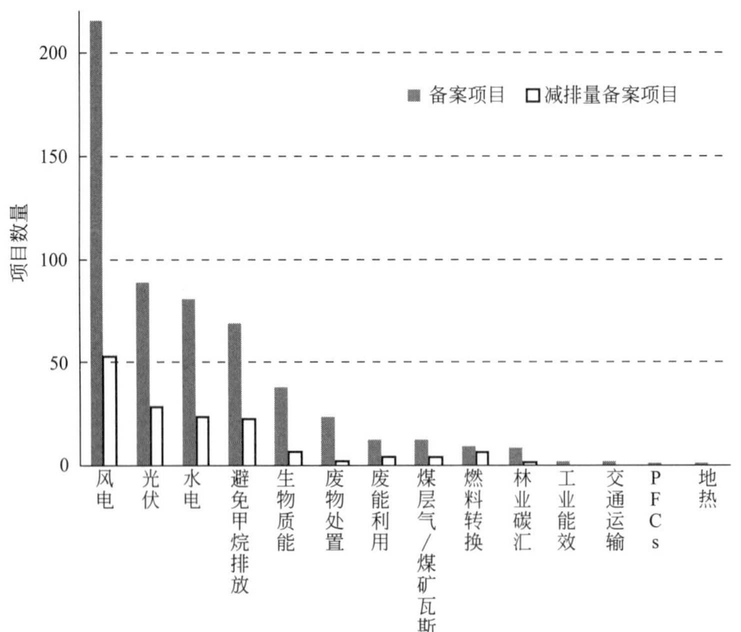


图 5-10　CCER 项目备案和减排量备案的项目类型

根据本章 5.5 节，表 5-13 对几个主要的 CCER 项目开发领域的开发优势和劣势做了简要总结。CCER 项目业主和开发机构，可参考该表对 CCER 项目类型做出选择。

**表 5-13　CCER 项目主要开发领域优势与劣势分析**

| 适用领域 | 项目类型 | 开发优势 | 开发劣势 |
|---|---|---|---|
| 可再生能源 | 水力发电项目、风力发电项目、太阳能/光伏发电、生物质发电（如秸秆、生物废弃物发电等）项目 | 项目设计参数较少，开发简单，周期较短，咨询机构以及第三方审定和核查机构业务相对熟练 | ① 七个碳交易试点，除上海外，都禁止将水电/大中型水电项目的产生的 CCERs 用于控排企业履约<br>② 生物质发电项目受秸秆限制，发电量有波动，减排量会受其影响 |
| 工业能效提高 | 如造纸厂、氮肥厂、水泥厂、钢铁厂等耗能大户的余热、余压发电项目，焦化厂干熄焦发电项目、焦炉煤气发电项目、高炉煤气发电项目 | 方法学成熟，监测简单，咨询机构以及第三方审定和核查机构业务相对熟练 | ① 项目企业多是排放大户，因而多是控排企业或潜在的控排企业。控排企业的减排不能用于抵消其自身的实际排放<br>② 行业准入条件限制（如焦化行业干熄焦发电项目），导致项目缺乏额外性 |
| 化学工业气体直接减排 | 如铝厂减排 PFCs 项目，己二酸工厂、脂肪酸厂、硝酸厂等化工厂氧化亚氮（$N_2O$）分解项目，制冷剂 HCFC22 的副产品 HFC23 分解项目 | 减排量大 | 欧盟从 2013 年全面禁止使用工业温室气体减排的抵消方式，包括 HFC-23、己二酸和亚硝酸的减排项目。国内方面，这些项目虽然有方法学，但目前没有项目进行公示 |
| 甲烷回收利用 | 在污水处理厂、制药厂、有机物生产企业的废水处理中沼气利用项目等 | 政府鼓励项目 | 方法学复杂，监测参数较多 |
| | 家庭或小农场农业活动沼气回收 | 备案项目成功案例多 | 减排量小 |
| | 垃圾填埋气发电项目，垃圾焚烧发电项目，生物堆肥项目 | 政府鼓励项目 | 垃圾成分对减排量影响较大 |
| | 煤层气利用项目 | 政府鼓励项目 | 仅低浓度瓦斯发电项目有额外性 |
| 燃料替代 | 在工业生产中用天然气等清洁燃料替代煤或其他燃料的项目，如天然气发电项目 | 减排量相对较大、方法学成熟、监测也较简单 | 电网边际排放因子（BM）是影响减排量的关键因素，且有逐年下降的趋势 |

## 5.7　CCER 项目开发流程与周期

根据《温室气体自愿减排交易管理暂行办法》与《温室气体自愿减排项目审定与核证指南》的规定，国内自愿减排项目的开发在很大程度上沿袭了 CDM 项目的框架和思路，从开始准备、实施，到最终产生减排量主要包括七个步骤，依次是：项目设计、项目审定、项目备案、项目监测、项目核查与核证、减排量备案和减排量交易。图 5-11 给出了 CCER 项目开发流程，描述了各阶段的主要工作及对应的阶段性文件、完成阶段性文件的支持材料、各阶段的参与方。

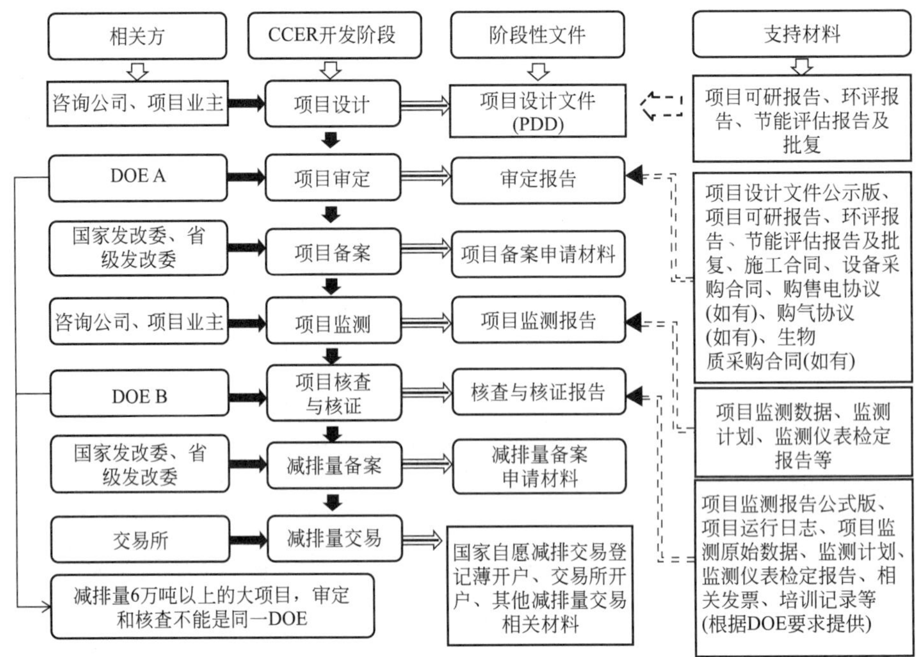


图 5-11　CCER 项目开发流程

## 5.7.1　项目设计

项目设计阶段主要是完成自愿减排项目的项目设计文件（以下简称“PDD”）的编制，该阶段是 CCER 项目开发的起点。PDD 是申请 CCER 项目的必要依据，是体现项目合格性并进一步计算与核证减排量的重要参考。

PDD 的编写需要依据从“中国自愿减排交易信息平台”（以下简称“信息平台”）上获取的最新格式和填写指南，审定机构同时对提交的 PDD 的完整性进行审定。2014 年 2 月底，国家发改委根据国内开发 CCER 项目的具体要求设计了项目设计文件模板（第 1.1 版）并在信息平台上公布。项目文件可以由项目业主自行撰写，也可由咨询机构协助项目业主完成。

## 5.7.2　项目审定

相关的技术准备工作完成之后，项目企业选择合适的第三方审定和核证机构（DOE），签约并委托其进行自愿减排项目的审定工作，基于项目开发者提交的项目设计文件，DOE 对自愿减排项目活动进行审查和评价。

项目业主提交 CCER 项目的备案申请材料后，需经过审定程序才能够在国家主管部门进行备案。审定程序主要包括准备、实施、报告三个阶段，7 个具体步骤见（图 5-12）。

根据《温室气体自愿减排项目审定与核证指南》，在 7 个具体步骤中，对于第三类和第四类 CCER 项目，现场访问不是必需的；对于新建的未开工的项目，审定机构可采用电话访问、电子邮件访问或者会议室访问的形式替代现场访问，但是应在审定报告中对不实施现场访问的理由进行阐述。

自愿减排项目应当满足项目资格条件（见本章 5.4 节）、项目设计文件、项目描述、方法学选择、项目边界确定、基准线识别、额外性、减排量计算和监测计划等 9 个方面的审定要求（见表 5-14）。

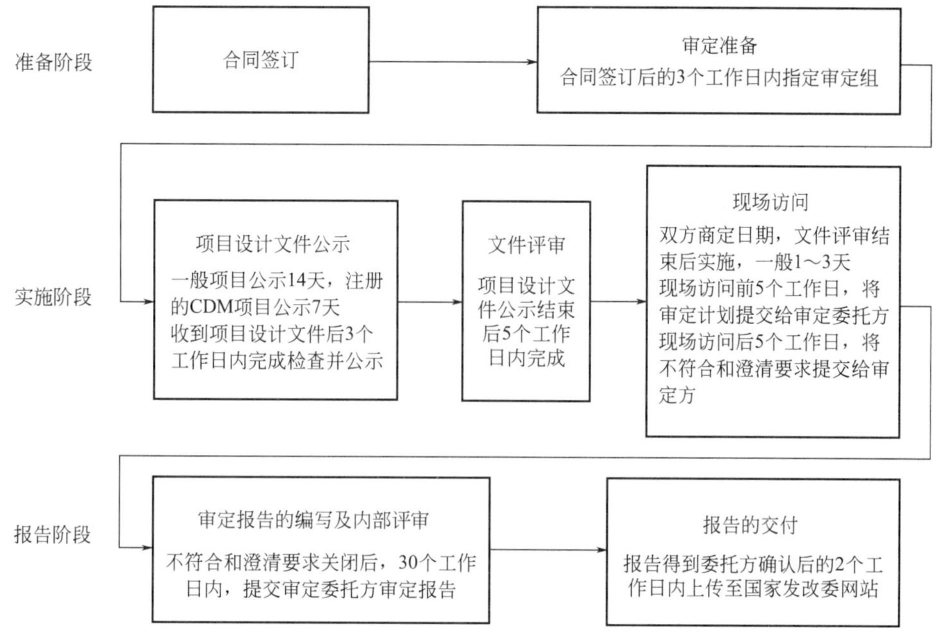


图 5-12　审定工作程序

**表 5-14　审定要求**

| 序号 | 审定要求 | 具体关注点 |
|---|---|---|
| 1 | 项目资格条件 | ① 资格条件详见本章 5.4 节<br>② 审定委托方应声明所审定的项目没有在联合国清洁发展机制之外的其他国际国内减排机制注册 |
| 2 | 项目设计文件 | 项目设计文件的编写应依据从国家发改委网站上获取的最新格式和填写指南 |
| 3 | 项目描述 | 项目设计文件应清晰地描述项目活动<br>① 对于在现有设施上或利用现有设备开展的项目活动，审定机构应通过现场访问来确认项目描述是否是完整的和准确的。其中，对于打捆的小型项目(每个项目的减排量不超过每年 15,000t)，现场访问可采用抽样的方式<br>② 如果项目涉及对现有设施和工艺的替代，项目描述应清晰地说明项目活动与事前情形的差异 |
| 4 | 方法学选择 | ① 项目选用的基准线和监测方法学应是经国家发改委备案的方法学。项目设计文件中应对方法学的选择加以论证，在论证过程中应说明项目活动满足经备案的方法学及其引用的任何工具或其他组成部分的每个适用性条件<br>② 如果确定不满足方法学的适用条件，审定机构可以向国家发改委申请进行方法学的修订或偏移<br>③ 在澄清、修订或偏移申请得到批准之前，审定活动应暂停实施 |
| 5 | 项目边界确定 | ① 项目设计文件应正确地描述项目边界，包括包含在项目边界之内的、项目活动所涉及的物理设施、排放源及产生的温室气体的选择，并对其选择加以论证<br>② 审定机构可根据现场观察和文件评审(比如对试运行报告的评审)，来确定项目边界的选择是否合理<br>③ 如果识别出由项目活动引起的(超过总预期年减排量的 1%)但未在方法学中说明的排放源，审定机构应按照要求向国家发改委申请方法学的澄清、修订或偏移 |
| 6 | 基准线识别 | 项目设计文件应按照方法学或者工具规定的步骤识别项目的基准线 |

续表

| 序号 | 审定要求 | 具体关注点 |
| --- | --- | --- |
| 7 | 额外性 | 项目设计文件中应描述项目活动是如何具有额外性的。除非项目已经在联合国清洁发展机制下注册为 CDM 项目或者所适用的方法学有特别的规定，额外性的论证应符合如下要求：<br>① 事先考虑减排机制可能带来的效益<br>② 基准线的识别<br>③ 投资分析<br>④ 障碍分析<br>⑤ 普遍实践分析 |
| 8 | 减排量计算 | 项目设计文件中应准确地计算项目排放、基准线排放、泄漏以及减排量。计算所采取的步骤和应用的计算公式应符合方法学的要求<br>减排量的计入期可分为两种：一种是可更新的计入期，每个计入期 7 年，可更新 2 次，共计 21 年；另一种是固定计入期，共计 10 年<br>已经在联合国清洁发展机制下注册的减排项目注册前的“补充计入期”从项目运行之日起开始(但不早于 2005 年 2 月 16 日)并截至清洁发展机制计入期开始时间<br>审定机构应核实计算公式中所使用数据和参数的选择是正确的：<br>① 如果数据和参数在项目活动的整个计入期内事先确定并保持不变，审定机构应评估所有数据源和假设是适宜的、计算是正确的，适用于项目活动，并且能保守地估算减排量<br>② 如果数据和参数在项目活动实施过程中将被监测，审定机构应确认这些数据和参数的预先估计是合理的 |
| 9 | 监测计划 | 项目设计文件应包括一个完整的监测计划<br>审定机构应确认监测计划符合如下要求：<br>① 符合所选择方法学的要求<br>② 清晰地描述方法学规定的所有必需的参数<br>③ 监测方式应符合方法学的要求<br>④ 监测计划的设计应具有可操作性<br>⑤ 数据管理、质量保证和质量控制程序足以保证项目活动产生的减排量能事后报告并且是可核证的 |

对于第三类 CCER 项目，审定委托方需要提交项目补充说明文件对注册号以及“审定要求”中的 1、3、8 进行说明，审定机构只需对“审定要求”中的 1、3、8 条款进行审定，项目公示只需公示项目补充说明文件。现场访问不是必需的。

对于第四类 CCER 项目，审定委托方需要提交项目补充说明文件对注册号以及“审定要求”中的 1、3 进行说明，审定机构只需对“审定要求”中的 1、3 条款进行审定，项目公示只需公示项目补充说明文件。现场访问不是必需的。

### 5.7.3 项目备案

如果 DOE 经过审定，认为此项目符合自愿减排项目的审核要求，它会以审定报告的形式向国家发改委提出项目备案申请。如果项目通过国家发改委专家评审委员会的审查，则此项目可以进行备案。

另外，项目业主申请 CCER 项目备案须准备并提交的材料包括：

① 项目备案申请函和申请表；

② 项目概况说明；

③ 企业的营业执照；

④ 项目可研报告审批文件、项目核准文件或项目备案文件；

⑤ 项目环评审批文件；

⑥ 项目节能评估和审查意见；

⑦ 项目开工时间证明文件；

⑧ 采用经国家主管部门备案的方法学编制的项目设计文件；

⑨ 项目审定报告。

国家主管部门接到项目备案申请材料后，首先会委托专家进行评估，评估时间不超过 30 个工作日；然后主管部门对备案申请进行审查，审查时间不超过 30 个工作日（不含专家评估时间）。

《管理办法》规定，不同类型的项目业主申请自愿减排项目备案的途径不同：

① 国资委管理的中央企业中直接涉及温室气体减排的企业（包括其下属企业、控股企业），直接向国家发改委申请自愿减排项目备案，名单由国家主管部门制定、调整和发布。此名单已在《管理办法》中以附件的形式注明，具体见附表 5-1；

② 未列入名单的企业法人，通过项目所在省、自治区、直辖市发改部门提交自愿减排项目备案申请，省、自治区、直辖市发展改革部门就备案材料完整性和真实性提出意见后转报国家主管部门。

### 5.7.4　项目实施、监测和报告

CCER 项目备案之后，自愿减排项目就进入具体实施阶段。项目企业根据经过备案的项目设计文件中的监测计划，对项目的实施活动进行监测，并以监测报告的形式向负责核查和核证项目减排量的签约第三方审定和核证机构（DOE）报告监测结果。

监测报告是记录减排项目数据管理、质量保证和控制程序的重要依据，是项目活动产生的减排量在事后可报告、可核证的重要保证。国家发改委已于 2014 年 4 月 16 日在信息平台公布了 CCER 项目监测报告（MR）模版（第 1.0 版）。监测报告可由项目业主编制，或由项目业主委托的咨询机构编制，以缩短项目减排量的核查和核证流程。

委托有经验的咨询机构编写项目减排量的监测报告，可以事先化解方法学应用和减排量监测过程中的风险等。

### 5.7.5　项目减排量的核查和核证

所谓核查是指与项目企业签约的 DOE 对备案的自愿减排项目在一定阶段的减排量进行周期性的独立评估和事后决定。所谓核证，是指该指定 DOE 以书面的形式保证某一个自愿减排项目的活动实现了经核实的减排量。根据核查的监测数据，经过备案的减排量计算方法，DOE 可以计算出自愿减排项目的减排量，并向国家发改委提交核证报告。

经备案的 CCER 项目产生减排量后，项目业主在向国家主管部门申请减排量签发前，应由经国家主管部门备案的核证机构核证，并出具减排量核证报告。

（1）核证程序

核证程序主要包括准备、实施、报告三个阶段，7 个具体步骤（见图 5-13）。

（2）核证要求

CCER 项目应满足减排量的唯一性、项目实施与项目设计文件的符合性、监测计划与方法学的符合性、监测与监测计划的符合性、校准频次的符合性和减排量计算结果的合理性六个方面的核证要求（详见表 5-15）。

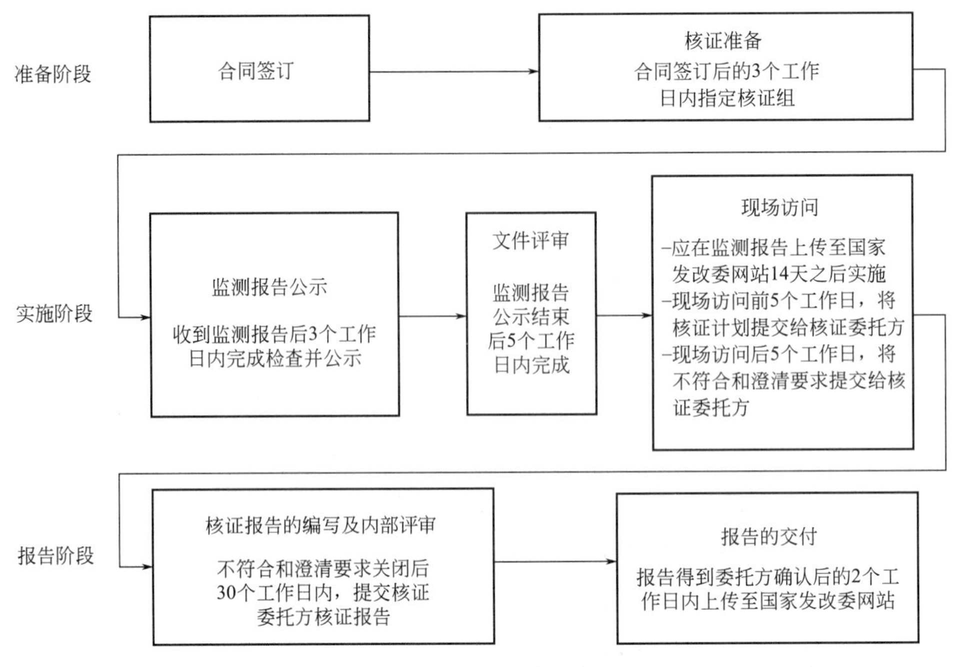


图 5-13　核证工作程序

**表 5-15　核证要求**

| 序号 | 核证要求 | 具体关注点 |
| --- | --- | --- |
| 1 | 自愿减排项目减排量的唯一性 | 核证委托方应声明所核证的减排量没有在其他任何国际国内温室气体减排机制下获得签发，核证机构对此应予以审查确认 |
| 2 | 项目实施与项目设计文件的符合性 | 备案的减排项目应按照项目设计文件实施<br>核证机构应通过现场访问来确认项目活动所有的物理设施是否按照备案的项目设计文件安装，项目业主是否按照项目设计文件实施项目。核证机构还应识别项目实施中出现的任何偏移或变更，确认偏移或变更是否符合方法学的要求<br>如果一个项目具有多个现场，核证机构应评审其每一个现场的实施状态及其开始运行日期；对于阶段性实施的项目，核证机构应评审项目实施的进度，如果阶段性的实施出现延误，核证机构则应评审其原因以及预估的开始运行日期 |
| 3 | 监测计划与方法学的符合性 | 备案的减排项目的监测计划应符合所选择的方法学及其工具<br>核证机构应确认实施的监测计划（或修订后的监测计划）是否符合方法学及其工具的要求。如果不符合，项目业主可通过核证机构向国家发展和改革委员会申请监测计划修订，该申请作为核证报告的附件 |
| 4 | 监测与监测计划的符合性 | 备案的减排项目应按照批准的监测计划实施监测活动<br>核证机构应确认项目的监测活动是否按照已备案的监测计划实施。其中，应详细确认以下内容：<br>① 监测计划中的所有参数，包括与项目排放、基准线排放以及泄漏有关的参数是否已经得到恰当的监测<br>② 监测设备是否得到了维护和校准，维护和校准是否符合监测计划、应用方法学、地区、国家或设备制造商的要求<br>③ 监测结果是否按照监测计划中规定的频次记录<br>④ 质量保证和控制程序是否按照备案的监测计划（或修订的监测计划）实施 |

续表

| 序号 | 核证要求 | 具体关注点 |
| --- | --- | --- |
| 5 | 校准频次的符合性 | 项目业主应按照监测方法学和/或监测计划中明确的校准频次对监测设备进行校准。如果出现校准延迟的情况，项目业主则应在计划校准日期至实际校准日期内，对减排量计算使用监测设备最大的允许误差进行保守处理，如果实际校准误差大于最大允许误差，则按照实际校准误差处理<br>核证机构应确认项目业主是否按照监测方法学和/或监测计划对监测设备进行了校准。核证机构还应确认因设备校准延误而导致的误差是否已得到了保守处理。如果校准延误的结果不可获得或者在核证时发现未实施校准，核证机构则应在得出最终核证结论之前要求项目业主对设备进行校准，且减排量应按照上述方法进行保守处理<br>由于不可控因素而无法按照应用的方法学和备案的监测计划对设备进行校准，项目业主可通过核证机构向国家发改委申请变更项目设计文件<br>如果方法学或备案的监测计划没有对监测设备的校准频次提出要求，核证机构应确认监测设备是否按照地方标准、国家标准、设备制造商的要求以及国际标准的优先顺序的要求对设备进行了校准 |
| 6 | 减排量计算结果的合理性 | 项目业主应按照备案的项目设计文件对实际产生的减排量进行计算。如果出现由于未监测而导致的数据缺失，应对减排量进行保守计算。如果减排量在监测期内高于同期预估的减排量，应在监测报告中予以说明<br>核证机构应按照方法学及备案的项目设计文件对减排量计算过程中使用的所有参数、数据以及减排量计算结果进行核证<br>其中，应详细确认以下内容：<br>① 监测期内参数和数据是否完整可得，如果由于没有监测而导致只有部分数据可得，核证机构应就此提出一个不符合，要求项目业主实施减排量的保守处理<br>② 监测报告中的信息是否与其他数据来源进行了交叉核对<br>③ 基准线排放、项目排放以及泄漏的计算是否与方法学和备案的监测计划相一致<br>④ 计算中使用的假设是否合理，使用的排放因子、默认值以及其他数值是否合理 |

(3) 项目备案后变更的审定要求（可与核证同时进行）

项目备案之后可能会发生监测计划的偏移或修订、项目设计文件中的信息或参数的纠正、计入期开始日期的变更以及项目设计的变更（具体见表 5-16）。对这些变更的审定可以与项目减排量的核证同时进行，并且可以将对变更的审定以附件的形式写入核证报告中。

**表 5-16　项目备案后变更的审定要求**

| 序号 | 变更类别 | 项目备案后变更的审定要求 |
| --- | --- | --- |
| 1 | 监测计划或者方法学的临时偏移 | 在核证过程中，核证机构应确认项目实施过程中是否有存在临时偏移监测计划或者方法学的情况。如有，核证机构应确认偏移发生的确切日期以及偏移是否对减排量计算的精度产生了影响。如果核证机构确认偏移导致了精度的下降，核证机构应对项目业主提出保守处理的要求 |
| 2 | 项目信息或参数的纠正 | 在核证过程中，如果发现项目业主对在审定阶段中确定的项目信息或参数进行了纠正，核证机构应确认纠正的信息是否反映了项目实际情况以及纠正的参数是否符合应用方法学和/或监测计划的要求 |
| 3 | 计入期开始时间的变更 | 如果项目业主希望变更项目减排计入期的开始时间，核证机构则应在核证报告中确认该拟议的变更是否处在一个更保守的基准线上 |

续表

| 序号 | 变更类别 | 项目备案后变更的审定要求 |
| --- | --- | --- |
| 4 | 监测计划或者方法学永久性的变更 | 在核证过程中,核证机构应确认监测计划和/或方法学是否存在永久性的变更。如有,须做以下处理:<br>① 核证机构应确认拟议的变更是否符合应用方法学的要求且不会导致精度的降低。如果确认变更将导致精度的下降,核证机构应要求项目业主采用保守的假设或者折扣的方式对减排量进行计算<br>② 如果拟议的变更符合变更版本的方法学,核证机构应确认新版方法学的应用不会影响项目监测和减排量计算的保守性<br>③ 如果核证机构发现项目业主无法按照已备案的监测计划对项目实施监测,也无法根据监测方法学及其工具和指南对项目实施监测,核证机构应对此情况向国家发改委提出申请获得指导意见 |
| 5 | 项目设计的变更 | 在核证过程中,核证机构应确认是否存在拟议的或实际的项目设计上的变更。如果发现项目活动在实施过程中与项目设计文件的描述不一致,核证机构应通过现场访问确认该变更是否会引起项目规模、额外性、方法学的适用性以及监测与监测计划的一致性发生变化,从而影响之前审定的结论 |

如果核证机构确认拟议或实际的项目变更不符合相关要求，核证机构应出具负面的审定意见。

项目备案后发生表 5-16 所列的变更，需要向国家发改委提交变更申请，不可避免会滞后项目减排量的备案，因此，CCER 项目业主和开发商在准备项目 PDD 过程中，项目描述要与项目实际情况保持一致，制定的监测计划要具有可操作性。

（4）减排量备案申请材料

项目业主申请减排量备案须提交以下材料：

① 减排量备案申请函；

② 监测报告；

③ 减排量核证报告。

国家主管部门接到减排量签发申请材料后，首先会委托专家进行技术评估，评估时间不超过 30 个工作日；然后主管部门对减排量备案申请进行审查，审查时间不超过 30 个工作日（不含专家评估时间）。

## 5.7.6 减排量交易

DOE 提交给国家发改委的核证报告实际上就是一个减排量备案申请，请求备案与核查的减排量相等的 CCERs。当 CCERs 获得备案后，项目企业便可以将 CCERs 放到碳交易平台上进行交易。

CCER 项目备案的减排量要完成交易，自愿减排交易的相关参与方，即企业、机构、团体和个人，须在国家自愿减排交易注册登记系统中开设账户，以进行国家核证自愿减排量（CCER）的持有、转移、清缴和注销。要实现交易，还需要在经备案的 8 个交易所（见 5.3.6 节）中的一个或几个开立交易所账户。经备案的交易机构的交易系统与国家自愿减排交易注册登记系统（以下简称“国家登记簿”）通过数据接口实现连接，实时记录减排量变更情况。

2015 年 1 月 14 日，国家发改委发布了《关于国家自愿减排交易注册登记系统运行和开户相关事项的公告》，公告称国家发展改革委应对气候变化司组织建设了国家碳交易注册登记系统，其中温室气体自愿减排交易注册登记部分正式上线运行（见图 5-14）。普通用户可在国家发展改革委门户网站（网址：http://www.ndrc.gov.cn）的首页“政务服务中心”下打开“网上办事”栏目，选择“国家碳交易注册登记系统”登录，也可直接通过网址 http://registry.ccchina.gov.cn/login.do 登录。国家自愿减排交易注册登记系统开户流程和国家自愿减排交易注册登记系统开户申请表格可在该网站下载。登记簿账户开立是免费的。

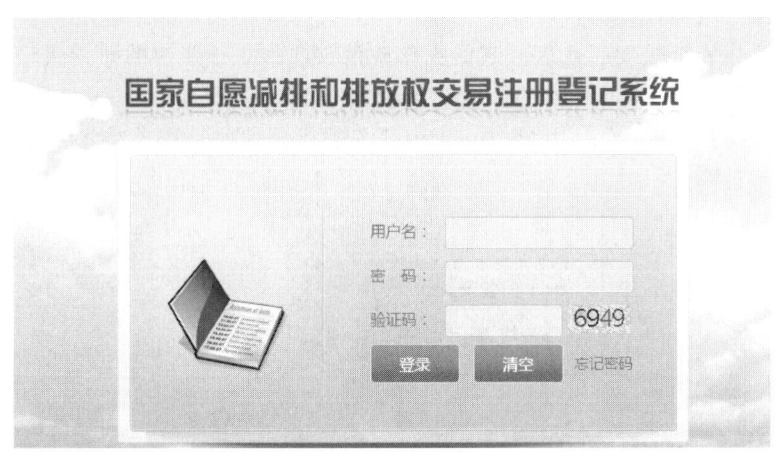


图 5-14 国家自愿减排和排放权交易注册登记系统

在自愿减排的国家登记簿中，目前只有一般用户。一般用户包括自愿减排项目业主和其他一般用户，其他一般用户又包括企业/机构/团体和个人。

各类用户的账户及功能见表 5-17。

**表 5-17 服务类用户功能**

| 用户类型 | 开设账户 | 主要功能 |
|---|---|---|
| 自愿减排项目业主 | 项目减排账户及相关联的交易账户 | 获得国家发展改革委备案签发的 CCER、CCER 交易 |
| 非业主企业/机构/团体 | 一般持有账户及相关联的交易账户 | CCER 交易、试点地区上缴、取消、信息查询等 |
| 个人 | 一般持有账户及相关联的交易账户 | CCER 交易、取消、信息查询等 |

（1）自愿减排项目业主用户及功能

项目业主用户的账户按照其被授予的业务功能权限的不同，可分为项目减排账户和相关联交易账户。项目减排账户是项目业主在国家自愿减排交易注册登记系统中开设的账户，用于接受国家签发的 CCER，每个法人只准开设一个项目减排账户，每个项目减排账户对应该法人所有的 CCER 项目；项目减排账户关联的交易账户对接项目减排账户和交易所交付账户，用以实现 CCER 交易。自愿减排项目业主用户功能见表 5-18。

**表 5-18 自愿减排项目业主用户功能**

| 操作 | 自愿减排项目业主用户功能 |
|---|---|
| 账户登录及账户关联 | 登录/登出项目业主的账户并查看管理相应的账户信息 |
| CCER 转移 | 从项目减排账户向其关联的交易账户转移 CCER，或从交易账户向其对应的项目减排账户转移 CCER |

续表

| 操作 | 自愿减排项目业主用户功能 |
| --- | --- |
| CCER 交易 | 从项目减排账户关联的交易账户向交易所交付账户转移 CCER，以实现 CCER 的交易 |
| CCER 自愿注销 | 向省级取消账户转移 CCER，完成 CCER 的自愿注销 |
| 操作记录查询 | 查看用户在系统中的操作记录 |

账户代表按照其被授权的代表类型的不同，可分为发起代表和确认代表。发起代表提起操作申请，确认代表审核发起代表提起的操作申请。项目减排账户的账户代表在进行 CCER 转移、交易等重要操作时，需通过手机短信验证码进行验证（手机短信验证码有效时间 30min，每隔 60s 可重发一次。用户 10min 内获取手机短信验证码条数不能超过 8 条，每天获取条数不能超过 30 条），并会在操作完成后收到相应的邮件通知（见图 5-15）。

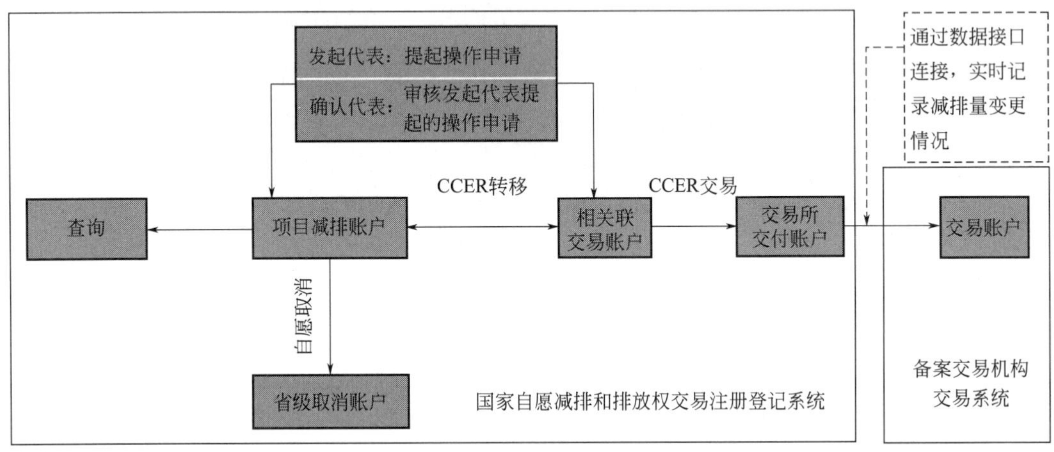


图 5-15　项目减排账户交易流程

（2）其他用户及其功能

其他用户包括企业/机构/团体和个人。其他用户的账户按照其被授予的业务功能权限的不同，可分为一般持有账户和相关联交易账户。一般持有账户可以进行 CCER 转移、试点地区上缴、自愿取消和查询操作；一般持有账户关联的交易账户对接一般持有账户和交易所交付账户，用以实现 CCER 交易（见表 5-19）。

**表 5-19　其他用户功能**

| 操作 | 其他用户功能 |
| --- | --- |
| 账户登录及账户关联 | 登录/登出项目业主的账户并查看管理相应的账户信息 |
| CCER 转移 | 从一般持有账户向其关联的交易账户转移 CCER，或从交易账户向其对应的一般持有账户转移 CCER |
| CCER 交易 | 从一般持有账户关联的交易账户向交易所交付账户转移 CCER，以实现 CCER 的交易 |
| CCER 试点地区上缴 | 试点地区控排单位向试点地区 CCER 抵消账户上缴 CCER 进行试点地区抵消履约 |
| CCER 自愿注销 | 向省级取消账户转移 CCER，完成 CCER 的自愿注销 |
| 操作记录查询 | 查看用户在系统中的操作记录 |

账户代表按照其被授权的代表类型的不同，可分为发起代表和确认代表。发起代表提起操作申请，确认代表审核确认发起代表提起的操作申请。一般持有账户的账户代表在进行 CCER 转移及交易、试点地区上缴、自愿取消等重要操作时，需通过手机短信验证码验证（手机短信验证码有效时间 30min，每隔 60s 可重发一次。用户 10min 内获取手机短信验证码条数不能超过 8 条，每天获取条数不能超过 30 条），并会在操作完成后收到相应的邮件通知（见图 5-16）。

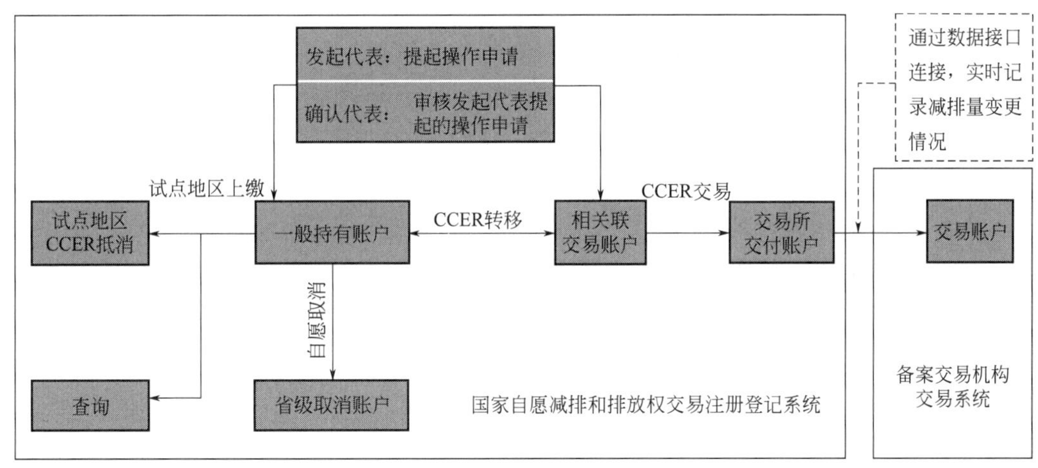


图 5-16　一般持有账户交易流程

关于国家登记簿和交易所开户，表 5-20 总结了 CCER 项目业主和开发商比较关心的问题，供实际应用中参考。国家自愿减排交易注册登记系统开户流程（暂行）、国家自愿减排交易注册登记系统开户申请表格和指定代理机构及联系方式详见 http://www.sdpc.gov.cn/zwfwzx/tztg/201501/t20150114_660170.html。

**表 5-20　国家登记簿和交易所开户常见问题解答（截至 2016 年 6 月 14 日）**

| 常见问题 | 解答 |
| --- | --- |
| 在国家自愿减排交易注册登记系统中开设账户，如何提交申请材料？ | 首先通过国家发改委目前指定的 8 个代理机构之一提交申请材料。指定代理机构接收并审查资料的完整性，然后将所有资料发送至登记簿的管理机构——国家气候战略中心。最终，由登记簿管理机构完成开户，并通过系统邮件告知账户代表、联系人和指定代理机构开户相关信息<br>8 个指定代理机构包括：北京环境交易所、天津排放权交易所、上海能源环境交易所、广州碳排放权交易所、深圳排放权交易所、重庆联合产权交易所、湖北碳排放权交易中心和四川联合环境交易所 |
| 项目业主需要开哪些账户才能完成 CCER 交易？ | CCER 项目业主要完成交易，需要在国家登记簿开立项目减排账户及相关联的交易账户，在 7 个交易所中的一个或几个开立交易所账户<br>项目减排账户，用于接收来自国家发改委减排量待签发账户的 CCER。准备出售时，先将计划出售量转移到关联的交易账户，而后，再转移到交易所的交付账户 |
| 如何开立交易所账户？ | 要实现 CCER 的最终交易，还需要在 8 个交易所中的一个或几个开立交易所账户。直接向有意向的交易所提交申请材料，交易所审核通过后即可完成开户。对于交易所账户的开户费用及年费的规定，各个交易所的政策会有所不同，CCER 项目业主需综合比较费率水平及各地的 CCER 抵消政策，确定在哪个交易所开户<br>对于项目业主而言，可以选定好交易所之后，一次性开立登记簿账户和交易所账户 |

续表

| 常见问题 | 解答 |
|---|---|
| 同一个 CCER 业主可以在多个交易所交易吗? | 可以。登记簿账户可以与 8 个交易所中的任何一个或几个对接,前提是,CCER 项目业主在相应的交易所也开立了账户 |
| 登记簿账户代表等信息可以变更吗? | 可以。通过 8 个指定代理机构申请一般账户信息的变更,例如法人代表、账户代表、联系信息、注册地址等的变更。最终,由登记簿管理机构完成信息的变更。而关于项目信息的变更,比如项目业主、项目名称、备案减排量、产生减排量时间等备案信息的变更,则须向国家发改委提交申请 |
| 关于账户关闭 | 如果需要关闭账户,应提前处理账户中的 CCER,否则账户内留存的 CCER 将被自动注销。另外,账户一旦关闭,不可以重开 |

### 5.7.7 CCER 项目开发周期及各方职责

(1) 开发周期

如前所述的 CCER 项目备案申请的 4 类项目中，第一类项目为项目业主新开发项目，开发周期相对较长；第二类项目虽然获得作为 CDM 项目的批准，但是在开发流程上与第一类项目相同，开发周期同样较长；而第三、四类项目由于是在 CDM 项目开发基础上转化，开发周期相对较短。一个 CCER 项目的开发流程及周期如图 5-17 所示。

据此估算，一个 CCER 的开发周期最少要有 5 个月。在整个项目开发过程中，还要考虑到不同类型项目的开发难易程度、项目业主与咨询机构及第三方审定和核证机构的沟通过程、审定及核证程序中的澄清不符合要求，以及编写审定、核证报告及内部评审等环节的时间成本，通常情况下一个 CCER 项目开发时间周期都会超过 5 个月。

除上述项目开发流程，一个 CCER 项目成功备案并获得减排量签发，还需经过国家发改委的审核批准过程。由前述的项目审定程序和减排量备案程序，可以推算国家主管部门组织专家评估并进行审核批准的时间周期为 60—120 个工作日，即大约需要 2—4 个月的时间。

综上，累加上述项目开发及发改委审批的时间，一个 CCER 项目从着手开发到最终实现减排量备案的周期约为 5—8 个月，一般项目前期开发时间大概 1—2 个月。如果在审定或核证的环节因各种原因耽搁，或在国家发改委的审批环节滞后，项目的开发周期就会更长。根据作者观点，全国碳市场实施后，如果在审定环节超过 2 年，则会大大增加 CCER 项目的备案风险。因此，CCER 项目业主和开发机构，应在 CCER 项目的各个阶段注意时间控制，以免造成碳资产的损失。如国家发改委未来能够修订 CCER 管理规则，简化程序，减少备案事项，缩短备案时间，加强事后监管，则在一定程度上会降低 CCER 项目备案风险。

(2) 各方职责

在 CCER 项目开发的不同阶段，CCER 项目参与各方需履行不同的职责，才能确保 CCER 项目和减排量顺利备案，并最终完成交易，实现变现。

表 5-21 归纳了 CCER 项目主要参与方（包括项目业主、咨询公司和 DOE）的职责，以期给各方在 CCER 开发过程的各个阶段提供一个实际指导。

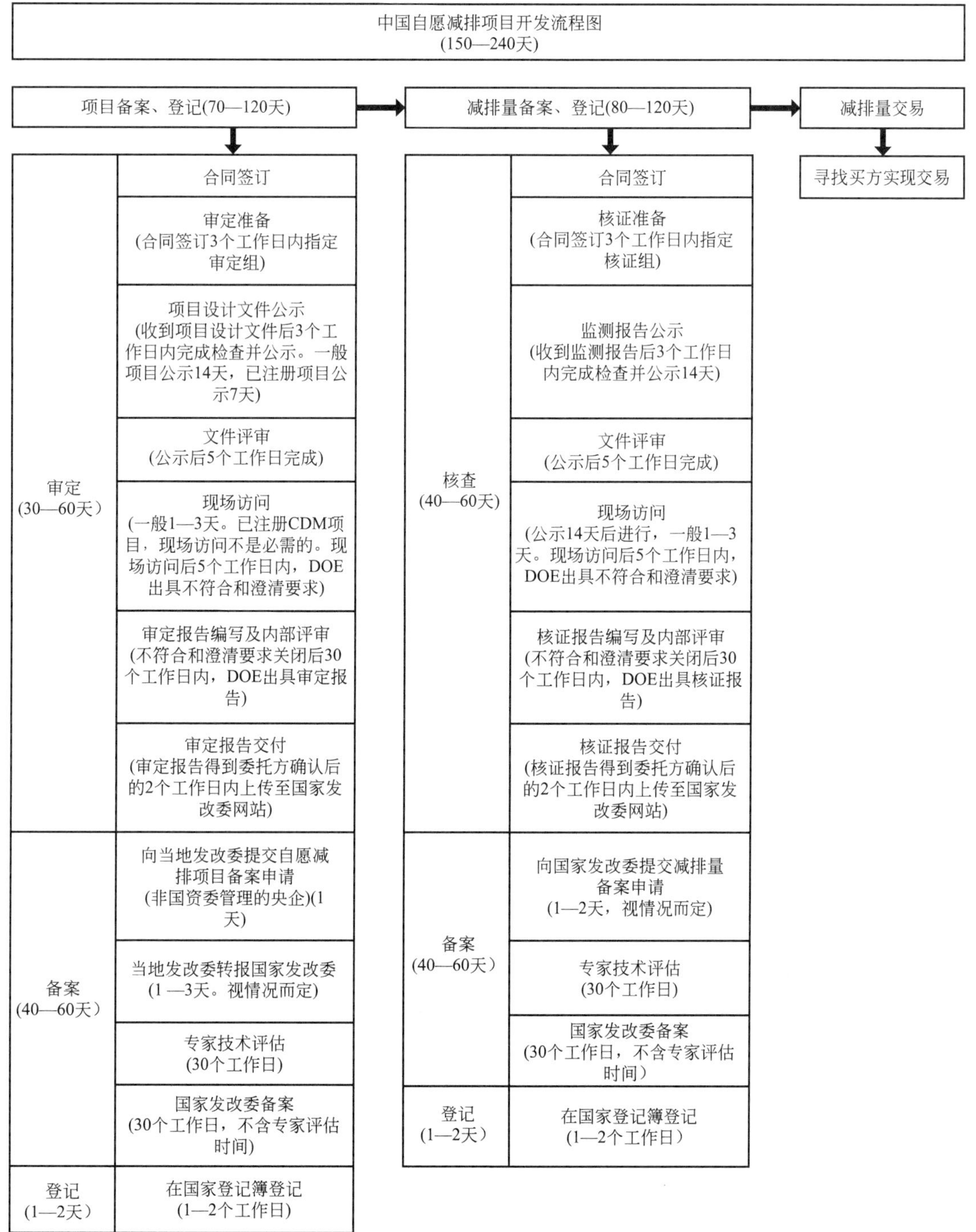


图 5-17　CCER 项目开发周期

表 5-21 CCER 项目参与各方的职责

| 序号 | CCER项目阶段 | 项目业主 | 咨询公司 | 第三方审定和核证机构 |
|---|---|---|---|---|
| 1 | 项目前期 | ① 配合咨询公司完成潜在 CCER 项目识别，确定可开发的 CCER 项目<br>② 选择咨询公司作为合作伙伴，确定项目各参与方的责任义务，并签订咨询服务合同 | ① 根据项目业主提供的基本项目信息，识别潜在 CCER 项目，提供 CCER 项目开发计划书给项目业主<br>② 与项目业主签订咨询服务合同 | |
| 2 | 项目设计 | ① 为咨询公司提供具体的项目资料，配合咨询公司开展 CCER 项目设计文件的编制，包括确定项目的基准线、监测计划、环境影响评价、咨询利益相关方的意见等<br>② 如项目咨询服务合同中明确的审定费用由项目业主负责，则与咨询公司推荐的 DOE 签订项目审定合同 | ① 根据项目业主提供的项目资料，编写项目设计文件(PDD)<br>② 向 DOE 询价，确定或向项目业主推荐负责项目审定的 DOE<br>③ 如项目咨询服务合同中明确的审定费用由咨询公司负责，则与确定的 DOE 签订项目审定合同 | 与项目业主或咨询公司签订项目审定合同 |
| 3 | 项目审定 | ① 配合咨询公司完成 DOE 对项目活动进行审定<br>② 配合咨询公司，提供 DOE 在审定过程中要求的证据文件和数据等 | ① 配合 DOE 和项目业主对项目活动进行审定<br>② 协助项目业主回复 DOE 提出的问题，关闭审定报告中的澄清或不符合项 | ① 现场审定<br>② 完成最终审定报告并提交给项目业主或咨询公司 |
| 4 | 项目备案 | 向政府主管部门提交项目备案申请，并获得其批准 | ① 协助项目业主准备项目备案的申请材料<br>② 协助 DOE，回复国家发改委专家评审委员会提出的问题 | 向国家发改委提交最终审定报告和项目备案的其他材料，并回复国家发改委专家评审委员会提出的问题 |
| 5 | 项目监测 | ① CCER 项目备案后，配合咨询公司进行减排量监测，提供减排量计算的监测数据及支持证据<br>② 如项目咨询服务合同中明确的核查费用由项目业主负责，则与咨询公司推荐的 DOE 签订项目核查合同 | ① 根据项目业主提供的监测数据及证据文件，准备项目监测报告<br>② 向 DOE 询价，确定或向项目业主推荐负责项目核查的 DOE<br>③ 如项目咨询服务合同中明确的核查费用由咨询公司负责，则与确定的 DOE 签订项目核查合同 | 与项目业主或咨询公司签订项目核查合同 |
| 6 | 项目核查核证 | ① 配合咨询公司，完成 DOE 定期对项目活动所产生的温室气体减排量进行核查和核证<br>② 配合咨询公司，提供 DOE 在核查过程中要求的证据文件和数据等 | ① 配合 DOE 和项目业主对项目活动进行核查<br>② 协助项目业主回复 DOE 提出的问题，关闭核查报告中的澄清或不符合项 | ① 现场核查<br>② 完成最终核查报告并提交给项目业主或咨询公司 |
| 7 | 减排量备案 | 向政府主管部门提交减排量备案申请，并获得其批准 | ① 协助项目业主准备减排量备案的申请材料<br>② 协助 DOE 回复国家发改委专家评审委员会提出的问题 | 向国家发改委提交最终核查报告和减排量备案的其他材料，并回复国家发改委专家评审委员会提出的问题 |
| 8 | 减排量交易 | ① 在国家登记簿，开立项目减排账户和相关联交易账户<br>② 在意向交易所，开立交易所账户<br>③ 完成减排量交易 | ① 协助项目业主在国家登记簿和意向交易所完成相关开户<br>② 协助项目业主寻找买家，完成减排量的交易 | |

## 5.8　CCER 项目开发成本及合作模式

### 5.8.1　CCER 项目开发成本

CCER 项目开发过程中，主要有以下几类费用：

① 咨询公司技术服务费用，主要是指项目设计文件（PDD）编制，协助项目业主完成第三方审定机构对项目的审定，协助项目业主准备项目备案申请文件并完成在国家发改委的项目备案等产生的费用。如此项工作由项目业主自行完成，则没有相关费用产生。

② 第三方审定机构的项目审定费用，提交 CCER 项目的备案申请材料前，需经过第三方审定程序，由审定机构出具审定报告后才能够在国家发改委进行备案。

③ 第三方核查机构的减排量核证费用，提交项目的减排量备案申请材料前，需由第三方审定和核证机构出具减排量核证报告后才能够最终完成减排量备案。

④ 项目备案后的咨询公司成功费，主要是指项目业主支付咨询公司为完成减排量交易的相关工作而产生的费用，包括：a. 完成监测报告编制工作；b. 协助项目业主完成第三方核查机构对减排量的定期核查核证工作；c. 协助项目业主准备减排量备案申请文件；d. 协助项目业主完成在国家登记簿和意向交易所完成相关开户；e. 协助项目业主寻找买家，完成减排量的交易。

### 5.8.2　CCER 项目合作模式

目前，咨询公司与 CCER 项目业主在 CCER 项目开发方面的合作模式主要有纯咨询、收益共享和风险共担三种。

（1）纯咨询模式

咨询公司提供的服务内容和范围可以包括以下几方面：

① 项目情况初步评估分析；

② 估算减排量；

③ 赴项目所在地进行资料收集；

④ 编制项目设计文件和监测报告；

⑤ 协助业主填写项目备案和减排量备案文件和申报；

⑥ 协助联系第三方审定和核证机构；

⑦ 协助项目业主完成在国家登记簿和意向交易所完成相关开户；

⑧ 协助寻找减排量买家，完成减排量的交易。

咨询公司收取的咨询费用与负责完成的咨询服务范围有关，咨询费用随服务范围增加而增加。

第三方审定和核证机构的费用需要业主自行承担。

（2）收益共享模式

咨询公司与业主收益共享，业主不需要支付咨询服务及第三方审定和核查费用，由咨询公司独立承担所有开发成本，免费为业主提供项目咨询服务［服务范围和内容同（1）纯咨询模式］。

咨询公司在减排量备案后，按约定比例获得对应备案减排量的交易收益。因为业主前期不用承担任何风险，因此最终支付给咨询公司的约定减排量交易收益就相对较高。

(3) 风险共担模式

咨询公司提供与（1）纯咨询模式下的相同范围的服务内容，并按阶段向业主收取咨询服务费；项目业主负责第三方审定和核查费用。

咨询公司在减排量备案后，按约定比例获得对应备案减排量的交易收益。因为项目业主与咨询公司共同承担项目开发的风险，因此，与（2）收益共享模式相比，项目业主最终支付给咨询公司的约定减排量交易收益较低。

## 5.9 CCER开发过程存在的问题及注意事项

在CCER开发的过程中，项目参与方往往会遇到各种问题，根据作者多年从事碳减排项目开发工作的实践经验，将各阶段可能遇到的主要问题和注意事项进行了分类汇总，如表5-22—表5-27所示。

**表5-22 CCER项目设计阶段的问题及注意事项**

| 主要问题 | 具体问题及注意事项 |
| --- | --- |
| 额外性论证 | ① 项目活动开始日期：项目实施、建设和实际运行日期中最早的日期，用施工合同、设备采购合同等主要合同作为证据<br>② 事前考虑减排机制证明：如果项目活动的开始时间晚于项目设计文件的公示时间，可视为项目已经事先考虑了减排机制；如果项目活动的开始时间早于项目设计文件的公示时间，项目需要证实减排机制带来的收入在项目投资决策中是必要的，证据包括项目董事会决议、与减排机制相关的培训等，证据之间的时间间隔最好不超过1年<br>③ 投资分析：所有财务数据要来自第三方有资质的机构完成的可行性研究报告，并有足够的证据支持，如电价证明文件 |
| 一致性问题 | ① 项目名称在包括但不限于项目核准文件等其他文件中要一致，否则需要做变更<br>② 如果项目设计与项目实际情况不一致，例如设计装机容量与实际铭牌不符，需要做出说明并提供证据支撑 |
| 可执行性 | 制定的监测计划要可执行，符合实际，避免事后申请变更，增加时间成本 |
| 关注同类项目 | 及时总结同类项目受关注的问题，如光伏项目电池组件发电效率的衰减，如果项目分机组投产则需要分机组计算项目减排量 |
| 沟通 | ① 与业主保持良好的沟通（资料收集，理解规则要求）<br>② 做好与第三方（如电网公司、设计院、设备厂家等）的沟通工作 |

**表5-23 CCER项目审定阶段的问题及注意事项**

| 主要问题 | 具体问题及注意事项 |
| --- | --- |
| 一致性 | 审定机构关注的问题如下：<br>① 项目名称和业主单位名称在不同文件中是否一致<br>② 项目设计与项目实际情况是否一致<br>③ 主要发电设备（如水轮机和发电机）的型号和参数是否与已注册CDM项目的PDD一致。检验证据：机组铭牌、设备技术合同、已注册CDM项目的PDD<br>④ 监测设备的位置和精度等级是否与已注册CDM项目的PDD中的监测计划一致。检验证据：电表标识、已注册CDM项目的PDD<br>⑤ 额外性论证是否有足够的实质性证据支持 |
| 沟通 | ① CCER项目咨询方与业主保持良好的沟通，使其了解CCER规则及审定机构的具体要求<br>② CCER项目咨询方与审定机构保持密切沟通，及时了解审定机构的要求 |

表 5-24　CCER 项目监测阶段的问题及注意事项

| 主要问题 | 具体问题及注意事项 |
| --- | --- |
| 数据/证据收集 | ① 监测数据(电子、纸质记录)<br>② 运行日志 |
| 监测计划 | ① 监测计划执行情况,是否与备案 PDD 一致<br>② 交叉验证监测数据真实性,通过发票等证据验证<br>③ 检查监测设备运行情况、校准记录<br>④ 质量控制执行情况 |
| 仪表检定 | ① 监测仪表投入使用前要有检定报告或出厂检定证明<br>② 监测仪表要有周期性的检定报告,检定报告的时间间隔符合检定标准要求,与监测计划一致<br>③ 检定机构要具有相应级别的检定资质证书,证书的有效期要与检定报告一致 |
| 证据保存/记录 | ① 对于换表、线路更改等特殊事件,要提供第三方出具的情况说明<br>② 运行数据的纸质和电子记录要保存好<br>③ 监测仪表的检定记录保存完整 |
| 监测管理制度 | ① 项目业主建立监测管理小组,清晰明确各相关人员的职责<br>② 制定监测管理制度,相关人员清楚地了解监测数据记录要求和汇报程序 |
| 监测人员的培训 | ① 运行人员要具有相关的上岗资格证书,如电工证<br>② 运行人员在投运前要经过与监测相关的培训,并保存监测培训记录 |

表 5-25　CCER 项目核查与核证阶段的问题及注意事项

| 主要问题 | 具体问题及注意事项 |
| --- | --- |
| 一致性 | ① 项目实际执行(运行)情况,是否有实质性、永久性变化,如项目规模变化、技术工艺变化,是否会影响监测方法学的应用。如有这类变化,需要申请方法学偏移或申请项目备案后变更<br>② 接入系统是否变更<br>a. 集电线路数量是否变更<br>b. 接入变电站是否变更、变电站名称是否变更<br>c. 项目装机容量是否变更<br>d. 结算表位置是否变更、结算表精度是否变更<br>e. 备用线数量是否变更<br>③ 技术参数(如装机容量)是否变更 |
| 完整性 | ① 监测设备信息是否完整<br>② 运行记录、发票、结算单是否完整<br>③ 检定报告是否覆盖到监测期,是否保存完整 |
| 项目运行情况 | ① 是否完成了竣工验收报告<br>② 电量超发,需要解释原因<br>③ 实际减排量与估算减排量比较,需要在监测报告中简单解释原因 |
| 多期项目拆分电量 | ① 是否有电表单独监测各个项目的电量<br>② 是否有各自的电量结算单 |

表 5-26　CCER 项目减排量备案的主要问题及注意事项

| 主要问题 | 具体问题及注意事项 |
| --- | --- |
| 备案申请表 | 备案申请表中要求写明企业性质及股权结构:<br>① 相关资料(如营业执照)中的组织机构代码可判断业主是否是独立法人<br>② 根据股权结构判断业主是否属于 43 家央企,如是,则可直接申报国家发改委,否则需要先从省级发改委进行申报 |

续表

| 主要问题 | 具体问题及注意事项 |
|---|---|
| 一致性 | 项目核准批复、环评批复中的业主名称要与营业执照中的业主名称保持一致。如不一致，业主可先提供与业主单位名称一致的环保验收文件；如环保验收文件中仍存在业主名称不一致的问题，则需要对相关文件做变更，最终以国家发改委审核意见为准 |
| 节能评估批复 | 在《固定资产投资项目节能评估和审查暂行办法》(2010年11月1日起开始施行)施行之后批复的项目，需要在项目备案申报时提交节能评估批复 |

**表 5-27　CCER 项目国家注册登记系统开户的主要问题及注意事项**

| 主要问题 | 具体问题及注意事项 |
|---|---|
| 独立法人资格 | 要求独立法人资格，所有材料一定要清晰，可提供税务登记证(包括国税登记证和地税登记证) |
| 银行开户证明 | 银行开户证明原件(即开户许可证)复印件加盖公章 |
| 企业基本信息 | 所属行业参照《国民经济行业分类》(GB/T 4754—2011)填写四位代码及类别名称 |
| 账户代表 | ① 账户代表包括2个，即发起代表和确认代表，需要提供账户代表身份证复印件<br>② 法人代表、发起代表和确认代表要切记邮箱，国家发改委会电话核实 |

## 5.10　CCER 项目开发案例

### 5.10.1　生活垃圾焚烧发电项目

某生活垃圾焚烧发电项目位于安徽省，开发模式为风险共担。此项目于 2015 年 08 月 24 日备案，目前正在申请第一期减排量备案（具体信息见表 5-28）。

**表 5-28　某生活垃圾焚烧发电项目信息（截至 2016 年 6 月 14 日）**

| 项目备案信息 | |
|---|---|
| 项目类别 | (一) |
| 项目类型 | 能源工业和废物处理 |
| 方法学 | CM-072-V01 |
| 预计减排量 | 62,947t 二氧化碳当量(年减排量) |
| 计入期 | 2014年12月1日—2021年11月30日 |
| 审定机构 | 中国质量认证中心 |
| 备案时间 | 2015年08月24日 |
| 减排量备案信息 | |
| 第一次减排量备案 | 申报中 |
| 申请备案减排量 | 16,563t 二氧化碳当量($tCO_2e$) |
| 产生减排量时间 | 2014年12月1日—2015年9月30日 |
| 核证机构 | 广州赛宝认证中心服务有限公司 |

（1）项目概况

此项目通过焚烧城市生活垃圾并利用焚烧过程中产生的热量进行发电，以避免垃圾填埋产生的温室气体，并替代以化石燃料电厂为主的华东电网的等量电量，实现温室气体的减排。

此项目新建 1 台垃圾日处理量为 600t 的机械炉排生活垃圾焚烧炉和 1 台 12MW 凝汽式发电机组。项目预计年处理垃圾 21.9 万吨，垃圾焚烧产生的热量经余热锅炉回收带动汽轮发电机组发电，从而实现余热回收利用，预计年发电量为 81,600MW・h，年外送电能约为 65,280MW・h。项目设计年运行小时为 8000h，等效年运行小时为 6800h。

此项目涉及的垃圾焚烧系统包括垃圾给料系统、焚烧炉、点火及辅助燃料系统。

此项目烟气净化系统采用 SNCR 脱硝（炉内喷尿素水）＋喷雾塔＋石灰浆液＋活性炭喷射＋布袋除尘的处理方式，以确保垃圾焚烧厂尾气达标排放。主要工程包括 SNCR 脱硝系统、喷雾反应系统、布袋除尘器系统、石灰浆制备系统、活性炭喷射系统、烟气排放系统、烟气在线监测系统和飞灰输送系统。

焚烧残渣由炉底排出，不可利用部分运至所在城市生活垃圾卫生填埋场填埋。焚烧飞灰采用添加水泥和螯合物的固化处理方式，处理后的固化物送往该市生活垃圾卫生填埋场填埋处理。

此项目的渗滤液委托该市生活垃圾卫生填埋场污水处理站，采用“厌氧反应器＋膜处理＋反渗透”工艺进行处理。

（2） 开发难点

生活垃圾焚烧发电项目的开发难点见表 5-29。

**表 5-29 生活垃圾焚烧发电项目开发难点**

| 开发难点 | 问题解析 |
| --- | --- |
| 相关法律法规因素（如 GB 16889—2008 和 GB 50869—2013）要求垃圾填埋场收集并焚毁或利用填埋气，这些未在识别基准线过程中充分考虑 | 提供第三方证据，证明目前 GB 16889—2008 和 GB 50869—2013 在国内并未普遍得到遵从和实施 |
| 对项目投资的敏感性分析不够充分，未考虑其他资金来源，如项目业主申请的中央预算内投资 | 确认在做投资决策时是否考虑了申请的这部分中央预算内投资；确认即使在投资决策阶段考虑了这部分中央预算内投资，项目的 IRR 也低于行业基准收益率 |
| 普遍性分析中，要求证明此项目采用的技术与识别的类似项目所采用的技术存在本质区别 | 从主体设施、燃烧效率、灰量、处理成本、投资等方面分析差异，证明项目所采用的技术与类似项目所采用的技术存在本质差别，因而项目活动属于非普遍实践 |
| 垃圾处理补贴费对敏感性分析的影响 | 将垃圾处理补贴费作为敏感性因子进行敏感性分析 |
| 垃圾成分（如塑料）对减排量的影响 | 垃圾中的塑料在燃烧过程中会产生项目排放，垃圾中热值高的成分较少，影响发电量，因而影响减排量。在项目开发前，最好有实测的垃圾成分数据，以确定项目的开发价值。 |

## 5.10.2 风电场项目

某风电场项目位于新疆维吾尔自治区，是一个新建的并网风力发电场。此项目于 2015 年 8 月 24 日备案，目前正在申请第一期减排量备案（具体信息见表 5-30）。

表 5-30　某风电场项目信息（截至 2016 年 6 月 14 日）

| 项目备案信息 | |
|---|---|
| 项目类别 | （一） |
| 项目类型 | 能源工业 |
| 方法学 | CM-001-V01 |
| 预计减排量 | 91,391t 二氧化碳当量（年减排量） |
| 计入期 | 2014 年 9 月 14 日—2021 年 9 月 13 日 |
| 审定机构 | 中环联合（北京）认证中心有限公司 |
| 备案时间 | 2015 年 08 月 24 日 |
| 减排量备案信息 | |
| 第一次减排量备案 | 申报中 |
| 申请备案减排量 | 78,770t 二氧化碳当量（$tCO_2e$） |
| 产生减排量时间 | 2014 年 9 月 14 日—2015 年 8 月 27 日 |
| 核证机构 | 深圳华测国际认证有限公司 |

（1）项目概况

此项目采用 33 台单机容量为 1.5MW 的风力发电机组，总装机容量为 49.5MW，预计年净上网电量为 109,957.3MW·h，年运行小时数为 2,221.36h。首台机组发电时间为 2014 年 9 月 7 日，全部机组并网发电时间为 2014 年 9 月 13 日。此项目产生的电量将输送至西北电网，通过替代由化石能源占主导的西北电网产生的同等电量，实现温室气体的减排。

此项目工艺的主要组成部分是风力发电机组和箱式变压器。发电过程主要在有风力的情况下，通过叶片的转动，从而带动发电机发电；风电机组产生的电经过箱式变压器收集后统一送到厂内 110kV 变压器，升压至 220kV 后接入新疆电网，最终送至西北电网。

（2）开发难点

风电场项目的开发难点见表 5-31。

表 5-31　风电场项目开发难点

| 开发难点 | 问题解析 |
|---|---|
| 此项目存在未来与其他项目共用输电出线的情况，应在监测计划中进一步描述关于电表安装、电量计量和交叉核对的情形，以使监测计划的设计具有可操作性 | 根据与电网公司的协议确定两个项目的电量监测及分摊在变电站进口侧安装电表，用来监测项目每年的上网电量和下网电量。每年向西北电网输送和从西北电网输入的电量的记录将通过电量结算单据进行交叉核对 |
| 已实际投产的项目要结合项目实际发生投资额对关键参数的敏感性分析进一步论述 | 提供各类合同（如工程总包合同、设备购买合同等），将目前实际已签订的合同金额累计与可行性研究报告对应部分的预算金额进行比较，证明实际发生合同费用已超过敏感性分析的临界点 |

## 5.10.3　并网光伏发电项目

某并网光伏发电项目位于新疆维吾尔自治区，是一个新建的光伏并网发电项目。此项目于 2015 年 8 月 24 日备案，目前正在申请第一期减排量备案（具体信息见表 5-32）。

表 5-32 某并网光伏发电项目信息（截至 2016 年 6 月 14 日）

| 项目备案信息 | |
|---|---|
| 项目类别 | (一) |
| 项目类型 | 能源工业 |
| 方法学 | CM-001-V01 |
| 预计减排量 | 24,393t 二氧化碳当量(年减排量) |
| 计入期 | 2013 年 12 月 8 日—2020 年 12 月 7 日 |
| 审定机构 | 深圳华测国际认证有限公司 |
| 备案时间 | 2015 年 08 月 24 日 |
| 减排量备案信息 | |
| 第一次减排量备案 | 申报中 |
| 申请备案减排量 | 43,218t 二氧化碳当量($tCO_2e$) |
| 产生减排量时间 | 2013 年 12 月 8 日—2015 年 8 月 31 日 |
| 核证机构 | 中环联合(北京)认证中心有限公司 |

（1）项目概况

此项目是新建的光伏发电项目，设计装机容量 20.304MW，实际装机容量 20.335MW。此项目利用太阳能发电，安装 20 个装机 1MW 的多晶硅电池组子方阵，每个子方阵配置 2 台 500kW 逆变器及 1 台升压变压器，系统所发电量经升压汇集后由一回 35kV 架空线路接入变电站，最后并入西北电网。此项目通过替代以火力发电为主的西北电网同等的发电量实现温室气体减排。

（2）开发难点

并网光伏发电项目的开发难点见表 5-33。

表 5-33 并网光伏发电项目开发难点

| 开发难点 | 问题解析 |
|---|---|
| 项目核准批复以及环评批复等文件中项目建设单位名称不一致 | 当地环境主管机构出具说明，确认是同一项目 |
| 项目实际安装多晶硅电池组件的规格及装机容量与可研设计不一致，项目装机容量发生变化，项目投资、年运行成本、发电量亦随之发生变化，进而影响额外性中财务评价的结论 | 委托可研报告编制机构，对电池组件的型号和数量的变更对项目的影响进行了评估，确认电池组件型号及数量的变化，不会对此项目的装机、发电量及财务评价造成本质的影响。可研数据仍然有效。故项目设计文件和 IRR 表的投资分析仍然采用项目可行性研究报告中的财务数据<br>实际安装的多晶硅电池组件的型号以及生产厂家的相关数据，更新到项目设计文件中 |
| 电池组件效率的衰减问题 | 项目各年发电量都应充分考虑电池组件效率的衰减 |

### 5.10.4 天然气热电联产工程项目

某天然气热电联产工程项目位于江苏省。此项目于 2015 年 10 月 20 日备案，目前正在申请第一期减排量备案（具体信息见表 5-34）。

表 5-34 某天然气热电联产工程项目信息（截至 2016 年 6 月 14 日）

| 项目备案信息 | |
|---|---|
| 项目类别 | （一） |
| 项目类型 | 能源工业 |
| 方法学 | CM-038-V01 |
| 预计减排量 | 228,240t 二氧化碳当量（年减排量） |
| 计入期 | 2013 年 3 月 7 日—2020 年 3 月 6 日 |
| 审定机构 | 广州赛宝认证中心服务有限公司 |
| 备案时间 | 2015 年 10 月 20 日 |
| 减排量备案信息 | |
| 第一次减排量备案 | 申报中 |
| 申请备案减排量 | 104,060t 二氧化碳当量（$tCO_2e$） |
| 产生减排量时间 | 2013 年 3 月 7 日—2016 年 4 月 30 日 |
| 核证机构 | 深圳华测国际认证有限公司 |

（1）项目概况

此项目新建 2 套 9E 型燃气蒸汽联合循环机组，以天然气为燃料进行热电联产。每套机组由燃气轮机、发电机、余热锅炉、蒸汽轮机和蒸汽轮发电机构成。此项目预计年消耗天然气 457,000,000$m^3$，设计年运行小时数为 5500h，设计年上网电量 1,602,000MW·h，供热量 4,734,000GJ。此项目电量全部供给华东电网，热量供给项目周边新建热网，通过替代新建燃煤热电联产机组实现温室气体减排。

此项目采用 GE 公司的技术，新建 2 套 9E 型燃气蒸汽联合循环机组，以天然气为燃料进行热电联产。每台机组均由燃气轮机及发电机、余热锅炉、汽轮机和发电机组成，此项目的工艺流程见图 5-18。

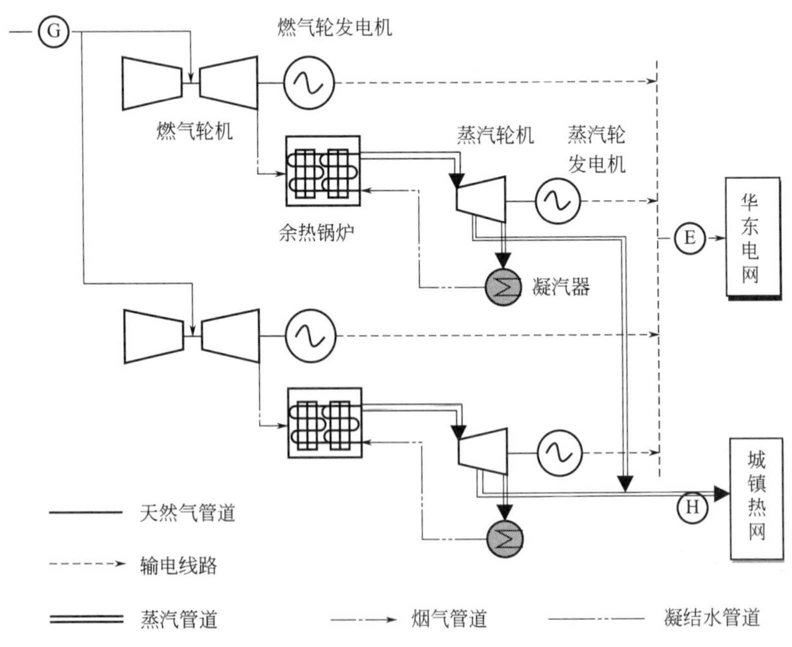


图 5-18 某天然气热电联产工程项目工艺流程图

(2) 开发难点

天然气热电联产项目的开发难点见表5-35。

**表5-35 天然气热电联产工程项目开发难点**

| 开发难点 | 问题解析 |
| --- | --- |
| 持续考虑减排机制收益的证据 | 两个支持证据之间的时间间隔不能超过两年 |
| 基准线论证和投资分析复杂 | 根据方法学，不同替代方案的盈利水平（如IRR或NPV）应作为投资比较分析的标准。有着最好财务指标的基准线情景应被选择为最可行的基准线情景<br>因此，需采用投资比较分析，将替代情景与此项目不作为自愿减排项目的投资内部收益率IRR（融资前税前）比较分析，而不是与常规项目的行业基准值进行比较 |
| 监测参数多，尤其是供热部分 | 对相关参数要有完备的监测系统，安装相应的监测设备，保存好监测数据记录及相关证据 |
| 热电比对减排量影响大 | 热电比高，减排量大；相反，则减排量小，甚至会产生负值 |

## 5.10.5 生物质能热电工程

某生物质能热电工程位于河南省，属于第三类CCER项目，于2015年5月12日备案，补充计入期的减排量已于2015年12月23日备案（具体信息见表5-36）。

**表5-36 某生物质能热电工程**

| 项目备案信息 | |
| --- | --- |
| 项目类别 | （三） |
| 项目类型 | 能源工业 |
| 方法学 | CM-075-V01 |
| 预计减排量 | 62,481t二氧化碳当量（年减排量） |
| 补充计入期 | 2011年9月28日—2012年3月13日 |
| 审定机构 | 广州赛宝认证中心服务有限公司 |
| 备案时间 | 2015年05月12日 |
| **减排量备案信息** | |
| 第一次减排量备案 | 2015年12月23日 |
| 申请备案减排量 | 27,562t二氧化碳当量（$tCO_2e$） |
| 产生减排量时间 | 2011年9月28日—2012年3月13日 |
| 核证机构 | 中环联合（北京）认证中心有限公司 |

(1) 项目概况

此项目为新建生物质热电联产项目，安装2台75t/h秸秆锅炉，配2套15MW凝汽式汽轮发电机组，总装机容量30MW，预计年总发电量163,000MW·h，年供电量为143,300MW·h，年供热量680,000GJ，年等效满负荷小时数5500h。项目于2010年4月16日开始动工建设。项目1号机组2011年9月28日投运，2号机组2012年2月19日投运。项目将通过替代华中电网的部分电力和燃煤锅炉提供的热能，避免了与所替代的电力和热力相对应的$CO_2$排放，从而实现温室气体减排。

（2） 开发关键点

生物质能热电工程的开发难点见表5-37。

**表5-37　生物质能热电工程开发难点**

| 开发难点 | 问题解析 |
|---|---|
| 实际已投产的项目，PDD中的基准线排放、项目排放计算没有按照当年运行天数分别进行折算 | 项目的基准线排放和项目排放均要按照机组当年运行天数分别进行折算，以与将来核查后的减排量做精确对比 |
| 减排量核证时如何交叉核对项目的总发电量和厂用电总和的数据 | 根据备案的补充说明文件，发电量和厂用电量应通过电力销售凭证（若可得）和燃烧的燃料数量进行交叉核对。通常总发电量和厂用电总和的数据无法直接取得电力销售凭证，可用项目的净发电量数据与项目的净上网电量数据进行间接的交叉核对，同时，再通过发电量除以燃烧的燃料数量得出的效率与以往的效率相比进行交叉核对 |
| 减排量监测复杂，监测参数较多 | 做好监测数据的记录保存，做好生物质的湿基和干基的统计 |

**附表5-1　可直接向国家发展改革委申请自愿减排项目备案的43家中央企业名单**

| 序号 | 企业名单 | 序号 | 企业名单 |
|---|---|---|---|
| 1 | 中国核工业集团公司 | 23 | 中国交通建设集团有限公司 |
| 2 | 中国核工业建设集团公司 | 24 | 中国农业发展集团总公司 |
| 3 | 中国化工集团公司 | 25 | 中国林业集团公司 |
| 4 | 中国化学工程集团公司 | 26 | 中国铝业公司 |
| 5 | 中国轻工集团公司 | 27 | 中国航空集团公司 |
| 6 | 中国盐业总公司 | 28 | 中国中化集团公司 |
| 7 | 中国中材集团公司 | 29 | 中粮集团有限公司 |
| 8 | 中国建筑材料集团公司 | 30 | 中国五矿集团公司 |
| 9 | 中国电子科技集团公司 | 31 | 中国建筑工程总公司 |
| 10 | 中国有色矿业集团有限公司 | 32 | 中国水利水电建设集团公司 |
| 11 | 中国石油天然气集团公司 | 33 | 国家核电技术有限公司 |
| 12 | 中国石油化工集团公司 | 34 | 中国节能投资公司 |
| 13 | 中国海洋石油总公司 | 35 | 华润（集团）有限公司 |
| 14 | 国家电网公司 | 36 | 中国中煤能源集团公司 |
| 15 | 中国华能集团公司 | 37 | 中国煤炭科工集团有限公司 |
| 16 | 中国大唐集团公司 | 38 | 中国机械工业集团有限公司 |
| 17 | 中国华电集团公司 | 39 | 中国中钢集团公司 |
| 18 | 中国国电集团公司 | 40 | 中国冶金科工集团有限公司 |
| 19 | 中国电力投资集团公司 | 41 | 中国钢研科技集团公司 |
| 20 | 中国铁路工程总公司 | 42 | 中国广东核电集团 |
| 21 | 中国铁道建筑总公司 | 43 | 中国长江三峡集团公司 |
| 22 | 神华集团有限责任公司 | | |

**附表 5-2　备案温室气体自愿减排方法学清单**

| 领域 | 自愿减排方法学编号 | 对应 CDM 方法学编号 | 方法学名称 | 备注 |
| --- | --- | --- | --- | --- |
| 可再生能源(生物质类项目不在此类) | CM-001-V02 | ACM0002 | 可再生能源并网发电方法学 | 2016 年 3 月 3 日修订 |
| | CM-022-V01 | AM0072 | 供热中使用地热替代化石燃料 | |
| | CM-011-V01 | AM0019 | 替代单个化石燃料发电项目部分电力的可再生能源项目 | |
| | CM-026-V01 | AM0100 | 太阳能-燃气联合循环电站 | |
| | CMS-001-V02 | AMS-I. C. | 用户使用的热能,可包括或不包括电能 | 2016 年 3 月 3 日修订 |
| | CMS-002-V01 | AMS-I. D. | 联网的可再生能源发电 | |
| | CMS-003-V01 | AMS-I. F. | 自用及微电网的可再生能源发电 | |
| | CMS-027-V01 | AMS-I. J | 太阳能热水系统(SWH) | |
| | CMS-035-V01 | AMS-I. B. | 用户使用的机械能,可包括或不包括电能 | |
| | CMS-058-V01 | AMS-I. A. | 用户自行发电类项目 | |
| $N_2O$ | CM-009-V01 | ACM0019 | 硝酸生产过程中所产生 $N_2O$ 的减排 | |
| | CM-013-V01 | AM0034 | 硝酸厂氨氧化炉内的 $N_2O$ 催化分解 | |
| | CM-031-V01 | AM0028 | 硝酸或己内酰胺生产尾气中 $N_2O$ 的催化分解 | |
| | CM-057-V01 | AM0021 | 现有己二酸生产厂中的 $N_2O$ 分解 | |
| | CM-061-V01 | AM0051 | 硝酸生产厂中 $N_2O$ 的二级催化分解 | |
| HFCs | CM-010-V01 | AM0001 | HFC-23 废气焚烧 | |
| | CMS-040-V01 | AMS-III. AB | 在独立商业冷藏柜中避免 HFC 的排放 | |
| | CMS-051-V01 | AMS-III. N | 聚氨酯硬泡生产中避免 HFC 排放 | |
| | CMS-057-V01 | AMS-III. X | 家庭冰箱的能效提高及 HFC-134a 回收 | |
| $SF_6$ | CM-033-V01 | AM0035 | 电网中的 $SF_6$ 减排 | |
| | CM-047-V01 | AM0065 | 镁工业中使用其他防护气体代替 $SF_6$ | |
| | CM-050-V01 | AM0078 | 在 LCD 制造中安装减排设施减少 $SF_6$ 排放 | |
| | CM-066-V01 | AM0079 | 从检测设施中使用气体绝缘的电气设备中回收 $SF_6$ | |
| | CM-096-V01 | 新开发方法学 | 气体绝缘金属封闭组合电器 $SF_6$ 减排计量与监测方法学 | |
| PFCs | CM-053-V01 | AM0092 | 半导体行业中替换清洗化学气相沉积(CVD)反应器的全氟化合物(PFC)气体 | |
| | CM-054-V01 | AM0096 | 半导体生产设施中安装减排系统减少 $CF_4$ 排放 | |
| | CM-059-V01 | AM0030 | 原铝冶炼中通过降低阳极效应减少 PFC 排放 | |
| | CM-062-V01 | AM0059 | 减少原铝冶炼炉中的温室气体排放 | |

续表

| 领域 | 自愿减排方法学编号 | 对应 CDM 方法学编号 | 方法学名称 | 备注 |
|---|---|---|---|---|
| 建材（水泥、混凝土、人造板） | CM-002-V01 | ACM0005 | 水泥生产中增加混材的比例 | |
| | CM-008-V02 | ACM0015 | 应用非碳酸盐原料生产水泥熟料 | 2016 年 3 月 3 日修订 |
| | CM-100-V01 | 新开发方法学 | 废弃农作物秸秆替代木材生产人造板项目减排方法学 | |
| | CM-101-V01 | 新开发方法学 | 预拌混凝土生产工艺温室气体减排基准线和监测方法学 | |
| | CM-104-V01 | 新开发方法学 | 利用建筑垃圾再生微粉制备低碳预拌混凝土减少水泥比例项目方法学 | |
| | CMS-067-V01 | AMS-III. AD. | 水硬性石灰生产中的减排 | |
| 燃料转换 | CM-004-V01 | ACM0011 | 现有电厂从煤和/或燃油到天然气的燃料转换 | |
| | CM-012-V01 | AM0029 | 并网的天然气发电 | |
| | CM-023-V01 | AM0087 | 新建天然气电厂向电网或单个用户供电 | |
| | CM-030-V01 | AM0014 | 天然气热电联产 | |
| | CM-038-V01 | AM0107 | 新建天然气热电联产电厂 | |
| | CM-044-V01 | AM0050 | 合成氨-尿素生产中的原料转换 | |
| | CM-087-V01 | ACM0009 | 从煤或石油到天然气的燃料替代 | |
| | CMS-015-V01 | AMS-III. AN | 在现有的制造业中的化石燃料转换 | |
| | CMS-032-V01 | AMS-III. AG | 从高碳电网电力转换至低碳化石燃料的使用 | |
| | CMS-045-V01 | AMS-III. AM | 热电联产/三联产系统中的化石燃料转换 | |
| | CMS-060-V01 | AMS-III. AH. | 从高碳燃料组合转向低碳燃料组合 | |
| | CMS-072-V01 | AMS-III. B. | 化石燃料转换 | |
| 燃料飞逸性排放 | CM-014-V01 | AM0037 | 减少油田伴生气的燃放或排空并用做原料 | |
| | CM-029-V01 | AM0009 | 燃放或排空油田伴生气的回收利用 | |
| | CM-041-V01 | AM0023 | 减少天然气管道压缩机或门站泄漏 | |
| | CM-042-V01 | AM0043 | 通过采用聚乙烯管替代旧铸铁管或无阴极保护钢管减少天然气管网泄漏 | |
| | CM-049-V01 | AM0074 | 利用以前燃放或排空的渗漏气为燃料新建联网电厂 | |
| | CM-065-V01 | AM0077 | 回收排空或燃放的油井气并供应给专门终端用户 | |
| | CM-089-V01 | AM0081 | 将焦炭厂的废气转化为二甲醚用作燃料，减少其火炬燃烧或排空 | |
| | CMS-050-V01 | AMS-III. K | 焦炭生产由开放式转换为机械化，避免生产中的甲烷排放 | |

续表

| 领域 | 自愿减排方法学编号 | 对应 CDM 方法学编号 | 方法学名称 | 备注 |
|---|---|---|---|---|
| 垃圾填埋气 | CM-072-V01 | ACM0022 | 多选垃圾处理方式 | |
| | CM-077-V01 | ACM0001 | 垃圾填埋气项目 | |
| | CM-091-V01 | AM0083 | 通过现场通风避免垃圾填埋气排放 | |
| | CM-094-V01 | AM0093 | 通过被动通风避免垃圾填埋场的垃圾填埋气排放 | |
| | CMS-022-V01 | AMS-III. G | 垃圾填埋气回收 | |
| | CMS-068-V01 | AMS-III. AF | 通过挖掘并堆肥部分腐烂的城市固体垃圾(MSW)避免甲烷的排放 | |
| | CMS-071-V01 | AMS-III. AX | 在固体废弃物处置场建设甲烷氧化层 | |
| 生物质 | CMS-010-V01 | AMS-II. G | 使用不可再生生物质供热的能效措施 | |
| | CM-070-V01 | ACM0003 | 水泥或者生石灰生产中利用替代燃料或低碳燃料部分替代化石燃料 | |
| | CM-071-V01 | AM0007 | 季节性运行的生物质热电联产厂的最低成本燃料选择分析 | |
| | CM-073-V01 | AM0036 | 供热锅炉使用生物质废弃物替代化石燃料 | |
| | CM-075-V01 | ACM0006 | 生物质废弃物热电联产项目 | |
| | CM-076-V01 | AM0042 | 应用来自新建的专门种植园的生物质进行并网发电 | |
| | CM-092-V01 | ACM0018 | 纯发电厂利用生物废弃物发电 | |
| | CM-093-V01 | ACM0020 | 在联网电站中混燃生物质废弃物产热和/或发电 | |
| | CMS-062-V01 | AMS-I. E | 用户热利用中替换非可再生的生物质 | |
| | CMS-069-V01 | AMS-III. AS | 在现有生产设施中从化石燃料到生物质的转换 | |
| 能源输配 | CM-019-V01 | AM0058 | 引入新的集中供热一次热网系统 | |
| | CM-036-V01 | AM0097 | 安装高压直流输电线路 | |
| | CM-060-V01 | AM0045 | 独立电网系统的联网 | |
| | CM-083-V01 | AM0067 | 在配电电网中安装高效率的变压器 | |
| | CM-097-V01 | 新开发方法学 | 新建或改造电力线路中使用节能导线或电缆 | |
| | CM-102-V01 | 新开发方法学 | 特高压输电系统温室气体减排方法学 | |
| | CMS-020-V01 | AMS-III. BB | 通过电网扩展及新建微型电网向社区供电 | |
| | CMS-036-V01 | AMS-I. L. | 使用可再生能源进行农村社区电气化 | |
| | CMS-070-V01 | AMS-III. AW | 通过电网扩张向农村社区供电 | |
| | CMS-079-V01 | 新开发方法学 | 配电网中使用无功补偿装置温室气体减排方法学 | |

续表

| 领域 | 自愿减排方法学编号 | 对应CDM方法学编号 | 方法学名称 | 备注 |
|---|---|---|---|---|
| 能效(供应侧) | CM-006-V01 | ACM0013 | 使用低碳技术的新建并网化石燃料电厂 | |
| | CM-015-V01 | AM0048 | 新建热电联产设施向多个用户供电和/或供蒸汽并取代使用碳含量较高燃料的联网/离网的蒸汽和电力生产 | |
| | CMS-006-V01 | AMS-II. A | 供应侧能源效率提高——传送和输配 | |
| | CMS-007-V01 | AMS-II. B | 供应侧能源效率提高——生产 | |
| | CM-027-V01 | ACM0007 | 单循环转为联合循环发电 | |
| | CM-034-V01 | AM0061 | 现有电厂的改造和/或能效提高 | |
| | CM-037-V01 | AM0102 | 新建联产设施将热和电供给新建工业用户并将多余的电上网或者提供给其他用户 | |
| | CM-063-V01 | AM0062 | 通过改造透平提高电厂的能效 | |
| | CM-064-V01 | AM0076 | 在现有工业设施中实施的化石燃料三联产项目 | |
| | CM-082-V01 | AM0066 | 海绵铁生产中利用余热预热原材料减少温室气体排放 | |
| | CMS-044-V01 | AMS-III. AL | 单循环转为联合循环发电 | |
| | CMS-052-V01 | AMS-III. P | 冶炼设施中废气的回收和利用 | |
| | CMS-059-V01 | AMS-III. AC. | 使用燃料电池进行发电或产热 | |
| 能效(能源生产) | CM-016-V01 | AM0049 | 在工业设施中利用气体燃料生产能源 | |
| | CM-005-V02 | ACM0012 | 通过废能回收减排温室气体 | 2016年3月3日修订 |
| | CM-045-V01 | AM0055 | 精炼厂废气的回收利用 | |
| | CM-067-V01 | AM0095 | 基于来自新建钢铁厂的废气的联合循环发电 | |
| | CM-068-V01 | AM0098 | 利用氨厂尾气生产蒸汽 | |
| | CM-103-V01 | AM0115 | 焦炉煤气回收制液化天然气(LNG)方法学 | |
| | CMS-025-V01 | AMS-III. Q. | 废能回收利用(废气/废热/废压)项目 | |
| 能效(工业) | CM-018-V01 | AM0044 | 在工业或区域供暖部门中通过锅炉改造或替换提高能源效率 | |
| | CM-025-V01 | AM0099 | 现有热电联产电厂中安装天然气燃气轮机 | |
| | CM-035-V01 | AM0088 | 利用液化天然气气化中的冷能进行空气分离 | |
| | CM-039-V01 | AM0017 | 通过蒸汽阀更换和冷凝水回收提高蒸汽系统效率 | |
| | CM-056-V01 | AM0018 | 蒸汽系统优化 | |
| | CM-074-V01 | AM0038 | 硅合金和铁合金生产中提高现有埋弧炉的电效率 | |
| | CM-078-V01 | AM0054 | 通过引入油/水乳化技术提高锅炉的效率 | |
| | CM-079-V01 | AM0056 | 通过对化石燃料蒸汽锅炉的替换或改造提高能效,包括可能的燃料替代 | |

续表

| 领域 | 自愿减排方法学编号 | 对应 CDM 方法学编号 | 方法学名称 | 备注 |
|---|---|---|---|---|
| 能效(工业) | CM-084-V01 | AM0068 | 改造铁合金生产设施提高能效 | |
| | CMS-008-V01 | AMS-II. D | 针对工业设施的提高能效和燃料转换措施 | |
| | CMS-019-V01 | AMS-III. Z | 砖生产中的燃料转换、工艺改进及提高能效 | |
| | CMS-024-V01 | AMS-III. M | 通过回收纸张生产过程中的苏打减少电力消费 | |
| | CMS-037-V01 | AMS-II. H. | 通过将向工业设备提供能源服务的设施集中化提高能效 | |
| | CMS-038-V01 | AMS-II. I. | 来自工业设备的废弃能量的有效利用 | |
| | CMS-042-V01 | AMS-III. AI | 通过回收已用的硫酸进行减排 | |
| | CMS-049-V01 | AMS-III. J | 避免工业过程使用通过化石燃料燃烧生产的 $CO_2$ 作为原材料 | |
| | CMS-061-V01 | AMS-III. AJ. | 从固体废物中回收材料及循环利用 | |
| | CMS-065-V01 | AMS-III. V. | 钢厂安装粉尘/废渣回收系统,减少高炉中焦炭的消耗 | |
| | CMS-073-V01 | AMS - III. BA | 电子垃圾回收与再利用 | |
| 能效(服务) | CM-040-V01 | AM0020 | 抽水中的能效提高 | |
| | CM-081-V01 | AM0060 | 通过更换新的高效冷却器节电 | |
| | CMS-012-V01 | AMS-II. L. | 户外和街道的高效照明 | |
| | CMS-013-V01 | AMS-II. N | 在建筑内安装节能照明和/或控制装置 | |
| | CMS-018-V01 | AMS-III. AV | 低温室气体排放的水净化系统 | |
| | CMS-031-V01 | AMS-II. K | 向商业建筑供能的热电联产或三联产系统 | |
| 能效(家庭) | CM-021-V01 | AM0070 | 民用节能冰箱的制造 | |
| | CM-043-V01 | AM0046 | 向住户发放高效的电灯泡 | |
| | CM-048-V01 | AM0071 | 使用低 GWP 值制冷剂的民用冰箱的制造和维护 | |
| | CM-052-V01 | AM0091 | 新建建筑物中的能效技术及燃料转换 | |
| | CM-095-V01 | AM0094 | 以家庭或机构为对象的生物质炉具和/或加热器的发放 | |
| | CMS-011-V01 | AMS-II. J | 需求侧高效照明技术 | |
| | CMS-014-V01 | AMS-II. O | 高效家用电器的扩散 | |
| | CMS-028-V01 | AMS-I. K | 户用太阳能灶 | |
| | CMS-029-V01 | AMS-II. E | 针对建筑的提高能效和燃料转换措施 | |
| | CMS-033-V01 | AMS-III. AR | 使用 LED 照明系统替代基于化石燃料的照明 | |
| | CMS-041-V01 | AMS-III. AE | 新建住宅楼中的提高能效和可再生能源利用 | |
| | CMS-063-V01 | AMS-I. I | 家庭/小型用户应用沼气/生物质产热 | |
| | CMS-064-V01 | AMS-II. C | 针对特定技术的需求侧能源效率提高 | |

续表

| 领域 | 自愿减排方法学编号 | 对应CDM方法学编号 | 方法学名称 | 备注 |
|---|---|---|---|---|
| 储能 | CMS-080-V01 | 新开发方法学 | 在新建或现有可再生能源发电厂新建储能电站 | |
| 生物燃料 | CM-024-V01 | AM0089 | 利用汽油和植物油混合原料生产柴油 | |
| | CMS-004-V01 | AMS-I. G | 植物油生产并在固定设施中用作能源 | |
| | CMS-005-V01 | AMS-I. H | 生物柴油生产并在固定设施中用作能源 | |
| | CM-055-V01 | ACM0017 | 生产生物柴油作为燃料使用 | |
| | CMS-043-V01 | AMS-III. AK | 生物柴油的生产和运输目的使用 | |
| | CMS-054-V01 | AMS-III. T | 植物油的生产及在交通运输中的使用 | |
| 避免甲烷排放 | CM-017-V01 | AM0053 | 向天然气输配网中注入生物甲烷 | |
| | CM-007-V01 | ACM0014 | 工业废水处理过程中温室气体减排 | |
| | CM-080-V01 | AM0057 | 生物质废弃物用作纸浆、硬纸板、纤维板或生物油生产的原料以避免排放 | |
| | CM-085-V01 | AM0069 | 生物基甲烷用作生产城市燃气的原料和燃料 | |
| | CM-086-V01 | AM0073 | 通过将多个地点的粪便收集后进行集中处理减排温室气体 | |
| | CM-088-V01 | AM0080 | 通过在有氧污水处理厂处理污水减少温室气体排放 | |
| | CM-090-V01 | ACM0010 | 粪便管理系统中的温室气体减排 | |
| | CMS-016-V01 | AMS-III. AO | 通过可控厌氧分解进行甲烷回收 | |
| | CMS-021-V01 | AMS-III. D | 动物粪便管理系统甲烷回收 | |
| | CMS-023-V01 | AMS-III. L | 通过控制的高温分解避免生物质腐烂产生甲烷 | |
| | CMS-026-V01 | AMS-III. R | 家庭或小农场农业活动甲烷回收 | |
| | CMS-074-V01 | AMS-III. Y. | 从污水或粪便处理系统中分离固体避免甲烷排放 | |
| | CMS-075-V01 | AMS-III. F. | 通过堆肥避免甲烷排放 | |
| | CMS-076-V01 | AMS-III. H. | 废水处理中的甲烷回收 | |
| | CMS-077-V01 | AMS-III. I. | 废水处理过程通过使用有氧系统替代厌氧系统避免甲烷的产生 | |
| | CMS-078-V01 | AMS-III. O. | 使用从沼气中提取的甲烷制氢 | |
| | CMS-081-V01 | 新开发方法学 | 反刍动物减排项目方法学 | |
| | CMS-082-V01 | 新开发方法学 | 畜禽粪便堆肥管理减排项目方法学 | |
| 交通 | CM-028-V01 | ACM0016 | 快速公交项目 | |
| | CM-032-V01 | AM0031 | 快速公交系统 | |
| | CM-051-V01 | AM0090 | 货物运输方式从公路运输转变到水运或铁路运输 | |
| | CM-069-V01 | AM0101 | 高速客运铁路系统 | |

续表

| 领域 | 自愿减排方法学编号 | 对应 CDM 方法学编号 | 方法学名称 | 备注 |
| --- | --- | --- | --- | --- |
| 交通 | CM-098-V01 | 新开发方法学 | 电动汽车充电站及充电桩温室气体减排方法学 | |
| | CMS-030-V01 | AMS-III. AQ. | 在交通运输中引入生物压缩天然气 | |
| | CMS-034-V01 | AMS-III. AY | 现有和新建公交线路中引入液化天然气汽车 | |
| | CMS-039-V01 | AMS-III. AA | 使用改造技术提高交通能效 | |
| | CMS-046-V01 | AMS-III. AP | 通过使用适配后的怠速停止装置提高交通能效 | |
| | CMS-047-V01 | AMS-III. AT | 通过在商业货运车辆上安装数字式转速记录器提高能效 | |
| | CMS-048-V01 | AMS-III. C | 通过电动和混合动力汽车实现减排 | |
| | CMS-053-V01 | AMS-III. S | 商用车队中引入低排放车辆/技术 | |
| | CMS-055-V01 | AMS-III. U | 大运量快速交通系统中使用缆车 | |
| $CO_2$ 使用 | CM-046-V01 | AM0063 | 从工业设施废气中回收 $CO_2$ 替代 $CO_2$ 生产中的化石燃料使用 | |
| | CM-058-V01 | AM0027 | 在无机化合物生产中以可再生来源的 $CO_2$ 替代来自化石或矿物来源的 $CO_2$ | |
| 煤层气 | CMS-056-V01 | AMS-III. W | 非烃采矿活动中甲烷的捕获和销毁 | |
| | CM-003-V02 | ACM0008 | 回收煤层气、煤矿瓦斯和通风瓦斯用于发电、动力、供热和/或通过火炬或无焰氧化分解 | 2016 年 3 月 3 日修订 |
| | CM-020-V01 | AM0064 | 地下硬岩贵金属或基底金属矿中的甲烷回收利用或分解 | |
| 农业 | CMS-009-V01 | AMS-II. F | 针对农业设施与活动的提高能效和燃料转换措施 | |
| | CMS-017-V01 | AMS-III. AU | 在水稻栽培中通过调整供水管理实践来实现减少甲烷的排放 | |
| | CMS-066-V01 | AMS-III. A. | 现有农田酸性土壤中通过大豆-草的循环种植中通过接种菌的使用减少合成氮肥的使用 | |
| | CMS-083-V01 | 新开发方法学 | 保护性耕作减排增汇项目方法学 | |
| | CM-099-V01 | 新开发方法学 | 小规模非煤矿区生态修复项目方法学 | |
| 林业碳汇 | AR- CM-001-V01 | 新开发方法学 | 碳汇造林项目方法学 | |
| | AR- CM-002-V01 | 新开发方法学 | 竹子造林碳汇项目方法学 | |
| | AR-CM-003-V01 | 新开发方法学 | 森林经营碳汇项目方法学 | |
| | AR-CM-004-V01 | 新开发方法学 | 可持续草地管理温室气体减排计量与监测方法学 | |
| | AR- CM-005-V01 | 新开发方法学 | 竹林经营碳汇项目方法学 | |

注：表中方法学截至 2016 年 6 月 14 日。

# 第6章 碳资产管理和碳金融

## 6.1 碳资产管理

### 6.1.1 碳资产及碳资产管理的定义

#### 6.1.1.1 碳资产的定义

从会计学的角度看，资产是指企业过去的交易或者事项形成的，由企业拥有或者控制的，预期给企业带来经济利益的资源。因此，广义的碳资产是指企业通过交易、技术创新或其他事项形成的，由企业拥有或者控制的，预期能给企业带来经济利益的，与碳减排相关的资源，即与碳排放相关的能够为企业带来直接和间接利益的资源。

狭义碳资产的概念❶为：碳资产是指在强制碳排放权交易机制或者自愿碳排放权交易机制下，产生的可直接或间接影响组织温室气体排放的碳排放权配额、减排信用额。例如：

① 在碳交易体系下，政府分配给企业的配额。

② 企业内部通过节能改造活动所减少的碳排放量。由于碳排放量减少使得企业的可交易配额量增加，因此，也可称其为碳资产。

③ 企业投资开发的减排项目产生了减排量，且该项目成功申请签发了中国核证自愿减排量（CCER），并在碳交易市场上进行交易或转让，此经核证的自愿减排量也可称为碳资产。

#### 6.1.1.2 碳资产管理的定义

资产管理的目的在于通过更加有效率的使用该资产为企业创造更大的效益，碳资产管理也不例外。根据目前的碳资产交易制度，碳资产可以分为配额碳资产和减排碳资产。已经或即将被纳入碳交易体系的重点排放单位可以通过免费获得或参与政府拍卖获得配额碳资产；未被纳入碳交易体系的非重点排放单位可以通过自身主动地进行温室气体❷减排行动，得到

---

❶ 该定义由吴宏杰先生在《碳资产管理》一书中首次提出。

❷ 根据国家发改委2014年12月发布的《碳排放权交易管理暂行办法》，“温室气体”是指大气中吸收和重新放出红外辐射的自然和人为的气态成分，包括二氧化碳（$CO_2$）、甲烷（$CH_4$）、氧化亚氮（$N_2O$）、氢氟碳化物（HFCs）、全氟化碳（PFCs）、六氟化硫（$SF_6$）和三氟化氮（$NF_3$）。

政府认可的减排碳资产；重点排放单位和非重点排放单位均可通过交易获得配额碳资产和减排碳资产。

本书认为，企业碳资产管理是指企业通过对碳资产进行主动管理（如减排碳资产的开发、碳资产的采购及出售等），实现企业效益及社会声誉最大化、损失最小化的目的的行为。

## 6.1.2 企业实施碳资产管理的驱动因素

发展低碳经济已经成为全社会的共识，企业现如今的经营环境已经发生了变化。企业正面临着来自法律法规、市场、企业经营发展的风险与机遇，这些都推动着企业实施碳资产管理。

### 6.1.2.1 外部因素

政策和法律层面，为彰显我国减缓气候变化的决心，我国政府制定了严格的减排目标，密集地出台了一系列应对气候变化的政策。2009 年 11 月国务院常务会议提出“到 2020 年单位国内生产总值所排放的二氧化碳比 2005 年下降 40％－45％”，2011 年 10 月，国家发改委发布《关于开展碳排放权交易试点工作的通知》，2014 年 12 月国家发改委出台了《碳排放权交易管理暂行办法》。自 2015 年 9 月国务院发布《生态文明体制改革总体方案》首次提出建立绿色金融体系的国家战略，国家发改委及其他部委、人民银行、上海证券交易所等主管机构迅速响应，出台了一系列的绿色金融鼓励政策，支持绿色产业的发展。《生态文明体制改革总体方案》提出了发展绿色金融的一系列具体方向，包括：推广绿色信贷，研究采取财政贴息等方式加大扶持力度，鼓励各类金融机构加大绿色信贷的发放力度，明确贷款人的尽职免责要求和环境保护法律责任，建立上市公司环保信息强制性披露机制，完善对节能低碳、生态环保项目的各类担保机制，加大风险补偿力度等。2016 年 2 月 14 日，中国人民银行、发展改革委、工业和信息化部、财政部、商务部、银监会、证监会、保监会联合发布的《关于金融支持工业稳增长调结构增效益的若干意见》提出，大力发展能效信贷、合同能源管理未来收益权质押贷款、排污权抵押贷款、碳排放权抵押贷款等绿色信贷业务，积极支持节能环保项目和服务。

市场层面，能源及原材料价格上涨，部分采购商出于打造绿色供应链的目标对采购产品提出要求，“是否开展节能措施”成为重要的考核标准。对未能达到节能目标的企业，采购商有可能取消订单。以沃尔玛为例，沃尔玛开展的“绿色供应链可持续活动”向沃尔玛的供应链发出明确信息，如果供应商希望与沃尔玛保持长期合作，就要接受并达到沃尔玛“可持续性指数”的标准。随着消费者低碳意识的提高，他们也会越来越青睐购买低碳产品。

此外，来自政府和社会的监督越来越强。政府部门出台并实施包括《中央企业节能减排监督管理暂行办法》等多部法律文件，监督企业减排；消费者正在由注重产品的品质和价格，逐渐转向既注重产品的品质和价格，又注重产品是否对环境友好；金融投资机构在投资时也将注重企业的发展是否可持续，是否有利于环境。由此可见，来自发改委、环保部、地方政府、媒体、投资者和公众的监督会使企业的减排行为更加透明化，因此企业在低碳发展战略上需要做出更好的规划和实践。

### 6.1.2.2 内部因素

低碳经济下催生的绿色商业模式要求众多企业在原材料采购、生产流程和产品设计中，采取节能减排和可循环利用的新标准。低碳节能做得较差的高耗能企业可能失去竞争优势，低碳节能控制得当的企业可能增加竞争优势。

在此大背景下，不少企业抓住低碳机遇，积极实施低碳变革，以求在低碳趋势下获得新的优势。如，通过持续减碳、披露数据，围绕客户需求变化，改进产品与营销，提升对客户的吸引力；通过挖掘现有产品的低碳特性，在减碳的同时控制并降低成本；通过设定供应商低碳排放管理的目标，并针对低碳选择供应商，从而增强博弈能力并实现低成本减碳；通过发展绿色品牌，营造低碳形象，提升公司名誉，实现企业价值的再发现。

综上，在全球应对气候变化的大环境下，越来越多的企业积极实施碳资产管理，以减排为契机，推广低碳品牌，从而提高企业的竞争力。

## 6.1.3 企业实施碳资产管理的关键要素

### 6.1.3.1 明确企业定位

重点排放单位是被强制要求参与碳交易体系的企（事）业单位。与非重点排放单位相比，重点排放单位将获得碳交易主管部门按照确定的配额分配方法和标准向其分配的配额。重点排放单位应当承担的义务包括：“根据国家标准或国务院碳交易主管部门公布的企业温室气体排放核算与报告指南以及经备案的排放监测计划，每年编制其上一年度的温室气体排放报告，聘请核查机构对温室气体排放报告进行核查，在规定时间内向所在省、自治区、直辖市的省级碳交易主管部门提交排放报告和核查报告。省级碳交易主管部门将确认结果通知重点排放单位后，重点排放单位每年应向所在省、自治区、直辖市的省级碳交易主管部门提交不少于其上年度经确认排放量的排放配额，履行上年度的配额清缴义务。”

非重点排放单位未被碳交易主管部门强制纳入碳交易的范围，因此也无需承担履约的义务。非重点排放单位可以通过开发减排项目的方式获得碳资产，通过碳披露和碳中和等自愿行为打造企业低碳品牌，增加企业的美誉度。

考虑到重点排放单位和非重点排放单位的差异，企业应首先明确定位，根据要求制定合理的碳资产管理策略。本章 6.1.4 节和 6.1.5 节将针对重点排放单位和非重点排放单位分别提出碳资产管理的应对策略。

### 6.1.3.2 监测排放数据，确定减排目标

在企业低碳发展过程中，通过碳资产管理系统搜集减排数据，是设定恰当的减碳目标的必要手段。企业要购入定期监测装备或计量设备，并定期由计量或计算的人员负责核准，由较资深和知识较为丰富的人员审批读数记录或计算，并定期汇总数据。

在了解企业的排放情况后，企业可以通过“自上而下”或“自下而上”的方式，制定减排目标。其中，“自上而下”是指先在集团层面制定一个总的减排目标，然后视子公司的企业规模、减排难度、风险和机遇等方面的差异，将总减排目标分解至各个子公司（或业务板块），各子公司还可以将减排目标继续分解到每个车间甚至每道工序。而“自下而上”是指通过各子公司（或业务板块）的减排潜力，由子公司提出减排目标，然后汇总至集团层面形成集团的总目标。“自上而下”的优势在于统筹规划，从整体层面把控企业减排目标；“自下而上”则更能激发子公司/各部门减排的积极性，具有更强的执行力。

### 6.1.3.3 制定减排策略

企业制定减排策略的核心是以最小的减排成本实现最大的减排成效。企业在搜集排放数据，并制定排放目标后，应对重点排放进行管理，有针对性地实施减排计划，如提高能源使

用效率、技术改造、燃料转换、新技术应用等。例如，企业可以通过合同能源管理/节能改造，将节能改造外包给专业的节能服务公司，解决节能改造前期升级所需的技术调研、设备投资、基金筹措、项目实施等关键问题。不仅如此，企业还能够通过合同能源管理/节能改造服务，实现节能改造过程中的风险转移。企业还可以通过引进或开发新能源（如风能、水能、太阳能）减少温室气体排放。

#### 6.1.3.4 制定交易策略

重点排放企业需要根据企业实际缺口或盈余情况储备用于履约的 CCER 和配额。如果企业存在配额缺口，则需要根据市场供求情况，对配额或核证自愿减排量的价格进行预测，从而确定交易时间、交易数量和交易价格。在履约前，企业需要实时跟踪、把握市场和政策走向，并根据需要调整交易策略。

非重点排放企业需要根据市场供求情况，选择恰当的时机，出售 CCER，获得资金。

#### 6.1.3.5 考核目标

企业需要定期考核碳资产管理目标的实施效果，不断提升企业开展碳资产管理的能力，形成低碳竞争力。

重点排放企业的评估包括企业是否能顺利完成履约，实现减排和交易盈利责任的达成；非重点排放企业的评估包括企业是否能实现社会责任和企业品牌价值的提升。

此外，考核目标还应包括企业碳资产管理体系是否有效，包括但不仅限于建立碳资产管理规定和流程，明确企业内部执行流程，建立高效的沟通机制，建立监控机制和变更控制机制，确保能及时根据实际发生的变化调整目标。

### 6.1.4 重点排放单位碳资产管理应对策略

#### 6.1.4.1 重点排放单位碳资产管理体系的建立

企业内部管理离不开制度，好的碳资产管理体系不仅能够满足企业合规履约的要求，还能够帮助企业通过参与碳交易体系降低成本甚至赢利。

一套完整的碳资产管理体系至少应该包括以下七个部分：

① 企业低碳工作领导小组；

② 碳排放核算机制；

③ 碳减排潜力及成本分析；

④ 内部节能减排；

⑤ 碳资产投资管理；

⑥ 碳资产交易管理；

⑦ 碳资产管理内部控制体系。

（1） 企业低碳工作领导小组

成立由公司高层领导挂帅，多部门联席，职能明确的工作小组是企业碳战略得以有效实施的重要保障。一方面，大公司的运营都比较繁忙有序，只有公司高层足够重视，并在减排需要内、外部支持时，提供强有力的支持，才能确保碳资产管理工作的有效实施。另一方面，碳资产管理涉及战略、科技、运营、财务多个方面。只有各部门高度重视，且分工明确，才能各司其职，保证最终效果。以下企业 A 的案例将具体呈现企业如何进行策略实施。

**企业A：专设节能减排改善小组和碳资产管理团队**

企业A是一家年收入过亿的大型复印机、打印机等塑料部件生产商。

为了实现减排目标，企业A专设“节能减排改善小组”，由总经理担任组长，由设备部和财务部的负责人担任副组长，另有六个制造部门和总务部的负责人担任组员。公司设有节能减排意见箱，收集员工对节能减排的建议，并根据建议定期改善。该企业从2005年起，采用节能设备、工艺改造升级、机器设备自动化等多项节能减排和产业升级措施，实现了连续三年碳强度下降的目标。

企业A还另设“碳交易管理小组”，小组由事务局1人、财务部1人、总经理助理1人、注册登记簿的首席账户代表1人和一般代表1人共5人组成，该小组通过准确获取财务、生产等数据，月度估算企业碳排放量和工业增加值，及早地掌握了公司全年实际配额与排放量的差距，确定公司配额盈余情况。

（2）碳排放核算机制

碳资产管理是科学性的体系，其前提就是具有可测量、可核查的基础数据，没有这些数据，就谈不上碳资产的管理。因此，要实现碳资产的管理，企业必须建立碳排放核算机制。

企业要进行碳排放计算并建立内控制度以便确保能耗数据的正确性。因为当原来没有价值的二氧化碳变成商品时，每一吨碳排放都有其实际的价值。在这种情况下，准确对碳排放量进行测算是很重要的。

碳排放核算以企业组织为单位，量化企业/业务范围内各个部分的温室气体排放情况，并建立温室气体排放清单。通过开展碳排放核算，企业可以与国内外同行比较碳排放情况，为评估未来的排放状况设定基线，规划降低碳排放的目标。同时，碳排放核算还可以帮助企业尽早且有效地识别节能环节，减少节能成本。可以说，碳排放核算是企业规划低碳发展战略、制定温室气体减排目标的基础。

除了我国发布的核算指南和国家标准之外，目前国际上也有一些通用的企业碳盘查标准，包括国际标准化组织（ISO）在2006年推出的14064-1《组织层面温室气体排放及消减的量化及报告指导性规范》以及由世界资源研究所（WRI）和世界可持续发展工商理事会（WBCSD）主持开发的《温室气体核算体系：企业温室气体核算和报告标准》（GHG Protocol Corporate Accounting and Reporting Standard）。

国内七个碳交易试点已经各自发布了试点范围内的碳盘查指南，国家发改委也发布了24个行业温室气体核算指南。试点碳市场发布的行业温室气体核算指南参见表6-1。

**表6-1　北京、上海、广东、天津四个试点的行业温室气体核算指南**

| 序号 | 北京 | 上海 | 广东 | 天津 |
|---|---|---|---|---|
| 1 | 火力发电 | 电力、热力 | 火力发电 | 电力、热力 |
| 2 | 热力生产和供应 | | | |
| 3 | 石化生产 | 钢铁 | 钢铁 | 钢铁 |
| 4 | 水泥 | 化工 | 石化 | 化工 |
| 5 | 其他工业 | 有色金属 | 水泥 | 炼油和乙烯 |

续表

| 序号 | 北京 | 上海 | 广东 | 天津 |
| --- | --- | --- | --- | --- |
| 6 | 服务业 | 纺织、造纸 | | |
| 7 | | 非金属矿物制品业 | | |
| 8 | | 运输站点 | | |
| 9 | | 上海市旅游饭店、商场、房地产业及金融业办公建筑 | | |
| 10 | | 航空运输 | | |

尽管国内外碳盘查的标准有很多，但是核心步骤可以概括为以下几点：

① 确定组织边界和运营边界；

② 识别温室气体源和汇；

③ 选择量化方法，收集活动数据和排放因子；

④ 计算温室气体排放量；

⑤ 制作温室气体盘查清单及报告；

⑥ 选择第三方核查机构进行核查（重点排放单位必须）。

碳盘查的频率至少为每年一次，企业也可以选择按月或者按季度盘查，便于企业根据实际排放情况及时了解减排项目的实施情况，也能便于企业及时调整碳交易策略。

（3）碳减排潜力及成本分析

除了评估排放量，企业必须研究减排的潜力及成本，以便日后识别出最符合经济效益的减排方式。

减排潜力分析包括以下几步：

第一，了解企业能源管理现状，包括能源管理机构的设立和能源管理负责人的聘用情况、主要职能、能源计量器具的配置、能源消耗的统计和能源管理制度的建立以及执行情况等。

第二，分析企业能源消耗结构、品种、供给和外供及消耗指标的变化情况，分析单位产品能耗的变化情况。

第三，对企业能源成本与能源利用效果进行评价，包括能源成本与生产成本比例的分析，产品单耗与所在地区能耗定额、行业标准和国内外先进水平的比较，实现的节能量与年度节能量责任目标的差异等。

第四，根据前三步的工作，找出企业在能源管理、制度建设与执行、能源输入与消耗管理、计量统计、设备运行与监测、能耗指标消耗水平、在用淘汰设备、节能技术改造、重点用能设备操作人员培训以及废弃能回收等方面存在的问题，并提出相应的建议。

第五，节能潜力分析。根据企业工艺装备的设计能力、能耗参数和实际运行水平、产品单耗指标的分析对比及历史最好水平等方面的情况，做出综合性的定量分析。

第六，节能技改项目及成本效益分析。针对存在的问题和节能潜力，提出今后将要实施的节能技改项目及技术，并分析成本与效益。

以下企业 B 的案例将具体呈现企业如何通过分析减排潜力降低运行成本。

**企业B：精算减排账，合理选择减排措施**

企业B是主营塑胶制品、塑胶模具、家用小电器等的大型企业，年销售收入超过1.6亿元。

在节能减排准备工作中，企业不断加强能源基础管理和设备技术改造工作。在企业层面成立能源管理委员会，由机电部、行政部、财务部、生产部等部门相关技术管理人员组成，全面负责节能项目实施、能源统计、能源管理、监测主要耗能设备及提高效率、电力计量统计等工作。

同时，在节能减排改造实施过程中，企业详细核算了每个节能减排改造项目的项目投入、节能率、每年节电量和节省电费、节能量（吨标煤）和减碳量（吨二氧化碳当量），使得企业在每个节能减排改造项目中的成本和收益清晰明了，利于指导企业节能减排投资决策。

（4）企业内部实施节能减排

基于节能技改项目和成本效益的分析，企业决定要实施内部减排项目。常见的节能减排项目包括更换节能灯泡、安装太阳能发电面板、余热回收、安装墙体隔热材料、使用天然气作为汽车燃料、优化运输物流等。

节能工作是一个系统性、综合性很强的工作。本书建议企业参照2012年12月31日发布的国家标准GB/T 23331—2012《能源管理体系要求》，在企业内部建立起一个完整有效的、形成文件的能源管理体系，注重建立和实施过程的控制，使组织的活动、过程及其要素不断优化，通过例行节能监测、能源审计、能效对标、内部审核、组织能耗计量与测试、组织能量平衡统计、管理评审、自我评价、节能技改、节能考核等措施，不断提高能源管理体系持续改进的有效性，实现能源管理方针和承诺并达到预期的能源消耗或使用目标。以下企业C的案例将具体呈现企业如何实施内部的节能改造。

**企业C：实施自动化改造，降低单品的能耗**

企业C是一家集研发、设计、生产于一体的大型民营高科技企业，主营单面、双面、多层挠性电路板。

该企业采取了多种途径，推动企业内部节能减排。一方面，企业坚持质量管理以及清洁生产。该公司的流程化管理与精益化管理水平较高，比如建立了ERP体系，通过了SGS ISO 9001、ISO 14001、TS 16949等认证。同时，该公司认真执行各项环保指标项目，特聘请有资质的废水废气治理公司对公司废水、废气进行日常处理及维护。另一方面，企业实行自动化改造。该公司近几年全面实施自动化改造，现在自动化程度已非常高。这是能耗降低的主要原因。虽然产品生产的工序并没有因为设备升级而减少，但是生产效率却得以提高，单品的能耗下降。该公司实现节能减排的主要原因更多是基于生产效率的提高，体现在次品的减少、生产速度的提高。

（5）碳资产投资管理

① 组织结构　企业应制定碳资产投资管理流程及管理办法，规范企业内部碳资产投资决策的建立及投资活动。

企业可以专门建立一个碳资产投资小组来具体实施碳资产投资管理流程及管理办法。碳资产投资小组设立一名组长，直接向公司总经理汇报。

企业根据自身的碳排放量、人员架构等实际情况，组织不同部门的人员组建碳资产投资小组，也可以委托外部具有专业碳资产管理能力的第三方机构进行企业碳资产的投资。

碳资产投资小组至少应包括一名组长，一名投资决策分析员，一名交易员。主要负责以下几项工作：

a. 建立健全碳资产投资管理流程及管理办法，并监督执行；

b. 负责对碳资产进行管理，掌握、监督其财务情况，包括资产负债、损益、现金流量；

c. 负责碳资产投资方案设计，包括投融资方式、投融资规模、投融资结构及相关成本和风险的预测等；

d. 对碳资产拥有一定的处置权，可以采购、处理小额碳资产；

e. 对大额碳资产的处置提出建议方案，经公司总经理办公室批准后组织实施。

② 职责定位　组长的工作任务包括：

a. 组织建立健全公司碳资产投资的管理制度，经公司批准后贯彻落实；

b. 监督碳资产投资管理制度的执行；

c. 对于投资决策分析员上报的小额碳资产的投资方案进行审批、鉴定；对于大额碳资产的投资方案进行评估，并报公司总经理办公室批准；

d. 制定碳资产投资小组工作计划（如年度、季度、月度）并组织实施，做好年度及平时工作总结，及时向公司领导汇报；

e. 安排、指导、监督、考核碳资产投资管理人员的具体工作。

投资决策分析员的工作任务包括：

a. 根据企业碳排放报告、碳排放权会计报告以及跟相关部门如环保生产部门与财务部门的合作交流，了解企业自身碳资产状况，明确哪些碳资产可以买卖，以及企业未来需要偿还多少碳债务，进而编写碳资产投资可行性分析报告以及决策评价和投资建议方案；

b. 负责碳市场调研，对国内及国际碳交易市场发展的趋势进行分析并提报投资策略。

交易员的工作任务包括：

a. 根据审批后的投资方案准确及时完成各项交易；

b. 对异常的交易指令进行事先的风险报告；

c. 交易单据整理、保管、交接。

除建立碳资产投资管理小组外，企业还可以通过聘用专业的碳资产管理机构和研究人员等方式，使低碳投资收益最大化。

以下企业 D 的案例将具体呈现企业如何通过碳资产管理获得额外收益。

**企业 D：签订配额托管协议，同托管会员共享托管收益**

企业 D 是一家以复合肥生产经营为主业，集科研开发、生产和销售为一体的高新技术上市公司，主要生产生物肥、控释肥、生态型复合肥和高效复合肥等系列产品，员工人数超过 3000 人，2015 年净利润超过 1.5 亿元。因为排放量较少，公司希望将碳资产管理业务外包。

2015 年 1 月，公司将 70%的配额交给一家托管机构托管，并分享 20%以上的托管收益，另 30%的配额自行在碳市场中交易获利。

通过配额托管，企业D能够获得固定收益，相当于买入保本型基金，又无需承担参与市场交易的风险。托管机构也能够通过市场操作获益，用保证金的杠杆获得更多收益。通过托管业务的开展，将有利于帮助重点排放单位提升碳资产管理能力、提高市场交易的流动性。

（6）碳资产交易管理

碳资产交易管理包括五个步骤：确定交易需求；编写投资方案；根据配额管理操作权限，审批投资方案；碳资产交易；工作总结。

第一步，确定交易需求。

投资决策分析员从相关部门搜集信息，包括企业历年碳排放及工业增加值信息、本年度企业碳排放及工业增加值信息（季度或者半年度）等。根据搜集的信息，预测本年度全年碳排放量及工业增加值，结合政府的碳强度约束目标，判断企业本年度的配额是不足还是盈余。如果配额盈余，企业可通过出售配额获取收益。如果配额不足，企业则需要买入配额或CCER以满足履约要求。

由于企业购买CCER的比例受限，若企业配额不足，投资决策分析员应判断能否完全通过购买CCER满足履约要求。若能完全满足，则分析碳市场CCER价格变化情况，预测需要投入多少资金购买。若不能完全满足，投资决策分析员应搜集企业节能减排潜力及成本分析报告，通过比较企业节能减排成本和碳市场配额价格，确定投资策略：是节能减排还是通过购买配额补足空缺部分。

第二步，编写投资方案。

投资决策分析员根据第一步的分析结果，编写碳资产投资方案，投资方案中应包括交易需求分析、预期的收益分析（若配额盈余）、预期的投资策略及采购成本分析（若配额不足）、交易风险分析。投资方案提报组长。

第三步，根据配额管理的操作权限，审批投资方案。

组长根据投资方案中碳资产的投资比例，分别进行不同操作：如果碳资产投资比例较少，组长直接进行审批；如果碳资产投资比例较多，组长进行审阅，审阅通过后提报总经理办公室；总经理办公室审批通过后，返回给组长。

第四步，碳资产交易。

交易员根据审批通过后的投资方案准确及时地完成各项交易。

第五步，工作总结。

组长按时进行平时及年度工作总结，及时向公司领导汇报。

以下企业E的案例将具体呈现企业积极进行碳交易而获利，企业F的案例将具体呈现企业未重视碳交易而带来的损失。

**企业E：建立碳交易管理流程，预测碳价，交易获利**

企业E是一家生产复印机、打印机等塑料部件的生产商，年销售收入超过2亿元。该企业通过规范碳交易管理流程，预测碳排放情况，以富余配额为资本，获得配额利润。

企业建立了专人负责的碳交易管理小组，由财务部、业务部门和碳交易代表组成。

碳交易管理小组每月估算公司的工业增加值和碳排放量，并向总经理汇报。企业还设立了一套进行碳交易的管理流程：首先，由一般账户代表和首席账户代表向公司申请，表明买卖意向及数量；再由部门主管审批，并电邮给总经理请批。

由于采取了有效的节能减排措施，企业在履约期盈余了大量的配额。碳排放小组预测配额价格，在碳价较低时购入大量的配额，在履约期将要截止碳价上升时再卖出，从差价中获得大额利润。

**企业 F：履约热期集中交易，成本高筑**

企业 F，专业生产吹塑及滚塑制品，并提供塑胶表面氟化处理，员工 1000 余人。公司年销售收入超过 2 亿元。

企业在碳市场试点建设第一履约阶段对于碳交易重视不足，在前期预计公司存在配额缺口时仍不尝试市场交易，最终于履约期限前的配额购买热期进行交易。市场由于短时间的需求增加造成市场价格陡增、市场供给量不足等现象，致使企业配额交易成本上升。相较于市场早期每吨二氧化碳 50—60 元的市场均价，临近履约期的市场均价已抬升至 75—80 元。

公司选择集中在这一时段进行交易，在实际利益上由于高市价造成履约成本大幅上升，在交易决策上集中的交易分布造成企业自身减排价格发现的缺失，同时集中交易无法分摊风险，导致公司不得不承受大幅度的价格上涨风险。

（7）碳资产管理内部控制体系

内部控制的目标是：合规经营、资产安全、提高效益、信息真实。对于实行碳资产管理的企业，需要将碳资产的投资纳入到企业原有的内部控制体系内。一套内部控制体系包含以下五个部分。

① 风险控制环境　公司原有的风险控制委员会作为公司最高风险控制机构，也要负责对于碳资产投资的风险控制。公司原有的风险管理部接受风险控制委员会的领导，是风险控制委员会的执行工作机构，负责碳资产投资风险的评估和控制。

授权管理是风险控制的一个重要环节。授权管理的目的是在防范、化解风险的前提下，最大限度地提高决策办事效率。碳资产投资业务同样需要授权，对碳资产投资小组实行有限授权，碳资产投资小组可以处置一定比例的碳资产。授权采取书面形式，并经授权人和被授权人盖章签字后生效。根据碳资产投资小组的经营管理业绩、风险状况、授权制度执行情况，及时调整授权。

② 风险的评估　风险评估包括碳交易市场风险的评估和操作风险的评估。

碳交易市场风险的评估。碳交易市场风险评估包括 5 个步骤：a. 收集全部交易记录；b. 汇总交易记录形成一个与交易类似的资产组合；c. 把资产组合分解成潜在的市场风险因素，这要求把每个投资对象都分解成纯风险成分；d. 为分解后的资产组合定价，并测算出收益；e. 通过运用一套模拟的市场价格和利率，对资产组合重新定价来进行风险测量。风险管理部开发基于 VAR 模型的市场风险管理系统，将公司碳资产管理业务的配额及 CCER 持有情况、盈亏状况、风险状况和交易活动进行有效监控，定期对碳资产管理业务进行压力测试和情景分析，并利用 VAR 模型控制市场风险。

操作风险的评估。结合公司经营策略、风险偏好为操作风险管理制定明确范围和目标。另外，还要制定一些具体、短期的目标，以保证操作风险管理工作朝既定目标发展。

③ 风险控制活动　碳资产投资管理过程中存在市场风险、流动性风险、投资决策风险、越权风险、交易风险、人员道德风险等。公司应在原有的风险控制措施中建立一套科学的投资管理运作机制。

④ 信息沟通与反馈　企业应当将内部控制相关信息在企业内部各管理层次、责任单位、业务环节之间，以及企业与外部投资者、债权人、客户、供应商、中介机构和监管部门等有关方面之间进行沟通和反馈。信息沟通过程中发现的问题，应当及时报告并加以解决。

⑤ 监督　企业应当制定碳资产管理内部控制监督制度，明确内部审计机构在内部监督中的职责权限，规范内部监督的程序、方法和要求。

#### 6.1.4.2　重点排放单位如何参与碳市场

政策制定及监管者（碳交易主管部门）、交易所和重点排放单位是碳市场中的核心角色。重点排放单位应根据国家发改委 2014 年 12 月 10 日发布的《碳排放权交易管理暂行办法》，完成每个年度的履约工作，具体内容如表 6-2 及图 6-1 所示。

**表 6-2　重点排放单位履约义务**

| 履约义务 | 具体条款 |
| --- | --- |
| 制定监测计划 | 重点排放单位应按照国家标准或国家碳交易主管部门公布的企业温室气体排放核算与报告指南的要求，制定排放监测计划并报所在省、自治区、直辖市的省级碳交易主管部门备案<br>监测计划发生重大变更的，应及时向所在省、自治区、直辖市的省级碳交易主管部门提交变更申请 |
| 提交排放报告和核查报告 | 重点排放单位应根据国家标准或国家碳交易主管部门公布的企业温室气体排放核算与报告指南，以及经备案的排放监测计划，每年编制其上一年度的温室气体排放报告，由核查机构进行核查并出具核查报告后，在规定时间内向所在省、自治区、直辖市的省级碳交易主管部门提交排放报告和核查报告 |
| 配额清缴 | 重点排放单位每年应向所在省、自治区、直辖市的省级碳交易主管部门提交不少于其上年度经确认排放量的排放配额，履行上年度的配额清缴义务 |

图 6-1　重点排放单位参与碳市场流程图

一般情况下，重点排放单位需要有三大支撑系统用于协助其完成履约的工作，这三个系统分别为温室气体排放信息管理系统、注册登记系统、碳排放权交易系统。

（1）重点排放单位三大支撑系统开户

重点排放单位必须先在交易所开户后，才能使用三大支撑系统。重点排放单位需要到对应的交易所开立会员账户。以深圳碳市场为例，会员体系分为以重点排放单位为主的管控企业会员、机构投资者会员、个人投资者会员、以机构或自然人为主的公益会员。每一类会员的开户流程大致相同，但需递交的材料存在一定差异。

重点排放单位参与碳市场时开户流程主要分为 4 个步骤：

① 在“深圳市注册登记簿系统”注册　用户需要登录到注册登记簿系统，选择注册类型。其中“控排单位”和“建筑物”为纳入深圳碳交易的企事业单位和建筑，即管控企业会员；“机构投资者”为在深圳碳市场进行买卖业务的机构，即机构投资者会员；“个人投资者”为在深圳碳市场进行买卖业务的个人，即个人投资者会员；“公民个人”和“社会团体”为购买配额用于抵消单位或个人碳排放（即只可购买，不可出售）的公民或社会团体，即公益会员。

② 将开户材料提交到交易所　不同的用户类型需要提交不同的资料。

机构类用户需要提交 9 类材料（加盖公章）：a. 深圳碳排放权账户开户申请表（机构）；b. 企业营业执照原件及复印件或加盖发证机关确认章的复印件；c. 组织机构代码证原件及复印件；d. 税务登记证原件及复印件；e. 法定代表人证明书；f. 法定代表人有效身份证明文件及复印件；g. 账户代表有效身份证明文件及复印件；h. 经办人有效身份证明文件及复印件；i. 法定代表人授权委托书（授权账户代表及经办人）。

个人类用户需要提交两类材料：a. 深圳碳排放权账户开户申请表（个人）；b. 有效身份证明文件、银行账户及复印件。

由于深圳碳市场可以引入境外投资者（机构或个人），用户的开户资料依据引入境外投资者对应银行的开户材料进行提交。

③ 交易所完成注册登记簿系统和交易系统开户　交易所工作人员审核用户资料，用户需签署《会员协议书》和《风险揭示书》。开户成功后注册登记簿系统自动发送密码给用户，交易系统的密码由用户自行输入。

④ 开通第三方银行资金存管功能　已有交易所合作银行网银的用户可通过网银模式自行签署资金银行存管，未开通网银的用户需至开户银行柜台现场签署《银行第三方存管协议》。

深圳碳市场也允许异地自助开户，开户的流程如图 6-2 所示。

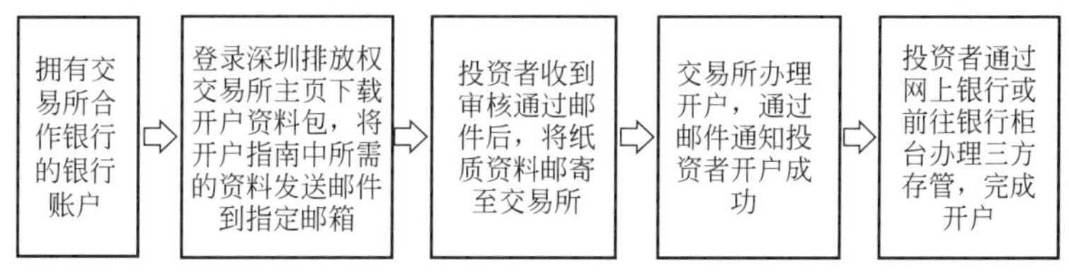


图 6-2　深圳碳市场异地开户流程

（2）碳排放权交易系统

重点排放单位通过碳排放权交易系统完成配额和 CCER 的交易。以深圳为例，深圳碳市场目前主要有定价点选、大宗交易两种交易方式。实行价格涨跌幅限制，定价点选方式的涨跌幅限制比例为 10%，大宗交易方式的涨跌幅限制比例为 30%。定价点选是指交易参与人按其限定的价格进行委托申报，其他交易参与人对该委托进行点选成交的交易方式。大宗交易是指单笔交易数量达到 10,000t 二氧化碳当量以上的交易。碳排放权交易系统操作界面如图 6-3 所示。

完成开户流程后，可以在交易系统进行交易。交易行为需遵循交易所发布的交易规则，在交易所规定的交易时间内，通过交易系统进行。

图 6-3　深圳排放权交易系统界面

仍以深圳碳市场为例，交易所规定的交易时间为上午 9：30 至下午 15：30。深圳碳市场的交易方式分为定价点选和大宗交易两种。

① 定价点选的交易流程如下：

a. 进行交易委托。通过交易系统向交易所交易主机发送买卖申报指令，交易系统接受到指令后将冻结会员的资金或碳排放权。客户可以撤销委托的未成交部分，被撤销和失效的委托，交易所在确认后及时向会员解冻相应的资金或碳排放权。客户可通过客户端查询自己的委托和成交记录。

b. 购买方/卖出方查询委托申报的卖单/买单，点选交易。交易系统的买入价格在系统中按从高到低进行价格排序，显示所有的买入申报；卖出价格在系统中按从低到高进行价格排序，显示所有的卖出申报。客户查询到相同意向的委托申报，通过点选确认交易。

c. 买卖成交。买卖申报经交易系统成交后，交易即告成立。符合交易规则各项规定达成的交易于成立时生效，交易双方必须承认交易结果，履行清算交收义务。

② 大宗交易的交易流程如图 6-4 所示。

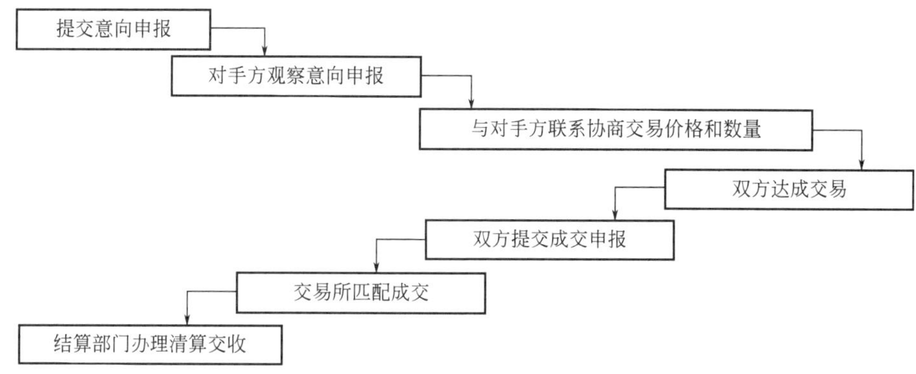


图 6-4 大宗交易流程图

(3) 温室气体排放信息管理系统

重点排放单位登录温室气体排放信息管理系统，通过手工录入数据及文件导入，量化及报告自身温室气体排放，第三方核查机构利用该系统对企业的排放数据进行核查并出具核查报告，政府碳交易主管部门通过该系统对企业的排放报告和第三方机构的核查报告进行检查，最终确认每家企业的年度温室气体排放量。确认后的温室气体排放量将作为重点排放单位履约的依据。

重点排放单位进入温室气体排放信息管理系统后，可以对温室气体排放信息进行录入，以深圳碳市场为例，温室气体排放信息管理系统（如图 6-5 所示）的具体操作流程如下：

图 6-5 温室气体排放信息管理系统用户界面

① 创建报送年度　重点排放单位在系统的报送界面选择报送年度点击“新建”，即可创建指定年度的报送记录。

② 完善基本信息　创建报送年度后将直接进入企业信息填写页面，重点排放单位需将企业的主营业务、年度工业增加值、边界变动、核查范畴等基本信息补充完善。

③ 识别排放源　识别重点排放单位使用的排放源，同时选定与之对应的排放因子，需区分固定燃料燃烧排放、移动源燃料燃烧排放、工业制程排放和逸散排放等直接温室气体排放类型，及净购入电力引起的间接排放和净购入热力引起的间接排放等间接温室气体排放类型。

④ 录入活动数据　重点排放单位识别出排放源后，根据使用排放源时留有的法定票据，

计算排放源的总使用量，作为活动数据录入到系统中。

⑤ 核对排放量数据　在重点排放单位录入排放源的活动数据后，系统自动根据排放源对应的排放因子，计算重点排放单位识别的所有排放源的排放量数据，加总成最终的排放总量。重点排放单位根据计算而得的排放量数据，与自行计算的排放量数据进行比对，核对排放量数据的准确性，分析是否选择了错误的排放因子。

⑥ 导出并上传量化报告及排放清单　完成数据核对后，重点排放单位便可以从系统中下载包含排放数据的量化报告和排放清单。重点排放单位需将报告填写人等信息补充完整，并再次核对排放量数据的准确性，将完整的量化报告及排放清单上传到系统中，便完成了排放数据的报送。

⑦ 选择核查机构　重点排放单位应与核查机构签署核查协议，在数据填报完成后在系统中选择对应的核查机构并递交，重点排放单位的量化报告、排放清单及全部报送内容将传输到核查机构账户下，以便进行后续的核查工作。

(4) 注册登记簿系统

重点排放单位在注册登记系统开立账户后，接收碳交易主管部门所分配的配额，在交易系统中进行权益交易，注册登记系统根据交易结果对重点排放单位的权益进行转移。重点排放单位在注册登记系统中按核查后的排放量数据进行配额和核证减排量的履约递交和注销。

履约截止日期之前，重点排放单位通过注册登记系统完成配额清缴工作。国家自愿减排和排放权交易注册登记系统是国家发改委组织建设的国家碳交易注册登记系统（如图 6-6 所示）。注册登记系统用于记录排放配额的持有、转移、清缴、注销等相关信息。注册登记系统中的信息是判断排放配额归属的依据。

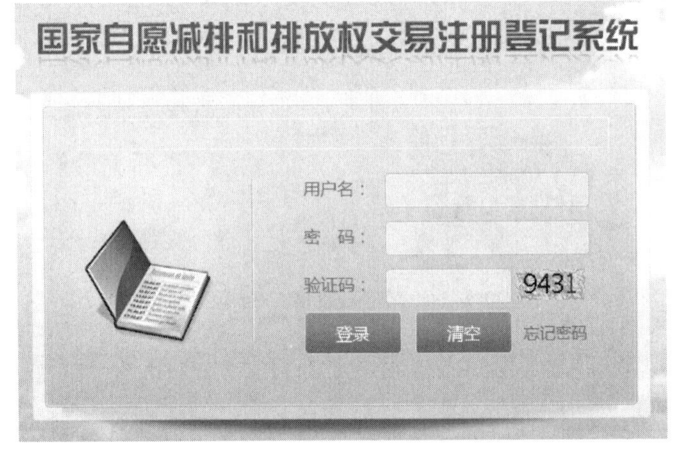


图 6-6　国家注册登记系统用户界面

### 6.1.5　非重点排放单位碳资产管理应对策略

非重点排放单位未被碳交易主管部门强制纳入碳交易的范围，因此也无需承担履约的义务。非重点排放单位也可按照重点排放单位的开户和交易流程，参与到碳市场交易中。本书将非重点排放单位分成了三种类型并分别提出了三种应对策略。

第一种企业主动申请加入碳交易体系。经碳交易主管部门批准后，这类企业可视为重点排放单位，可参照本书 6.1.4 节建立企业的碳资产管理体系。

第二种企业有可开发的碳减排资产。这类企业可以开发减排项目，通过在碳市场出售减排项目所产生的核证自愿减排量（CCER）实现资产增值。

第三种企业既不想加入碳交易体系，也没有可开发的碳减排资产。这类企业可通过积极实施节能减排、碳披露、碳中和等自愿行为打造企业低碳品牌，增加企业的美誉度。

本书建议以上三种类型的非重点排放单位也都建立一套完整的碳资产管理体系。无论哪种企业，碳资产管理体系中都建议包括以下几个部分：

① 碳排放核算机制；

② 碳减排潜力及成本分析；

③ 内部节能减排；

④ 碳资产管理内部控制体系。

### 6.1.5.1 开发碳减排项目

开发碳减排项目大概分成四个步骤：①识别和筛选碳减排项目；②投资选定碳减排项目；③碳减排项目开发；④获得碳减排量。企业开发碳减排项目，应参照国家发展改革委 2012 年 6 月 30 号发布的《温室气体自愿减排交易管理暂行办法》。除了符合《温室气体自愿减排交易管理暂行办法》的要求，企业若想将开发出的 CCER 在七个碳试点地区或者未来的全国碳市场出售，还要满足各试点地区/全国碳市场的 CCER 准入条件。七个试点已经各自出台了碳抵消政策，国家发改委近期透露未来全国碳市场的 CCER 准入条件可能严于试点地区，可能的要求包括：项目开始日期在 2015 年 1 月 1 日后或更晚的 CCER 项目才可用于履约，一些类型的项目（例如工业气体类）将直接被限。因此，企业应密切关注国家发改委对 CCER 的调控政策，尽量选择优质的减排项目进行投资。一般来说，开发越晚的项目越不容易被限制，且企业应尽量避开可能会被限制的项目类型，如水电项目。CCER 的具体开发流程见图 6-7。

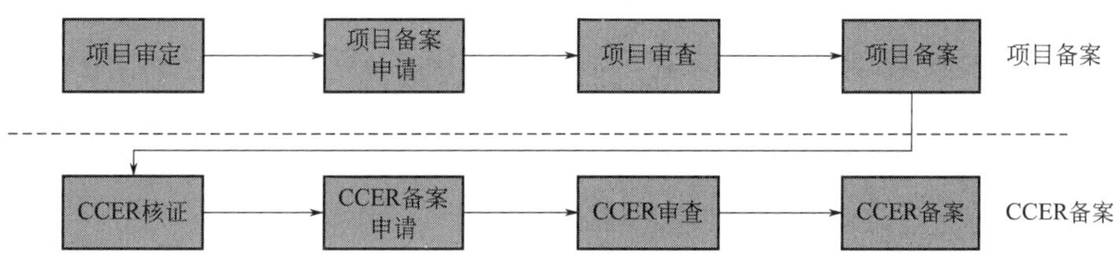


图 6-7 CCER 的具体开发流程

### 6.1.5.2 碳披露与碳中和

（1）碳披露

碳披露是指在碳盘查的基础上，企业将自身的碳排放情况、碳减排计划、碳减排方案、执行情况等适时适度向公众披露的行为。碳披露项目（Carbon Disclosure Project，CDP）目前已发展成碳排放披露方法论和企业流程的经典标准。

CDP 是英国伦敦 35 家关注气候变化对企业经营活动产生影响的全球主要法人机构共同发起的，其主要目的是评估气候变化对企业造成的机遇和风险，试图以一场高质量的信息对话来促进全球企业对气候变化做出合理的反应。自 2000 年发起以来，CDP 采取问卷方式对全球部分具有代表性的上市公司进行碳信息披露调查，以此推动企业与投资者之间进行高质量信息披露交流，并对此做出相应的防范应对措施。

CDP问卷调查的内容主要涉及4个方面：①低碳战略，它包括碳风险管理、低碳发展机遇、管理战略和碳减排目标；②碳减排核算，它包括碳核算方法、碳排放的直接核算、碳排放的间接核算；③碳减排管理，它包括减排项目、碳排放交易、碳排放集中度、能源成本和计划等方面；④全球气候治理，它主要包括气候变化的责任分担、总体和个体减排成效、国际气候治理机制等。尽管国际上有很多类似CDP的机构组织也在进行碳相关方面的工作努力，但是相对而言，CDP显得更为全面、系统、深入且应用广泛，受到企业利益相关者的青睐，这为其获取企业碳信息披露信息开辟了一条较完整的渠道。

中国是CDP问卷调查参与度与回复率最低的国家之一。根据《CDP 2015年度气候变化报告》，在中国企业中，气候变化信息披露还在初期阶段。到2015年CDP问卷填报的截止日期，中国仅9家公司完成了CDP披露，略高于2010年的8家。与发达国家的许多企业相比，中国企业回馈的数量和质量都有相当大的距离。机构投资者对企业的引领和要求还不到位。

部分企业对节能减排应对气候变化所带来的风险机遇和企业战略目标的联系认识不足，大部分企业还对碳信息披露抱有一种不太认可的态度。企业作为参与应对气候变化的重要主体，应当积极承担碳信息披露的社会责任，加强自身社会责任感和行业使命感。积极参与碳信息披露可以扩大企业的知名度，将会使企业在无形中获得巨大社会效益和经济效益。

（2）碳中和

英国和欧洲现在通行的“碳中和”概念是：“对那些在所有减少或避免排放的努力都穷尽之后仍然存在的排放额进行碳抵消”。“碳中和”就是现代人为减缓全球变暖所做的努力之一。根据英国标准协会2010年推出的碳中和标准（PAS2060），“碳中和是指与标的物相关的温室气体排放，并未造成全球排放到大气中的温室气体产生净增加量”。标的物可以是国家、政府、企业、活动、产品/服务、个人等。

PAS2060是目前应用较为广泛的全球性碳中和标准，其主要目的在于鼓励企业在使用公认的方式抵消碳足迹之前，先通过自身努力节能减排，实现企业自愿减排目标。

根据PAS2060的要求，企业要进行碳中和声明，需要根据相关规定采取行动，主要步骤如下：①选定预期宣告碳中和的标的物；②使用公认的方法论量化该标的物的碳足迹；③制定碳足迹管理计划，并根据本规范的要求进行碳中和承诺声明；④实施减少所选定标的物碳足迹的行动，同时确立这些行动的有效性；⑤重新量化所选定标的物的碳足迹，确保该标的物未发生变化，从而使用②中所应用的方法论来测定剩余温室气体排放量；⑥引进或考虑先前启动的抵消项目，以中和剩余温室气体排放量；⑦在所选定的标的物已实现碳中和的情况下，根据规范的要求进行碳中和实现声明。

汇丰集团早在2005年就率先成为全球首家实现碳中和的大型国际银行。“碳中和”计划是汇丰可持续发展战略的一部分，它包括三个方面：第一，管理和减少银行的直接排放；第二，通过购买“绿色电力”，减少使用电力的碳排放系数；第三，通过购买碳抵消信用来抵消剩余的二氧化碳排放量，以达到碳中和。汇丰中国减少碳足迹的举措包括：在总部以及各地分行安装视频与电话会议设施，以减少商旅飞行的需求和二氧化碳排放；使用双面打印机，减少纸张的使用；实施夏季员工商务便装安排，调高空调的温度，帮助减少能耗等等。在实施了降低能耗、减少差旅飞行，以及购买“绿色电力”等举措后，汇丰从世界各地购买碳抵消信用以中和剩余的二氧化碳排放。汇丰所购买的碳抵消信用来自中国的可再生能源项目（如风电和水电）或是来自一些提高能源效率的项目（如捕获和再利用水泥生产过程中的废热）。

国际济丰集团下属的上海济丰纸业包装股份有限公司是国内首家通过自愿减排交易即碳交易实现碳中和的包装企业。2011年6月10日，国际济丰纸业集团、荷兰CVTD咨询公司和天津排放权交易所与英国标准协会签署碳中和交易合同，购买2万多吨来自甘肃黄河柴家峡水电项目的自愿碳减排量，这是我国内地首笔基于PAS2060碳中和标准的企业自愿碳减排交易。

2016中国绿公司年会期间，交通、饮食、住宿、会议用电等共计排放温室气体144t二氧化碳当量。由中国绿色碳汇基金会使用老牛基金会捐赠的20万元，在内蒙古自治区和林格尔县营造58亩碳汇林，在未来10年内全部吸收本次活动所产生的碳排放，实现碳中和。

## 6.2　碳金融

### 6.2.1　碳金融及其衍生品的定义

#### 6.2.1.1　碳金融的定义

碳金融的定义有狭义和广义之分。狭义的碳金融，是指以碳排放配额和碳减排信用为媒介或标的的资金融通活动。广义的碳金融，是指在低碳经济发展环境下衍生出来的金融活动，包括以碳相关标的为基础的碳交易，以及为服务实体经济，为企业的低碳项目提供投融资等金融服务。

由于履约义务的存在，碳标准化产品有其自身的特点。但由于碳排放配额和碳减排信用的高度标准化，碳交易市场与证券交易、大宗商品交易、外汇交易、黄金交易等传统交易市场有很多共通之处。而广义的碳金融投融资活动，也可归结为以下四个基本要素的互动：资金供应者和需求者、信用工具、信用中介机构和价格。

#### 6.2.1.2　碳金融衍生品的定义

金融衍生品是指价值取决于一种或多种标的资产（也称标的物）或指数的金融合约，其基本种类包括远期、期货、期权和掉期等。对于碳金融市场，其基本交易产品是碳排放权配额和核证自愿减排量；基本的衍生交易产品主要有碳远期、碳期货、碳期权和碳掉期等。同时，碳排放配额和核证自愿减排量在其他投融资工具、理财工具领域也有了新的应用，例如碳配额质押/抵押、碳债券、碳基金、碳信托、碳保险以及减排信用的货币化/证券化等。

### 6.2.2　碳金融产品及其作用

#### 6.2.2.1　碳金融产品的分类

（1）碳金融原生产品

目前，碳市场上，碳金融原生工具主要有碳排放配额和核证自愿减排量，也就是通常简称的碳现货。它通过交易平台或者场外交易等方式达成交易，随着碳排放配额或核证自愿减排量的交付和转移，同时完成资金的结算。在国际碳排放权交易市场中，碳现货交易主要包括配额型交易和项目型交易两类。项目型交易主要包括清洁发展机制（Clean Development Mechanism，CDM）和联合履约机制（JI）两种机制下产生的减排量。与之类似，在国内碳排放权交易市场中，碳现货交易同样包括配额型交易和项目型交易，项目型交易的标的是中国核证自愿减排量（CCER）。

① 碳排放配额　碳排放配额是指政策制定者通过初始分配给企业的配额，是目前碳配额交易市场主要的交易对象。如《京都议定书》中的配额 AAU、欧盟排放权交易体系使用的欧盟配额 EUA。

② 核证自愿减排量　核证自愿减排量，简称 CER（Certified Emission Reduction），是清洁发展机制（CDM）中的特定术语。经联合国执行理事会（EB）签发的 CDM 或 PoAs（规划类）项目的减排量，一单位 CER 等同于 1t 的二氧化碳当量，计算 CER 时采用全球变暖潜力系数（GWP）值，把非二氧化碳气体的温室效应转化为等同效应的二氧化碳量。根据联合国清洁发展机制（CDM）的规定，发达国家企业提供技术和资金，帮助发展中国家的企业实现温室气体减排，其获得的减排量可以抵消其减排指标，以满足其在《京都议定书》中的部分减排承诺。

中国核证自愿减排量，简称 CCER（China Certified Emission Reduction），是中国经核证的温室气体自愿减排量。

（2）碳金融衍生品

① 碳远期　碳远期交易是指买卖双方签订远期合同，规定在未来某一时间进行商品交割的一种交易方式，远期交易在本质上属于现货交易，是现货交易在时间上的延伸。

原始的 CDM 交易实际上属于一种远期交易。买卖双方通过签订减排量购买协议（Emission Reductions Purchase Agreement，ERPA）约定在未来的某段时间内，以某一特定的价格对项目产生的特定数量的减排量进行的交易。

② 碳期货　碳期货是指以碳排放权现货为标的资产的期货合约。对于买卖双方而言，进行碳期货交易的目的不在于最终进行实际的碳排放权交割，而是套期保值者利用期货自有的套期保值功能进行碳交易市场的风险规避，将风险转嫁给投机者。此外，期货的价格发现功能在碳金融市场得到了很好的应用。

③ 碳期权　碳期权是指在将来某个时期或确定的某个时间，能够以某一确定的价格出售或者购买温室气体排放权指标的权力。碳期权也可分为看涨期权和看跌期权。

④ 碳掉期　碳掉期，也称碳互换，是交易双方依据预先约定的协议，在未来确定的期限内，相互交换配额和核证自愿减排量的交易。主要是因为配额和减排量在履约功能上同质，而核证自愿减排量的使用量有限，同时两者之间的价格差较大，因此产生了互换的需求。

（3）碳现货创新衍生产品

这里的碳现货创新衍生产品，是指以碳排放权配额或核证自愿减排量的现货为标的，创新和衍生出来的碳金融产品，也可称之为碳金融创新衍生产品。

① 碳基金　从广义上来讲，碳基金是一种由政府、金融机构、企业或个人投资设立的，通过在全球范围购买核证自愿减排量，投资于温室气体减排项目或投资于低碳发展相关活动，从而获取回报的投资工具。碳基金主要分为三种类型：狭义碳基金、碳项目机构和政府采购计划。在碳交易市场产生的初期，（狭义）碳基金主要是指利用公共或私有资金在市场上购买《京都议定书》机制下的清洁发展机制项目的投资契约。而随着碳交易市场的发展，资金投资的标的物，即投资范围也同时拓展到其他低碳相关领域。

② 碳债券　碳债券是政府、企业为筹集低碳经济项目资金而向投资者发行的、承诺在到期日偿还债券面值和支付利息的信用凭证。其符合现行金融体系下的运作要求，能够满足交易双方的投融资需求、满足政府大力推动低碳经济的导向性需求、满足项目投资者弥补回

报率低于传统市场平均水平的需求、满足债券购买者主动承担应对全球环境变化责任的需求。其核心特点是将低碳项目的减排收入与债券利率水平挂钩，通过碳资产与金融产品的嫁接，降低融资成本，实现融资工具的创新。

③ 碳质押、碳抵押　抵押是指债务人或者第三人不转移某些财产的占有，将该财产作为债权的担保。当债务人不履行债务时，债权人有权依法以该财产折价或者以拍卖、变卖该财产的价款优先受偿。

质押，是债务人或第三人将其动产或者权利移交债权人占有，将该动产作为债权的担保。当债务人不履行债务时，债权人有权依法就该动产卖得的价金优先受偿。质押一般分为动产质押和权利质押。

无论是配额或者核证自愿减排量，都是一种可以在碳市场进行流通的无形碳资产，其最终转让的是温室气体排放的权利。碳资产非常适合成为质押贷款的标的物。当债务人无法偿还债权人贷款时，债权人对被质押的碳资产拥有自由处置的权利。

④ 碳信托　碳信托是指管控单位将配额或核证自愿减排量等碳资产交给信托公司或者证券公司进行托管，约定一定的收益率，信托公司或证券公司将碳资产作为抵押物进行融资，并将融得的资金进行金融市场再投资，获得的收益一部分用来支付与企业约定的收益率，一部分用来偿还银行利息，信托公司或证券公司获得剩下的收益，从而可以充分发挥碳资产在金融市场的融通性。

⑤ 绿色信贷　绿色信贷是环保总局、人民银行、银监会三部门为了遏制高耗能高污染产业的盲目扩张，于 2007 年 7 月 30 日联合提出的一项全新的信贷政策。绿色信贷的本质在于正确处理金融业与可持续发展的关系。绿色信贷提高了企业贷款的准入标准，在信贷活动中，把符合环境检测标准、污染治理效果和生态保护作为信贷审批的重要前提。将环保调控手段通过金融杠杆来具体实现，是促进节能减排、发展低碳经济的重要市场手段。

#### 6.2.2.2　碳金融衍生品的功能与作用

金融衍生品自产生以来，之所以不断发展壮大并成为现代市场体系中不可或缺的重要组成部分，是因为金融衍生品市场具有难以替代的功能和作用，碳现货衍生品属于金融衍生品中的以碳资产为标的的一类，也具备同样的功能和作用。

（1）价格发现

金融衍生品普遍具有价格发现功能。价格发现是指在一个公开、公正、竞争的市场中，通过完成交易形成远期或期货价格，它具有真实性、预期性、连续性和权威性的特点，能够比较真实地反映出供求情况及其价格变动趋势。

国际碳远期和碳期货市场集中了大量的市场供求信息，碳远期或碳期货合约包含的远期成本和远期因素必然会通过合约价格反映出来，即合约价格可以反映出众多的买方和卖方对于未来价格的预期。其中，期货合约的买卖转手相当频繁，所以期货价格能比较连续地反映价格变化趋势，对生产经营者有较强的指导作用。

（2）风险管理

风险管理在金融衍生产品交易市场中起着最为重要和核心的作用。因为衍生品的价格与现货市场价格相关，它们通常被用来降低或者规避持有现货的风险。通过金融衍生品交易，市场上的交易风险还可以重新分配。所有的市场参与者都可以把风险控制在自身可以接受的范围内，让低风险承受者把风险更多地转向愿意并且有能力承受高风险的专业风险管理者成为可能。

以碳期货为例，一般情况下，碳现货市场和期货市场由于受到相同的经济因素的影响和制约，价格变动趋势相同，并且随着期货合约临近交割，现货价格和期货价格保持一致。套期保值就是利用两个市场的这种关系，在期货市场上采取与现货市场上交易数量相同但交易方向相反的交易，从而在两个市场上建立一种相互冲抵的机制。最终，亏损额和盈利额大致相等、两相冲抵，从而将价格变动的大部分风险转移出去。

（3）资产配置

期货作为资产配置工具，不同品种有各自的优势。首先，期货能够以套期保值的方式为现货资产对冲风险，从而起到稳定收益、降低风险的作用。其次，期货是良好的保值工具。经济危机以来，各国为刺激经济纷纷放松银根，造成流动性过剩，通货膨胀压力增大。而期货合约的背后是现货资产，期货价格也会随着投资者的通货膨胀的预期而水涨船高。因此，持有期货合约能够在一定程度上抵消通货膨胀的影响。最后，将期货纳入投资组合能够实现更好的风险-收益组合。期货的交易方式更加灵活，能够借助金融工程的方法与其他资产创造出更为灵活的投资组合，从而满足不同风险偏好的投资者的需求。碳期货作为期货品种之一，也具备类似功能和作用。

（4）新型融资工具且可盘活碳资产

此功能为碳金融衍生品所特有。碳现货创新衍生产品是以碳资产为标的衍生出的创新型的碳金融产品，它既是为碳交易体系管控单位提供新型融资方式的金融工具，同时也可盘活市场碳资产，加大碳资产在碳市场中的流通率和流转率，一定程度的流动性将保证市场的活跃度和交易量，从而可以更好地形成市场价格，让企业更好地发现有效的减排成本，从事节能减排活动。

### 6.2.3 碳金融案例

#### 6.2.3.1 附加碳收益债券

2014 年 5 月 12 日，中广核风电有限公司附加碳收益中期票据在银行间交易商市场成功发行。

该笔碳债券的发行金额为 10 亿元，发行期限为 5 年。主承销商为浦发银行和国家开发银行，由中广核财务及深圳排放权交易所担任财务顾问。该债券利率采用“固定利率＋浮动利率”的形式，固定利率部分为 5.65％，主要由发行人评级水平、市场环境和投资者碳收益预期来判定。浮动利率与发行人下属 5 家风电项目[1]实现的碳交易收益正向关联，浮动利率的区间设定为 5—20BP（基点）。具体而言，浮动利率的定价机制是：①当碳收益率等于或低于 0.05％（含募集说明中约定碳收益率确定为 0 的情况）时，当期浮动利率为 5BP；②当碳收益率等于或高于 0.20％时，当期浮动利率为 20BP；③当碳收益介于 0.05％—0.20％区间时，按照碳收益利率换算为 BP 的实际数值确认当期浮动利率。

根据评估机构的测算，CCER 市场均价区间为 8—20 元/t 时，上述项目每年的碳收益都将超过 50 万元的最低限，最高将超过 300 万元。

碳债券作为一类全新的基础资产类型，其成功发行不仅仅是首次在银行间引入跨市场要素产品的债券组合创新，更是对未来国内碳衍生工具发展的一次大胆尝试。

#### 6.2.3.2 碳基金

碳基金是由政府、金融机构、企业或个人投资设立的专门基金，致力于在全球范围购买

[1] 装机均为 4.95 万千瓦的内蒙古商都项目、新疆吉木乃一期项目、甘肃民勤咸水井项目、内蒙古乌力吉二期项目以及装机为 3.57 万千瓦的广东台山（汶村）风电场。

碳信用或投资于温室气体减排项目，经过一段时期后予以投资者碳信用或现金回报，以帮助改善气候变暖。

（1）嘉碳系列碳基金

2014年10月11日，由深圳嘉碳资本管理有限公司主办，深圳排放权交易所和深圳南山区股权投资基金（PE/VC）集聚园协办的嘉碳开元基金路演正式启动。

参与该次路演的产品包括“嘉碳开元投资基金”和“嘉碳开元平衡基金”。其中，嘉碳开元投资基金的基金规模为4000万元，运行期限为3年，而嘉碳开元平衡基金的基金规模为1000万元，运行期限为10个月，主要投资新能源领域、核证自愿减排项目、中国碳市场一级市场和二级市场等。

根据嘉碳资本的预计，嘉碳开元投资基金的预期保守收益率为28%，若以掉期方式换取配额并出售，按照配额价格50元/t计算，乐观的收益率可达45%；嘉碳开元平衡基金的保守年化收益率为25.6%，乐观估计则为47.3%。

（2）碳排放权专项资产管理计划

2014年12月26日，华能集团与诺安基金在武汉共同发布全国首支“碳排放权专项资产管理计划”基金，该基金为全国首支经监管部门备案的“碳排放权专项资产管理计划”基金，规模为3000万，由诺安基金子公司诺安资产管理公司对外发行，华能碳资产经营有限公司作为该基金的投资顾问，将参与全国碳排放权交易市场的投资。

#### 6.2.3.3 绿色结构性存款

2014年11月，深圳落地国内首笔绿色结构性存款，惠科电子（深圳）有限公司通过认购兴业银行深圳分行发行的绿色结构性存款，获得常规存款收益的同时，在结构性存款到期日，还将获得不低于1000t的深圳市碳排放权配额。

对于惠科电子（深圳）有限公司而言，在实现经济收益的同时还将获得稳定预期的配额指标，解决了企业因履约需求而影响配额流动性的问题。同时，惠科电子（深圳）通过购买绿色存款产品，还推进了碳交易市场的发展与成熟，更大程度地发挥了市场手段促进节能减排的作用，践行了企业的社会责任。

对于兴业银行而言，既为企业提供了稳定的经济回报和专业化碳资产管理的增值服务，也为增加碳市场流动性提供了金融工具，同时为金融机构在碳金融领域的业务创新开拓了思路、进行了大胆尝试。

#### 6.2.3.4 碳资产质押融资

碳资产质押融资是指管控企业凭借交易所出具的所有权证明见证书及碳价预分析报告，与银行签订借款合同和质押合同，进行质押登记和银行放款。

通过碳资产质押融资，企业一方面可以盘活碳资产，减少资金占用压力；另一方面由当地碳交易主管部门委托交易所出具质押监管见证书，碳资产的安全有保障，可以提高企业的融资信用。

例如，深圳排放权交易所曾为其机构会员广东南粤银行和深圳市富能新能源科技有限公司推介并撮合成功全国首单碳配额作为单一质押品的贷款业务。交易所受主管部门的授权为双方提供了质押见证服务，出具《配额所有权证明》和《深圳市碳排放权交易市场价格预分析报告》。作为深圳碳交易的主管部门，深圳市发展和改革委员会在2015年11月2日受理了深圳市富能新能源科技有限公司碳排放配额质押登记的申请。南粤银行深圳分行对深圳市富能新能源科技有限公司批复了5000万元人民币的贷款额度，成为国内碳金融领域的一大创新。

#### 6.2.3.5 交易所推出的碳资产管理业务

(1) 碳资产托管

2014年11月4日，深圳排放权交易所推出配额托管业务。配额托管是由交易所认可并成为交易所托管会员的机构，接受管控企业的配额委托管理并与其约定收益分享机制，并在托管期代为交易，至托管结束后再将一定数量的配额返还给管控企业以实现履约的模式。

2015年5月13日，深圳能源财务公司与珠海招金盈碳一号碳排放投资基金、深圳招银国金投资有限公司签署配额托管协议。深圳能源财务公司同意于2015年5月18日将总量为200万吨的配额托管至珠海招金盈碳一号碳排放投资基金账户，并在2015年6月19日前接受珠海招金盈碳一号碳排放投资基金按照规定归还的碳排放配额及核证自愿减排量（其中核证自愿减排量（即CCER），占初始托管配额的比例不超过20%，即40万吨）。

除了获得的返还的配额外，深圳能源财务公司还能收到珠海招金盈碳一号碳排放投资基金支付的碳资产管理收益。碳资产管理收益根据配额托管协议签订日前一个月的配额(SZA-2014)平均价[1]（此处假设为42元/t），按照一年期招商银行贷款利率基础年化利率(LPR)(5.1%)上浮10%，托管期限第一批为32天，托管收益共计41.31万元[2]。

(2) 借碳交易

2015年6月23日，上海环境能源交易所推出借碳交易业务。借碳交易是指符合条件的配额借入方（简称“借入方”）存入一定比例的初始保证金后，向符合条件的配额借出方（简称“借出方”）借入配额并在交易所进行交易，待双方约定的借碳期限届满后，由借入方向借出方返还配额并支付约定收益的行为。借碳合同由交易所提供标准格式。

① 资格准入 借碳双方应为纳入上海市配额管理的企业或机构投资者。机构投资者参与借碳业务需符合《上海环境能源交易所碳排放交易机构投资者适当性制度实施方法》规定的条件，并已经申请成为交易所会员。

② 借碳标的 所借配额为上海市碳排放配额登记注册系统中登记的各个年度的碳排放配额。所借碳配额不得用于质押或者清缴履约。

③ 借碳期限 如果所借配额为当年需要履约清缴的品种，借碳到期日不应超过当年清缴截止日的前一个月。

④ 保证金 借入方在收到《借碳交易同意书》后三个工作日内向其借碳专用资金科目内存入规定比例的初始保证金。初始保证金为借碳金额的30%。

#### 6.2.3.6 碳资产回购融资

碳排放配额回购是一种通过交易为企业提供短期融资的碳市场创新安排。管控单位或其他配额持有者向碳排放权交易市场或其他机构交易参与人出售配额，并约定在一定期限后按照约定价格回购所售配额，从而获得短期资金融通。

由深圳能源集团股份有限公司（简称“深能源”）控股的妈湾电力有限公司和BP（英国石油）在深圳排放权交易所的协助下，完成国内首单跨境碳资产回购交易业务，交易标的为400万吨配额，交易额达亿元人民币规模，同时也是全国试点碳市场启动三年以来最大的单笔碳交易。深圳能源集团将利用本次交易资金投入公司可再生能源的生产，为深圳市优化

---

[1] 以成交量加权后的均价。

[2] 200×42×5.1%×1.1×32/365。

发电产业结构，构建低碳能源体系做出新贡献。

2014 年 8 月，深圳排放权交易所获得国家外汇管理局批准，成为国内首个允许境外投资者参与的碳交易平台，且境外投资者参与深圳碳市场不受额度和币种限制。

在此政策基础上，交易所推出跨境碳资产回购业务，境外投资者以境外资金参与深圳碳市场，持有碳资产的管控单位以碳资产为标的获得境外资金用于企业低碳发展。该业务为深圳市管控单位拓宽了融资渠道，使其有机会使用境外低成本资金，同时盘活了其碳资产，并通过不同品种之间的碳资产互换，获得置换收益，实现企业资产增值。

此次跨境碳资产回购业务的落地，是深圳碳金融创新服务实体经济的实践典范，开创了境外投资者运用外汇或跨境人民币参与中国碳排放权回购交易的先河，为深圳以及未来全国碳市场注入了新的活力，将有力推动碳市场机制服务深圳和全国生态文明建设和绿色发展工作不断前进。

#### 6.2.3.7　碳场外掉期

2015 年 6 月 15 日，中信证券股份有限公司、北京京能源创碳资产管理有限公司、北京环境交易所在“第六届地坛论坛”正式签署了国内首笔碳排放权场外掉期合约，交易量为 1 万吨。掉期合约交易双方以非标准化书面合同形式开始掉期交易，并委托北京环境交易所负责保证金监管与合约清算工作。

（1）含义

碳排放权场外掉期交易是交易双方以碳排放权为标的物，以现金结算标的物固定价交易与浮动价交易差价的场外合约交易。交易双方在签署合约时以固定价格确定交易，并在合同中约定在未来某个时间以当时的市场价格完成与固定价交易相对应的反向交易。最终结算时，交易双方只需对两次交易的价格间的差价进行现金结算。

（2）主要交易环节

碳场外掉期流程的示意图如图 6-8 所示。

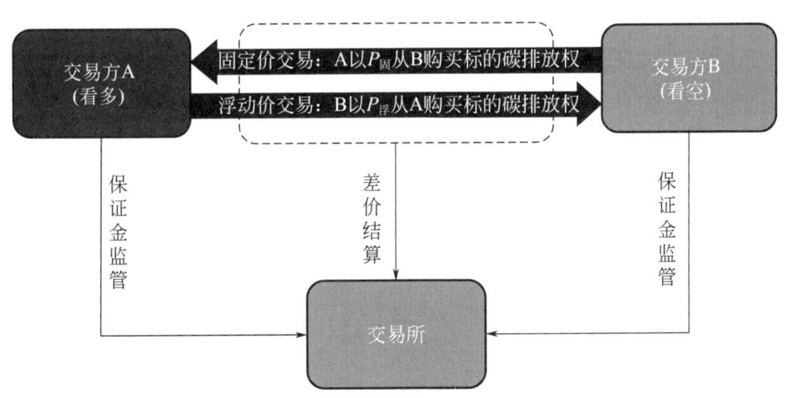


图 6-8　碳场外掉期流程示意图

① 固定价交易　A、B 双方同意，A 方于合约结算日（例如合约生效后 6 个月）以双方约定的固定价格 $P_{固}$ 向乙方购买标的碳排放权。

② 浮动价交易　A、B 双方同意，B 方于合约结算日以 $P_{浮}$ 价格向 A 方购买标的碳排放权。$P_{浮}$ 与标的碳排放权在交易所的现货市场交易价格相挂钩，例如 $P_{浮}$ 等于合约结算日之前 20 个交易日北京碳排放配额的公开交易平均价。

③ 差价结算　合约结算日，交易所根据 $P_{固}$ 和 $P_{浮}$ 之间的差价对交易结果进行结算。若 $P_{固} < P_{浮}$，则 A 为盈利方，B 为亏损方，B 向 A 支付资金 $=(P_{浮}-P_{固})\times$ 标的碳排放权；若 $P_{固} > P_{浮}$，则 A 为亏损方，B 为盈利方，A 向 B 支付资金 $=(P_{固}-P_{浮})\times$ 标的碳排放权。

④ 保证金监管　交易所根据掉期合约的约定，向 A、B 双方收取初始保证金，并在合约期内根据现货市场价格的变化情况定期对保证金进行清算。交易所可根据清算结果，要求浮动亏损方补充维持保证金；若未按期补足，交易所有权进行强制平仓。

（3）场外掉期交易的作用

碳排放权场外掉期交易为碳市场交易参与人提供了一个在场外对冲价格风险、开展套期保值的手段，同时也可以为企业管理碳资产间接创造流动性。

#### 6.2.3.8 担保型 CCER 碳远期合约

2015 年 8 月 27 日，第一笔担保型 CCER 远期合约在北京签署，此次合约的标的项目是山西某新能源项目，预计每年产生减排量 30 万吨，为非标准化合约。

其中买方为中碳能投科技有限公司，该买家此前曾在北京完成第一笔履约 CCER 交易；卖家为山西某新能源公司；此合约中引入了第三方担保方——易碳家-中国碳交易平台，其通过持有的线上碳交易撮合平台整合的千万吨级的碳资源为该合约提供担保，保证该笔 CCER 量能够在履约期前及时签发与交付，此次担保交易为易碳家的创新产品“碳保宝”，属于首次应用。

此前，碳交易市场中的 CCER 远期合约较为常见，但 CCER 交付时间对 CCER 交易价格影响较大，因此，能否在履约期前及时签发与交付是实现 CCER 价值最大化的一个难题。此次交易引入担保方以降低交付环节的不确定性，确实为交易双方有效降低了交易风险。

#### 6.2.3.9 碳交易法人账户透支

（1）产品简介

碳交易法人账户透支产品是指获得银行授信的管控企业，在银行约定的账户、额度和期限内以透支的形式取得短期融资，以进行碳排放权交易。法人透支业务仅适用于人民币。此产品就是管控企业的“信用卡”，可用于缴纳一级市场拍卖资金及进行二级市场交易的资金安排，透支额度有效期一年，额度可循环使用。

（2）产品目的

该产品旨在解决管控企业进行碳交易的短期资金周转问题，拓宽管控企业的碳金融渠道，切实履行好服务实体的经济责任与义务。广州碳排放权交易所特联合银行推出了国内首个碳交易法人账户透支产品。

（3）产品适用对象

该产品适用于广东省内所有符合要求的管控企业。广州碳排放权交易所将逐步向其他机构会员开放，准入条件为：企业是广碳所综合会员或自营会员（包括管控企业）；企业应在中国境内依法注册成立并存续，依法可以授信的企业、事业法人；企业应在法律、法规允许的范围内从事经营管理等活动；企业授信仅用于缴纳一级市场排放资金及进行二级市场交易；企业应有良好的信用记录；企业的授信应符合国家有关产业政策的要求。

（4）特色优势

该项目的优势在于：资金使用便利、审批流程较短、随借随还等；借助合作银行为广碳所结算银行的便利，可以满足企业资金到位直接进行交易的需求；透支额度有效期为一年，额度可以循环使用（单次可连续透支期限以银行准批意见为准）；银行根据市场利率从优制定透支利率。

（5）产品功能

该项目可以缓解企业短期资金压力，短期周转资金成本较低；可以减少集团内部的资金调拨压力，当日先进行透支交款，待资金到位后当日还款无利息；可以帮助企业进行一级市场和二级市场交易资金安排，减少自有资金占压。

（6）业务流程

碳交易法人账户透支的业务流程如图 6-9 所示。

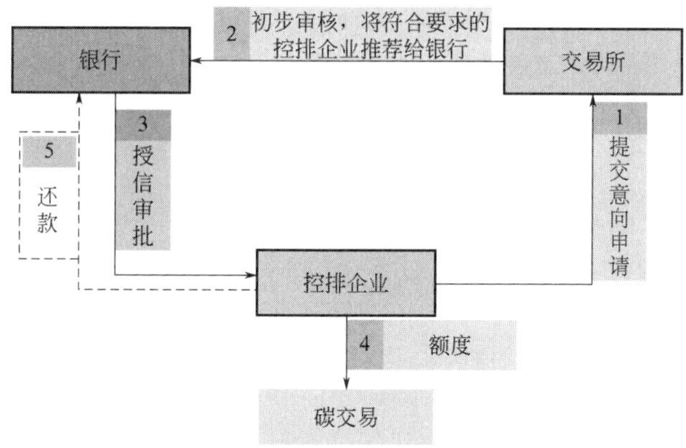


图 6-9 碳交易法人账户透支流程图

（7）业务申请资料清单

碳交易法人账户透支业务的申请资料清单包括授信申请表、公司章程、公司验资报告、企业近三年审计报告和 2015 年度最新财务报表（资产负债表和利润表）、2014 年纳税申请表、征信查询授权书。以上资料复印件盖公章。

#### 6.2.3.10 碳众筹

2015 年 7 月 28 日，国内首个基于 CCER 的碳众筹项目在武汉成功发布，将众筹模式引入 CCER 项目开发，通过碳市场形成环境经济效益。

该项目资金共计 20 万元，用于红安当地 11,740 户，户用沼气池的 CCER 项目开发，计划开发 CCER 23 万吨，预计通过湖北碳市场交易实现当地农民增收 300 万元。资助项目的投资人可根据投资金额的不同获得荣誉证书、项目 CCER 减排量、红安县革命红色之旅等回报。

# 参 考 文 献

[1] 史学瀛，李树成，潘晓滨，等. 碳排放交易市场与制度设计. 天津：南开大学出版社，2014.

[2] 郑爽，等. 全国七省市碳交易试点调查与研究. 北京：中国经济出版社，2014.

[3] 吴宏杰. 碳资产管理. 北京：北京联合出版公司，2015.

[4] World Bank. State and Trends of the Carbon Market，2010.

[5] World Bank. State and Trends of the Carbon Market，2012.

[6] 温家宝总理在哥本哈根气候变化会议领导人会议上的讲话.（2009-12-18）. http://news.xinhuanet.com/world/2009-12/19/content_12668033_1.htm.

[7] 国务院. 国民经济和社会发展第十二个五年规划纲要.（2011-3-16）. http://www.gov.cn/2011lh/content_1825838.htm.

[8] 国家发展和改革委员会办公厅. 国家发展改革委办公厅关于开展碳排放权交易试点工作的通知（发改办气候［2011］2601号）.（2011-10-29）. http://bgt.ndrc.gov.cn/zcfb/201201/t20120113_498705.html.

[9] 国务院. 国务院关于印发"十二五"控制温室气体排放工作方案的通知（国发〔2011〕41号）.（2011-12-1）. http://www.gov.cn/zwgk/2012—01/13/content_2043645.htm.

[10] 国家发展和改革委员会应对气候变化司. 国家发展改革委关于组织开展重点企（事）业单位温室气体排放报告工作的通知（发改气候［2014］63号）.（2014-1-13）. http://qhs.ndrc.gov.cn/zcfg/201403/t20140314_602519.html.

[11] 第一次中美元首气候变化联合声明.（2014-11-12）. http://www.mlr.gov.cn/xwdt/jrxw/201411/t20141115_1335187.htm.

[12] 国家发展和改革委员会. 碳排放权交易管理暂行办法（中华人民共和国国家发展和改革委员会令 第17号）.（2014-12-10）. http://qhs.ndrc.gov.cn/zcfg/201412/t20141212_652007.html.

[13] 国家发展和改革委员会应对气候变化司. 国家发展改革委关于落实全国碳排放权交易市场建设有关工作安排的通知（发改气候［2015］1024号）.（2015-9-23）. http://www.tanpaifang.com/zhengcefagui/2015/092347689.html.

[14] 第二次中美元首气候变化联合声明.（2015-9-25）. http://www.ccchina.gov.cn/Detail.aspx? newsId=55644.

[15] 国家发展和改革委员会应对气候变化司. 国家发展改革委办公厅关于切实做好全国碳排放权交易市场启动重点工作的通知（发改办气候［2016］57号）.（2016-1-11）. http://qhs.ndrc.gov.cn/zcfg/201601/t20160122_772148.html.

[16] 国务院. 中华人民共和国国民经济和社会发展第十三个五年规划纲要.（2016-3-17）. http://www.gov.cn/xinwen/2016—03/17/content_5054992.htm.

[17] 第三次中美元首气候变化联合声明.（2016-3-31）. http://news.xinhuanet.com/world/2016—04/01/c_128854045.htm.

[18] 国家发展和改革委员会应对气候变化司. 关于进一步规范报送全国碳排放权交易市场拟纳入企业名单的通知.（2016-5-13）.

[19] 国家发展和改革委员会应对气候变化司. 国家发展改革委办公厅关于印发首批10个行业企业温室气体排放核算方法与报告指南（试行）的通知（发改办气候［2013］2526号）.（2013-10-15）. http://www.sdpc.gov.cn/zcfb/zcfbtz/201311/t20131101_565313.html.

[20] 国家发展和改革委员会应对气候变化司. 国家发展改革委办公厅关于印发第二批4个行业企业温室气体排放核算方法与报告指南（试行）的通知（发改办气候［2014］2920号）.（2014-12-3）. http://www.sdpc.gov.cn/gzdt/201502/t20150209_663600.html.

[21] 国家发展和改革委员会应对气候变化司. 国家发展改革委办公厅关于印发第三批10个行业企业温室

气体核算方法与报告指南（试行）的通知（发改办气候［2015］1722号）.（2015-7-6）. http://www.sdpc.gov.cn/zcfb/zcfbtz/201511/t20151111_758275.html.

［22］ 国家统计局设管司. 统计单位划分及具体处理办法.（2011-10-24）. http://www.stats.gov.cn/tjsj/tjbz/201110/t20111024_8670.html.

［23］ 世界可持续发展工商理事会，世界资源研究所，中国清洁发展机制基金管理中心. 温室气体核算体系：企业核算与报告标准（修订版）. 北京：经济科学出版社，2012.

［24］ Intergovernmental Panel on Climate Change. IPCC Second Assessment Report：Climate Change 1995（SAR）. 1995. http://www.ipcc.ch/publications_and_data/publications_and_data_reports.shtml.

［25］ ISO 14064—1—2006.

［26］ 国家发展和改革委员会环资司. 国家发展改革委关于印发重点用能单位能源利用状况报告制度实施方案的通知（发改环资［2008］1390号）.（2008-6-6）. http://bgt.ndrc.gov.cn/zcfb/200806/t20080618_499029.html.

［27］ GB/T 32150—2015.

［28］ 国家发展和改革委员会应对气候变化司. 2010年中国区域及省级电网平均二氧化碳排放因子. http://www.ccchina.gov.cn/archiver/ccchinacn/UpFile/Files/Default/20131011145155611667.pdf.

［29］ 国家发展和改革委员会应对气候变化司. 2011年和2012年中国区域电网平均二氧化碳排放因子. http://www.ccchina.gov.cn/archiver/ccchinacn/UpFile/Files/Default/20140923163205362312.pdf.

［30］ 国家发展和改革委员会. 温室气体自愿减排交易管理暂行办法（发改气候［2012］1668号）. http://cdm.ccchina.gov.cn/WebSite/CDM/UpFile/File2894.pdf.

［31］ 张昕. 充分发挥CCER交易作用 推动全国碳市建设［N］. 21世纪经济报道. 2016-01-07

［32］ 国家发展和改革委员会气候司. 自愿减排交易项目申请相关文件. http://cdm.ccchina.gov.cn/Detail.aspx? newsId=4384&TId=21.

［33］ 国家发展和改革委员会. 温室气体自愿减排项目审定与核证指南（发改气候［2012］2862号）. http://cdm.ccchina.gov.cn/WebSite/CDM/UpFile/File2984.pdf.

［34］ 国家发展和改革委员会气候司. 项目设计文件模板. http://cdm.ccchina.gov.cn/zylist.aspx? clmId=161.

［35］ 国家发展和改革委员会气候司. 温室气体自愿减排项目监测报告模板第1.0版. http://cdm.ccchina.gov.cn/zylist.aspx? clmId=161.

［36］ 李晓亮. 中国碳交易体系构建及发展路径研究[D]. 云南大学,2012.

［37］ 郑爽. 国际碳市场发展及其对中国的影响. 北京:中国经济出版社,2013.

［38］ 陈浩民. 新西兰碳排放交易体系的特点及启示. 经济纵横,2013(1):113-117.